普通高等教育“十一五”国家级规划教材

U0960604

环境监测

Environmental Monitoring

李花粉　隋方功　主　编

王定勇　乔玉辉　副主编

中国农业大学出版社

·北京·

内 容 简 介

本书是普通高等教育“十一五”国家级规划教材。本书详细介绍了环境监测技术的基础理论和方法。内容包括环境监测概述、环境标准、水和废水监测、空气环境监测、土壤环境监测、固体废物监测、生物污染监测、环境污染生物监测、噪声监测、放射性和电磁辐射监测、监测数据处理和质量保证、现代环境监测技术。为培养学生的动手能力，将实验内容融入了相关章节。

本书可作为高等院校环境工程和环境科学专业的本科生和研究生教材使用，同时也可供环境监测部门、科研院所环保科技工作者与管理人员参考。

图书在版编目(CIP)数据

环境监测/李花粉，隋方功主编. —北京：中国农业大学出版社，2011.6(2021.1 重印)
ISBN 978-7-5655-0299-6

Ⅰ.①环… Ⅱ.①李… ②隋… Ⅲ.①环境监测 Ⅳ.①X83

中国版本图书馆 CIP 数据核字(2011)第 094730 号

书　　名 环境监测
作　　者 李花粉 隋方功 主编

策划编辑 张秀环　　**责任编辑** 田树君 冯雪梅 王艳欣 洪重光
封面设计 郑 川　　**责任校对** 王晓凤 陈 莹
出版发行 中国农业大学出版社
社　　址 北京市海淀区圆明园西路 2 号　　**邮政编码** 100193
电　　话 发行部 010-62818525，8625　　读者服务部 010-62732336
编辑部 010-62732617，2618　　出 版 部 010-62733440
网　　址 http://www.cau.edu.cn/caup　　**e-mail** cbsszs@cau.edu.cn
经　　销 新华书店
印　　刷 北京虎彩文化传播有限公司
版　　次 2011 年 6 月第 1 版　　2021 年 1 月第 2 次印刷
规　　格 787×1 092　16 开本　19.75 印张　485 千字
定　　价 59.00 元

图书如有质量问题本社发行部负责调换

编审人员

主　　编　李花粉（中国农业大学）

　　　　　　隋方功（青岛农业大学）

副 主 编　王定勇（西南大学）

　　　　　　乔玉辉（中国农业大学）

编写人员（按姓氏笔画排序）

　　　　　　王定勇（西南大学）

　　　　　　乔玉辉（中国农业大学）

　　　　　　李　华（山西大学）

　　　　　　李花粉（中国农业大学）

　　　　　　杨志敏（西南大学）

　　　　　　汪怀建（江西农业大学）

　　　　　　肖广全（西南大学）

　　　　　　陈建军（云南农业大学）

　　　　　　赵　玲（沈阳农业大学）

　　　　　　隋方功（青岛农业大学）

　　　　　　蒋静艳（南京农业大学）

　　　　　　霍晓静（河北农业大学）

主　　审　杨林书（中国农业大学）

　　　　　　衣纯真（中国农业大学）

前　言

《环境监测》是高等院校环境类学科的专业基础课或专业课教材。环境监测是研究和测定环境质量的学科，是环境科学的重要分支学科。随着工业和科学技术的飞速发展，监测的内容和技术也不断扩展。目前已由工业污染源监测发展到对大气、水、土壤等环境质量进行监测，亦即监测对象不仅限于影响环境质量的污染物，已外延到对生物、生态变化的监测。环境监测是环境科学的基础性学科，是环境类其他学科(如环境化学、环境物理学、环境工程学、环境污染医学、环境管理学、环境经济学以及环境法学等)的先行学科。随着科学技术和环境保护工作的不断发展，对环境监测工作提出了更高的要求。为了适应现代环境监测工作的需要，满足高等学校环境类及相关专业对环境监测方面教材的需要，编写了此书。

本书以环境监测对象为主线，依据国家颁布的最新标准、规范和方法，系统介绍了环境监测基础理论和工作方法，大气、水、土壤、固体废物、生物中污染物及噪声、放射性、生物的监测技术。

本教材具有以下特点：

1. 采用国家最新颁布的有关环境监测和管理的技术标准，并借鉴了国际上最新的分析方法标准和先进的分析技术，力求反映国内外现代环境监测的最新状况和发展趋势。

2. 为便于实践应用，将实验内容融入到了各章节中，操作步骤详细。补充了环境样品的预处理技术，特别是土壤样品中不同形态重金属的提取过程，实用性强。

3. 注重环境监测技术的发展和分析测试方法的更新，补充了大气和水质便携式监测仪器设备的应用，并增加了环境指示生物的特征及其在环境监测中的重要作用。

4. 将常用的专业英语词汇编入教材，每章附有内容提要、思考题及环境监测常用缩略语的中英文对照，以便学生学习。

本书共分 11 章，各章编写人员为：第 1 章绪论，蒋静艳；第 2 章水和废水监测，李花粉、赵玲；第 3 章空气环境监测，隋方功；第 4 章土壤环境监测，李华；第 5 章固体废物监测，肖广全；第 6 章生物污染监测，王定勇；第 7 章环境污染生物监测，乔玉辉；第 8 章噪声监测，杨志敏；第 9 章放射性和电磁辐射监测，汪怀建；第 10 章监测数据处理和质量保证，陈建军；第 11 章现代环境监测技术，霍晓静。全书由李花粉统稿，杨林书和衣纯真审核。

受编者水平所限，错漏之处在所难免，期待得到同行专家、学者和广大读者的批评指正。

编　者

2011 年 5 月

前 言

目　　录

Chapter 1

第1章

绪 论

本章提要：

本章主要介绍环境监测的目的与分类、技术与方法以及环境标准。

通过本章的学习，了解环境监测的目的、分类、特点、原则以及发展趋势；理解环境分析化学与环境监测的区别以及环境监测技术方法和发展动态；掌握环境标准的概念及环境标准的分类和分级。

环境科学是研究环境问题的一门新兴的综合性学科，它由许多分支学科所组成，其中环境监测是环境科学的一个重要分支学科。环境化学、环境物理学、环境地学、环境工程学、环境生物学、环境医学、环境管理学、环境经济学等分支学科都与环境质量及其变化有关，都需要在了解环境质量及其变化趋势的基础上，才能进行各项研究和制定有关管理和经济的法规。因此，通过对环境质量因素代表值的测定以确定环境质量，是研究环境科学的基础和手段。环境监测是环境保护工作的基础，环境监测技术的进步将推动环境保护事业的发展。环境监测的研究领域非常广泛，不仅涉及污染物的性质及其在环境中的转化，而且包括对影响环境的诸多内在因子与外部因子的分析与测试。随着工业和科学的发展，环境监测的对象还延伸到对生物和生态变化的监测。

环境监测的过程一般包括：现场调查→监测计划设计→优化布点→样品采集→运送保存→分析测试→数据处理→综合评价等。

1.1 环境监测的目的与分类

1.1.1 环境化学分析与环境监测

人类的生活环境受到污染后，人们为了寻求环境质量变化的原因，开始研究污染物的性质、来源、含量水平及其分布状态，这种研究是以基本化学物质的定性、定量分析为基础的，这就是环境分析。环境分析的主要对象是各种污染物质，包括大气、水体、土壤和生物中的各种污染物。环境分析结果所反映的只能是某一时段、某一局部地点的污染特征值。这些数据往往不能全面、准确地定量描述污染源和环境污染状况的变化。

评价环境质量的好坏，仅凭对某一污染物进行某一地点、某一时刻的分析测定是不够的，必须对各种有关污染因素、环境因素在一定范围、时间、空间内进行测定，获取代表环境质量各种标志的数据，才能对环境质量作出确切评价。环境监测是长期从环境中定期地获取代表环境质量的信息，并通过对污染物变化趋势及其对环境影响的分析，从而制定污染防治对策的工作过程。广义上，环境监测是在一定时期内对污染因子进行重复测定，追踪污染物种类、浓度的变化；狭义上，是对污染物进行定期测定，判断是否达到环境标准或评价环境管理和环境系统控制的效果。环境监测包括对污染物分析测试的化学监测，也包括各种物理因素如热、噪声、振动、辐射和放射性等的物理监测，还包括生物如病菌或霉菌等的生物监测和对区域群落、种落等的生态监测。

环境分析化学是环境监测的基础，环境监测比环境化学包括的范围更广泛、更深刻，然而两者并无截然的分界线。环境监测的过程主要包括：监测目标的确定，资料调研，初步监测方案设计，现场调查，监测计划设计，参数选择，优化布点，样品采集与处理，质量保证方案，分析测试，数据处理，综合评价等。

1.1.2 环境监测的目的

环境监测的目的是及时、准确、全面地反映环境质量现状及发展趋势，为环境管理、污染源控制、环境规划、环境评价提供科学依据。环境监测主要包括下列 4 个方面：

(1)根据环境质量标准评价环境质量，预测环境质量发展趋势。根据污染物造成的污染影响、污染物浓度的分布、发展势头和速度，追踪污染物的污染路线，建立污染物空间分布模型，为监督管理、控制污染提供科学依据。

(2)为制定环境法规、标准、规划、污染综合防治对策提供科学依据，并监测环境管理的效果。

(3)根据长期积累的监测资料，为研究环境容量以及实施环境质量控制、目标管理、预测预报提供科学依据。

(4)揭示新的污染问题，探明污染原因，确定新的污染物，研究新的监测方法，为环境科学研究提供科学数据。

环境监测被喻为“环保工作的耳目”、“定量管理的尺子”，通过监测获得的各种环境信息数据，是进行环保管理、科研、规划、立法及制定政策、进行决策的基础和依据，对经济建设和社会发展起着重要作用。

1.1.3 环境监测的分类

环境监测按监测目的和性质可分为 3 类。

1. 监视性监测(又称为例行监测或常规监测)

监视性监测是监测工作的主体，其工作质量是环境监测水平的标志。对指定的有关项目进行定期的长时间的监测，以确定环境质量及污染源状况、评价控制措施的效果、衡量环境标准实施情况和环境保护工作的进展。这类监测包括污染源监测和环境质量监测。污染源监测主要是掌握污染物排放浓度、排放强度、负荷总量、时空变化等，为强化环境管理和贯彻落实有关法规、标准、制度等提供技术支持。环境质量监测，主要是指定期定点对指定范围的大气、水质、噪声、辐射、生态等各项环境质量因素状况进行监测分析，为环境管理和决策提供依据。

2. 特种目的监测(又称为特例监测)

特种目的监测的内容、形式很多，但工作频率相对较低，主要包括污染事故监测、仲裁监测、考核验证监测、基线监测、健康监测、可再生资源监测和咨询服务监测 7 个方面。

(1)污染事故监测　在发生污染事故时进行应急监测，以确定污染物扩散方向、速度和危及范围，为控制污染提供依据。这类监测常采用流动监测(车、船等)、简易监测、低空航测、遥感等手段。

(2)仲裁监测　仲裁监测主要针对污染事故纠纷处理、环境法执行过程中所产生的矛盾进行监测。仲裁监测应由国家指定的权威部门进行，以提供具有法律效力的数据(公证数据)，供执法、司法部门仲裁。

(3)考核验证监测　主要是指设施验收、环境评价、机构认可和应急性监督监测能力考核等监测工作。包括人员考核、方法验证和污染治理项目竣工时的验收监测。

(4)基线监测　此类监测设在认为无污染的地区，为环境评价提供背景资料，这种监测多与气象站结合进行。

(5)健康监测　这是一种非常重要的监测，主要目的是了解环境对人体健康的影响。

(6)可再生资源监测　如土壤、草原、森林等自然资源的监测，主要是监测土壤退化趋势、热带雨林及牧场变化等。

(7)咨询服务监测　为政府部门、科研机构、生产单位提供的服务性监测。例如建设新企业应进行环境影响评价，需要按评价要求进行监测。

3. 研究性监测(又称科研监测)

研究性监测是针对特定目的科学研究而进行的高层次的监测。这类研究往往要求多学科合作进行，并且事先必须制定周密的研究计划。

除了上述分类外，环境监测按其监测对象可分为水质监测、空气监测、土壤监测、固体废物监测、生物监测、噪声和振动监测、电磁辐射监测、放射性监测、热监测、光监测等。按监测部门可分为基线监测(气象部门)、卫生监测(卫生部门)、例行监测(环境保护部门)和资源监测(资源管理部门)等。

1.1.4　环境监测的特点

环境监测以环境中的污染物为对象，这些污染物种类繁多，分布极广。因此，环境监测受对象、手段、时间和空间多变性、污染组分复杂性的影响，具有下列显著特点：

1. 环境监测的综合性

环境监测的对象涉及“三态”(气态、液态、固态)、“一波”(如热、电、磁、声、光、振动、辐射波等)以及生物等诸多客体；环境监测方法包括化学、物理、生物以及互相结合等多种方法；监测数据解析评价涉及自然科学、社会科学等许多领域。所以具有很强的综合性，只有综合应用各种手段，综合分析各种客体，综合评价各种信息，才能较为准确地揭示监测信息的内涵，说明环境质量状况。

2. 环境监测的连续性

由于环境污染具有时空变异性等特点，监测数据如同水文气象数据一样，累积时间越长越珍贵。只有在有代表性的监测点位连续监测，才能从大量的数据中揭示污染物的变化规律，预测其变化趋势。因此，监测网络、监测点位的选择一定要科学，而且一旦监测点位的代表性得到确认，必须长期坚持，以保证前后数据的可比性。

3. 环境监测的追踪性

要保证监测数据的准确性和可比性，就必须依靠可靠的量值传递体系进行数据的追踪溯源。根据这个特点，要建立环境监测质量保证体系。

4. 执法性

环境监测不同于一般检验测试，它除了需要及时、准确提供监测数据外，还要根据监测结果和综合分析结论，为主管部门提供决策建议，并按照授权对监测对象执行法规情况进行执法性监督控制。

1.1.5　环境监测的原则

在环境监测中，由于人力、监测手段、经济条件、仪器设备等的限制，不能包罗万象地监测分析所有的污染物，应根据需要和可能选择监测对象。

选择监测对象时应从以下 4 个方面考虑：

(1)针对污染物的性质(如自然性、毒性、扩散性、活性、持久性、生物可降解性和积累性等)，选择那些污染物毒性大，或潜在毒性大，或污染趋势严重，影响范围大的污染物。

(2)对选择的污染物必须有可靠的测试手段和有效的分析方法，从而保证能获得准确、可靠、有代表性的数据。

(3)对监测数据能作出正确的解释和判断。如果监测数据无标准可循，又不了解对人体健康和生物的影响，会使监测工作陷入盲目性。

(4)优先监测原则。需要监测的项目往往很多，但不能同时进行，必须坚持优先监测的原则。

有毒化学污染物的监测和控制，无疑是监测的重点。世界上已知的化学品超过 1 000 万种，进入环境的化学物质已达数十万种，就目前的人力、物力、财力，人们不可能对每一种化学物质都进行监测，只能将潜在危险性大(难降解、具有生物积累性、毒性大和三致类物质)、在环境中出现频率高、残留高、检测方法成熟的化学物质定为优先监测目标，实施优先和重点监测。经过优先选择的污染物称为环境优先污染物，简称为优先污染物(priority pollutants)，对优先污染物进行的监测称为优先监测。

美国是最早开展优先监测的国家，早在 20 世纪 70 年代中期，就在“清洁水法”中明确规定了 129 种优先污染物，其中包括 114 种有机化合物，15 种无机金属及其化合物。一方面要求排放优先污染物的厂家采用最佳处理技术，同时制定排放标准，控制点源污染；另一方面制定环境标准，对各水域(河水、湖水、地下水等)实施优先监测，并要求各州政府呈报优先污染物的污染现状，把它们编入环境质量报告书中。美国环保局在 1984 年已把“有毒化学物污染与公众健康问题”列为美国几大环境问题之首。

日本环境厅公布了 1974—1985 年间对 600 种优先有毒化学品进行环境普查的结果，其中检出率高的有毒污染物为 189 种。

我国开展了“中国环境优先监测研究”，提出了“中国环境优先污染物黑名单”，共有 14 类 68 种，其中有机物 12 类 58 种，占总数的 85.3%，氰化物 1 种，重金属及其化合物 9 种，见表 1-1。

表 1-1　中国环境优先污染物黑名单

(引自：奚旦立，等．环境监测．2004)

化学类型	名　称
1. 卤代(烷、烯)烃类	二氯甲烷、三氯甲烷、四氯化碳、1，2-二氯乙烷、1，1-二氯乙烷、1，1，2-三氯乙烷、1，1，2，2-四氯乙烷、三氯乙烯、四氯乙烯、三溴甲烷
2. 苯系物	苯、甲苯、乙苯、邻-二甲苯、间-二甲苯、对-二甲苯
3. 氯代苯类	氯苯、邻-二氯苯、对-二氯苯、六氯苯
4. 多氯联苯类	多氯联苯
5. 酚类	苯酚、间-甲酚、2，4-二氯酚、2，4，6-三氯酚、五氯酚、对-硝基酚
6. 硝基苯类	硝基苯、对-硝基甲苯、2，4-二硝基甲苯、三硝基甲苯、对-硝基氯苯、2，4-二硝基氯苯
7. 苯胺类	苯胺、二硝基苯胺、对-硝基苯胺、2，6-二氯硝基苯胺
8. 多环芳烃	萘、荧蒽、苯并[b]荧蒽、苯并[k]荧蒽、苯并[a]芘、茚并[1，2，3-c、d]芘、苯并[ghi]芘

续表 1-1

化学类型	名 称
9. 酞酸酯类	酞酸二甲酯、酞酸二丁酯、酞酸二辛酯
10. 农药	六六六、滴滴涕、敌敌畏、乐果、对硫磷、甲基对硫磷、除草醚、敌百虫
11. 丙烯腈	丙烯腈
12. 亚硝胺类	N-亚硝基二丙胺、N-亚硝基二正丙胺
13. 氰化物	氰化物
14. 重金属及其化合物	砷及其化合物、铍及其化合物、镉及其化合物、铬及其化合物、铜及其化合物、铅及其化合物、汞及其化合物、镍及其化合物、铊及其化合物

应该注意的是，在一定阶段，由于受各种因素限制，优选的有毒污染物控制名单只能反映当时的生产与科学技术发展状况。随着生产的发展和科学技术的进步，有毒污染物名单会经常发生变化。

近年来各国纷纷报道有关环境激素（也称为内分泌干扰物 EDCs，endocrine disrupting chemicals）或环境荷尔蒙（environmental hormone）扰乱内分泌的问题。环境激素是指外源性干扰生物与人体正常内分泌机能的化学物质。这一问题起因于 1996 年出版发行的科尔沃思所著《窃走我们的未来》（Our Stolen Future）一书。该书提醒人们关注野生动物出现生殖功能下降和生殖行为异常，告诉人们在过去的 50 年间，人类的精子减少很多，乳房癌、子宫内膜癌和生殖异常的统计数据呈现全球性增加态势。此后卡特瓦利所著的《雌化的自然》（The Feminization of Nature）一书，更引起人们对这一问题的不安。现今，环境激素已被视为与臭氧层破坏、全球气候变暖、酸雨一样的世界范围内的重大环境问题。

当前发现的环境内分泌干扰物主要有：烷基酚、烷基酚聚氧乙烯醚（APEs）、多氯二苯并呋喃（PCDF）、邻苯二甲酸盐[或酯][PAE]、多氯（多溴）联苯类、农药（如有机氯农药）、类固醇等。环境内分泌干扰物在极微量（1×10^{-9}）下就能对人及其他生物造成危害，将是未来环境监测的重点内容之一。

1.2 环境监测的方法和技术

目前所具备的环境监测方法和手段是与当代生产力发展水平相关联的。环境监测采用了当代分析化学及各有关学科发展起来的分析方法和测试手段，但同时又要求不断创新各种新方法和手段，以适应环境监测的种种特殊要求。例如，在很多情况下，要求分析方法具有更高的准确度和灵敏度；对环境样品中所含同一元素要求作细致的形态分析；对河流污染和大气污染要求提供能进行连续自动、跟踪式的监测等。

1.2.1 环境监测的方法

目前，测定环境污染物的方法主要有化学分析法、仪器分析法、生物监测法和分子生物学监测法 4 大类。环境监测中常用的测定方法和测定项目见表 1-2。

表 1-2　环境监测中常用的测定方法和测定项目

（引自：但德忠．环境监测．2006）

测定方法			测定项目
化学分析法		重量法 容量法（酸碱滴定、络合滴定、氧化还原滴定、沉淀滴定）	残渣、悬浮物、油脂、硫酸盐化速率、TSP、降尘、可吸入颗粒物、酸度、碱度、DO、COD、高锰酸钾指数、BOD、挥发酚、氰化物、硫化物、总氮等
仪器分析法	光化学分析法	分光光度法	金属及非金属离子、二氧化硫、氨氮、砷化物、甲醛等有机污染物
		荧光光度法	多环芳烃、农药、矿物油、硫化物及硼、硒、铍等
		化学发光法	氮氧化物、臭氧等
		红外吸收光谱法	水中石油类和动植物油类、一氧化碳、二氧化碳
		原子吸收光谱法	多种金属元素
		原子荧光光谱法	砷、锑、铋、汞等
		X 射线荧光光谱法	飘尘中痕量金属化合物、气溶胶吸附硫、水体悬浮粒子中的重金属及溶于水中的痕量元素等
		光散射法	浊度、悬浮物、粉尘量等
	电化学分析法	电位分析法(ISE)	pH、DO、氟、氯、氨、镉、氨氮等
		极谱法	DO、铜、铅、锌、镉、砷、铋、铟、锡等
		阳极溶出伏安法	多种金属元素
		库伦法	大气中二氧化硫、氮氧化物、臭氧、总氧化剂、水中COD、BOD、卤素、酚、氰、砷、锰、铬
	色谱法	气相色谱法	有机氯农药、有机磷农药、多氯联苯、多环芳烃、苯胺酚、硫氧化物、氮氧化物、一氧化碳、甲醛、苯、二甲苯、TVOCs 等及具有挥发性的化合物
		液相色谱法	多环芳烃、除草剂、杀虫剂等
		离子色谱法	无机阴离子、氨类和一些金属离子
		薄层色谱法	亚硝胺类、多氯联苯、多环芳烃、农药、大分子质量有机化合物等
		色谱-质谱联用	TVOCs、二噁英等多种有机污染物，广泛用于对有机污染物筛选阶段的初始分析
	电子能谱法		对尘埃、土壤、底质中潜在的有害物质进行多种元素的状态分析
	电子探针法		同上
	中子活化法		多种元素的测定
生物监测	水污染指示生物法		水体清洁及污染程度
	大气污染指示生物法		二氧化硫、二氧化氮、臭氧、过氧乙酰硝酸酯、氟化氢、氯气等
分子生物学监测	酶分析法、免疫分析法		多氯联苯、苯、甲苯和二甲苯混合物、硝基芳烃化合物、对硫磷和其他杀虫剂等
	分子生物学技术		环境诱变物、致病微生物和特定基因型微生物
	生物传感器和生物芯片		农药残留、酸雨、BOD、芳香胺、多氯联苯

注：DO 为溶解氧；COD 为化学需氧量；BOD 为生化需氧量；ISE 为离子选择性电极；TVOCs 为总挥发性有机化合物。

1. 化学分析法

化学分析法是环境监测分析的基础，主要包括重量法和容量法。其特点是准确度较高，相对偏差一般小于1%；方法简便，操作快速，所需器具简单，分析费用较低。但是灵敏度较低，仅适用于样品中常量组分的分析；选择性较差，在测定前需要对样品作繁琐的前处理。

2. 仪器分析法

仪器分析法亦称物理化学分析法，它是基于物质的物理或物理化学性质建立起来的一大类分析方法。此类分析方法一般具有灵敏度较高、选择性好、自动化程度高等特点，适用于痕量水平测定，在环境监测中普遍应用。光谱分析法、电化学分析法和色谱分析法(色质联用)为环境监测的三大主要分析方法。此外，还有中子活化分析方法、放射性同位素分析方法、电子探针、电子能谱等多种方法。但由于仪器设备较贵，对分析人员技术水平要求较高，目前尚未普遍使用。

(1)光谱分析法是利用光源照射试样，在试样中发生光的吸收、反射、透过、折射、散射、衍射等效应，或在外来能量激发下使试样中被测物发光，最终以仪器检测器接收到的光的强度与试样中待测组分含量间存在对应的定量关系而进行分析。环境监测中常用的有可见与紫外分光光度法、原子吸收分光光度法、化学发光法、非分散红外法、荧光光度法等。

(2)电化学分析法是仪器分析法中的另一个类别，是通过测定试样溶液电化学性质而对其中被测定组分进行定量分析的方法。环境监测中常用的电化学分析法有电导分析法、离子选择性电极法、电解分析法、库伦滴定法、毛细管电泳法、阳极溶出伏安法等。各种电化学分析法大多可实现自动化分析，很多方法被国家标准所采纳而成为标准方法。

(3)色谱分析法可用于分析多组分混合物试样，主要是利用混合物中各组分在两相中溶解—挥发、吸附—脱附或其他亲和作用性能的差异，当作为固定相和流动相的两相做相对运动时，使试样中各待测组分在两相中得以分离后进行分析。在环境监测中常用的有气相色谱法(GC)、高效液相色谱法(HPLC)、薄层色谱法、离子色谱法等。色谱分析法承担着大多数有机污染物的分析任务。

3. 生物监测法

生物监测法是利用生物个体、种群或群落对环境污染及其随时间变化所产生的反应来显示环境污染状况。例如，根据指示植物叶片上出现的伤害症状，可对大气污染作出定性和定量的判断；利用水生生物受到污染物毒害所产生的生理机能(如鱼的血脂活力)变化，监测水质污染状况等。一般来说，生物监测法具有如下优点：能直接反映出环境质量对生态系统的综合影响；可以在大区域范围内密集布点和采样分析；分析费用较低。但由于环境影响因素众多、生物学过程复杂，结果可比性差，应用受到一定限制。

4. 分子生物学监测法

分子生物学监测包括酶分析法、免疫分析法、分子生物学技术、生物传感器和生物芯片等，这类方法特异性强、灵敏度高。

随着技术水平的不断提高，每一项环境监测项目都有可供选择的多种不同分析方法，而正确选择监测分析方法是获得准确结果的关键因素之一。在众多分析方法中应优先选用标准分析方法或通用分析方法。选用标准分析方法时，应本着企业标准服从行业标准，行业标准服从国家标准，旧标准服从新标准，国内标准尽量与国际接轨的原则，保证结果的可靠性。

1.2.2 环境监测分析发展趋势

环境监测分析发展迅速，不仅广泛应用了现代分析化学中的各项新成果，而且不断引进近代化学、物理、数学、电子学、生物学和其他学科的最新技术来解决环境问题。环境监测分析发展的趋势是：

1. 分析方法标准化

分析方法标准化是环境监测的基础和核心环节。环境质量评价和环境保护规划的制定和执行都要以环境监测数据作为依据，因而必须研究制定一整套标准分析方法，以保证分析数据的可靠性和准确性。

2. 多种方法和仪器的联合使用

为了更好地解决环境监测中繁杂的分析技术问题，近年来已越来越多地采用仪器联用的方法。如气相色谱-质谱联用(GC-MS)、液相色谱-质谱联用(LC-MS)、电感耦合等离子体-质谱联用(ICP-MS)、微波等离子体-质谱联用(MP-MS)等，可用于解决环境监测中有关污染物特别是有机污染物分析的大量疑难问题。随着技术进步，甚至可以3种仪器联用，如液相色谱-电感耦合等离子体-质谱联用(HPLC-ICP-MS)，通过液相色谱分离不同形态的重金属，然后通过ICP-MS检测分离出的不同形态重金属的含量。

3. 分析技术连续自动化

环境监测分析逐渐由经典的化学分析过渡到仪器分析，由手工操作过渡到连续自动化的操作。20世纪70年代以来，我国相继建立了水质、大气质量连续自动分析监测系统。从采样点的布局、选择、采样、样品处理、分析测试到数据存储、传输都能实现连续自动化。

4. 污染物形态分析

污染物形态是指污染物在环境中呈现的化学状态、价态和异构状态。不同形态的污染物在环境中有不同的行为过程，并且在不同的条件下可转变为其他形态，其毒性和危害性也不同。了解污染物在环境中存在的形态，对深入认识其环境行为、正确评价其对环境的影响具有非常重要的意义。因此，形态分析技术的研究成为今后环境监测分析的发展方向之一。

5. 现场简易监测分析仪器和技术的研究

突发性环境污染事故的不断发生给环境监测分析人员提出了重要课题。除了实施预防性监测分析外，还必须进行快速简易测定技术的研究以及便携式现场测试仪器的研制。现场快速测定技术主要有以下几类：试纸法、水质速测管法显色反应型、大气速测管法填充管型、化学测试组件法、便携式分析仪器测定法。

6. "3S"技术的研究

"3S"技术是指遥感(remote sensing，RS)、全球定位系统(global positioning system，GPS)和地理信息系统(geographic information system，GIS)。"3S"技术在我国环境科学研究方面已有不同程度的应用，但大多数是分散的，没有充分发挥多种新技术联合的巨大作用。今后，环境监测工作将更加广泛地应用"3S"技术，并不断开发综合性、多功能型的、应用于环境监测的"3S"技术。

1.3 环境标准

环境标准是为了防治环境污染、保护人类健康、促进生态良性循环，获得最佳的环境效益和经济效益，对环境和污染物排放源中有害因素的限量阈值及其配套措施所做的统一规定。环境标准是政策、法规的具体体现。

环境标准不是一成不变的，它与一定时期的技术经济水平以及环境污染与破坏的状况相适应，并随着技术经济的发展、环境保护要求的提高、环境监测技术的不断进步及仪器普及程度的提高而进行及时调整或更新的。通常几年修订一次，在使用时应执行最新的标准。

1.3.1 环境标准的分类和分级

中国的环境标准分为国家标准和地方标准两级。国家环境标准分为：环境质量标准、污染物排放标准(或污染控制标准)、环境基础标准、环境方法标准、环境标准物质标准和环保仪器、设备标准等6类。其中环境基础标准、环境方法标准和标准物质标准只有国家标准，并且尽量与国际接轨。图1-1是国家环境标准体系示意图。

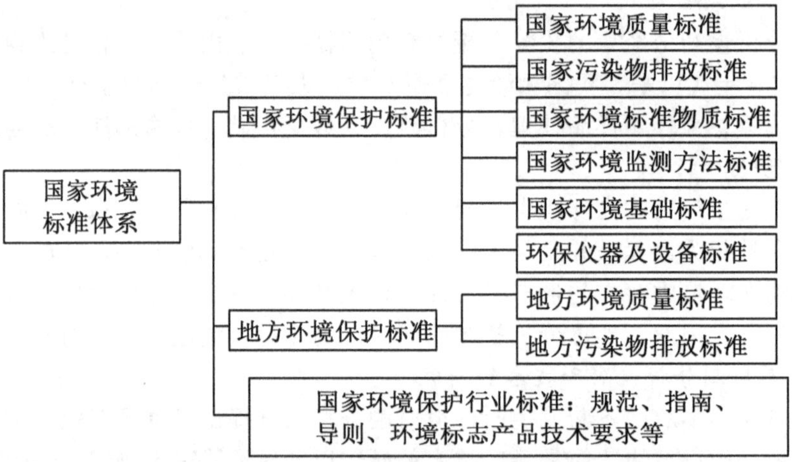

图1-1 国家环境标准体系示意图

(引自：陈玲和赵健夫．环境监测．2008)

1. 环境质量标准

环境质量标准是为了保护人类健康、维持生态良性平衡和保障社会物质财富，并考虑经济技术条件，对环境中有害物质和因素所作的限制性规定，是环境标准的核心。这类标准反映了人类和生态系统对环境质量的综合要求，也考虑了控制污染危害在技术上的可行性和经济上的承担能力。它是衡量环境质量、开展环境保护的依据，也是制定污染物控制标准的基础。

2. 污染物排放标准

污染物排放标准是对污染源污染物的允许排放量和排放浓度所做的具体限定。制定这种标准的目的在于直接控制污染源，从而达到减轻或防止环境污染的目的。实行污染物排放标准的结果，应使环境质量标准得以实现。由于中国幅员辽阔，各地情况差别较大，因此不少省市制定了地方排放标准，以起到对国家标准补充、完善的作用，但应该符合以下两点：①规定国家标准中所没有规定的项目；②规定国家标准中已有的项目时，地方标准应严于国家标准。

3. 环境基础标准

环境基础标准是指为确定环境质量标准、污染物排放标准以及其他环境保护工作而制定的各种有指导意义的符号、代号、指南、导则、程序、规范等所作的统一规定，是制定其他环境标准的基础和技术依据。我国的环境基础标准主要有4类：环境管理类、环保名词术语类、环保图形符号类及环境信息分类与编码类。

4. 环境方法标准

环境方法标准是在环境保护工作中以采样、分析、试验、抽样、统计计算等为对象制定的标准，是环境标准化工作的基础。环境监测方法标准按照水环境、大气环境、固体废弃物、土壤环境、物理环境等不同类别分别制定。环境监测方法标准只有国家标准。

5. 环境标准物质标准

环境标准物质是在环境保护工作中，用来校正监测分析仪器、评价实验方法、进行量值传递或质量控制的材料或物质。对这类材料或物质必须达到的要求所作的规定称为环境标准物质标准。

6. 环保仪器及设备标准

为了保证污染治理设备的效率和环境监测数据的可靠性和可比性，对环境保护仪器、设备的技术要求所做的统一规定。

方法标准、样品标准和基础标准等为环境质量标准和污染物排放标准的实施提供了技术保障。

按照《中华人民共和国标准化法》的规定，环境标准也分为强制性国家环境标准(代号“GB”)和推荐性国家环境标准(代号“GB/T”)两种。强制性标准必须执行。属于此类标准的有环境质量标准、污染排放标准、行政法规规定必须执行的其他环境标准。强制性环境标准以外的环境标准属于推荐性环境标准。

1.3.2 环境标准的作用

1. 环境标准是国家环境保护法规的重要组成部分

我国环境标准具有法规约束性，是我国环境保护法规所赋予的。在《中华人民共和国环境保护法》、《中华人民共和国大气污染防治法》、《中华人民共和国水污染防治法》、《中华人民共和国海洋环境保护法》、《中华人民共和国噪声污染防治法》、《中华人民共和国固体废物污染环境防治法》等法规中，都规定了实施环境标准的条款。

2. 环境标准是制定环境规划、环境保护计划的依据

环境标准是环境保护工作的目标，环境规划的目标主要是用标准来表示的。我国环境质量标准就是将环境规划总目标依据环境组成要素和控制项目在规划时间和空间予以分解并定量化的产物。

3. 环境标准是判断环境质量和衡量环保工作的准绳

评价一个地区环境质量的优劣、评价一个企业对环境的影响，只有依靠环境标准，才能做出定量化的比较和评价，从而为控制环境质量，进行环境污染综合整治，以及设计切实可行的治理方案提供科学依据。

4. 环境标准是环境保护行政主管部门执法的依据

环境标准是强化环境管理的核心，不论是环境问题的诉讼、排污费的收取、污染治理的目标等执法的依据都是环境标准。

5. 环境标准是推动环保科技进步的动力

提供实施标准可以制止任意排污，促使企业对污染进行治理和管理；采用先进的无污染、少污染的工艺；更新设备。使标准在某种程度上成为判断污染防治技术、生产工艺与设备是否先进可行的依据，成为筛选、评价环保科技成果的一个重要尺度。

1.3.3 制定环境标准的原则

环境标准体现国家的技术经济政策，因此环境标准的制定要充分体现科学性和现实性的统一。制定、修订环境标准要遵循以下主要原则：

1. 科学性、政策性原则

标准中指标值的确定，要以科学研究的结果为依据。如环境质量标准，要以环境质量基准为基础。环境质量基准是指经科学试验确定污染物(或因素)不会对人或生物产生不良或有害影响的最大剂量或浓度。同时要体现国家关于环境保护的方针、政策、法律、法规和符合我国国情。通过制定和实施标准，促进环境效益、经济效益和社会效益的统一。

2. 技术先进、经济合理原则

基准和标准是两个不同的概念。环境质量基准是由污染物或因素与人或生物之间的剂量-反应关系确定的，不考虑人为因素，也不随时间而变化。而环境质量标准是以环境质量基准为依据，综合考虑社会、经济、技术等诸多因素而制定的，可以根据情况变化不断修改补充。

3. 与有关标准、规范、制度协调配套原则

质量标准与排放标准、排放标准与收费标准、国内标准与国际标准之间应该相互协调才能有效贯彻执行。

4. 采用国际标准，与国际标准接轨的原则

一个国家的标准是反应该国的技术、经济和管理水平。随着经济全球化，标准趋同已经成为世界各国标准化的目标。采用国际标准既是加入 WTO 的一般要求，也是提高我国环境监测能力和水平，参与国际国内竞争的需要。

1.3.4 我国环境保护标准

我国的环境保护标准是由国家环境保护行政主管部门制定和颁布并监督实施。环境技术法规规范的范围包括对大气、水体、生态、生物安全、声等环境造成危害的各种物理性、化学性、生物性有害物质进行管制的范畴。如有害的废水、废气、固体废弃物、放射性物质、

电磁辐射、光、有害微生物、有害植物等。环境技术法规主要由现行的环境质量标准、环境污染物排放标准，按照国际通行的体例和内容进行转化，形成一个完整的、系统的、可实施的环境法律规范。这部分内容是环境标准基本体系中最重要、最基本的构成部分。

1. 水质标准

水是生命之源，水质污染是环境污染中最主要的方面之一。目前我国已经颁布的水质标准包括水环境质量标准和污水排放标准。

水环境质量标准主要有《地表水环境质量标准》(GB 3838—2002)、《景观娱乐用水水质标准》(GB 12941—91)、《海水水质标准》(GB 3097—1997)、《生活饮用水水质卫生规范》、《渔业水质标准》(GB 11607—89)、《农田灌溉水质标准》(GB 5084—2005)和《地下水质量标准》(GB/T 14848—93)等。

污水排放标准主要有《污水综合排放标准》(GB 8978—1996)、《城镇污水处理厂污染物排放标准》(GB 18918—2002)以及各行业、各工业门类的水污染物排放标准，如《造纸工业水污染物排放标准》(GWPB2—1999)等。

2. 大气标准

我国的大气标准主要分两类，即质量标准和污染物排放标准，如《环境空气质量标准》(GB 3095—1996)、《室内空气质量标准》(GB/T 18883—2002)、《保护农作物的大气污染物最高允许浓度》(GB 9137—88)、《大气污染物综合排放标准》(GB 16297—1996)、《锅炉大气污染物排放标准》(GB 13271—2001)、《工业窑炉大气污染物排放标准》(GB 9078—1996)、《水泥工业大气污染物排放标准》(GB 4915—2005)、《恶臭污染物排放标准》(GB 14554—93)和《火电厂大气污染物排放标准》(GB 13223—2003)等。

3. 土壤标准

《土壤环境质量标准》(GB 15618—1995)按土壤应用功能、保护目标和土壤主要性质，规定了土壤中污染物的最高允许浓度指标值及相应的监测方法。

4. 噪声标准

当前我国主要的噪声标准有《声环境质量标准》(GB 3096—2008)、《城市区域环境振动标准》(GB 10070—88)、《汽车定置噪声限值》(GB 16170—1996)、《工业企业厂界环境噪声排放标准》(GB 12348—2008)、《建筑施工场界噪声限值》(GB 12523—90)等。

5. 固体废物环境标准

固体废物污染控制标准有《农用污泥中污染物控制标准》(GB 4284—84)、《城镇垃圾农用控制标准》(GB 8172—87)、《一般工业固体废物贮存、处置场污染控制标准》(GB 18599—2001)、《危险废物焚烧污染控制标准》(GB 18484—2001)、《生活垃圾焚烧污染控制标准》(GB 18485—2001)、《危险废物贮存污染控制标准》(GB 18597—2001)、《危险废物填埋污染控制标准》(GB 18598—2001)和《生活垃圾填埋场污染控制标准》(GB 16889—2008)等。

6. 核辐射与电磁辐射环境保护标准

放射性环境标准有《放射性废物的分类》(GB 9133—1995)、《核热电厂辐射防护规定》(GB 14317—93)等。电磁辐射标准仅有《电磁辐射防护规定》(GB 8702—88)一项标准。

最新的环境保护标准可以在环境保护部的《环境保护标准》中查阅。

习题与思考题

1. 环境监测的主要任务是什么？
2. 按照目的和性质不同，环境监测可分为哪几类？
3. 环境监测有哪些特点？
4. 环境监测对象选择的原则有哪些？
5. 环境监测和环境分析有何区别？
6. 什么是优先污染物？什么是优先监测？
7. 简述目前环境分析测试的主要方法。
8. 根据环境污染的特点，分析环境监测方法的发展趋势。
9. 我国现行的环境标准体系是什么？
10. 制定环境标准的原则是什么？标准是否越严格越好？
11. 既然有了国家排放标准，为什么还允许制定和执行地方排放标准？

Chapter 2

第2章

水和废水监测

本章提要：

本章主要介绍了水和废水监测方案制订、水样的布点采集、分析项目的测定等。

通过本章的学习，了解水样的采集和保存方法，以及水样温度、颜色、残渣、浊度、透明度、气味等物理指标的测定；了解三氮含义及测定；掌握地面水监测断面和采样点的设置，工业废水采样点的设置，采样的时间和频率；掌握水样有机污染指标的含义及DO、COD、BOD_5的测定；掌握原子吸收光度法测定重金属元素及铬的光度法测定。

水是地球生命的基础，也是人类环境的重要组成部分。随着人口的不断增长和工农业生产的快速发展，用水量和污水排放量急剧增加，致使许多江、河、湖、海、水库乃至地下水等都遭到不同程度的污染。近年来，水资源紧缺和污染问题越来越严重，世界各国都十分重视水资源保护。水质监测是环境监测的重要组成部分，可为控制水污染、保护水资源提供科学依据。

2.1 概述

2.1.1 水体污染及其类型

水体污染指由于人类的生活和生产活动，将大量未经处理的工业废水、生活污水、农业回流水及其他废弃物直接排入环境水体，造成水质恶化。水体污染分为 3 种类型：

化学污染型：指排入水体的无机和有机污染物造成的水体污染。

物理污染型：指排入水体的有色物质、悬浮固体、放射性物质及高于常温的物质等造成的污染。

生物污染型：指随生活污水、医院污水等排入水体的病原微生物造成的污染。

水体污染物按排放方式可分为点源和面源。污染物进入水体后，经过水的稀释作用和一系列复杂的物理、化学和生物作用，如挥发、絮凝、水解、络合、氧化还原、微生物降解等，使污染物的浓度降低，水质得到改善，该过程称为水体自净。但是，当进入水体的污染物数量超过水体自净能力时，就会造成水质急剧恶化，致使水体自净功能衰退或丧失。

2.1.2 水质监测的对象和目的

水质监测分为环境水体监测和水污染源监测。环境水体包括地表水(江、河、湖、库、海水)和地下水；水污染源包括工业废水、生活废水、医院污水等。对它们进行监测的目的可概括为以下几个方面：

(1)对进入江、河、湖泊、水库、海洋等地表水的污染物及渗透到地下水中的污染物质进行经常性监测，以掌握水质的现状及其变化趋势。

(2)对生产、生活等废(污)水排放源排放的各类废(污)水进行监视性监测，评价其是否符合排放标准，为污染源管理提供依据。

(3)对水环境污染事故进行应急监测，为分析判断事故的原因和危害、制定对策提供依据。

(4)为国家制定环境保护法规、标准和规划提供有关数据和资料。

(5)为开展水环境质量评价、预测预报及进行科学研究提供基础数据和技术手段。

(6)收集本底数据，为基础性研究积累资料。

2.1.3 水质标准及监测项目

1. 水质标准

水的用途很广，无论是作为生活饮用水、工业用水、农业灌溉用水或是渔业用水等，都有一定的水质要求。由于用途不同，必须建立起相应的物理、化学、生物学的质量标准，对水中的杂质加以一定的限制。水质标准包括水环境质量标准和排放标准，以地表水环境质量标准为例介绍水环境质量标准。我国的《地表水环境质量标准》(GB 3838—2002)见表 2-1a～c。

表 2-1a 地表水环境质量标准基本项目标准限值 mg/L

序号	项目	Ⅰ类	Ⅱ类	Ⅲ类	Ⅳ类	Ⅴ类
1	水温/℃	人为造成的环境水温变化应限制在： 周平均最大温升≤1 周平均最大温降≤2				
2	pH(无量纲)	6～9				
3	溶解氧≥	饱和率 90% (或 7.5)	6	5	3	2
4	高锰酸盐指数≤	2	4	6	10	15
5	化学需氧量(COD)≤	15	15	20	30	40
6	五日生化需氧量(BOD_5)≤	3	3	4	6	10
7	氨氮(NH_3-N)≤	0.15	0.5	1.0	1.5	2.0
8	总磷(以 P 计)≤	0.02(湖、库 0.01)	0.1(湖、库 0.025)	0.2(湖、库 0.05)	0.3(湖、库 0.1)	0.4(湖、库 0.2)
9	总氮 (湖、库以 N 计)≤	0.2	0.5	1.0	1.5	2.0
10	铜≤	0.01	1.0	1.0	1.0	1.0
11	锌≤	0.05	1.0	1.0	2.0	2.0
12	氟化物(以 F^- 计)≤	1.0	1.0	1.0	1.5	1.5
13	硒≤	0.01	0.01	0.01	0.02	0.02
14	砷≤	0.05	0.05	0.05	0.1	0.1
15	汞≤	0.000 05	0.000 05	0.000 1	0.001	0.001
16	镉≤	0.001	0.005	0.005	0.005	0.01
17	铬(六价)≤	0.01	0.05	0.05	0.05	0.1
18	铅≤	0.01	0.01	0.05	0.05	0.1
19	氰化物≤	0.005	0.05	0.2	0.2	0.2
20	挥发酚≤	0.002	0.002	0.005	0.01	0.1
21	石油类≤	0.05	0.05	0.05	0.5	1.0
22	阴离子表面活性剂≤	0.2	0.2	0.2	0.3	0.3
23	硫化物≤	0.05	0.1	0.2	0.5	1.0
24	粪大肠菌群/(个/L)≤	200	2 000	10 000	20 000	40 000

表 2-1b 集中式生活饮用水地表水源地补充项目标准限值 mg/L

序号	项目	标准值
1	硫酸盐(以 SO_4^{2-} 计)	250
2	氯化物(以 Cl^- 计)	250
3	硝酸盐(以 N 计)	10
4	铁	0.3
5	锰	0.1

表 2-1c 集中式生活饮用水地表水源地特定项目标准限值 mg/L

序号	项目	标准值	序号	项目	标准值
1	三氯甲烷	0.06	41	丙烯酰胺	0.0005
2	四氯化碳	0.002	42	丙烯腈	0.1
3	三溴甲烷	0.1	43	邻苯二甲酸二丁酯	0.003
4	二氯甲烷	0.02	44	邻苯二甲酸二(2-乙基己基)酯	0.008
5	1，2-二氯乙烷	0.03	45	水合肼	0.01
6	环氧氯丙烷	0.02	46	四乙基铅	0.000 1
7	氯乙烯	0.005	47	吡啶	0.2
8	1，1-二氯乙烯	0.03	48	松节油	0.2
9	1，2-二氯乙烯	0.05	49	苦味酸	0.5
10	三氯乙烯	0.07	50	丁基黄原酸	0.005
11	四氯乙烯	0.04	51	活性氯	0.01
12	氯丁二烯	0.002	52	滴滴涕	0.001
13	六氯丁二烯	0.000 6	53	林丹	0.002
14	苯乙烯	0.02	54	环氧七氯	0.000 2
15	甲醛	0.9	55	对硫磷	0.003
16	乙醛	0.05	56	甲基对硫磷	0.002
17	丙烯醛	0.1	57	马拉硫磷	0.05
18	三氯乙醛	0.01	58	乐果	0.08
19	苯	0.01	59	敌敌畏	0.05
20	甲苯	0.7	60	敌百虫	0.05
21	乙苯	0.3	61	内吸磷	0.03
22	二甲苯[①]	0.5	62	百菌清	0.01
23	异丙苯	0.25	63	甲萘威	0.05
24	氯苯	0.3	64	溴氰菊酯	0.02
25	1，2-二氯苯	1.0	65	阿特拉津	0.003
26	1，4-二氯苯	0.3	66	苯并[a]芘	2.8×10^{-6}
27	三氯苯[②]	0.02	67	甲基汞	1.0×10^{-6}
28	四氯苯[③]	0.02	68	多氯联苯[⑥]	2.0×10^{-5}
29	六氯苯	0.05	69	微囊藻毒素-LR	0.001

续表表 2-1c

序号	项目	标准值	序号	项目	标准值
30	硝基苯	0.017	70	黄磷	0.003
31	二硝基苯④	0.5	71	钼	0.07
32	2，4-二硝基甲苯	0.000 3	72	钴	1.0
33	2，4，6-三硝基甲苯	0.5	73	铍	0.002
34	硝基氯苯⑤	0.05	74	硼	0.5
35	2，4-二硝基氯苯	0.5	75	锑	0.005
36	2，4-二氯苯酚	0.093	76	镍	0.02
37	2，4，6-三氯苯酚	0.2	77	钡	0.7
38	五氯酚	0.009	78	钒	0.05
39	苯胺	0.1	79	钛	0.1
40	联苯胺	0.000 2	80	铊	0.000 1

注：①二甲苯指对-二甲苯、间-二甲苯、邻-二甲苯。②三氯苯指 1，2，3-三氯苯、1，2，4-三氯苯、1，3，5-三氯苯。③四氯苯指 1，2，3，4-四氯苯、1，2，3，5-四氯苯、1，2，4，5-四氯苯。④二硝基苯指对-二硝基苯、间-硝基氯苯、邻-硝基氯苯。⑤硝基氯苯是指邻硝基氯苯、间硝基氯苯和对硝基氯苯。⑥多氯联苯指 PCB-1016、PCB-1221、PCB-1232、PCB-1242、PCB-1248、PCB-1254、PCB-1260。

该标准将标准项目分为：地表水环境质量标准基本项目、集中式生活饮用水地表水源地补充项目和集中式生活饮用水地表水源地特定项目。基本项目适用于我国江河、湖泊、运河、渠道、水库等具有使用功能的地表水域。具有特定功能的水域，执行相应的专业用水水质标准。依据地表水水域环境功能和保护目标，按功能高低依次划分为 5 类：

Ⅰ类：主要适用于源头水、国家自然保护区。

Ⅱ类：主要适用于集中式生活饮用水地表水源地一级保护区、珍稀水生生物栖息地、鱼虾类产卵场、仔稚幼鱼的索饵场等。

Ⅲ类：主要适用于集中式生活饮用水地表水源地二级保护区、鱼虾类越冬场、洄游通道、水产养殖区等渔业水域及游泳区。

Ⅳ类：主要适用于一般工业用水区及人体非直接接触的娱乐用水区。

Ⅴ类：主要适用于农业用水区及一般景观要求水域。

2. 监测项目选择的原则

水质监测项目根据水体功能和污染源种类不同有较大差异。随着污染物质的增加、检测手段和分析方法的发展进步，国际和国内相应标准不断更新，水质监测项目不断变化。目前我国水质监测项目分为必测项目和选测项目，其中选测项目主要针对有机物测试指标。监测项目选择的基本原则如下：

(1)依据监测的目的和要求，选择测定项目。

(2)优先选择水环境质量标准和水污染物排放标准中要求控制的监测项目。

(3)选择对人和其他生物危害大、对环境质量影响范围广的污染物。

(4)选择的监测项目具有标准分析方法或全国统一的分析方法。

3. 监测项目

(1)地表水监测项目　地表水的监测项目列于表 2-2(引自《地表水和污水监测技术规范》

(HJ/T 91—2002))。潮汐河流必测项目增加氯化物；饮用水保护区或饮用水源的河流除监测常规项目外，必须注意剧毒和"三致"有毒化学品的监测。

表 2-2　地表水监测项目①

	必测项目	选测项目
河流	水温、pH、溶解氧、高锰酸钾指数、化学需氧量、BOD_5、氨氮、总氮、总磷、铜、锌、氟化物、硒、砷、汞、镉、铬(六价)、铅、氰化物、挥发酚、石油类、阳离子表面活性剂、硫化物和粪大肠杆菌群	总有机碳、甲基汞，其他项目根据纳污情况由各级相关环境保护主管部门确定
集中式饮用水源地	水温、pH、溶解氧、悬浮物②、高锰酸钾指数、化学需氧量、BOD_5、氨氮、总氮、总磷、铜、锌、氟化物、铁、锰、硒、砷、汞、镉、铬(六价)、铅、氰化物、挥发酚、石油类、阳离子表面活性剂、硫化物、硫酸盐、氯化物、硝酸盐和粪大肠杆菌群	三氯甲烷、四氯甲烷、三溴甲烷、二氯甲烷、1，2-二氯乙烷、环氧氯丙烷、氯乙烯、1，1-二氯乙烯、1，2-二氯乙烯、三氯乙烯、四氯乙烯、氯丁二烯、六氯丁二烯、苯乙烯、甲醛、乙醛、丙烯醛、三氯乙醛、苯、甲苯、乙苯、二甲苯③、异丙苯、氯苯、1，2-二氯苯、1，4-二氯苯、三氯苯④、四氯苯⑤、六氯苯、硝基苯、二硝基苯⑥、2，4-二硝基甲苯、2，4-三硝基甲苯、硝基氯苯⑦、2，4-二硝基氯苯、2，4-二氯苯酚、2，4，6-三氯苯酚、五氯酚、苯胺、联苯胺、丙烯酰胺、丙烯腈、邻苯二甲酸二丁酯、邻苯二甲酸二(2-乙基己基)酯、水合肼、四乙基铅、吡啶、松节油、苦味酸、丁基黄原酸、活性氯、滴滴涕、林丹、环氧七对硫磷、甲基对硫磷、马拉硫磷、乐果、敌敌畏、敌百虫、内吸磷、百菌清、甲萘威、溴氰菊酯、阿特拉津、苯并[a]芘、甲基汞、多氯联苯⑧、微囊藻毒素-LR、黄磷、钼、钴、铍、硼、锑、镍、钡、钒、钛、铊
湖泊水库	水温、pH、溶解氧、高锰酸钾指数、化学需氧量、BOD_5、氨氮、总氮、总磷、铜、锌、氟化物、硒、砷、汞、镉、铬(六价)、铅、氰化物、挥发酚、石油类、阳离子表面活性剂、硫化物和粪大肠杆菌群	总有机碳、甲基汞、硝酸盐、亚硝酸盐，其他项目根据纳污情况由各级相关环境保护主管部门确定
排污河(渠)	根据纳污情况，参照工业废水监测项目进行	

注：①监测项目中，有的项目监测结果低于检测限，并确认没有新的污染源增加时可减少监测频次。根据各地经济发展情况不同，在有监测能力(配置 GC/MS)的地区每年应监测 1 次选测项目。②悬浮物在 5 mg/L 以下时测定浊度。③二甲苯指邻二甲苯、间二甲苯和对二甲苯。④三氯苯指 1，2，3-三氯苯、1，2，4-三氯苯和 1，3，5-三氯苯。⑤四氯苯指 1，2，3，4-四氯苯、1，2，3，4-四氯联苯和 1，2，4，5-四氯苯。⑥二硝基苯指邻二硝基苯、间二硝基苯和对二硝基苯。⑦硝基氯苯是指邻硝基氯苯、间硝基氯苯和对硝基氯苯。⑧多氯联苯指 PCB-1016、PCB-1221、PCB-1232、PCB-1242、PCB-1248、PCB-1254 和 PCB-1260。

(2)工业废水监测项目　工业废水监测项目包括：色度、悬浮物、pH；铜、铅、锌、镉、汞、铬；砷、硫化物、氟化物、氰化物、氨氮；COD、BOD；挥发酚、石油类、苯类、苯胺类、硝基苯类、多环芳烃、有机氯、有机磷等。但是，工业类别不同，废水的监测项目差别较大。例如，冶金、矿山类废水主要监测重金属和非重金属化合物；石油、有机化工类废水监测多为有机污染物。

(3)底质监测项目　底质监测必测项目：砷、汞、烷基汞、铬、六价铬、铅、镉、铜、锌、硫化物和有机质。选测项目：有机氯农药、有机磷农药、除草剂、多氯联苯(PCBs)、烷基汞、苯系物、多环芳烃和邻苯二甲酸酯类。

2.2 水质监测方案的制定

水质监测方案是完成水质监测任务的工作程序和技术方法的总体设计。监测方案的制定首先要明确监测目的，然后在实地调查研究的基础上确定监测项目，布设监测网点，合理安排采样时间和采样频率，选定采样方法和分析技术，提出监测报告要求，制定质量保证措施和实施计划等。2009 年国家环境保护部颁布了《水质采样方案设计技术规定》(HJ 495—2009，替代原来的 GB 12997—91)，规定了水质采样的相关要求。

2.2.1 地表水水质监测方案的制定

2.2.1.1 基础资料收集

在制定监测方案之前，应尽可能完备地收集欲监测水体及所在区域的有关资料，主要包括：

(1)水体的水文、气候、地质、地貌等背景资料。如水位、水量、流速及流向的变化；降水量、蒸发量及历史上的水情；河流的宽度、深度、河床结构及地质状况；湖泊沉积物的特性、间温层分布、等深线等。

(2)水体沿岸城市分布、人口分布、工业布局、污染源及其排污情况、城市给排水情况等。

(3)水体沿岸的资源情况和水资源的用途、饮用水源分布和重点水源保护区、水体流域土地功能及其近期使用计划等。

(4)历年水质监测资料等，如目标水体的丰水期、枯水期、平水期的时间范围情况变化等。

(5)地表径流污水、农田灌溉排水、农药和化肥使用情况等。

2.2.1.2 监测断面和采样点的设置

监测断面和采样点应根据监测目的和监测项目，结合水域类型、水文、气象、环境等自然特征，综合诸方面因素进行设置。

1. 设置原则

确定地表水监测断面和采样点时应遵循代表性、可控性、经济性及不断优化的原则。监测断面在总体和宏观上须能反映水系或所在区域的水环境质量状况。各断面的具体位置须能反映所在区域环境的污染特征；尽可能以最少的断面获取足够的有代表性的环境信息；同时还须考虑实际采样时的可行性和方便性。具体原则包括以下几个方面：

(1)有大量污水和废水排入河流的主要居民区、工业区的上游和下游；支流与干流汇合处；湖泊、水库、河口的主要入口和出口；国际河流出入国境线出入口；入海河流河口和受潮汐影响的河段，应该设置监测断面。

(2)饮用水源区、水资源集中的水域、主要风景游览区、水上娱乐区、重大水利设施所在地、严重水土流失区、地球化学异常区的水域以及与水质有关的地方病发病区，应设置监测断面。

(3)监测断面应避开死水区、回水区、排污口处，尽量选择水流平稳、水面宽阔、无急流、无浅滩的顺直河段。

(4)监测断面应尽可能与水文测量断面重合，实现水质监测与水量监测的结合，要求交通方便，有明显岸边标志。

(5)应急监测断面一般设置在事故发生地点及其附近，根据现场的具体情况和污染水体的特性设置。

2. 河流监测断面的设置

为评价完整江河水系的水质，需要设置背景断面、对照断面、控制断面、消减断面和管理断面。对于江河水系或某个河段，一般应设置对照断面、控制断面和消减断面，如图 2-1 所示。

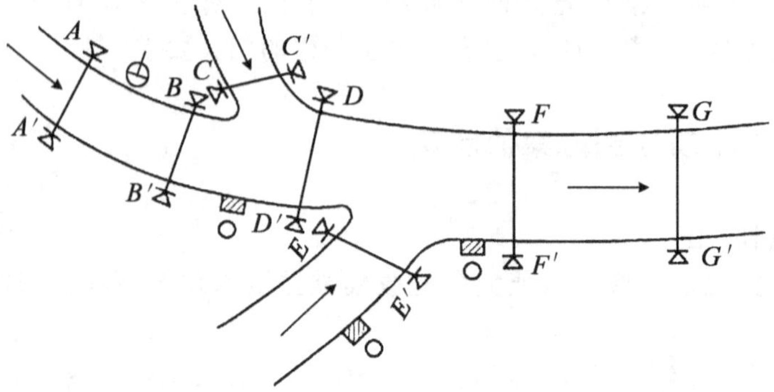

→水流方向；⊖自来水厂取水点；○污染源；▨排污口；A—A′对照断面；B—B′、C—C′、D—D′、E—E′、F—F′控制断面；G—G′消减断面

图 2-1 河流监测断面设置示意图

(引自：奚旦立. 环境监测. 2004)

(1)对照断面　为了解流入监测河段前的水体水质情况而设置。一般设置在河流进入城市或工业区以前的地方，避开各种废水、污水流入或回流处。一个河段一般只设一个对照断面，如果有支流时可酌情增加。

(2)控制断面　为评价监测河段两岸污染源对水体水质影响而设置。一般设在主要排污口下游基本混合均匀、距排污口 500～1 000 m 处。控制断面的数量可根据河岸污染源分布情况而定。在流经特殊要求地区(如饮用水源地、风景游览区、水产资源区等)的河段上也应设置控制断面。

(3)消减断面　是指废水或污水排入河流后，与河水充分混合，水中污染物浓度经过稀释扩散和自净作用显著降低处的断面。通常设在城市或工业区下游污染物浓度显著下降处或最后一个排污口下游 1 500 m 以外的河段。

(4)背景断面　设在基本上未受人类活动影响的河段，为评价一个完整水系的污染程度提供基础数据。

(5)管理断面　指为特定的环境管理需要而设置的断面，如定量化考核、监视饮用水源和流域污染源限期达标排放等。

3. 湖泊和水库监测断面的布设

湖泊、水库和池塘通常只设监测垂线，当水体复杂时，可参照河流的有关规定设置监测断面。

(1)在湖(库、池塘)的不同水域，如进水区、出水区、深水区、浅水区、湖心区、岸边区，按水体类别设置监测垂线。

(2)在湖(库)的各功能区，如饮用水源、风景游览区、鱼类回流和产卵区、养殖区等，按照水体功能设置监测垂线。

(3)湖(库)区若无明显功能区别，一般采取以排污口为中心向外辐射布点或网格布点设置监测垂线。监测点应尽可能覆盖污染物所形成的污染面积，并能反映水域水质和水文特点。

4. 海域监测断面(点)的布设

河口：除在沿河口岸设点外，还可在以河流入海口为中心向外半径 10～30 海里区域内布设若干横断面(弧形布点)及一个纵断面(直线布点)；海港：除在港口沿岸设点外，还可根据具体情况设若干横断面及纵断面。河口和海港监测点一般应按污染区、自净区和对照区进行布设；开阔海域：一般以网格状布设监测点，数量根据污染程度和自净能力确定，一般近岸密，远岸疏，污染区密，对照区疏。

5. 采样点位的确定

设置监测断面后，应根据水面的宽度确定断面上的采样垂线，再根据采样垂线处的水深确定采样点的数量和位置。采样垂线数和各垂线上的采样点数应符合表 2-3 和表 2-4 的要求，引自《水质采样方案设计技术规定》HJ 495—2009。

表 2-3　采样垂线数的设置

水面宽	垂线数	说　明
≤50 m	一条(中泓)	1. 垂线布设应避开污染带，要测污染带应另加垂线； 2. 确能证明该断面水质均匀时，可仅设中泓垂线； 3. 该断面要计算污染物通量时，须按本表设置垂线
50～100 m	二条(近左右岸有明显水流处)	
>100 m	三条(左中右)	

表 2-4　采样垂线上的采样点数的设置

水深	采样点数	说　明
≤5 m	上层一点	1. 上层指水面下 0.5 m 处，水深不到 0.5 m 时，在水深 1/2 处； 2. 下层指河底以上 0.5 m 处； 3. 中层指 1/2 水深处； 4. 封冻时在冰下 0.5 m 处采样； 5. 该断面要计算污染物通量时，须按本表设置采样点
5～10 m	上、下层两点	
>10 m	上、中、下三层三点	

湖泊、水库监测垂线上采样点的布设与河流相同，但是如果存在分层现象，应先测定不同水深处的水温、溶解氧等参数，确定分层情况后，再决定垂线上采样点位和数目。

海域的采样点根据水深分层设置，如水深 50～100 m，在表层、10 m 层、50 m 层和底层设采样点。

监测断面和采样点位确定后，其所在位置应有固定、明显的天然标志物。如果没有，则应设置人工标志物，如竖石柱、打木桩等，或采样时用 GPS 定位，使每次采集的样品都取自同一位置，保证其代表性和可比性。

2.2.1.3 采样时间和采样频率的确定

为使采集的水样具有代表性，能够反应水质在时间和空间上的变化规律，必须确定合理的采样时间和采样频率，力求以最低的采样频次，取得最有时间代表性的样品。原则如下：

(1)饮用水源地、省(区、市)交界断面中需要重点控制的监测断面每月至少采样1次。

(2)国控水系、河流、湖、库的监测断面，每2个月采样1次，全年6次。采样时间可设在丰水期、枯水期和平水期，每期采样2次。底质每年枯水期采样1次。

(3)国控监测断面(或垂线)每月采样1次，在每月5～10日内进行采样。

(4)水系的背景断面每年采样1次。

(5)潮汐河流全年在丰水期、枯水期和平水期采样监测，分别在大潮期和小潮期进行，每次应分别采集涨、退潮水样。

(6)遇有特殊情况，或发生污染事故时，应增加采样频次。

(7)排污渠每年采样不少于3次。

(8)海水水质常规监测，每年按照丰水期、平水期和枯水期或季度采样2～4次。

2.2.2 地下水水质监测方案的制定

储存在土壤和岩石空隙(空隙、裂隙、溶隙)中的水统称地下水。相对于地面水而言，地下水的组成比较稳定，水质参数的变化比较缓慢，但是也存在着时间和空间上的变化。由于地质构造复杂，地下水采样点的设置与地面水有很大差异，然而其监测方案的制定过程基本与地面水相同。

1. 调查研究与资料收集

(1)收集、汇总监测区域的水文、地质、气象等方面的有关资料和以往的监测资料，例如，地质图、剖面图、测绘图、水井的成套参数、含水层、地下水补给、地下水水位和水深、径流和流向，以及温度、湿度、降水量等。

(2)调查监测区域内城市发展、工业布局、资源开发和土地利用情况；了解化肥和农药的施用面积和施用量；调查污水灌溉、排污、纳污及地表水的污染现状。

(3)调查水污染源类型及其分布情况、水质现状及其开发利用情况等。

在调查研究的基础上，确定主要污染源和污染物。根据地区特点及地下水的主要类型，将地下水分为若干个水文地质单元。

2. 采样点的布设

地下水监测井布点时，应考虑环境水文地质条件、地下水开采情况、污染物的分布和扩散形式以及区域水化学特征等因素。地下水监测以浅层地下水(又称潜水)为主，应尽可能利用各水文地质单元中已有的水井或机井。还可对深层地下水(又称承压水)的相关水层水质进行钻孔监测。通常布设两类采样点，即对照监测井和控制监测井。

(1)对照监测井　地下水背景值监测点应设在地下水流向的上游不受监测地区污染源影响的区域。

(2)控制监测井　工业区和重点污染源所在地的控制监测井的布设，主要根据污染物在地下水中的扩散形式确定，有以下几种情况，见表2-5。

表 2-5　地下水污染类型、成因及监测井布设方法

（引自：张俊秀．环境监测．2006）

污染类型	污染原因	监测井布设方法
条带状污染	渗坑、渗井和堆渣区的污染物在含水层渗透性较大的地区易造成条带状污染	采用平行和垂直地下水流向的方式布设
块状污染	污灌区、污染区及缺乏卫生条件居民区的污水渗透地下易造成块状污染	采用平行和垂直地下水流向的方式布设
点状污染	渗坑、渗井和堆渣区的污染物在含水层渗透小的地区易造成点状污染	在距离污染源最近的地方布设
带状污染	沿河、渠排放的工业废水和生活污水渗漏易造成带状污染	宜采用网格布点法布设

一般情况下在监测井液面下 0.3～0.5 m 处采样。若有间温层或多含水层分布，可按具体情况分层采样。

3. 采样时间和频率

(1)每年应在丰水期和枯水期分别采样测定；有条件的地区根据地方特点，可按四季采样监测；已建立长期监测点的地方也可按月采样监测。

(2)一般每一采样期至少采样监测 1 次；饮用水源监测点应该在每一采样期采样监测 2 次，其前后间隔至少 10 d。

(3)有异常情况的监测井点，应适当增加采样监测的频次。

2.2.3　水污染源监测方案的制定

水污染源包括工业废水、生活污水、医院污水等。在制定监测方案时，首先要进行资料收集和现场调查研究，查清用水情况、废水和污水的类型、主要污染物及排污去向和排放量、废水处理情况。然后进行综合分析，确定监测项目、监测点位，选定采样时间和频率、采样和监测方法及技术。

1. 采样点的设置

水污染源一般经管道或渠、沟排放，截面积比较小，不需设置断面，可按以下原则直接确定采样点位：

(1)含第一类污染物(汞、镉、砷、铅及其无机化合物，有机氯和强致癌物质等)的废水，一律在车间或车间废水处理设备出口处设置采样点。

(2)含第二类污染物(悬浮物、硫化物、挥发酚、氰化物、有机磷、石油类、铜、锌、氟及其无机化合物、硝基苯、苯胺类等)的废水，在工厂总排污口处设置采样点。

(3)有处理设施的工厂应在处理设施的排出口处布点。为了解废水的处理效果，可在进口和出口同时布点采样。

(4)在排污渠道上，采样点应设在渠道较直、水量稳定、上游没有污水汇入的地方。

(5)生活污水的采样点一般布设在污水总排放口或污水处理厂的排放口处。

2. 采样时间和频率

不同类型的废水或污水的性质和排放特点各不相同，工业废水、生活污水的水质和流量随着时间的变化而改变。因此，废水或污水的采样时间和频率应能反应污染物排放的变化特征，具有较好的代表性。一般情况下，采集时间和采样频次根据生产工艺特点和生产周期确定。

(1)水质比较稳定的废水(污水)的采样按生产周期确定监测频率，生产周期在 8 h 以内的，每 1 h 采样 1 次；生产周期大于 8 h 的，每 2 h 采集 1 次；但每个生产周期采样次数不少于 3 次，采样的同时测流量。最高允许排放浓度按日平均值计算。

(2)地方环境监测站对污染源的监督性监测每年不少于 1 次，如被国家或地方环境保护行政主管部门列为年度监测的重点排污单位，应增加到每年 2～4 次。生活污水每年采样监测 2 次，春夏季各 1 次；医院污水每年采样监测 4 次，每季度 1 次。

(3)对于污染治理、环境科研、污染源调查和评价等工作中的污水监测，其采样频率可根据工作方案要求另行确定。

2.2.4 底质(沉积物)的监测布点

底质(sediment)指江、河、湖、库、海等水体底部表层沉积物质。它是矿物、岩石、土壤的自然侵蚀和废(污)水排出物沉积及生物活动、物质之间物理、化学反应等过程的产物。通过底质监测可以了解水环境污染状况，追溯水环境污染历史，研究污染物的沉积、迁移、转化规律和对水生生物特别是底栖生物的影响，并为评价水体质量和沉积污染物对水体的潜在危险，预测水质变化趋势提供依据。

底质监测断面的位置应与水质监测断面重合，采样点在水质采样点垂线的正下方，以便与水质监测情况进行比较。当正下方无法采样时，可略作移动。湖(库)底质采样点一般应设在主要河流及污染源进入后与湖(库)水混合均匀处。采样点应避开河床冲刷、底质沉积不稳定及水草茂盛之处。

2.3 水样的采集、保存和预处理

采集具有代表性的水样是水质监测的关键环节。分析结果的准确性首先依赖于样品的采集和保存。为了得到具有真实代表性的水样，需要选择合理的采样位置、采样时间和科学的采样技术。

2.3.1 水样的类型

对于天然水体，为了使采集的水样具有代表性，应根据分析目的和现场实际情况来选定采集样品的类型和采样方法；对于工业废水和生活污水，应根据生产工艺、排污规律和监测目的，科学、合理地设计水样采集的种类和采样方法。归纳起来，水样类型主要有以下 3 种：

1. 瞬时水样

瞬时水样是指在某一时间和地点从水体中随机采集的分散水样。当水体水质稳定，或其组分在相当长的时间或相当大的空间范围内变化不大时，瞬时水样具有很好的代表性；当水体组分及含量随时间和空间变化时，就应隔时、多点采集瞬时水样，分别进行分析，摸清水质的变化规律。

2. 混合水样

混合水样是指在同一采样点于不同时间所采集的瞬时水样混合后的水样，也可称为“时间混合水样”。如果水的流量随时间变化，必须采集流量比例混合样，即在不同时间依照流量大小按比例采集的混合样。

3. 综合水样

把不同采样点同时采集的各个瞬时水样混合后所得到的样品称综合水样。这种水样在某些情况下更具有实际意义。例如，当为几条排污河、渠建立综合处理厂时，以综合水样取得的水质参数作为设计的依据更为合理。

2.3.2 水样的采集

采样前，要根据监测项目、监测内容和采样方法的具体要求，选择适宜的盛水容器和采样器，并清洗干净。采样器具的材质化学性质要稳定，大小形状适宜、不吸附待测组分、容易清洗、瓶口易密封。同时要确定总采样量(分析用量和备份用量)，并准备好交通工具。

1. 采样设备

采集表层水样，可用桶、瓶等容器直接采集。目前我国已经生产出不同类型的水质监测采样器，如单层采水器、直立式采水器、深层采水器、连续自动定时采水器等，广泛用于废水和污水采样。

常用的简易采水器，是一个装在金属框内用绳吊起的玻璃瓶或塑料瓶，框底装有重锤，瓶口有塞，用绳系牢，绳上标有高度(图 2-2)。采样时，将采样瓶降至预定深度，将细绳上提打开瓶塞，水样即流入并充满采样瓶，然后用塞子塞住。

急流采水器适于采集地段流量大、水层深的水样。它是将一根长钢管固定在铁框上，钢管是空心的，管内装橡皮管，管上部的橡皮管用铁夹夹紧，下部的橡皮管与瓶塞上的短玻璃管相接，橡皮塞上另有一长玻璃管直通至样瓶底部(图 2-3)。采集水样前，需将采样瓶的橡

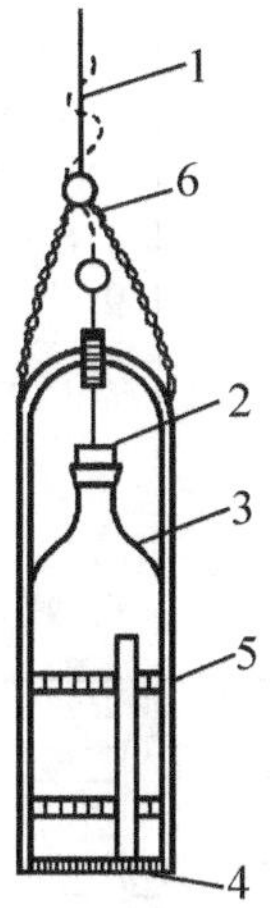

1. 绳子　2. 带有软绳的橡胶塞　3. 采样瓶
4. 铅锤　5. 铁框　6. 挂钩

图 2-2　简易采水器

(引自：奚旦立．环境监测．2004)

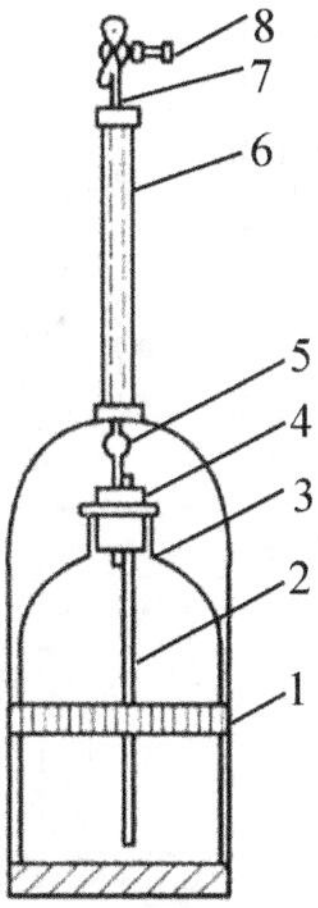

1. 铁框　2. 长玻璃管　3. 采样瓶　4. 橡胶塞
5. 短玻璃管　6. 钢管　7. 橡胶管　8. 夹子

图 2-3　急流采水器

(引自：奚旦立．环境监测．2004)

皮塞子塞紧，然后沿船身垂直方向伸入特定水深处，打开铁夹，水样即沿长玻璃管流入样瓶中。此种采水器是隔绝空气采样，可供溶解氧测定。

此外还有各种深层采水器和自动采水器。图 2-4 是一种机械(泵)式采水器，它用泵通过采水管抽吸预定水层的水样。图 2-5 为一种废(污)水自动采样器，可以定时将一定量水样分别采入采样容器，也可以采集一个生产周期内的混合水样。

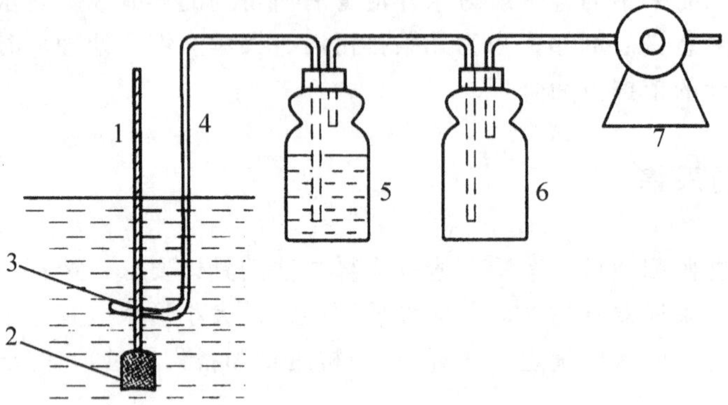

1. 细绳　2. 重锤　3. 采样头　4. 采样管　5. 采样瓶　6. 安全瓶　7. 泵

图 2-4　泵式采水器

（引自：奚旦立．环境监测．2004）

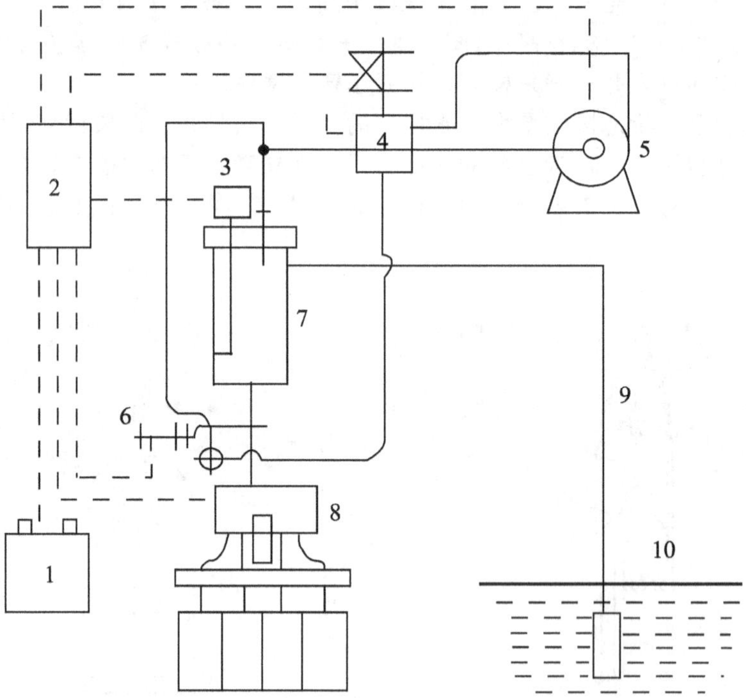

1. 蓄电池　2. 电子控制箱　3. 传感器　4. 电磁阀　5. 真空泵　6. 夹紧阀
7. 计量瓶　8. 切换器　9. 采水管　10. 废(污)水池

图 2-5　废(污)水自动采水器

（引自：奚旦立．环境监测．2004）

沉积物采样分表层沉积物采样和柱状沉积物采样。表层沉积物采样是用各种掘式和抓式采样器(图 2-6)，用手动绞车或电动绞车进行采样。柱状沉积物采样是采用各种管状或筒状的采样器(图 2-7)，利用自身重力或通过人工锤击，将管子压入沉积物中直至所需深度，然后将管子提取上来，用通条将管中的柱状沉积物样品压出。

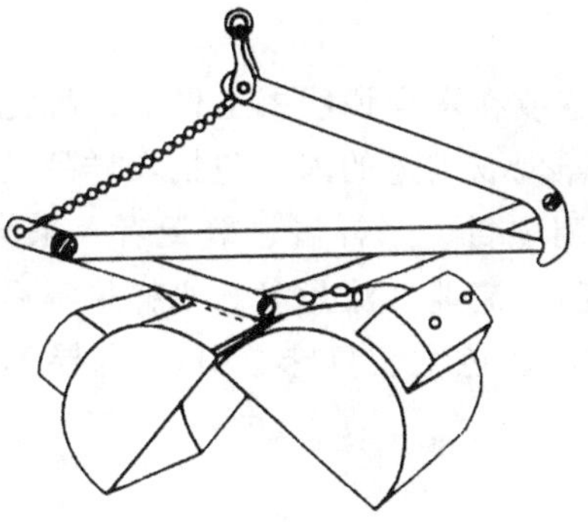

图 2-6　表层沉积物采样器

(引自：曲东．环境监测．2007)

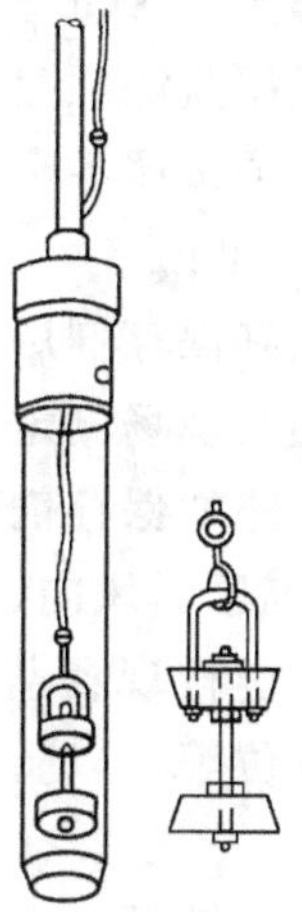

图 2-7　柱状沉积物采样器

(引自：曲东．环境监测．2007)

2．盛样容器

采集和盛装水样或底质样品的容器要求材质化学稳定性好，保证水样各组分在贮存期内不与容器发生反应，能够抵御环境温度从高温到严寒的变化，抗震，大小、形状和重量适宜，能严密封口并容易打开，容易清洗并可反复使用。常用材料有高压聚乙烯塑料(以 P 表示)、一般玻璃(G)和硬质玻璃或硼硅玻璃(BG)。不同监测项目水样容器应采用适当的材料。

水质监测，尤其是进行痕量组分测定时，常常因容器污染造成误差。为减少器壁溶出物对水样的污染和器壁吸附现象，须注意容器的洗涤方法。应先用水和洗涤剂洗净，用自来水冲洗后备用。常用洗涤法是用重铬酸钾-硫酸洗液浸泡，然后用自来水冲洗和蒸馏水荡洗；用于盛装重金属监测样品的容器，需用 10% 硝酸或盐酸浸泡数小时，再用自来水冲洗，最后用蒸馏水洗净。容器的洗涤还与监测对象有关，洗涤容器时要考虑到监测对象。如测硫酸盐和铬时，容器不能用重铬酸钾-硫酸洗液；测磷酸盐时不能用含磷洗涤剂；测汞时容器洗净后尚需用 1+3 硝酸浸泡数小时。

3．采样方法

(1)在河流、湖泊、水库及海洋采样应有专用监测船或采样船，如无条件也可用手划或机动的小船。如果位置合适，可在桥或坎上采样。较浅的河流和近岸水浅的采样点可以涉水采样。采样容器口应迎着水流方向，采样后立即加盖塞紧，避免接触空气，并避光保存。深层水的采集，可用抽吸泵采样，利用船等行驶至特定采样点，将采水管沉降至规定的深度，用泵抽取水样即可。采集底层水样时，切勿搅动沉积层。

(2)采集自来水或从机井采样时，应先放水数分钟，使积留在水管中的杂质及陈旧水排除后再取样。采样器和塞子须用采集水样洗涤 3 次。对于自喷泉水，在涌水口处直接采样。

(3)从浅埋排水管、沟道中采集废(污)水，用采样容器直接采集。对埋层较深的排水管、沟道，可用深层采水器或固定在负重架内的采样容器，沉入检测井内采样。

(4)采用自动采水器可自动采集瞬时水样和混合水样。当废(污)水排放量和水质较稳定时，可采集瞬时水样；当排放量较稳定，水质不稳定时，可采集时间等比例水样；当二者都不稳定时，必须采集流量等比例水样。

4. 水样采集量和现场记录

水样采集量根据监测项目确定，不同的监测项目对水样的用量和保存条件有不同的要求，所以采样量必须按照各个监测项目的实际情况分别计算，再适当增加20%～30%。底质采样量通常为1～2 kg。

采样完成并加好保存剂后，要贴上样品标签或在水样说明书上做好详细记录，记录内容包括采样现场描述与现场测定项目两部分。采样现场描述的内容包括：样品名称、编号、采样断面、采样点、添加保存剂种类和数量、监测项目、采样者、登记者、采样日期和时间、气象参数(气温、气压、风向、风速、相对湿度)、流速、流量等。水样采集后，对有条件进行现场监测的项目进行现场监测和描述，如水温、色度、臭味、pH、电导率、溶解氧、透明度、氧化还原电位等，以防变化。

2.3.3 流量的测量

为了计算水体污染负荷是否超过环境容量、控制污染源排放量和评价污染控制效果等，需要了解相应水体的流量。因此在采集水样的同时，还需要测量水体的水位(m)、流速(m/s)、流量(m^3/s)等水文参数。河流流量测量和工业废水、污水排放过程中的流量测量方法基本相同，主要有流速仪法、浮标法、容积法、溢流堰法等。对于较大的河流，水利部门通常都设有水文测量断面，应尽可能利用这些断面。若监测河段无水文测量断面，应选择水文参数比较稳定、流量有代表性的断面作为测量断面。

1. 流速仪法

使用流速仪可直接测量河流或废(污)水的流量。流速仪法通过测量河流或排污渠道的过水截面积，以流速仪测量水流速，从而计算水流量。流速仪法测量范围较宽，多数用于较宽的河流或渠道的流量测量。测量时需要根据河流或渠道深度和宽度确定垂直测点数和水平测点数。流速仪有多种规格，常用的有旋杯式和旋桨式两种，测量时将仪器放到规定的水深处，按照仪器说明书要求操作。

2. 浮标法

浮标法是一种粗略测量小型河、渠中水流速的简易方法。测量时选取一平直河段，测量该河段2 m间距内起点、中点和终点3个过水横断面面积，求出其平均横断面面积。在上游河段投入浮标(如木棒、泡沫塑料、小塑料瓶等)，测量浮标流经确定河段(L)所需要的时间，重复测量多次，求出所需时间的平均值(t)，即可计算出流速(L/t)，进而可按下式计算流量：

$$Q = K \times \bar{v} \times S$$

式中：Q为水流量，m^3/s；$\bar{v}$为浮标平均流速，m/s，等于L/t；S为过水横断面面积，m^2；K为浮标系数，与空气阻力、断面上流速分布的均匀性有关，一般需用流速仪对照标定，其范围为0.84～0.90。

3. 容积法

容积法是将污水接入已知容量的容器中，测定其充满容器所需时间，从而计算污水流量的方法。本法简单易行，测量精度较高，适用于污水量较小的连续或间歇排放的污水。但溢流口与受纳水体应有适当落差或能用导水管形成落差。

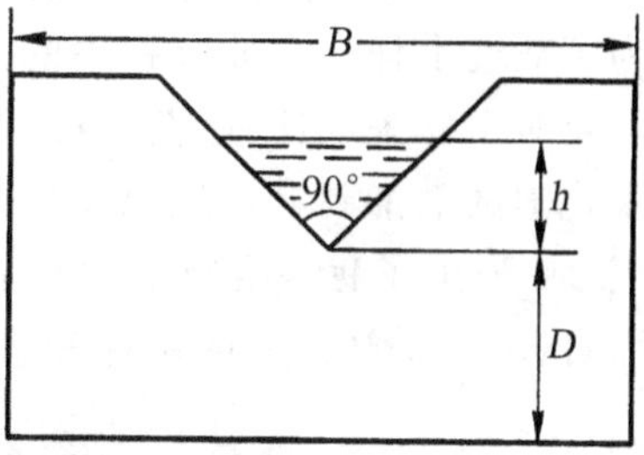

图 2-8　直角三角堰

（引自：奚旦立．环境监测．2004）

4. 溢流堰法

溢流堰法适用于不规则的污水沟、污水渠中水流量的测量。该法是用三角形或矩形、梯形堰板拦住水流，形成溢流堰，测量堰板前后水头和水位，计算流量。图 2-8 为用三角堰法测量流量的示意图，流量计算公式如下：

$$Q = Kh^{5/2}$$

$$K = 1.354 + \frac{0.04}{h} + \left(0.14 + \frac{0.2}{\sqrt{D}}\right)\left(\frac{h}{B} - 0.09\right)^2$$

式中：Q 为水流量，m^3/s；h 为过堰水头高度，m；K 为流量系数；D 为从水流底至堰缘的高度，m；B 为堰上游水流高度，m。

在下述条件下，上式误差$<\pm 1.4\%$。

$$0.5\ m \leqslant B \leqslant 1.2\ m$$

$$0.1\ m \leqslant D \leqslant 0.75\ m$$

$$0.07\ m \leqslant h \leqslant 0.26\ m$$

$$h \leqslant \frac{B}{3}$$

2.3.4　水样的运输与保存

1. 样品的运输

水样采集后，应尽快送到实验室分析测定。通常情况下，水样运输时间不超过 24 h。在运输过程中应注意：装箱前应将水样容器内外盖盖紧，对盛水样的玻璃磨口瓶应用聚乙烯薄膜覆盖瓶口，并用细绳将瓶塞与瓶颈系紧；装箱时用泡沫塑料或波纹纸板垫底和间隔防震。需冷藏的样品，应采取制冷保存措施；冬季应采取保温措施，以免冻裂样品瓶。

2. 样品的保存

水样在存放过程中，可能会发生一系列理化性质的变化。由于生物的代谢活动，会使水样的 pH、溶解氧、生化需氧量、二氧化碳、碱度、硬度、磷酸盐、硫酸盐、硝酸盐和某些有机化合物的浓度发生变化；由于化学作用，测定组分可能被氧化或还原。如六价铬在酸性条件下易被还原为三价铬，余氯可能被还原变为氯化物，硫化物、亚硫酸盐、亚铁、碘化物和氰化物可能因氧化而损失；由于物理作用，测定组分会被吸附在容器壁上或悬浮颗粒物的表面上，如金属离子可能与玻璃器壁发生吸附和离子交换，溶解的气体可能损失或增加，某些有机化合物易挥发损失等。为了避免或减少水样的组分在存放过程中的变化和损失，部分项目要在现场测定。不能尽快分析时，应根据不同监测项目的要求，放在性能稳定的材料制成的容器中，采取适宜的保存措施。

为了减缓水样在存放过程中的生物作用、化合物的水解和氧化还原作用及挥发和吸附作用，需要对水样采取适宜的保存措施。包括：①选择适当材料的容器；②控制溶液的 pH；③加入化学试剂抑制氧化还原反应和生化反应；④冷藏或冷冻以降低细菌活性和化学反应速率。表 2-6 列出了我国现行的水样保存方法和保存期，使用时应结合具体工作验证其适用性，引自《水质采样样品的保存和管理技术规定》(HJ 493—2009)。

表 2-6　水样保存方法和采样容器

待测项目	容器类别	保存方法	保存期	最少采样量/mL	建议
浊度	P 或 G		12 h	250	尽量现场测定
色度	P 或 G		24 h	250	尽量现场测定
酸度	P 或 G	1～5℃暗处	30 h	500	
碱度	P 或 G	1～5℃暗处	12 h	500	
硬度	P 或 G	HNO_3，1 L 水样中加浓 HNO_3 10 mL	14 d	250	
臭	G	—	6 h	500	尽量现场测定
悬浮物及沉淀物	P 或 G	1～5℃暗处	14 d	500	
pH	P 或 G		12 h	250	尽量现场测定
电导率	P 或 G		12 h	250	最好现场测定
溶解氧	溶解氧瓶	碘量法加 1 mL 1 mol/L 硫酸锰和 2 mL 1 mol/L 碱性碘化钾	24 h	500	现场固定氧
BOD_5	溶解氧瓶	1～5℃暗处冷藏	12 h	250	
	P	−20℃冷冻	1 个月	1 000	冷冻最长可保存 6 个月（浓度 < 50 mg/L 保存 1 个月）
COD	G	用 H_2SO_4，pH≤2	2 d	500	
	P	−20℃冷冻	1 个月	100	最长 6 个月
总有机碳(TOC)	G	用 H_2SO_4，pH≤2；1～5℃	7 d	25	
	P	−20℃冷冻	1 个月	100	
氨氮、凯氏氮、硝酸盐氮	P 或 G	加 H_2SO_4，pH≤2，1～5℃冷藏	24 h	250	—
亚硝酸盐氮	P 或 G	1～5℃冷藏避光保存	24 h	250	
总氮	P 或 G	加 H_2SO_4，pH1～2	7 d	250	—
可溶性磷酸盐	P 或 G	1～5℃冷藏	1 个月	250	采样时现场过滤
总磷	P 或 G	加 H_2SO_4 酸化至 pH≤2	24 h	250	—
氟化物、氯化物	P	1～5℃，避光	14 d	250	—

续表 2-6

待测项目	容器类别	保存方法	保存期	最少采样量/mL	建议
总氰化物	P或G	加 NaOH，pH≥9，1～5℃冷藏	7 d，如果硫化物存在，保存 12 h	250	
碘化物	P或G	NaOH，pH12	14 h	250	
余氯	P或G	避光	5 min	500	最好在采集 5 min 内现场分析
硫酸盐	P或G	1～5℃冷藏	1个月	200	
硫化物	P或G	水样充满容器，1 L 水样加 NaOH 至 pH 9，加入 5% 抗坏血酸 5 mL，饱和 EDTA 3 mL，滴加饱和 $Zn(Ac)_2$，至胶体产生，常温避光	24 h	250	
砷	P或G	HNO_3，1 L 水样中加浓 HNO_3 10 mL，DDTC 法，HCl 2 mL	14 d	250	
六价铬	P或G	NaOH，pH 8～9	14 d	250	
铬	P或G	HNO_3，1 L 水样中加浓 HNO_3 10 mL	1个月	100	
金属(总量)	P或G	HNO_3，1 L 水样中加浓 HNO_3 10 mL	14 d	250	
汞	P或G	HCl，1%如水样为中性，1 L 水样中加浓 HCl 10 mL	14 d	250	
油类	G	用 HCl 至 pH≤2	7 d	250	
酚类	G	加 H_3PO_4 酸化至 pH≤2，加抗坏血酸 0.01～0.02 g 除去残余氯，1～5℃避光	24 h	1 000	
离子型表面活性剂	G	1～5℃冷藏	2 d	500	
微生物	灭菌容器 G	1～5℃冷藏	尽快	1 000	

注：G 为硼硅玻璃；P 为塑料。

2.3.5 水样的预处理

环境水样所含组分复杂，多数待测组分的浓度低，存在形态各异，且样品中存在大量干扰物质，因此在分析测定之前，需要进行样品的预处理，以得到待测组分适合于分析方法要求的形态和浓度，并与干扰性物质最大限度地分离。水样的预处理主要指水样的消解、微量组分的富集与分离。

2.3.5.1 水样的消解

当对含有机物的水样中的无机元素进行测定时，需要对水样进行消解处理。消解处理的目的是破坏有机物、溶解颗粒物，并将各种价态的待测元素氧化成单一高价态或转变成易于分离的无机化合物。消解主要有湿式消解法和干灰化法两种。消解后的水样应清澈、透明、无沉淀。

1. 湿式消解法

(1)硝酸消解法　对于较清洁的水样，可用此法。具体方法是：取混匀的水样 50～200 mL 于锥形瓶中，加入 5～10 mL 浓硝酸，在电热板上加热煮沸，缓慢蒸发至小体积，试液应清澈透明，呈浅色或无色，否则，应补加少许硝酸继续消解。蒸至近干时，取下锥形瓶，稍冷却后加 2% HNO_3(或 HCl)20 mL，温热溶解可溶盐。若有沉淀，应过滤，滤液冷却至室温后于 50 mL 容量瓶中定容，备用。

(2)硝酸-硫酸消解法　这两种酸都是强氧化性酸，其中硝酸沸点低(83℃)，而浓硫酸沸点高(338℃)，两者联合使用，可大大提高消解温度和消解效果，应用广泛。常用的硝酸与硫酸的比例为 5∶2。消解时，先将硝酸加入水样中，加热蒸发至小体积，稍冷，再加入硫酸、硝酸，继续加热蒸发至冒大量白烟，冷却后加适量水温热溶解可溶盐。若有沉淀，应过滤，滤液冷却至室温后定容备用。为提高消解效果，常加入少量过氧化氢。该法不适用于含易生成难溶硫酸盐组分(如铅、钡、锶等元素)的水样。

(3)硝酸-高氯酸消解法　这两种酸都是强氧化性酸，联合使用可消解含难氧化有机物的水样。方法要点是：取适量水样于锥形瓶中，加 5～10 mL 硝酸，在电热板上加热、消解至大部分有机物被分解。取下锥形瓶，稍冷却，再加 2～5 mL 高氯酸，继续加热至开始冒白烟，如试液呈深色再补加硝酸，继续加热至冒浓厚白烟将尽，取下锥形瓶，冷却后加 2% HNO_3 溶解可溶盐。若有沉淀，应过滤，滤液冷却至室温后定容备用。因为高氯酸能与羟基化合物反应生成不稳定的高氯酸酯，有发生爆炸的危险，故应先加入硝酸氧化水样中的羟基有机物，稍冷后再加高氯酸处理。

(4)硫酸-磷酸消解法　两种酸的沸点都比较高，其中，硫酸氧化性较强，磷酸能与一些金属离子如 Fe^{3+} 等络合，两者结合消解水样，有利于测定时消除 Fe^{3+} 等离子的干扰。

(5)硫酸-高锰酸钾消解法　该方法常用于消解测定汞的水样。高锰酸钾是强氧化剂，在中性、碱性、酸性条件下都可以氧化有机物，其氧化产物多为草酸根，但在酸性介质中还可继续氧化。消解要点是：取适量水样，加适量硫酸和 5% 高锰酸钾溶液，混匀后加热煮沸，冷却，滴加盐酸羟胺破坏过量的高锰酸钾。

(6)多元消解法　为提高消解效果，在某些情况下需要通过多种酸的配合使用，特别是在要求测定大量元素的复杂介质体系中。例如处理测定总铬废水时，需要使用硫酸、磷酸和高锰酸钾消解体系。

(7)碱分解法　当酸消解法造成某些元素挥发或损失时，可采用碱分解法。即在水样中加入氢氧化钠和过氧化氢溶液，或者氨水和过氧化氢溶液，加热沸腾至近干，稍冷却后加入水或稀碱溶液温热溶解可溶盐。

(8)微波消解法　此方法主要是利用微波加热的工作原理，对水样进行激烈搅拌、充分混合和加热，能够有效提高分解速度，缩短消解时间，提高消解效率。同时，避免了待测元素的损失和可能造成的污染。

2. 干灰化法

干灰化法又称高温分解法。具体方法是：取适量水样于白瓷或石英蒸发皿中，于水浴上先蒸干，固体样品可直接放入坩埚中，然后将蒸发皿或坩埚移入马福炉内，于450～550℃灼烧至残渣呈灰白色，使有机物完全分解去除。取出蒸发皿，稍冷却后，用适量2% HNO_3（或HCl）溶解样品灰分，过滤后滤液经定容后供分析测定。本方法不适用于处理测定易挥发组分（如砷、汞、镉、硒、锡等）的水样。

2.3.5.2 水样的富集与分离

水质监测中，待测物的含量往往极低，大多处于痕量水平，常低于分析方法的检出下限，并有大量共存物质存在，干扰因素多，所以在测定前须进行水样中待测组分的分离与富集，以排除分析过程中的干扰，提高测定的准确性和重现性。富集和分离过程往往是同时进行的，常用的方法有过滤、挥发、蒸发、蒸馏、溶剂萃取、沉淀、吸附、离子交换、冷冻浓缩、层析等，比较先进的技术有固相萃取、微波萃取、超临界流体萃取等，应根据具体情况选择使用。

1. 挥发、蒸发和蒸馏

挥发、蒸发和蒸馏主要是利用共存组分的挥发性不同（沸点的差异）进行分离。

（1）挥发　此方法是利用某些污染组分挥发度大，或者将欲测组分转变成易挥发物质，然后用惰性气体带出而达到分离的目的。例如，汞是唯一在常温下具有显著蒸气压的金属元素，用冷原子荧光法测定水样中的汞时，先将汞离子用氯化亚锡还原为原子态汞，通入惰性气体将其带出并送入仪器测定。

（2）蒸发　蒸发一般是利用水的挥发性，将水样在水浴、油浴或砂浴上加热，使水分缓慢蒸出，而待测组分得以浓缩。该法简单易行，无需化学处理，但存在缓慢、易吸附损失的缺点。

（3）蒸馏　蒸馏分离是利用各组分的沸点及其蒸气压大小的不同实现分离的方法，分为常压蒸馏、减压蒸馏、水蒸气蒸馏、分馏法等。加热时，较易挥发的组分富集在蒸气相，通过对蒸气相进行冷凝或吸收，使挥发性组分在馏出液或吸收液中得到富集。

2. 液-液萃取法

液-液萃取也叫溶剂萃取，是基于物质在互不相溶的两种溶剂中分配系数不同，从而达到组分的富集与分离。具体分为以下两类。

（1）有机物的萃取　分散在水相中的有机物易被有机溶剂萃取，利用此原理可以富集分散在水样中的有机污染物。常用的有机溶剂有三氯甲烷、四氯甲烷、正己烷等。

（2）无机物的萃取　多数无机物质在水相中均以水合离子状态存在，无法用有机溶剂直接萃取。为实现用有机溶剂萃取，通过加入一种试剂，使其与水相中的离子态组分相结合，生成一种不带电、易溶于有机溶剂的物质。根据生成可萃取物类型的不同，可分为螯合物萃取体系、离子缔合物萃取体系、三元络合物萃取体系和协同萃取体系等。在环境监测中常用的是螯合物萃取体系，利用金属离子与螯合剂形成疏水性的螯合物后被萃取到有机相，主要应用于金属阳离子的萃取。

3. 沉淀分离法

沉淀分离法是基于溶度积原理，利用沉淀反应进行分离。在待分离试液中，加入适当的沉淀剂，在一定条件下，使欲测组分沉淀出来，或者将干扰组分析出沉淀，以达到组分分离的目的。

4. 吸附法

吸附法是利用多孔性的固体吸附剂将水中的一种或多种组分吸附于表面，以达到组分分离的目的。常用的吸附剂主要有活性炭、硅胶、氧化铝、分子筛、大孔树脂等。被吸附富集于吸附剂表面的组分可用有机溶剂或加热等方式解析出来，进行分析测定。

5. 离子交换法

离子交换法是利用离子交换剂与溶液中的离子发生交换反应进行分离的方法。离子交换剂分为无机离子交换剂和有机离子交换剂。目前广泛应用的是有机离子交换剂，即离子交换树脂。通过树脂与试液中的离子发生交换反应，再用适当的淋洗液将已交换在树脂上的待测离子洗脱，以达到分离和富集的目的。该法既可以富集水中痕量无机物，又可以富集痕量有机物，分离效率高。

2.4 基本理化性质测定

水的理化指标如温度、pH、残渣、盐度、电导率、氧化还原电位等能够反映水体的一般性状。颜色、气味、浑浊度、透明度等成为水的感官物理性状，是指人类感觉器官对水质好坏的反映和评价。这种感官反映和评价常常带有一定的主观因素。

2.4.1 温度

温度是水质的一项重要物理指标。水的物理化学性质和生物化学反应与温度有着密切关系，如水中溶解性气体(氧、二氧化碳等)的溶解度、微生物活动、pH和盐度等都与温度变化有关。一般情况下，温度每升高10℃，反应速率约增加一倍。水温的测定对水体自净、水中的碳酸盐平衡、各种形式碱度的计算、气体和盐类在水中的饱和溶解度，以及水处理过程中的运转控制等都有重要的意义。若发现水温突然升高，表明水体可能受到热污染。

温度的测定应在现场进行，通常分为表层水温观测和深水温度观测。水温测定的国家标准为GB 13195—91。

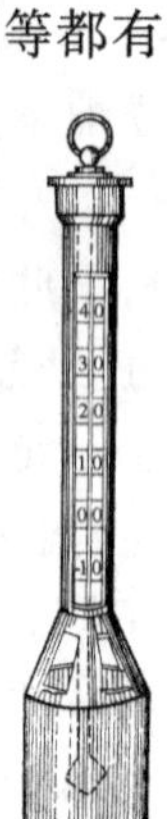

图 2-9　深水温度计

(引自：奚旦立．环境工程手册．1998)

2.4.1.1 仪器

温度计：常用的测量仪器有水银温度计、颠倒温度计及热敏电阻温度计。测量较深水体水温时可用深水温度计(图 2-9)。各类温度计使用前应经过校正。

2.4.1.2 测定步骤

测定时，将温度计插入水中，时间不得少于3 min，以获得稳定的读数。一般情况下，温度记录应准确至0.5℃，而计算水中溶解氧或科研工作需要时，则应准确至0.1℃。深水温度观测一般可只观测底层(距底质表层1 m以上)，如有必要分层观测，按深度先划好观测层次。

2.4.1.3 注意事项

地面水的温度受气温影响较大，故应同时测气温。测气温的温度计球部(感温部分)不应有水，以防因水分蒸发而降低测定值。

2.4.2 颜色

颜色是反映水体外观的指标。纯水无色透明，但是在自然界中水和废水常常因含有各种有机物质或无机盐类而显示不同的颜色。水的颜色分为真色和表色。真色是指除去悬浮物后水的颜色，是由水中所含溶解物质或胶体物质所造成的；表色是没有去除悬浮物的水所具有的颜色，是水中所含溶解物质、胶体物质和悬浮物质共同造成的。

颜色测定的方法分目视法和分光光度计法。目视法的标准方法是铂钴标准比色法，对饮用水和由于存在天然物质而使水产生颜色的都可应用。大多数高色度的工业废水可采用分光光度法或稀释倍数法进行测定。稀释倍数法是将污水用蒸馏水逐级稀释，直至两比色管中水样与蒸馏水相比不能辨别差异为止。这个刚觉察有颜色的最大水样稀释倍数，即为水样稀释倍数，用来表示色度。水的颜色也可以用恰当的文字予以描述，如用无色、微黄、浅黄、棕黄等来表示颜色的种类和深浅程度。废水和污水以及其他非黄色色调的水样，其颜色一般只作定性的描述，如浅绿色、淡红色、深蓝色、暗黑色等。

在测定颜色之前，若水样较浑浊，应事先放置澄清或离心后吸取上清液，也可用孔径0.45 μm滤膜过滤去除悬浮物，但不得用滤纸，以防吸附除去一些真色。

2.4.2.1 铂钴标准比色法(等效GB 11903—89)

1. 原理

以氯铂酸钾和氯化钴溶液配成标准色列，与被测水样的颜色进行目视比色，确定水样的色度。以每升水中含有1 mg铂和0.5 mg钴所具有的颜色为1个色度单位，称为1度。本方法适用于清洁的、带有黄色色调的天然水和饮用水的色度测定，不适用于颜色很深的工业废水。

2. 仪器

50 mL成套高型具塞比色管、离心机。

3. 试剂

铂钴标准溶液：称取1.246 0 g氯铂酸钾(K_2PtCl_6)和1.000 g干燥的氯化钴($CoCl_2 \cdot 6H_2O$)，共溶于100 mL浓盐酸，在容量瓶内用蒸馏水定容至1 000 mL。此标准溶液的色度为500度。

4. 测定步骤

(1)标准系列的配制　取11支50 mL具塞比色管，分别加入0、0.50、1.00、1.50、2.00、2.50、3.00、3.50、4.00、4.50及5.00 mL铂钴标准溶液，各加蒸馏水至刻度，摇匀。此配成的标准色度依次为0、5、10、15、20、25、30、35、40、45及50度。此标准色列管可长期保存使用。

(2)水样的测定　另取50 mL澄清水样于比色管中，如水样色度过高，可少取水样，加蒸馏水稀释至刻度。

在光线充足处，将水样与标准色列并列，放在白色背景上比色，使光线从底部向上透过比色管，自管口向下垂直观察比色。记录相当标准管色度的读数。

5. 结果计算

$$水样色度 = A \times \frac{50}{B}$$

式中：A 为稀释后水样相当于铂钴标准色列的色度；B 为水样的体积，mL。

6. 注意事项

(1)水色与 pH 有关，pH 高时往往色度加深，故应同时测定水样的 pH。

(2)如果样品中有泥土或其他很细的悬浮物，虽经澄清、离心等预处理而得不到透明水样时，则只测表色。

2.4.2.2 铬钴标准比色法

由于铂钴法中氯铂酸钾昂贵，也可用重铬酸钾代替氯铂酸钾，用硫酸钴代替氯化钴。本法除试剂的配制外，其他均与铂钴标准比色法相同。

铬钴标准溶液：称取 0.043 7 g 重铬酸钾($K_2Cr_2O_7$)及 1.000 0 g 干燥的硫酸钴($CoSO_4 \cdot 7H_2O$)溶于少量蒸馏水中，加 0.50 mL 浓盐酸，搅匀，在容量瓶内加蒸馏水定容至 500 mL。此标准溶液的色度为 500 度。

2.4.2.3 稀释倍数法(等效 GB 11903—89)

1. 原理

将水样用水稀释到接近无色时，记录稀释倍数，以此表示该水样的色度。本方法适用于受工业废水污染的地面水和工业废水颜色的测定。

2. 仪器

50 mL 成套高型具塞比色管、离心机。

3. 步骤

(1)取 100～150 mL 澄清水样置于烧杯中，以白色瓷板为背景，观测并描述其颜色种类和深浅程度，如浅绿色、淡红色、棕黄色、深蓝色、暗黑色等。

(2)分取澄清的水样，用水稀释成不同倍数，分取 50 mL 分别置于 50 mL 比色管中，管底部衬一白瓷板，由上向下观察稀释后水样的颜色，并与蒸馏水相比较，直至刚好看不出颜色，记录此时的稀释倍数。

2.4.3 臭

臭是人的嗅觉器官对水中含有挥发性物质的不良的感官反应，提供危险可能性的最初警告，对饮用水或娱乐用水来说是一项重要水质指标。清洁的水应不具有任何臭气和异味，而污染水中由于含有大量的挥发性污染物(如石油、酚等)以及有机物腐败分解的各种气体(如硫化氢、氨等)而产生强烈臭气，因此，水的臭气总与受污染程度有关。

人的嗅觉对某些物质有十分灵敏的反应，即使含量极微也能辨出。有关感官特性的化学分析虽有所进展，但是目前臭的试验手段还是依靠人的嗅觉。由于嗅觉受个人的年龄、健康状况、心理因素以及温度、湿度等的影响，臭试验的结果很难用严格的物理量表示。通常用文字对臭的性质及强度作定性描述，用臭阈值或臭强度表示。在60℃下，水样经用无臭水稀释至刚能察觉出臭时的稀释倍数，称为臭阈值；在一定温度下，用等量无臭水对水样反复进行稀释操作，直至闻不到臭为止，此重复次数即为臭度。

2.4.3.1　定性描述法

水的臭气与温度有关，加热时臭气更为强烈，所以臭的试验有常温法和煮沸法。

1. 原理

检验人员根据嗅觉分别感受常温时(20℃)和煮沸后水样的气味，并进行定性描述和臭强度分级。

定性描述可用下列形容词予以描述：

正常——不具有任何气味；

芳香气味——花香、水果香气等；

化学药品气味——氯气味、石油气味(汽油、煤油、煤焦油等气味)、酚气味、硫化氢气味等；

不愉快气味——鱼腥味、泥土味、霉烂气味等。

臭强度分级见表2-7。

表2-7　臭强度等级

等级	强度	说　明
0	无	无任何气味
1	微弱	一般人难以察觉，但嗅觉敏感者可以察觉
2	弱	一般人刚能察觉
3	明显	已能明显察觉
4	强	有显著的臭味
5	很强	有强烈的臭味或异味

2. 仪器

250 mL三角瓶、温度计。

3. 试剂

可将自来水通过颗粒活性炭处理后作为无臭水，也可将自来水煮沸，蒸去原体积的1/10后作为无臭水。

4. 测定步骤

(1)常温水样的测定　取100 mL水样于250 mL三角瓶内，用冷水或热水在瓶外调节水温至(20±2)℃。振荡瓶内水样，从瓶口闻水的气味，进行定性描述并确定臭强度等级。

(2)煮沸后水样的测定　将瓶内水煮沸，立即取下，稍冷后闻水的气味，进行定性描述并确定强度等级。

2.4.3.2　臭阈值法(odor threshold method)

1. 原理

用无臭水将水样稀释，直至分析人员刚刚闻到气味为止，此时的稀释倍数叫臭阈值。此法既适用于几乎无臭的天然水，也适用于臭阈值大到数千的工业废水。

2. 仪器

500 mL 具塞锥形瓶、温度计。

3. 试剂

无臭水：同 2.4.3.1 中的 3。

4. 测定步骤

分别量取 0、2、8、12、50、100 mL 水样于 500 mL 具塞锥形瓶中，用无臭水稀释至 200 mL，盖上瓶塞，在水浴上加热到预热温度[一般选(60±1)℃或(40±1)℃]。先从空白(无臭水)的瓶子开始，取下振荡 2～3 次，打开瓶塞闻其气味。照此法按水样由小到大的顺序依次进行检验。当嗅至某一瓶有气味时，记录序号。

以检出有气味的水样瓶号为中间号，按表 2-8 所示系列重新配制一组水样(例如，初测时检出气味的水样为 12 mL，重配时应取水样分别为 4、5、7、8、9、12、17、25、35 mL)，并按上述方法再进行检验。在配制的系列中可插入几个空白水样。检验中有气味的记录为"+"，无气味的记录为"－"。有时，出现水样浓度低的为"+"，而浓度高的反而为"－"，此时以开始连续出现"+"的那个水样的稀释倍数作为臭阈值。

表 2-8　不同稀释比例时的臭阈值

稀释至 200 mL 试样的原水样体积/mL	臭阈值	稀释至 200 mL 试样的原水样体积/mL	臭阈值
200	1	12	17
140	1.4	8.3	24
100	2	5.7	35
70	3	4	50
50	4	2.8	70
35	6	2	100
25	8	1.4	140
17	12	1.0	200

5. 结果表示

臭阈值(threshold odor number，TON)的计算公式为：

$$\text{TON}=\frac{\text{水样毫升数}+\text{无臭水毫升数}}{\text{水样毫升数}}$$

不同检验人员因嗅觉敏感程度不同，可能造成结果不一致，一般选择 5 名以上嗅觉灵敏的检验人员同时检验，取检验结果的几何平均值。几何均值为 n 个数值乘积的 n 次方根。

6. 注意事项

(1)如水样含有余氯，应在脱氯前、后各检验 1 次。用新配制的硫代硫酸钠溶液(3.5 g $Na_2S_2O_3 \cdot H_2O$ 溶于 1 000 mL 水中，1 mL 此溶液可除去 0.5 mg 余氯)脱氯。

(2)臭阈值随温度而变，报告中必须注明检验时的水温。

(3)检验人员在检臭前避免外来气味的刺激。

2.4.4 浊度

浊度(turbidity)是反映水中不溶解物质对光线透过时阻碍程度的指标。水中含有泥土、粉砂、有机物、无机物、浮游生物和其他微生物等悬浮物和胶体物质，都可使水体呈现浑浊。一般来说，水中的不溶解物质越多，浊度也会越高，但两者之间并没有定量相关关系。因为浊度的大小不仅与不溶解物质的数量、浓度有关，还与这些不溶解物质的颗粒大小、形状和物质表面对光的散射特性等密切相关。浊度和色度虽然都反映了水的光学性质，但它们是有区别的。色度是由于水中的溶解物质引起的，而浊度则是由于不溶解物质所引起的。所以有的水样色度很高但不浑浊，反之亦然。

浊度是自来水厂水质的一个重要指标，饮用水浊度应小于 5 度。水源浊度的大小，直接影响自来水厂的净化操作。水体浊度增加不仅影响表观，而且妨碍阳光透射，影响水生植物正常的光合作用以及水生动物的生长。在水质分析中，浊度的测定通常仅用于天然水和饮用水。至于污水和废水，因含有大量的悬浮状污染物质，大多是相当浑浊的，一般只作悬浮固体的测定而不测定浊度。目前，测定浊度的方法有分光光度法(GB 13200—91)、目视比浊法(GB 13200—91)和浊度仪法。我国采用 1 L 蒸馏水中含有 1 mg 二氧化硅所引起的混浊度为 1 个浊度单位。测定浊度的水样收集于具塞玻璃瓶内，应在取样后尽快测定。如需保存，可在 4℃冷暗处保存 24 h，测试前要激烈振摇水样并恢复到室温。

2.4.4.1 分光光度法

1. 原理

在适宜温度下，硫酸肼与六次甲基四胺聚合形成白色高分子聚合物。以此作为浊度标准液，在一定条件下与水样进行比较。

2. 仪器

50 mL 比色管、分光光度计。

3. 试剂

(1)1%硫酸肼溶液　称取 1.000 g 硫酸肼[$(NH_2)_2 \cdot H_2SO_4$]溶于蒸馏水中，定容至 100 mL。

(2)10%六次甲基四胺溶液　称取 10.00 g 六次甲基四胺[$(CH_2)_6N_4$]溶于蒸馏水中，定容至 100 mL。

(3)浊度标准贮备液　吸取 5.00 mL 硫酸肼溶液与 5.00 mL 六次甲基四胺溶液于 100 mL 容量瓶中，混匀，于(25±3)℃下反应 24 h，冷却后加蒸馏水至刻度。此贮备液的浊度为 400 度(NTU)。

4. 测定步骤

(1)标准曲线的绘制　取浊度标准贮备液 0、0.50、1.25、2.50、5.00、10.00、12.50 mL，置于 50 mL 比色管中，加蒸馏水至刻度，摇匀后即得浊度为 0、4、10、20、40、80、100 度的标准系列。于 680 nm 波长下，用 3 cm 比色皿，以蒸馏水为参比，用分光光度计测定吸光度，绘制标准曲线。

(2)水样的测定　将水样摇匀，在上述同样条件下测定吸光度。由标准曲线上查得水样浊度。当水样浊度超过 100 度时，可用蒸馏水稀释后测定。

5. 结果计算

$$浊度(度)=\frac{A}{C}\times 50$$

式中：A 为稀释后水样的浊度；C 为原水样体积，mL。

测定结果读数精度要求见表 2-9。

表 2-9 浊度读数精度

浊度范围/度	读数精度/度
1～10	1
10～100	5
100～400	10
400～1 000	50
1 000 以上	100

2.4.4.2 目视比浊法(等效 GB 13200—91)

1. 原理

以 1 L 水中含有 1 mg 标准粒径和纯度的 SiO_2 所引起的浊度为 1 度。将水样与浊度标准液进行目视比色。实际使用时，常以硅藻土或高岭土代替标准 SiO_2。

2. 仪器

250 mL 具塞无色玻璃瓶，玻璃质量和直径均须一致；100 mL 纳氏比色管；研钵；1 000 mL 量筒；250 mL 容量瓶。

3. 浊度标准贮备液

将通过 0.1 mm 筛孔(150 目)的纯净硅藻土置于烘箱内于 105℃烘 2 h，冷却后称取10 g，于研钵中加少许蒸馏水调成糊状并研细，移至 1 000 mL 量筒中，加蒸馏水至刻度，充分搅匀后在室温下静置 24 h。用虹吸法将上层的 800 mL 悬浮液移至第二个 1 000 mL 量筒中，弃去剩余的含较粗颗粒的悬浮液。向第二个量筒中加蒸馏水至刻度，充分搅匀后再静置24 h，吸出上层含较细颗粒的 800 mL 悬浮液弃去，下部沉积物加蒸馏水至 1 000 mL，充分搅拌后贮于具塞玻璃瓶中，其中所含硅藻土的颗粒直径为 400 μm 左右。

标定：吸取上述悬浊液 50 mL 置于已恒重的蒸发皿中，在水浴上蒸干，放入烘箱于105℃烘 2 h，冷却后称重，再烘 1 h，冷却后称重，直至恒重。求出 1 mL 此悬浮液中所含硅藻土的重量(mg)。

(1)浊度标准中间液　吸取含 250 mg 硅藻土的悬浮液，置于 1 000 mL 容量瓶中，加蒸馏水至刻度，摇匀，即得浊度为 250 度的标准中间液。

(2)浊度标准使用液　吸取浊度为 250 度的标准液 100 mL，置于 250 mL 容量瓶中，加蒸馏水至刻度，摇匀，即得浊度为 100 度的标准使用液。

4. 测定步骤

(1)测定浊度 10 度以上的水样

①标准系列的配制：取浊度为 250 度的标准中间液 0、10、20、30、40、50、60、70、80、90 及 100 mL，置于 250 mL 容量瓶中，加蒸馏水至刻度，摇匀后移入成套的 250 mL 具

塞玻璃瓶中，即得浊度为 0、10、20、30、40、50、60、70、80、90 及 100 度的标准液。每瓶中加入 1 g 氯化汞以防菌类生长，将瓶塞塞紧。

②水样的测定：将摇匀的水样盛入 250 mL 具塞玻璃瓶中。将水样与标准液都摇匀，同时从瓶侧观察同一目标(如报纸铅字或划有黑线的白纸)，选出与水样所产生的视察效果相近的标准液，读得水样的浊度。浊度超过 100 度时可用蒸馏水稀释后测定。

(2)测定浊度 10 度以下的水样

①标准系列的配制：取浊度为 100 度的标准使用液 0、1.0、2.0、3.0、4.0、5.0、6.0、7.0、8.0、9.0 及 10 mL 于 11 支纳氏比色管中，加蒸馏水至 100 mL，摇匀，即得浊度为 0、1、2、3、4、5、6、7、8、9 及 10 度的标准系列。

②水样的测定：取 100 mL 水样，置于纳氏比色管中，与标准液同时摇匀，由上往下垂直观察同一目标(如报纸铅字或划有黑线的白纸)进行比较，由效果相近者确定水样的浊度。

5. 结果计算

结果计算同 2.4.4.1 中的 5。

测定结果读数精度要求见表 2-9。

2.4.5 透明度

透明度(transparency)是指水样的澄清程度。洁净的水是透明的，水中存在悬浮物、有色物质或藻类时，透明度便降低。透明度与浊度相反，水中悬浮物越多，其透明度就越低。测定透明度有铅字法、塞氏盘法和十字法。

2.4.5.1 铅字法(type case method)

1. 原理

用透明度计测定，检验人员透过水样刚好能看清放在透明度计底部的标准印刷符号时水柱的高度为水的透明度。本法适用于天然水和处理水透明度的测定。

2. 仪器

(1)透明度计　长 33 cm，内径 2.5 cm 的玻璃筒，上面有以厘米为单位的刻度，筒底有一磨光的玻璃片。筒与玻璃片之间有一个胶皮圈，用金属夹固定。距玻璃筒底部 1～2 cm 处有一放水侧管(图 2-10)。

(2)标准印刷符号　如图 2-11 所示。

图 2-11　透明度测定的印刷符号

(引自：水和废水监测分析方法 . 2002)

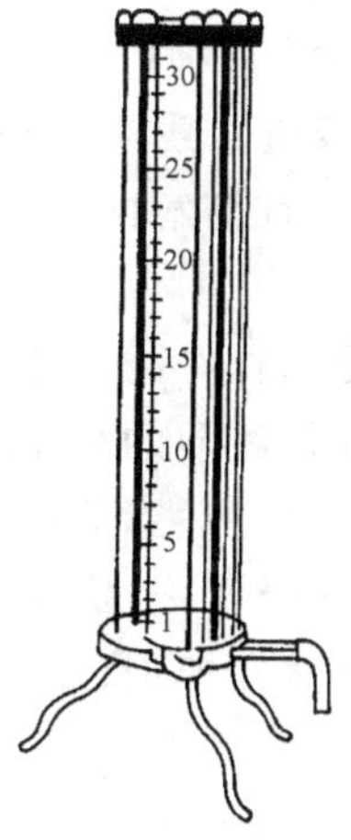

图 2-10　透明度计

(引自：奚旦立 . 环境工程手册 . 1998)

3. 测定步骤

将摇匀的水样倒入筒内至 30 cm 处。从筒口垂直向下观察，如不能清楚地看见底部的印刷符号，缓慢地放出水样，直到刚好能辨认出符号为止。记录此时水柱高度(cm)即为被测水样的透明度，读数估计至 0.5 cm。读数超过 30 cm 时为透明水样。透明度计应在光线充足的实验室内，放在离直射阳光窗户约 1 m 的地方。

本方法受检验人员的主观因素影响较大，在保证照明等条件尽可能一致的情况下，应取多次或多人测定结果的平均值。

4. 结果计算

透明度以水柱高度的厘米数表示。

2.4.5.2　塞氏盘法(saishi disk method)

1. 原理

利用一个白色圆盘(称为塞氏盘，P. Secchi 提出)沉入水中后，观察到不能看见它时的深度。这是一种现场测定透明度的方法。

2. 仪器

透明度盘(又称塞氏盘)：以较厚的白铁皮剪成直径 200 mm 的圆板，在板的一面从中心平分为 4 个部分，以黑白漆相间涂布，正中心开小孔，穿一铅丝，下面加一铅锤，上面系小绳、绳上 10 cm 用有色丝线或漆做上一个标记即成，如图 2-12 所示。

3. 测量步骤

测定时将盘在船的背光处平放入水中，逐渐下沉，至恰恰不能看见盘面的白色时，其深度为透明度，以 cm 为单位。观察时需反复 2～3 次。

4. 注意事项

透明度盘使用较长时间后，白漆的颜色会逐渐变黄，必须重新涂漆。

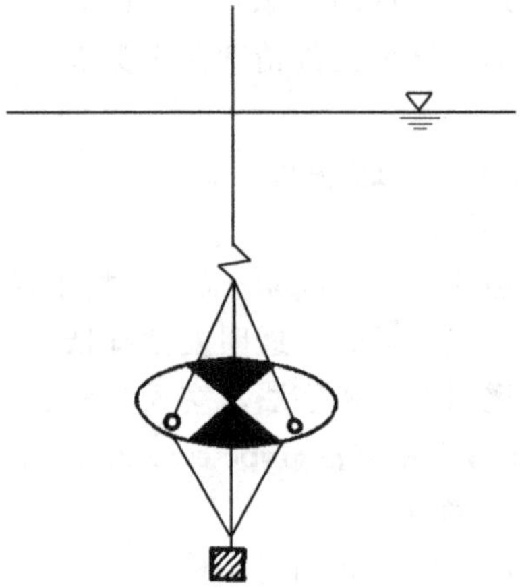

图 2-12　塞氏盘

(引自：奚旦立．环境工程手册．1998)

2.4.6　残渣

水样中含有的物质分为可溶性物质和不溶性物质两类。前者如可溶性无机盐类和有机物，后者如可沉降的物质和悬浮物等。这种水样蒸发后就会留下残渣。残渣(solids)分为总残渣(total solids，或称总蒸发残渣)、可滤残渣(filtrated solids，亦称溶解性蒸发残渣)、不可过滤残渣(non-filtrated solids，亦称悬浮物)3 种。

总残渣指在一定温度下将水样蒸发、烘干后剩余的残留物，是水样中的可滤残渣和不可过滤残渣之和。在烘干时，因有机物挥发、吸着水或结晶水的变化及物质的氧化或分解可使残渣的重量发生变化，因此残渣的重量与烘干温度有密切关系，应选择适当的烘干温度。通常选用 103～105℃为各种水样残渣测定的烘干温度，在这一温度烘干，结晶水不损失，有机物不破坏(挥发性有机物会损失)，重碳酸盐可变为碳酸盐，吸着水可能保留一些，烘干至恒重所需时间较长。

2.4.6.1　总残渣的测定

1. 原理

将混合均匀的水样，在蒸发皿中于蒸汽浴或水浴上蒸干，放在 103～105℃烘箱内烘至恒重，增加的重量为总残渣。

2. 仪器

直径 90 mm 瓷蒸发皿(也可用 150 mL 硬质烧杯，或玻璃蒸发皿)；烘箱；分析天平；蒸汽浴或水浴。

3. 测定步骤

(1)蒸发皿称重　将蒸发皿在 103～105℃烘箱内烘 30 min，冷却后称重，直至恒重(两次称重相差不超过 0.000 5 g)。

(2)水样的测定　取适量摇匀的水样(如 50 mL)置于上述蒸发皿内，在水浴上蒸干后移入 103～105℃烘箱内烘 1 h。冷却后称重，直至恒重。

4. 结果计算

$$\text{总残渣(mg/L)}=\frac{(W_2-W_1)\times 1\,000\times 1\,000}{V}$$

式中：W_1 为蒸发皿重量，g；W_2 为蒸发皿和总残渣重量，g；V 为水样体积，mL。

5. 注意事项

(1)水样要适量，使蒸发皿中残渣的量大于 25 mg 为宜。

(2)当水中总残渣量大于 1 000 mg/L 时，多采用(180±2)℃的烘干温度。若水中含有大量具有强烈潮解性的化合物，如 $CaCl_2\cdot 2H_2O$、$MgCl_2\cdot 6H_2O$、$Ca(NO_3)_2\cdot 4H_2O$ 和 $Mg(NO_3)_2\cdot 6H_2O$ 等时，可向水样中加入适量的 1%碳酸钠溶液，使它们生成碳酸钙、碳酸镁、氯化钠和硝酸钠等盐类，其中除硝酸钠还有一定潮解性外，其他均较易干燥。加入的碳酸钠重量应大于总残渣重量的 1～2 倍。同时作加同样数量碳酸钠溶液的空白试验。计算水样总残渣时应减去碳酸钠空白的重量。

2.4.6.2 可滤残渣的测定

可滤残渣指过滤后的水样蒸发、烘干所剩余的残留物，其主要成分应是可溶性无机盐。但由于所用过滤器孔径大小不同，可滤残渣和不可滤残渣的量只有相对意义。通常以中速定量滤纸作为过滤材料。若水样中含有能腐蚀滤纸的物质，可用 0.45 μm 滤膜过滤。

1. 原理

将过滤后水样放在称至恒重的蒸发皿内蒸干，然后在 103～105℃烘箱内烘至恒重，增加的重量为可滤残渣。

2. 仪器

孔径 0.45 μm 滤膜及配套滤器，或中速定量滤纸；其余同 2.4.6.1 中的 2。

3. 测定步骤

(1)蒸发皿的称重　将蒸发皿在 103～105℃烘箱内烘 30 min，冷却后称重，直至恒重。

(2)水样的测定　用孔径 0.45 μm 滤膜，或中速定量滤纸过滤水样。取适量过滤后的水样置于上述蒸发皿内，在水浴或蒸汽浴上蒸干后移入 103～105℃烘箱内烘 1 h，冷却后称重至恒重。

4. 结果计算

$$\text{可滤残渣(mg/L)}=\frac{(W_2-W_1)\times 1\,000\times 1\,000}{V}$$

式中：W_1 为蒸发皿重量，g；W_2 为蒸发皿和可滤残渣重量，g；V 为水样体积，mL。

2.4.6.3　不可滤残渣(悬浮物)的测定

不可滤残渣指水样过滤后留在过滤器上的固体物质。直接测定法是将一定体积水样过滤，将固体残留物及滤纸烘干并称重，减去滤纸重量即为不可滤残渣。此外，也可由总残渣减去可滤残渣得出不可滤残渣的重量。当用滤纸法或石棉坩埚法测定时，由于滤孔大小对测定结果有很大影响，两种方法所得结果与滤膜法有出入，报告结果时应注明测定方法。石棉坩埚法通常用于测定含酸或碱浓度较高的水样。下面介绍滤膜法和滤纸法的测定。

1. 原理

使一定体积的水样通过已知重量的滤器，在一定温度下烘干至恒重，滤器的增重即为不可滤残渣。

2. 仪器

孔径 0.45 μm 滤膜及配套滤器，或中速定量滤纸；称量瓶；其余同 2.4.6.1 中的 2。

3. 测定步骤

(1)滤膜的称重　将滤膜(或滤纸，下同)放在内径 30～50 mm 的称量瓶中，打开瓶盖置于 103～105℃烘箱内烘 2 h，取出冷却后加盖称重，直至恒重。

(2)样品的测定　取摇匀的适量水样通过上述滤膜及相应的滤器过滤。用蒸馏水冲洗残渣 3～5 次。小心取下滤膜，放入原称量瓶中，在 103～105℃烘箱内打开瓶盖烘 2 h，取出冷却后加盖称重，直至恒重。

4. 结果计算

$$\text{不可滤残渣(mg/L)}=\frac{(W_2-W_1)\times 1\,000\times 1\,000}{V}$$

式中：W_1 为滤膜及称量瓶重量，g；W_2为滤膜、称量瓶和不可滤残渣重量，g；V 为水样体积，mL。

2.4.7　电导率

电导率(conductivity)是以数字表示溶液传导电流的能力。水的电导率与其所含的无机酸、碱、盐的量有一定的关系。电导率的标准单位是 S/m(西门子/米)，一般实际使用的单位为 μS/cm。新鲜蒸馏水的电导率为 0.5～2.0 μS/cm，放置一段时间后因吸收二氧化碳可上升到 2～4 μS/cm。天然水的电导率在 50～1 500 μS/cm 之间，高含盐量的水可达 10 000 μS/cm 以上，海水约为 30 000 μS/cm。由于电导率与溶液中离子含量大致成比例关系，因此，通过电导率的测定可以间接地推测水中离子的总浓度或含盐量。电导率的测定常用电导仪，使用时要注意阅读使用说明书。

2.4.7.1　原理

电导是电阻的倒数。将两个电极(通常为铂电极或铂黑电极)插入溶液中，可以测出两电极间的电阻 R，根据欧姆定律，温度一定时，这个电阻值与电极的间距 L(cm)成正比，与电极的截面积 A(cm^2)成反比。即

$$R=\frac{\rho L}{A}$$

由于电极面积 A 与间距 L 都是固定不变的，故 L/A 是一常数，称电导池常数（以 Q 表示）。比例常数 ρ 叫做电阻率。其倒数 $1/\rho$ 称为电导率，以 K 表示。

$$K = \frac{Q}{R}$$

已知电导池常数，测出电阻后即可求出电导率。

2.4.7.2 仪器

电导仪(误差不超过 1%)；温度计(能读至 0.1℃)；恒温水浴锅[(25±0.2)℃]。

2.4.7.3 试剂

(1)纯水　将蒸馏水通过离子交换柱，电导率小于 0.1 μS/cm。

(2)氯化钾标准溶液(0.010 0 mol/L)　称取 0.745 6 g 于 105℃干燥并冷却后的氯化钾，溶于纯水中，在 25℃下定容至 1 000 mL。此溶液的电导率为 1 413 μS/cm 或 1.413 mS/cm(25℃)。

2.4.7.4 测定步骤

(1)电导池常数的测定　用 0.010 0 mol/L 标准氯化钾溶液冲洗电导池 3 次，然后在此电导池内注满氯化钾标准溶液，放入恒温水浴中，15 min 后插入电导电极，测定溶液的电导值或电阻值。重复数次，使读数稳定在±2%范围内，取平均值。

(2)水样的测定　用水样冲洗电导池数次后，装满水样，同(1)步骤测定水样的电导值或电阻值。

2.4.7.5 结果计算

$$Q = \frac{1\,413}{G_{\mathrm{KCl}}} = 0.001\,413 R_{\mathrm{KCl}}$$

$$K = Q \times G_{\mathrm{W}} = \frac{Q}{R_{\mathrm{W}}} \times 10^{6}$$

式中：Q 为电导池常数，m^{-1}；G_{KCl} 为氯化钾溶液的电导值，μS；R_{W} 为水样的电阻，Ω；R_{KCl} 为氯化钾溶液的电阻，Ω；G_{W} 为水样的电导值，μS；K 为水样的电导率，μS/cm。

2.4.7.6 注意事项

(1)最好使用和水样电导率相近的氯化钾标准溶液来测定电导池常数。

(2)要经常用氯化钾标准溶液来校准仪器。

(3)水温对电导率测定有很大影响，如果测定温度不是 25℃，需要进行温度校正。

2.4.8 pH

pH 表示水的酸碱性的强弱，是一项重要的水质指标，对化学和生物化学反应有着重大影响。天然水的 pH 多为 6.5～8.5，工业废水的 pH 因其含酸碱量不同而有较大差异。测定的方法有玻璃电极法(GB 6920—86)和比色法。比色法简便易行，但准确度较差，且受水体颜色、浊度及其他物质(氧化剂、还原剂等)干扰。常用的方法为玻璃电极法，但在测定 pH 大于 10 的水样时误差较大，读数偏低。

2.4.8.1 玻璃电极法原理

以饱和甘汞电极为参比电极，以 pH 玻璃电极为指示电极，与待测溶液组成电池。此电池的电动势符合能斯特方程。当待测溶液的温度为 25℃时，电池的电动势 E 与试液的

$lg\alpha H^+$，和 pH 存在直线关系：

$$E=E^{\ominus}-0.059\ 2lg\alpha H^+=E^{\ominus}+0.059\ 2\ pH$$

式中：$E^{\ominus}$为由标准电极电位和液体接界电位等决定的常数。在实际测定时，直接测得$E^{\ominus}$是很难的，因此，一般都采用 pH 标度的方法。此法是用同一套电极分别与待测液 x 和已知 pH 的标准溶液 S 组成测量电池，两电池的电动势E_X和E_S分别为：

$$E_X=E^{\ominus}+0.059\ 2pH_X$$
$$E_S=E^{\ominus}+0.059\ 2pH_S$$

上两式相减得：

$$E_X-E_S=0.059\ 2(pH_X-pH_S),$$

根据上式，即可求出待测液的 pH。

$$pH_X=pH_S+\frac{E_X-E_S}{0.059\ 2}$$

2.4.8.2 仪器

酸度计或离子浓度计，至少精确到 0.1 pH 单位，pH 范围为 0～14。如有特殊需要，应使用精密度更高的仪器。玻璃电极与甘汞电极。磁力搅拌器。

2.4.8.3 试剂

标准缓冲溶液(简称标准溶液)的配制方法：配制标准溶液所用的蒸馏水应在临用前煮沸，赶除二氧化碳，电导率小于 2 μS/cm，pH 值在 6.7～7.3 之间为宜。测量 pH 值时，按水样呈酸性、中性和碱性三种可能，常配制 3 种标准溶液：

(1)pH 标准溶液甲(pH 4.008，25℃) 称取在 110～130℃干燥 2～3 h 的邻苯二甲酸氢钾($KHC_8H_4O_4$)10.12 g，溶于水并在容量瓶中稀释至 1 L。

(2)pH 标准溶液乙(pH 6.865，25℃) 分别称取在 110～130℃干燥 2～3 h 的磷酸二氢钾(KH_2PO_4)3.388 g 和磷酸氢二钠(Na_2HPO_4)3.533 g，溶于水并在容量瓶中稀释至 1 L。

(3)pH 标准溶液丙(pH 9.180，25℃) 称取与饱和溴化钠(或氯化钠加蔗糖)溶液(室温)共同放置在干燥器中平衡两昼夜(为了使晶体具有一定的组成)的硼酸钠($Na_2B_4O_7\cdot 10H_2O$)3.80 g，溶于水并在容量瓶中稀释至 1 L。

2.4.8.4 测定步骤

(1)仪器校准 操作程序按仪器使用说明书进行。先将水样与标准溶液调到同一温度，记录测定温度，并将仪器温度补偿旋钮调至该温度上。

用标准溶液校正仪器，该标准溶液与水样 pH 相差不超过 2 个 pH 单位。从标准溶液中取出电极，彻底冲洗并用滤纸吸干。再将电极浸入第二个标准溶液中，其 pH 大约与第一个标准溶液相差 3 个 pH 单位，如果仪器响应的示值与第二个标准溶液的 pH(S)之差大于 0.1pH 单位，就要检查仪器、电极或标准溶液是否存在问题。仪器校正后方可用于测定样品。

(2)样品的测定 测定样品时，先用蒸馏水仔细冲洗电极，再用水样冲洗，然后将电极放入样品中，小心摇动或进行搅拌使其均匀，静置，待读数稳定时记下 pH。

2.4.8.5 注意事项

(1)玻璃电极在使用前先放入蒸馏水中浸泡 24 h 以上。用毕要冲洗干净，浸泡在水中。

(2)测定 pH 时，为减少空气和水样中二氧化碳的溶入或挥发，在测水样之前，不应提前打开水样瓶。

(3)玻璃电极表面受到污染时，需要进行处理。如果附着无机盐结垢，可用温稀盐酸溶解；对钙镁等难溶性结垢，可用 EDTA 二钠溶液溶解；沾有油污时，可由丙酮清洗。电极按上述方法处理后，应在蒸馏水中浸泡一昼夜再使用。注意忌用无水乙醇、脱水性洗涤剂处理电极。

2.4.9 E_h

氧化还原电位是水体的综合指标之一。天然水体中存在着无机、有机物质和活的生物体，不断进行着多种复杂的化学和生物化学过程，其中氧化还原过程占有重要的地位。水体中存在的重要氧化还原体系有氧体系、铁体系、锰体系、硫体系、氢体系以及各种有机物体系。这些氧化还原体系中的物质所处的状态不同，决定了水体的氧化还原状况。通过测定水的氧化还原电位，可了解发生于水中的一些氧化还原反应进行的方向。

2.4.9.1 原理

用铂电极作指示电极、饱和甘汞电极作参比电极，插入有氧化还原作用的水中，金属表面便会产生电子转移反应，电极和水溶液之间产生电位差。电极反应达到平衡时，测定相对于甘汞电极的氧化还原电位值(E_h)，然后再换算成相对于标准氢电极的氧化还原电位值(E_h)。

2.4.9.2 仪器

毫伏计或通用 pH 计；铂电极；饱和甘汞电极或银-氯化银电极；温度计；100 mL 棕色广口瓶。

2.4.9.3 试剂

1. 纯水

去离子水(电导率要求小于 2 μS/cm)。在配制标准溶液前，应将去离子水煮沸数分钟，冷却，以驱除水中的二氧化碳。

2. 标准溶液

目前没有稳定的氧化-还原标准溶液，但通常用两种溶液来校正。

(1)第一种标准电位溶液　0.003 mol/L 高铁氰化钾，0.003 mol/L 亚铁氰化钾和 0.1 mol/L氯化钾溶液组成。当铂电极与饱和甘汞电极插入此溶液中，在 25℃电池电动势为 186 mV。若换算成 E_h 值则为 430 mV。如果实测 mV 数与标准电位相差±10 mV 以上，则铂电极要净化处理。

(2)第二种标准电位溶液　称取 300 mg 醌-氢醌，溶于 500 mL pH 为 4 的缓冲溶液中，组成所谓 mV 标准液。在 14～30℃范围内，铂电极与饱和甘汞电极浸入此溶液中，产生 210～220 mV，若使用银-氯化银为参比电极，则产生 245～270 mV。这种溶液配制 48 h 以后就不宜使用。

3. 硝酸溶液

硝酸溶液 1+1。

4. 硫酸溶液

硫酸溶液 3+97。

2.4.9.4 测定步骤

1. 铂电极的检查和校正

以铂电极为指示电极，连接仪器正极；以汞电极为参比电极，连接仪器负极。将两电极插入具有固定电位的标准溶液中，其电位值应与标准值相符。

(1)将电极置于硝酸溶液(1+1)中，缓缓加热至近沸并保持 5 min。冷却后，将电极取出，用纯水洗净。

(2)将电极浸入硫酸溶液(3+97)中，使该电极与 1.5 V 干电池正极相接，干电池负极与另一支铂电极相接，保持 5～8 min，将与电池正极相接的铂电极取出，用纯水洗净。

净化后的电极重新用标准溶液检验，直至合格为止，用纯水洗净备用。

2. 样品测定

(1)取洁净的 500 mL 棕色广口瓶一个，用橡皮塞塞紧瓶口，其上打有 5 个孔，分别插入铂电极、饱和甘汞(或氯化银)电极、温度计及两支玻璃管。其中两支玻璃管分别供进水和出水用。参比电极的试剂添加口应在瓶塞以上，以免参比电极内进水样，而且添加试剂也较方便。电极插至瓶中间位置，不能触及瓶底。电极与仪器接好。

(2)用大塑料桶在现场采集水样，立即盖紧桶盖，其上开一小孔，插入橡皮管。用虹吸法将水样不断送入测量用广口瓶中，在水流动的情况下，按仪器使用说明进行测定。

2.4.9.5 计算

水样的氧化还原电位(E_h)按下式计算：

$$E_h = E_{obs} + E_{ref}$$

式中：E_{obs}为由铂电极-饱和甘汞电极测得氧化还原电位值，mV；E_{ref}为 t℃时，饱和甘汞电极电位值，mV，其值随温度变化而变化。

2.4.9.6 注意事项

(1)E_h 校正步骤是测量标准溶液的电池电动势。

(2)水的氧化还原电位必须在现场测定，并注意防止空气进入影响氧化还原电位。

(3)电极表面必须保持光亮。测完一个样品后，必须用纯水充分冲洗电极。测试时，待数值稳定时再读数。

(4)测得的氧化还原电位不能作为氧化还原物质浓度的指标，只能表示水体的氧化还原状况。

2.4.10 溶解氧

溶解于水中的分子态氧称为溶解氧，用 DO(dissolved oxygen)表示。水体中溶解氧含量的多少，在一定程度上能够反映出水体受污染的程度。当水体受到有机物污染时，由于氧化有机物质需要耗氧，水中溶解氧量就逐渐减少。当污染严重时，氧化作用加快，可使水中溶解氧含量趋近于零。在这种情况下，厌氧细菌迅速繁殖，水中有机污染物质发生腐败作用，使水体变黑发臭。水中溶解氧与水生动植物的生存关系密切。当水中溶解氧低于 4 mg/L 时，许多鱼类就会呼吸困难；继续降低，则会窒息死亡。水中有藻类生长时，由于光合作用而放出氧，可使水中的溶解氧为过饱和状态。一般情况下，湖塘水的溶解氧与水层的深度成反比。地下水往往只含有少量的溶解氧，深层地下水甚至无溶解氧。

溶解氧的多少对水体自净作用也有着极其密切的关系。在一条流动的河水中，取不同地段的水样测定溶解氧量，可以帮助了解该河流不同地段的自净效率和速度。溶解氧是衡量水体污染和水体自净能力的一项重要指标，在环境保护、用水和废水处理等方面有着重要的意义。溶解氧的测定有化学碘量法(又称温克勒法 GB 7489—87)、叠氮化钠修正碘量法、高锰酸钾修正法、明矾絮凝修正法、硫酸铜-氨基磺酸絮凝修正法以及膜电极电化学探头法(HJ 506—2009 代替原来的 GB 11913—89)。本节主要介绍碘量法。

2.4.10.1 碘量法原理

在水样中分别加入硫酸锰和碱性碘化钾，水中的溶解氧可以将低价锰氧化成高价锰，生成四价锰的氢氧化物棕色沉淀。四价锰具有氧化性，在有碘化钾存在时，加酸溶解沉淀，与碘离子反应，析出游离碘。以淀粉作指示剂，用硫代硫酸钠标准溶液滴定析出的碘，就可以测得水中溶解氧的浓度。反应式如下：

$$MnSO_4 + 2NaOH = Mn(OH)_2\downarrow\text{(白色)} + Na_2SO_4$$

$$2Mn(OH)_2 + O_2 = 2MnO(OH)_2\downarrow\text{(棕色)}$$

$$MnO(OH)_2 + 2H_2SO_4 + 2KI = MnSO_4 + I_2 + K_2SO_4 + 3H_2O$$

$$I_2 + 2Na_2S_2O_3 = 2NaI + Na_2S_4O_6\text{(连四硫酸钠)}$$

2.4.10.2 仪器

溶解氧瓶；250 mL 碘量瓶；25 mL、10 mL 滴定管。

2.4.10.3 试剂

(1)硫酸锰溶液　称取 340 g $MnSO_4$ 或 380 g $MnSO_4 \cdot H_2O$ 溶于水，用水稀释至1 000 mL。此溶液加至酸化过的碘化钾溶液中，遇淀粉不得产生蓝色，即不得析出游离碘。

(2)碱性碘化钾溶液　称取 500 g 氢氧化钠溶解于 300～400 mL 水中，另称取 150 g 碘化钾溶于 200 mL 水中，待氢氧化钠溶液冷却后，将两溶液合并，混匀，用水稀释至 1 000 mL。如有沉淀，则放置过夜后，倾出上清液，贮于塑料瓶中，用橡皮塞塞紧，黑纸包裹避光保存。

(3)浓硫酸　ρ=1.84 g/mL。

(4)(1+5)硫酸溶液　将浓硫酸 33 mL 慢慢倒入 165 mL 蒸馏水中。

(5)淀粉溶液(质量与体积比为 1%)　称取 1 g 可溶性淀粉用少量水调成糊状，再用刚煮沸的水冲稀至 100 mL。冷却后，加入 0.1 g 水杨酸或 0.4 g 二氯化锌防腐。

(6)重铬酸钾标准溶液($1/6K_2Cr_2O_7$ 浓度为 0.025 0 mol/L)　称取于 105～110℃烘干 2 h 并冷却的重铬酸钾 1.225 8 g，溶于水，移入 1 000 mL 容量瓶中，用水稀释至标线，摇匀。

(7)硫代硫酸钠溶液　称取 6.2 g 硫代硫酸钠($Na_2S_2O_3 \cdot 5H_2O$)溶于煮沸放冷的水中，加入 0.2 g 碳酸钠，用水稀释至 1 000 mL，贮于棕色瓶中。

使用前标定：于 250 mL 碘量瓶中，加入 100 mL 水和 1 g 碘化钾，加入 10.00 mL 浓度为 0.025 0 mol/L 的重铬酸钾标准溶液，5 mL(1+5)硫酸溶液，密塞，摇匀。于暗处静置 5 min 后，用待标定的硫代硫酸钠溶液滴定至溶液呈淡黄色，加入 1 mL 淀粉溶液，继续滴定至蓝色刚好褪去为止，记录用量，按下式计算硫代硫酸钠溶液的浓度。

$$c = \frac{10.00 \times 0.0250}{V}$$

式中：c 为硫代硫酸钠溶液的浓度，mol/L；V 为滴定时消耗硫代硫酸钠溶液的体积，mL。

2.4.10.4 操作步骤

(1)溶解氧的固定 用吸管插入溶解氧瓶的液面下，加入 1 mL 硫酸锰溶液、2 mL 碱性碘化钾溶液，盖好瓶塞，颠倒混合数次，静置。待棕色沉淀物降至瓶内一半时，再颠倒混合一次，待沉淀物下降到瓶底。一般在取样现场固定。

(2)析出碘 轻轻打开瓶塞，立即用吸管插入液面下加入 2.0 mL 硫酸。小心盖好瓶塞，颠倒混合摇匀，至沉淀物全部溶解为止，在暗处放置 5 min。

(3)样品的测定 吸取 100.0 mL 上述溶液于 250 mL 三角瓶中，用硫代硫酸钠溶液滴定至溶液呈淡黄色，加入 1 mL 淀粉溶液，继续滴定至蓝色刚好褪去为止，记录硫代硫酸钠溶液用量(V)。

2.4.10.5 计算

$$c_{O_2}=\frac{c\times V\times 8\times 1\,000}{100}$$

式中：c_{O_2} 为水中溶解氧的浓度，mg/L；c 为硫代硫酸钠标准溶液浓度，mol/L；V 为滴定时消耗硫代硫酸钠体积，mL；8 为氧(1/2O)的摩尔质量，g/mol。

2.4.10.6 注意事项

(1)采样时应采用溶解氧瓶进行，避免曝气，注意水样不要与空气相接触。瓶内需完全充满水样，盖紧瓶塞，瓶塞下不要残留任何气泡。若从管道或水龙头采集水样，可用橡皮管或聚乙烯软管，一端紧接龙头，另一端深入瓶底，任水沿瓶壁注满溢出数分钟后加塞盖紧，不留气泡。从装置或容器中采样时宜用虹吸法。

(2)水样采集后，为防止溶解氧因生物活动而发生变化，应立即加入必要的药剂，使氧“固定”于样品中，并存于冷暗处。其余操作可携回实验室进行，但也应尽快完成测定。

(3)本测定中，水样有色或含有氧化性、还原性物质、藻类、悬浮物等会干扰测定。如含有三价铁离子、游离氯、亚硝酸盐等能使碘离子氧化为碘的氧化性物质，会引起正干扰。如含有能使碘还原的物质则引起负干扰。为了保证测定的准确性，均须采用修正的碘量法，需要在测定前先对水样进行预处理。

为了除去水样中的亚硝酸盐，可以加入叠氮化钠，在酸性条件下将 NO_2^- 分解破坏。

如果水样中含有还原性物质 Fe^{2+}、S^{2-}、有机物等，可用高锰酸钾氧化，过量的高锰酸钾用草酸除去 (加草酸至溶液的紫色恰好褪去)，防止过量。

如果水样中含有 Fe^{3+}，溶液酸化后 Fe^{3+} 将与 KI 作用而析出碘，使分析结果偏高。可在水样采集后，用吸管插入液面下加入 1 mL 40%的氟化钾溶液，使 Fe^{3+} 与 F^- 生成络合物，抑制 Fe^{3+} 与 KI 的作用。

如果水样有颜色，或含有藻类等细微悬浊物，可在采样瓶中用吸管插入液面下，加入10 mL 10%明矾(硫酸铝钾 $KAl(SO_4)_2\cdot 12H_2O$)溶液，絮凝去除水中颜色或藻类等细微悬浊物。

如果水样中含有活性污泥等悬浮物，会因吸附作用消耗较多的碘，从而干扰测定。可在水样中加入硫酸铜和氨基磺酸(NH_2SO_2OH)絮凝去除悬浮物。

如果水样中游离氯大于 0.1 mg/L，应预先于水样中加入硫代硫酸钠去除。即用两个溶解氧瓶各取一瓶水样，在其中一瓶加入 5 mL(1+5)硫酸和 1 g 碘化钾，摇匀，此时游离出碘。以淀粉作指示剂，用硫代硫酸钠溶液滴定至蓝色刚褪，记下用量(相当于除去游离氯的量)。在另一瓶水样中，加入同样量的硫代硫酸钠溶液，摇匀后，按步骤测定。

(4)如果水样呈强酸或强碱性，可用氢氧化钠或硫酸溶液调至中性后测定。

2.5 有机污染指标的测定

水体污染在很大程度上是由有机污染物造成的，尤其是城市周围的水域，由于排入大量生活污水和各种工业(如造纸、食品、印染等)废水，受有机物污染更为严重。水中有机物的分析，按其测定方法一般可分为两大类。一类是以综合指标来表示有机物的总量或其中的某些组分，另一类则是专门测定个别的有机化合物。

水体中的有机物种类繁多，它们在微生物和氧的作用下，多数可以被降解为二氧化碳和水。若水体中有机物含量过高，会消耗大量溶解氧，使水生生态系统的正常功能受到损害，厌氧微生物繁衍，导致水质严重恶化。因此，水体中溶解氧含量能反映水体受有机物污染的程度。另外，为了评价水体受有机物污染的程度，根据有机物降解需氧的原理，提出了多种表示有机物总量的指标，如化学需氧量 COD(chemical oxygen demand)，生化需氧量 BOD(biochemical oxygen demand)，总有机碳 TOC(total organic carbon)和总需氧量 TOD(total oxygen demand)等。总需氧量是指水中能被氧化的有机和无机物质燃烧变成稳定的氧化物所需要的氧量，它包括难以分解的有机物含量，同时也包括一些无机硫、磷等元素全部氧化所需的氧量。总有机碳是用碳的含量来表示水中有机物污染的指标，能较全面地反映出水中有机物污染程度，在国外已较普遍地应用于水质检测。

2.5.1 化学需氧量

化学需氧量是指在一定条件下，用强氧化剂处理水样时所消耗氧化剂的量，以氧的 mg/L 表示结果。所用的氧化剂主要是高锰酸钾和重铬酸钾。化学需氧量反映了水中受还原性物质污染的程度。水中还原性物质包括有机物、亚硝酸盐、亚铁盐、硫化物等。水被有机物污染是很普遍的，因此化学需氧量也作为有机物相对含量的指标之一。

用高锰酸钾作氧化剂可在酸性或碱性条件下测定，由于在碱性条件下高锰酸钾的氧化能力比酸性条件下稍弱，此时不能氧化水中的氯离子，因此通常用于测定氯离子浓度较高的水样，酸性高锰酸钾法适用于氯离子含量不超过 300 mg/L 的水样。酸性高锰酸钾法是在酸性条件下，加入过量的高锰酸钾溶液，将水样中某些有机物及还原性物质氧化，反应剩余的高锰酸钾，用过量的草酸钠溶液还原，再以高锰酸钾标准溶液回滴过量的草酸钠，计算出水样的化学需氧量 COD_{Mn}，COD_{Mn}又称高锰酸盐指数。高锰酸钾法(GB 11892—89)的消解能力比重铬酸钾法差一些，适用于轻度污染水中有机物的测定。

在强酸性条件下用重铬酸钾作氧化剂，并加入硫酸银作催化剂，绝大多数有机化合物能被消解，但部分直链脂肪族和芳香烃等仍不易消解。对于工业废水，我国规定用重铬酸钾法(GB 11914—89)测定化学需氧量。其他方法有库仑滴定法、快速密闭催化消解法、氯气校正法、快速消解分光光度法(HJ/T 399—2007)，以及目前常用的适用于大批量样品测定的 COD 仪器法。

库仑滴定法是水样在氧化剂氧化后过量的重铬酸钾用电解产生的亚铁离子作为库仑滴定

剂，进行库仑滴定。根据电解产生亚铁离子所消耗的电量，按照法拉第定律计算 COD 值。快速密闭催化消解法是在经典重铬酸钾-硫酸消解体系中加入助催化剂硫酸铝与钼酸铵，于具密封塞的加热管中消解的方法。氯气校正法适用于氯离子含量大于 1 000 mg/L，小于 20 000 mg/L的高氯废水 COD 的测定。快速消解分光光度法是在试样中加入已知量的重铬酸钾溶液，在强酸性介质中，以硫酸银作为催化剂，经高温消解后，用分光光度法测定 COD 值。COD 仪器法的测定原理与重铬酸钾氧化法相同，只是消解使用加热反应器(又名消解器)。

高锰酸钾法和重铬酸钾法的测定原理相似，只是所有的氧化剂不同，本节重点介绍重铬酸钾法测定 COD_{Cr}。

2.5.1.1 COD_{Cr}原理

在强酸性溶液中，一定量的重铬酸钾将水样中的还原性物质(主要是有机物)氧化，其氧化作用按下列反应式进行：

$$Cr_2O_7^{2-}+14H^++6e \rightarrow 2Cr^{3+}+7H_2O$$

加硫酸银作为催化剂，促进不易氧化的链烃氧化，过量的重铬酸钾用试亚铁灵作指示剂，硫酸亚铁铵溶液回滴：

$$Cr_2O_7^{2-}+14H^++6Fe^{2+} \rightarrow 6Fe^{3+}+2Cr^{3+}+7H_2O$$

根据所消耗的重铬酸钾量计算出水样的化学需氧量。

用 0.25 mol/L 浓度的重铬酸钾溶液可测定大于 50 mg/L 的 COD 值。用 0.025 mol/L 浓度的重铬酸钾可以测定 5～50 mg/L的 COD 值，但准确度较差。

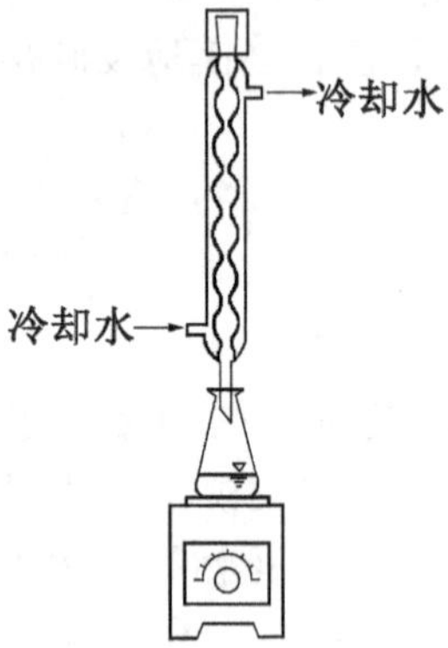

图 2-13 加热回流装置

2.5.1.2 仪器

(1)回流装置 24 mm 或 29 mm 标准磨口 500 mL 全玻璃回流装置。球形冷凝器，长度为 30 cm(图 2-13)。

(2)加热装置 电热板或电炉。

(3)酸性滴定管 50 mL、25 mL。

(4)500 mL 锥形瓶。

2.5.1.3 试剂

(1)重铬酸钾标准溶液($1/6K_2Cr_2O_7$＝0.250 0 mol/L) 称取预先在 120℃烘干 2 h 的基准或优级纯重铬酸钾 12.258 g 溶于水中，移入 1 000 mL 容量瓶，稀释至标线，摇匀。

(2)试亚铁灵指示液 称取 1.485 g 邻菲啰啉($C_{12}H_8N_2 \cdot H_2O$，1，10-phenanathroline)和 0.695 g 硫酸亚铁($FeSO_4 \cdot 7H_2O$)溶于水中，稀释至 100 mL，贮于棕色瓶内。

(3)硫酸亚铁铵标准溶液[$(NH_4)_2Fe(SO_4)_2 \cdot 6H_2O$＝0.1 mol/L] 称取 39.5 g 硫酸亚铁铵溶于水中，边搅拌边缓慢加入 20 mL 浓硫酸，冷却后移入 1 000 mL 容量瓶中，加水稀释至标线，摇匀。临用前，用重铬酸钾标准溶液标定。

标定方法：准确吸取 10.00 mL 重铬酸钾标准溶液于500 mL锥形瓶中，加水稀释至110 mL左右，缓慢加入 30 mL 浓硫酸，混匀。冷却后，加入 3 滴试亚铁灵指示液(约 0.15 mL)，用硫酸亚铁铵溶液滴定到溶液的颜色由黄色经黄绿色至红褐色即为终点。

$$c[(NH_4)_2Fe(SO_4)_2]=0.2500\times\frac{10.00}{V}$$

式中：c 为硫酸亚铁铵标准溶液的浓度，mol/L；V 为硫酸亚铁铵标准滴定溶液的用量，mL。

(4)硫酸-硫酸银溶液　于 2 500 mL 浓硫酸中加入 25 g 硫酸银，放置 1～2 d，不时摇动溶解(如无 2 500 mL 容器，可在 500 mL 浓硫酸中加入 5 g 硫酸银)。

(5)硫酸汞　结晶或粉末。

2.5.1.4　步骤

(1)取 20.00 mL 混合均匀的水样(或适量水样稀释至 20.00 mL)，置于 500 mL 磨口锥形瓶中，加入 0.4 g 硫酸汞和 5 mL 浓硫酸，摇匀。准确加入 10.00 mL 重铬酸钾标准溶液，慢慢加入 30 mL 硫酸-硫酸银溶液，轻轻摇动锥形瓶使溶液混匀，加数粒玻璃球(以防爆沸)，加热回流 2 h。

(2)冷却后，先用少许水冲洗冷凝器壁，然后取下锥形瓶，用水稀释，总体积不得少于 140 mL，否则因酸度太大，滴定终点不明显。

(3)溶液再度冷却后，加 3 滴试亚铁灵指示剂，用硫酸亚铁铵标准溶液滴定，溶液的颜色由黄色经蓝绿色至红褐色即为终点，记录硫酸亚铁铵标准溶液的用量。

(4)测定水样的同时，以 20.00 mL 重蒸馏水作空白试验，其操作步骤和水样相同。

2.5.1.5　计算

$$COD_{Cr}(O_2,\ mg/L)=\frac{(V_0-V_1)\times c\times 8\times 1000}{V}$$

式中：c 为硫酸亚铁铵标准溶液的浓度，mol/L；V 为水样的体积，mL；V_0 为滴定空白时硫酸亚铁铵标准溶液用量，mL；V_1 为滴定水样时硫酸亚铁铵标准溶液的用量，mL；8 为 1/2 氧的摩尔质量，g/mol。

2.5.1.6　注意事项

(1)0.4 g 硫酸汞可与 40 mg 氯离子络合，若氯离子浓度较低，亦可少加硫酸汞，保持硫酸汞：氯离子＝10：1(质量分数)。若出现少量氯化汞沉淀，并不影响测定。若水样中氯离子大于 2 g/L，则水样应先作定量稀释处理后再行测定。

(2)水样取用体积可在 10.00～50.00 mL 范围之间，但试剂用量及浓度需按表 2-10 进行相应调整，以得到满意的结果。

表 2-10　水样取用量和试剂用量表

水样体积/mL	0.250 0 mol/L $K_2Cr_2O_7$ 溶液/mL	H_2SO_4-Ag_2SO_4 溶液/mL	$HgSO_4$/g	$FeSO_4(NH_4)_2SO_4$/(mol/L)	滴定前总体积/mL
10.00	5.0	15	0.2	0.050 0	70
20.00	10.0	30	0.4	0.100 0	140
30.00	15.0	45	0.6	0.150 0	210
40.00	20.0	60	0.8	0.200 0	280
50.00	25.0	75	1.0	0.250 0	350

(3)对于化学需氧量小于 50 mg/L 的水样，应改用 0.025 0 mol/L 重铬酸钾标准溶液，回滴时用 0.010 0 mol/L 硫酸亚铁铵标准溶液。

(4)水样加热回流后，溶液中重铬酸钾剩余量应为加入量的1/5～4/5为宜。

(5)用邻苯二甲酸氢钾标准溶液检查试剂的质量和操作技术时，由于每克邻苯二甲酸氢钾的理论COD_{Cr}为1.176 g，所以溶解0.425 1 g邻苯二甲酸氢钾($HOOCC_6H_4COOK$)于重蒸馏水中，转入1 000 mL容量瓶，用重蒸馏水稀释至标线，使之成为500 mg/L的COD_{Cr}标准溶液，用时新配。

(6)COD_{Cr}的测定结果保留3位有效数字。

(7)精密度和准确度：6个实验室分析COD为150 mg/L的邻苯二甲酸氢钾统一分发标准溶液，实验室内相对标准偏差为4.3%；实验室间相对标准偏差为5.3%。

2.5.2 生化需氧量

生化需氧量是指在有溶解氧的条件下，好氧微生物在分解水中有机物的生物化学过程中所消耗的溶解氧量。通过生化需氧量的测定，可以反映出水中能被微生物分解的有机物的含量。生化需氧量的测定实质就是溶解氧的测定，在培养前和培养后各测定一次溶解氧，两者之差即为生化需氧量。微生物分解有机物是一个缓慢的过程，如在20℃培养时，完成此过程需100多天。目前国内外普遍规定于(20±1)℃培养5 d±4 h，分别测定样品培养前后的溶解氧，二者之差即为BOD_5值，以氧的mg/L表示。除稀释接种培养标准方法外(HJ 505—2009代替原来的GB/T 7488—1987)，测定BOD的方法还有微生物传感器快速测定法(HJ/T 86—2002)、库仑法、测压法等。微生物传感器快速测定法是一种将微生物技术与电化学监测技术相结合的方法，BOD库仑仪是利用电化学分析法(库仑法)测定生化需氧量的装置。与化学测定法相比，此种装置能够克服稀释过程中的供氧困难，保证不断地供氧。此法简单，误差小，准确度高。但是由于实验条件的限制，目前，BOD的测定多采用标准的化学方法。

用化学方法进行生化需氧量的测定，一般均需将水样稀释后进行培养。如果进行培养的水样中含有机物太多，在培养期间会使溶解氧消耗殆尽，培养后溶解氧就可能测不出。反之如果培养水样中有机物太少，培养前后溶解氧测定结果相差无几，测定的相对误差增大。因此，在配制培养水样时，选择适当的水样稀释比是取得正确结果的关键。通常先作水样化学需氧量的测定，根据化学需氧量估算水样的稀释比。化学需氧量的测定有酸性高锰酸钾法和重铬酸钾法，对于地表水，可用测得的COD_{Mn}乘以相应的系数，即可算出稀释倍数；对于工业废水，用COD_{Cr}乘以相应的系数可算出稀释倍数。考虑到只作一个稀释比不一定可靠，通常要配置几个不同稀释比的水样进行培养，以获得较好的效果。表2-11列出了常用的计算稀释比的系数。

表2-11 BOD_5测定稀释倍数的确定

COD_{Mn}/(mg/L)	地面水(COD_{Mn}×系数)	工业废水(COD_{Cr}×系数)
<5	不需要稀释	不接种，COD_{Cr}×0.075、0.15、0.225
5～10	COD_{Mn}×0.2、0.3	接种，COD_{Cr}×0.075、0.15、0.25
10～20	COD_{Mn}×0.4、0.6	稀释倍数大于100时，应先冲稀水样，再测COD
>20	COD_{Mn}×0.5、0.7、1.0	

2.5.2.1 原理

在培养前和培养后分别测定溶解氧，两者之差即为生化需氧量。对某些地面水及大多数工业废水，因含较多的有机物，需要稀释后再培养测定，以降低其浓度和保证有充足的溶解氧。稀释的程度应使培养中所消耗的溶解氧大于2 mg/L，而剩余溶解氧在1 mg/L以上。在测定过程中，所用稀释水本身有机物含量应很低(BOD小于0.2 mg/L)，加入一定量的营养物质，如钙、铁、镁的盐类和磷酸盐缓冲溶液，以保持一定pH，保证微生物生长的需要。并且还需经过充氧，使溶解氧接近饱和，达到8 mg/L以上。对于不含或少含微生物的工业废水，如酸性、碱性、高温、冷冻保存或经过氯化处理的废水，在测定BOD_5时应进行接种，以引入能分解废水中有机物的微生物。当废水中存在着难以被一般生活污水中的微生物以正常速度降解的有机物或含有剧毒物质时，应将驯化后的微生物引入水样中进行接种。

本方法适用于测定$BOD_5 \geq 2$ mg/L，最大不超过6 000 mg/L的水样。当水样$BOD_5 >$ 6 000 mg/L，会因稀释带来一定的误差。

2.5.2.2 仪器

(1)恒温培养箱[(20±1)℃]。

(2)5～20 L细口玻璃瓶。

(3)1 000～2 000 mL量筒。

(4)玻璃搅拌棒：棒的长度应比所用量筒高度长20 cm。在棒的底端固定一个直径比量筒底小、并带有几个小孔的硬橡胶板。

(5)溶解氧瓶：250～300 mL，带有磨口玻璃塞并具有供水封用的钟形口。

(6)虹吸管，供分取水样和添加稀释水用。

2.5.2.3 试剂

除需要碘量法测定溶解氧2.4.10中3的全部试剂外，还需配制下列试剂：

(1)磷酸盐缓冲溶液　将8.5 g磷酸二氢钾(KH_2PO_4)，21.75 g磷酸氢二钾(K_2HPO_4)，33.4 g七水合磷酸氢二钠($Na_2HPO_4 \cdot 7H_2O$)和1.7 g氯化铵(NH_4Cl)溶于水中，稀释至1 000 mL。此溶液的pH为7.2。

(2)硫酸镁溶液　将22.5 g七水合硫酸镁($MgSO_4 \cdot 7H_2O$)溶于水中，稀释至1 000 mL。

(3)氯化钙溶液　将27.5 g无水氯化钙溶于水，稀释至1 000 mL。

(4)氯化铁溶液　将0.25 g六水合氯化铁($FeCl_3 \cdot 6H_2O$)溶于水，稀释至1 000 mL。

(5)葡萄糖-谷氨酸标准溶液　将葡萄糖($C_6H_{12}O_6$)和谷氨酸(HOOC—CH_2—CH_2—$CHNH_2$—COOH)在103℃干燥1 h后，各称取150 mg溶于水中，移入1 000 mL容量瓶内并稀释至标线，混合均匀。此标准溶液临用前配制。

(6)稀释水　在5～20 L玻璃瓶内装入一定量的水，控制水温在20℃左右。然后用无油空气压缩机或薄膜泵，将吸入的空气先后经活性炭吸附管及水涤管后，导入稀释水内曝气2～8 h，使稀释水中的溶解氧接近于饱和。瓶口盖以两层经洗涤晾干的纱布，置于20℃培养箱中放数小时，使水中溶解氧含量达8 mg/L左右。临用前每升水中加入氯化钙溶液、氯化铁溶液、硫酸镁溶液、磷酸盐缓冲溶液各1 mL，并混合均匀。稀释水的pH值应为7.2，其BOD_5应小于0.2 mg/L。

(7)接种液　可选择以下任一方法，以获得适用的接种液。

①城市污水，一般采用生活污水，在室温下放置一夜，取上清液供用。

②表层土壤浸出液，取 100 g 花园或耕层土壤，加入 1 L 水，混合并静置 10 min，取上清液供用。

③含城市污水的河水或湖水。

④污水处理厂的出水。

⑤当分析含有难降解物质的废水时，在其排污口下游 3～8 km 处取水样作为废水的驯化接种液。如无此种水源，可取中和或经适当稀释后的废水进行连续曝气，每天加入少量该种废水，同时加入适量表层土壤或生活污水，使能适应该种废水的微生物大量繁殖。当水中出现大量絮状物，或检查其化学需氧量的降低值出现突变时，表明使用的微生物已进行繁殖，可用做接种液。一般驯化过程需要 3～8 d。

(8)接种稀释水　分取适量接种液，加于稀释水中，混匀。每升稀释水中接种液加入量为：生活污水 1～10 mL；或表层土壤浸出液 20～30 mL；或河水、湖水 10～100 mL。接种稀释水的 pH 应为 7.2，BOD_5 值在 0.3～1.0 mg/L 之间为宜。接种稀释水配制后应立即使用。

2.5.2.4　步骤

1. 不经稀释的水样

溶解氧含量较高、有机物含量较少的地面水，可不经稀释，直接以虹吸法将约 20℃的混匀水样转移入两个溶解氧瓶，充满水样后溢出少许，加塞，瓶内不应留有气泡。其中一瓶随即测定溶解氧(测定方法见 2.4.10.4)，另一瓶的瓶口进行水封后，放入培养箱中，在(20±1)℃培养 5 d。在培养过程中注意添加封口水。从开始放入培养箱算起，经过五昼夜后，弃去封口水，测定溶解氧。

2. 需经稀释的水样

(1)稀释倍数的确定　根据表 2-11 中的实践经验系数，使用稀释水时，由 COD_{Cr} 值分别乘以系数 0.075、0.15、0.225 获得 3 个稀释倍数。使用接种稀释水时，则分别乘以 0.075、0.15、0.25 三个系数。

(2)稀释操作　按照选定的稀释比例，用虹吸法沿筒壁先引入部分稀释水(或接种稀释水)于 1 000 mL 量筒中，加入需要量的均匀水样，再引入稀释水(或接种稀释水)至 1 000 mL，用带胶板的玻棒小心上下搅匀。搅拌时勿使搅棒的胶板露出水面，防止产生气泡。

按照 2.5.2.4 中 1 不经稀释的水样的测定步骤，进行装瓶，测定当天溶解氧和培养 5 d 后的溶解氧。

另取两个溶解氧瓶，用虹吸法装满稀释水(或接种稀释水)作为空白试验。测定 5 d 前、后的溶解氧。

(3)溶解氧的测定　按照 2.4.10.4 中溶解氧的测定过程进行。

2.5.2.5　计算

(1)不经稀释直接培养的水样：

$$BOD_5(O_2,\ mg/L)=c_1-c_2$$

式中：c_1 为水样在培养前的溶解氧浓度，mg/L；c_2 为水样经 5 d 培养后，剩余溶解氧浓度，mg/L。

(2)经稀释后培养水样：

$$BOD_5(O_2,\ mg/L)=\frac{(c_1-c_2)-(B_1-B_2)f_1}{f_2}$$

式中：B_1 为稀释水(或接种稀释水)在培养前的溶解氧，mg/L；B_2 为稀释水(或接种稀释水)在培养后的溶解氧，mg/L；f_1 为稀释水(或接种稀释水)在培养液中所占比例；f_2 为水样在培养液中所占比例。

f_1 和 f_2 的计算，例如培养液的稀释比为 3%，即 3 份水样，97 份稀释水，则 $f_1=0.97$，$f_2=0.03$。结果小于 100 mg/L 时，保留一位小数；100～1 000 mg/L 时，取整数。

2.5.2.6 注意事项

(1)测定生化需氧量的水样，采集时应充满并封于瓶中，在 0～4℃下进行保存。一般应在 6 h 内进行分析。在任何情况下贮存时间不应超过 24 h。

(2)玻璃器皿应彻底洗净。先用洗涤剂浸泡清洗，然后用稀盐酸浸泡，最后依次用自来水、蒸馏水洗净。

(3)在两或三个稀释比的样品中，消耗溶解氧大于 2 mg/L、剩余溶解氧大于 2 mg/L 的，应取其平均值作为结果。若剩余的溶解氧小于 2 mg/L，甚至为零时，应加大稀释比。溶解氧消耗量小于 2 mg/L 有两种可能，一是稀释倍数过大；另一可能是微生物菌种不适应，活性差，或含毒物质浓度过大。这时可能出现在几个稀释比中，稀释倍数大的消耗溶解氧反而较多的现象。

(4)为检查稀释水和接种液的质量以及化验人员的操作水平，可将 20 mL 葡萄糖-谷氨酸标准溶液用接种稀释水稀释至 1 000 mL，按测定 BOD_5 的步骤操作。测得 BOD_5 的值应在 180～230 mg/L 之间。否则应检查接种液、稀释水的质量或操作技术是否存在问题。

(5)水样稀释倍数超过 100 倍时，应预先在容量瓶中用水初步稀释后，再取适量进行最后稀释培养。

(6)精密度与准确度　三个实验室分析含 5 mg/L 葡萄糖的统一分发标准液，实验室内相对标准偏差为 5.6%；实验室间相对标准偏差为 32%。

三个实验室分析含 300 mg/L 葡萄糖(BOD_5 为 210 mg/L)的统一分发标准液，实验室内相对标准偏差为 2.1%，实验室间相对标准偏差为 2.1%。

2.5.3 总有机碳

总有机碳(TOC)，是以碳的含量表示水体中有机物质总量的综合指标。由于 TOC 的测定采用燃烧法，因此能将有机物全部氧化，它比 BOD_5 或 COD 更能直接表示有机物的总量，因此常常被用来评价水体中有机物污染的程度。

近年来，国内外已研制成各种类型的 TOC 分析仪。按工作原理不同，可分为燃烧氧化-非分散红外吸收法、电导法、气相色谱法、湿法氧化-非分散红外吸收法等。其中燃烧氧化-非分散红外吸收法只需一次性转化，流程简单、重现性好、灵敏度高，因此这种 TOC 分析仪广为国内外所采用。我国在 2009 年颁布了新的《水质　总有机碳的测定　燃烧氧化-非分散红外吸收法》(HJ 501—2009 整合修订了原来的 GB 13193—91 和 HJ/T 71—2001)。

燃烧氧化-非分散红外吸收法测定 TOC 又分为差减法和直接法两种。

2.5.3.1 差减法

1. *原理*

将试样连同净化空气(干燥并除去二氧化碳)分别导入高温燃烧管(900～950℃)和低温反

应管(150℃)中，经过高温燃烧管的水样受高温催化氧化，使有机化合物和无机碳酸盐均转化成为二氧化碳；经过低温反应管的水样受酸化而使无机碳酸盐分解成二氧化碳；其所生成的二氧化碳依次引入非色散红外检测器。由于一定波长的红外线可被二氧化碳选择吸收，在一定浓度范围内二氧化碳对红外线吸收的强度与二氧化碳的浓度成正比，故可对水样总碳(TC，total carbon)和无机碳(IC，lnorganic carbon)进行定量测定。总碳与无机碳的差值，即为总有机碳(TOC)。

2. 测定要点

(1)邻苯二甲酸氢钾($KHC_8H_4O_4$)作为水中有机物的标准试剂，无水碳酸钠(Na_2CO_3)和碳酸氢钠($NaHCO_3$)作为水中无机物的标准试剂。通常要求两类试剂均先配制成浓度为400 mg/L(以C计)的贮备液。临用前由标准贮备液稀释配制成浓度为100 mg/L的标准溶液。

(2)由标准溶液逐级稀释配制不同浓度的有机物、无机物标准系列溶液，用微量注射器分别准确吸取注入燃烧管和反应管，根据吸收峰高与对应浓度的关系，绘制标准工作曲线。

(3)经酸化的水样，在测定前应以氢氧化钠溶液中和至中性，用50.00 μL微量注射器准确吸取混匀的水样20.0 μL，注入总碳燃烧管和无机碳反应管，测定记录仪上出现相应的吸收峰峰高或峰面积，根据TC和IC峰高可由标准工作曲线和计算公式得到水样的TOC值，或由仪器直接给出结果值。

2.5.3.2 直接法

1. 原理

将水样酸化后曝气，将无机碳酸盐分解生成二氧化碳去除，再注入高温燃烧管中，可直接测定总有机碳。但由于在曝气过程中会造成水中挥发性有机物的损失而产生测定误差，因此其测定结果只是不可吹出的有机碳，而不是TOC。本方法不适用于含挥发性有机物高的水样。

2. 测定要点

(1)邻苯二甲酸氢钾($KHC_8H_4O_4$)作为水中有机物的标准试剂，通常要求先配制成浓度为400 mg/L(以C计)的贮备液。临用前由标准贮备液稀释配制成浓度为100 mg/L的标准溶液。

(2)由标准溶液逐级稀释配制不同浓度的有机物标准系列溶液，用微量注射器分别准确吸取注入燃烧管，根据吸收峰高与对应浓度的关系，绘制标准工作曲线。

(3)将用硫酸酸化至pH≤2的约25 mL水样移入50 mL烧杯中(加酸量为每100 mL水样中加0.04 mL(1+1)硫酸，已酸化的水样可不再加)，在磁力搅拌器上剧烈搅拌几分钟或向烧杯中通入无二氧化碳的氮气，以除去无机碳。吸取20.0 μL经除去无机碳的水样注入总碳燃烧管，测量记录仪上出现吸收峰峰高，所得TC峰高可由标准工作曲线或计算公式得到水样的TOC值。

地表水中常见共存离子超过下列含量(mg/L)时，对测定有干扰，应作适当的前处理，以消除对测定的干扰影响：SO_4^{2-}，400；Cl^-，400；NO_3^-，100；PO_4^{3-}，100；S^{2-}，100。水样含大颗粒悬浮物时，受水样注射器针孔的限制，测定结果往往不包括全部颗粒态有机碳。使用大进样孔的仪器时水体颗粒物对测量精度和准确度有影响。

2.5.4 总需氧量

总需氧量是指水中能被氧化的有机和无机物质，主要是有机物质在燃烧中变成稳定的氧化物时所需要的氧量，结果以 O_2 的 mg/L 表示。TOD 是采用燃烧法测定的，TOD 值能反映几乎全部有机物质经燃烧后变成 CO_2、H_2O、NO、SO_2 等所需要的氧量，比 BOD、COD 和高锰酸盐指数更接近于理论需氧量值。

TOD 分析仪的测定原理是将一定量水样注入装有铂催化剂的石英燃烧管，通入含已知氧浓度的载气(氮气)作为原料气，水样中的还原性物质在 900℃下被瞬间燃烧氧化。测定燃烧前后原料气中氧浓度的减少量，可求得水样的总需氧量值。

TOD 仪与 TOC 仪相比，最大的不同在于 TOD 仪能精确控制载气的流量，进而可准确得到测定的实际消耗的氧量。

当水样中含有溶解氧或含有在高温催化条件下分解放出氧的物质时，均会干扰 TOD 的准确测定，使测定值偏低。

TOD 和 TOC 的比例关系可判断有机物的种类，从理论上说，TOD＝2.67TOC。若某水样的 TOD/TOC 为 2.67 左右，可认为主要是含碳有机物；若 TOD/TOC＞4.0，水中可能存在大量含 S、P 的有机物存在；若 TOD/TOC＜2.6，可能含有较高的硝酸盐和亚硝酸盐，在高温和催化条件下分解放出氧，从而使得 TOD 测定值偏低。

2.5.5 挥发酚类

酚类化合物主要来自炼油、煤气洗涤、炼焦、造纸、合成氨、木材防腐和化工等废水。酚类为原生质毒，属高毒物质。酚的取代程度越高，其毒性越大。酚会侵害人体的细胞原浆，使细胞失活，直致引起全身中毒。人体摄入一定量时，可出现急性中毒症状；长期饮用被酚污染的水，可引起头昏、出疹、瘙痒、贫血及各种神经系统症状。水中含低浓度(0.1～0.2 mg/L)酚类时，可使生长鱼的鱼肉有异味，高浓度(＞5 mg/L)时则造成中毒死亡。含酚浓度高的废水不宜用于农田灌溉，否则，会使农作物枯死或减产。水中含微量酚类，在加氯消毒时，可产生特异的氯酚臭。

水中酚类化合物包括一系列酚的衍生物，根据酚类能否与水蒸气一起蒸出，分为挥发酚和不挥发酚。挥发酚通常是指沸点在 230℃以下的酚类，通常属一元酚，如苯酚、甲酚等；而沸点在 230℃以上的为不挥发酚，如苯二酚、硝基苯酚等。我国规定的各种水质指标中，酚类指标指的是挥发酚。

测定水中酚的方法较多，主要有容量法、分光光度法和色谱法等。目前各国普遍采用的为 4-氨基安替比林光度法(HJ 503—2009 代替原来的 GB 7490—87)，国际标准化组织颁布的测酚方法亦为此。当水样中挥发酚浓度低于 0.1 mg/L 时采用 4-氨基安替比林萃取光度法，浓度高于 0.1 mg/L 时采用 4-氨基安替比林直接光度法。高浓度含酚废水可采用溴化容量法(HJ 502—2009 代替原来的 GB7491—87)，此法适用于车间排放口或未经处理的总排污口废水。

溴化容量法的测定原理是在含过量溴(由溴酸钾和溴化钾所产生)的溶液中，酚与溴反应生成三溴酚，并进一步生成溴代三溴酚。在剩余的溴与碘化钾作用、释放出游离碘的同时，溴代三溴酚与碘化钾反应生成三溴酚和游离碘，用硫代硫酸钠溶液滴定释放出的游离碘，根据其消耗量，计算挥发酚的含量。

2.5.5.1　4-氨基安替比林分光光度法原理

酚类化合物于 pH 10.0±0.2 的介质中，在有氧化剂铁氰化钾存在下，与 4-氨基安替比林反应，生成橙红色的吲哚酚安替比林染料，其水溶液在 510 nm 波长处有最大吸收。用光程长为 20 mm 比色皿测量时，酚的最低检出浓度为 0.1 mg/L。

2.5.5.2　仪器

500 mL 全玻璃蒸馏器；分光光度计。

2.5.5.3　试剂

(1)无酚水　于每升蒸馏水中加入 0.2 g 经 200℃活化 0.5 h 的活性炭粉末，充分振摇后，放置过夜，用双层中速滤纸过滤。或加氢氧化钠使水呈强碱性，并滴加高锰酸钾溶液至紫红色，移入蒸馏瓶中加热蒸馏，收集馏出液备用。无酚水应贮于玻璃瓶中，取用时应避免与橡胶制品(橡皮塞或乳胶管)接触。本实验用水均应为无酚水。

(2)硫酸铜溶液　称取 50 g 硫酸铜($CuSO_4 \cdot 5H_2O$)溶于水，稀释至 500 mL。

(3)磷酸溶液　量取 50 mL 磷酸(ρ=1.69 g/mL)，用水稀释至 500 mL。

(4)甲基橙指示液　称取 0.05 g 甲基橙溶于 100 mL 水中。

(5)溴酸钾-溴化钾标准参考溶液 $c(1/6KBrO_3)$=0.1 mol/L　称取 2.784 g 溴酸钾($KBrO_3$)溶于水，加入 10 g 溴化钾(KBr)，使其溶解，移入 1 000 mL 容量瓶中，稀释至标线。

(6)碘酸钾标准参考溶液 $c(1/6KIO_3)$=0.025 0 mol/L　称取预先经 180℃烘干的碘酸钾 0.891 7 g 溶于水，移入 1 000 mL 容量瓶中，稀释至标线。

(7)硫代硫酸钠标准溶液 $c(Na_2S_2O_3 \cdot 5H_2O)$≈0.012 5 mol/L　称取 3.1 g 硫代硫酸钠溶于煮沸放冷的水中，加入 0.2 g 碳酸钠，稀释至 1 000 mL，临用前，用碘酸钾溶液标定。

标定方法：分取 20.00 mL 碘酸钾溶液置于 250 mL 碘量瓶中，加水稀释至 100 mL，加 1 g 碘化钾，再加 5 mL(1+5)硫酸，加塞，轻轻摇匀。置暗处放置 5 min，用硫代硫酸钠溶液滴定至淡黄色，加 1 mL 淀粉溶液，继续滴定至蓝色刚褪去为止，记录硫代硫酸钠溶液用量。

按下式计算硫代硫酸钠溶液浓度(mol/L)：

$$c(Na_2S_2O_3 \cdot 5H_2O) = \frac{0.025\,0 \times V_2}{V_1}$$

式中：V_1 为硫代硫酸钠标准滴定溶液滴定用量，mL；V_2 为移取碘酸钾标准溶液量，mL；0.025 0 为碘酸钾标准溶液浓度，mol/L。

(8)淀粉溶液　称取 1 g 可溶性淀粉，用少量水调成糊状，加沸水至 100 mL，冷后，置冰箱内保存。

(9)苯酚标准贮备液　称取 1.00 g 无色苯酚(C_6H_5OH)溶于水，移入 1 000 mL 容量瓶中，稀释至标线。放入 4℃冰箱内保存，至少稳定 1 个月。

贮备液的标定：吸取 10.00 mL 苯酚贮备液于 250 mL 碘量瓶中，加水稀释至 100 mL，加 10.00 mL 0.1 mol/L 溴酸钾-溴化钾溶液，立即加入 5 mL 浓盐酸，盖好瓶塞，轻轻摇匀，于暗处放置 10 min。加入 1 g 碘化钾，密塞，再轻轻摇匀，放置暗处 5 min。用 0.012 5 mol/L 硫代硫酸钠标准溶液滴定至淡黄色，加入 1 mL 淀粉溶液，继续滴定至蓝色刚好褪去，记录用量。同时以水代替苯酚贮备液做空白试验，记录硫代硫酸钠标准溶液用量。

苯酚贮备液浓度由下式计算：

$$苯酚标准液浓度(mg/mL)=\frac{(V_3-V_4)\times c\times 15.68}{V}$$

式中：V_3为空白试验中消耗的硫代硫酸钠标准溶液体积，mL；V_4为滴定苯酚贮备液时消耗的硫代硫酸钠标准溶液体积，mL；V 为苯酚贮备液体积，mL；c 为硫代硫酸钠标准溶液浓度，mol/L；15.68 为摩尔质量($1/6C_6H_5OH$)，g/mol。

(10)苯酚标准中间液　取适量苯酚贮备液，用水稀释至每毫升含 0.010 mg 苯酚。使用时当天配制。

(11)缓冲溶液(pH 约为 10)　称取 20 g 氯化铵(NH_4Cl)溶于 100 mL 氨水中，加塞，置冰箱中保存。应避免氨挥发所引起 pH 值的改变，注意在低温下保存和取用后立即加塞盖严，并根据使用情况适量配制。

(12)2%(m/V)4-氨基安替比林溶液　称取 4-氨基安替比林($C_{11}H_{13}N_3O$)2.0 g 溶于水，稀释至 100 mL，置于冰箱中保存，可使用 1 周。固体试剂易潮解、氧化，宜保存在干燥容器中。

(13)8%(m/V)铁氰化钾溶液　称取 8 g 铁氰化钾($K_3[Fe(CN)_6]$)溶于水，稀释至 100 mL，置于冰箱内保存，可使用 1 周。

2.5.5.4　测定步骤

(1)水样保存　用玻璃仪器采集水样，水样采集后应及时检查有无氧化剂存在。必要时加入过量的硫酸亚铁，立即加磷酸酸化至 pH=4.0，并加入适量硫酸铜(1 g/L)以抑制微生物对酚类的生物氧化作用，同时应冷藏(5～10℃)，在采集后 24 h 内进行测定。

(2)水样预处理　量取 250 mL 水样于蒸馏瓶中，加数粒小玻璃珠以防暴沸，再加 2 滴甲基橙指示液，用磷酸溶液调节至 pH=4(溶液呈橙红色)，加 5.0 mL 硫酸铜溶液(如采样时已加过硫酸铜，则补加适量)。如加入硫酸铜溶液后产生较多量的黑色硫化铜沉淀，则应摇匀后放置片刻，待沉淀后，再滴加硫酸铜溶液，至不再产生沉淀为止。连接冷凝器，加热蒸馏，至蒸馏出约 225 mL 时，停止加热，放冷。向蒸馏瓶中加入 25 mL 水，继续蒸馏至馏出液为 250 mL 为止。蒸馏过程中，如发现甲基橙的红色褪去，应在蒸馏结束后，再加 1 滴甲基橙指示液。如发现蒸馏后残液不呈酸性，则应重新取样，增加磷酸加入量，进行蒸馏。

(3)标准曲线的绘制　于一组 8 支 50 mL 比色管中，分别加入 0、0.50、1.00、3.00、5.00、7.00、10.00、12.50 mL 酚标准中间液，加水至 50 mL 标线。加 0.5 mL 缓冲溶液，混匀，此时 pH 为 10.0±0.2，加 4-氨基安替比林溶液 1.0 mL，混匀。再加 1.0 mL 铁氰化钾溶液，充分混匀后，放置 10 min 立即于 510 nm 波长，用光程为 20 mm 比色皿，以水为参比，测量吸光度。经空白校正后，绘制吸光度对苯酚含量(mg)的标准曲线。

(4)水样的测定　分取适量的馏出液放入 50 mL 比色管中，稀释至 50 mL 标线。用与绘制标准曲线相同步骤测定吸光度，最后减去空白试验所得吸光度。

(5)空白试验　以水代替水样，经蒸馏后，按水样测定步骤进行测定，以其结果作为水样测定的空白校正值。

2.5.5.5 计算

$$挥发酚(以苯酚计，mg/L)=\frac{m}{V}\times 1\,000$$

式中：m 为由水样的校正吸光度，从标准曲线上查得的苯酚含量，mg；V 为移取馏出液体积，mL。

2.5.5.6 注意事项

(1)如水样含挥发酚较高，移取适量水样并加至 250 mL 进行蒸馏，则在计算时应乘以稀释倍数。

(2)当水中酚的含量高于 0.1 mg/L 时，可直接在波长 510 nm 处进行吸光度测定，用标准曲线法定量。当水中酚含量低于 0.1 mg/L 时可将生成的橙红色染料用三氯甲烷萃取，然后在波长 460 nm 处进行吸光度测定，萃取法检测下限为 0.002 mg/L，测定上限为 0.12 mg/L。此外，在直接光度法中，有色络合物不够稳定，应立即测定；氯仿萃取法有色络合物可稳定 3 h。

(3)3 个实验室分析含 2.0 mg/L 苯酚的统一标准溶液，实验室内相对标准偏差为 0.4%；实验室间相对标准偏差为 2%；相对误差为 2%。

2.5.6 油

油类物质是一种有黏性、可燃、密度比水小，不与水混溶但可溶于乙醇、正己烷、氯仿等有机溶剂的液态或半固态物质。因此，可借助合适的有机溶剂从水中将油类物质萃取出来。水中的油类物质主要有矿物油和动植物油两大类，前者来自天然石油及其炼制产品，主要成分为碳氢化合物；后者主要来自动物、植物和海洋生物及其加工产品，主要由各种三酰甘油等组成，并含有少量的低级脂肪酸酯、磷酸酯等。

水中的矿物油主要来自加工和运输及多种炼制油的使用行业；水中的动植物油主要来自肉类加工厂、生活污水等。漂浮于水体表面的油会在水面上形成油膜，影响空气与水体界面氧的交换，使水中浮游生物的生命活动受到抑制，甚至死亡；分散于水中的油则会被微生物氧化分解，消耗水中的溶解氧，使水质恶化。此外，矿物油中所含的芳烃类具有较大的毒性。

目前，水中油类物质的测定方法大致分为两类：一类是用重量法测定，另一类是根据油品对光的吸收特性，采用光度法进行测定，其中包括紫外分光光度法、红外分光光度法、非分散红外光度法、荧光法、比浊法、气相色谱法等。无论采用哪种测定方法，测试之前都需要进行水样中油类物质的萃取步骤，常用的萃取溶剂有石油醚、己烷、三氯三氟乙烷和四氯化碳等非极性或弱极性的溶剂。不同的测定方法对萃取溶剂有特殊的选择性，以避免溶剂对后续测试带来的干扰。

在各种测定方法中，重量法是常用的分析方法，它不受油品种限制。基本原理是以硫酸酸化水样，用石油醚萃取矿物油，蒸除石油醚后，称其重量。但操作繁杂，灵敏度低，只适于测定 10 mg/L 以上的含油水样，方法的精密度随操作条件和熟练程度的不同差别很大；非分散红外法适用于测定 0.02 mg/L 以上的含油水样，操作简便，灵敏度较高，但当水样中含有大量芳烃及其衍生物时，对其测定结果的可靠性影响较大；紫外分光光度法操作简单，灵敏度高，适于测定 0.05 mg/L 以上的含油水样，但标准油品的取得较困难，数据的可比性差；红外分光光度法适用于 0.01 mg/L 以上的含油水样，该方法不受油品种的影响，能比较准确地反映水中油类的污染程度，所得结果可靠性好，该方法已成为我国的国家标准分析方法(GB/T 16488—1996)。

2.5.6.1 红外分光光度法原理

用四氯化碳萃取水中的油类物质，测定总萃取物，然后将萃取液用硅酸镁吸附，去除动、植物油等极性物质后，测定石油类。总萃取物和石油类的含量均由波数分别为 2 930 cm^{-1}(CH_2 基团中 C—H 键的伸缩振动)、2 960 cm^{-1}(CH_3 基团中 C—H 键的伸缩振动)和 3 030 cm^{-1}(芳香环中 C—H 键的伸缩振动)谱带处的吸光度 A_{2930}、A_{2960} 和 A_{3030} 进行计算。动、植物油的含量为总萃取物与石油类含量之差。

本方法不受油品的影响。适用于地表水、地下水、生活污水和工业废水中石油类和动、植物油的测定。样品体积为 500 mL，使用光程为 4 cm 的比色皿时，方法的检出限为0.1 mg/L；样品体积为 5 L 时，其检出限为 0.01 mg/L。

2.5.6.2 仪器

(1)红外分光光度计　能在 2 400～3 400 cm^{-1}之间进行扫描操作，并配有 1 cm 和 4 cm 带盖石英比色皿。

(2)分液漏斗　1 000 mL，活塞上不得使用油性润滑剂(最好为聚四氟乙烯活塞的分液漏斗)。

(3)容量瓶　50、100 和 1 000 mL。

(4)玻璃砂芯漏斗　G-1 型 40 mL。

(5)采样瓶　玻璃瓶。

2.5.6.3 试剂

(1)四氯化碳(CCl_4)　在 2 600～3 300 cm^{-1}之间扫描，其吸光度应不超过 0.03(1 cm 比色皿、空气池作参比)。

注：四氯化碳有毒，操作时要谨慎小心，并在通风橱内进行。

(2)硅酸镁　60～100 目。取硅酸镁于瓷蒸发皿中，置高温炉内 500℃加热 2 h，在炉内冷至约 200℃后，移入干燥器中冷却至室温，于磨口玻璃瓶内保存。使用时，称取适量的干燥硅酸镁于磨口玻璃瓶中，根据干燥硅酸镁的重量，按 6%的比例加适量的蒸馏水，密塞并充分振荡数分钟，放置约 12 h 后使用。

(3)吸附柱　内径 10 mm、长约 200 mm 的玻璃层析柱。出口处填塞少量用萃取溶剂浸泡并晾干后的玻璃棉，将已处理好的硅酸镁缓缓倒入玻璃层析柱中，边倒边轻轻敲打，填充高度为 80 mm。

(4)无水硫酸钠(Na_2SO_4)　在高温炉内 300℃加热 2 h，冷却后装入磨口玻璃瓶中，于干燥器内保存。

(5)氯化钠(NaCl)。

(6)盐酸(HCl)　ρ=1.18 g/mL。

(7)盐酸溶液　(1+5)。

(8)氢氧化钠(NaOH)溶液　50 g/L。

(9)硫酸铝[$Al_2(SO_4)_3 \cdot 18H_2O$]溶液　130 g/L。

(10)正十六烷[$CH_3(CH_2)_{14}CH_3$]。

(11)姥鲛烷(2，6，10，14-四甲基十五烷)。

(12)甲苯($C_6H_5CH_3$)。

2.5.6.4 步骤

1. 萃取

(1)直接萃取　将一定体积的水样全部倒入分液漏斗中，加盐酸酸化至 pH<2，用 20 mL 四氯化碳洗涤采样瓶后移入分液漏斗中，加入约 20 g 氯化钠，充分振荡 2 min，并经常开启活塞排气。静置分层后，将萃取液经 10 mm 厚度无水硫酸钠的玻璃砂芯漏斗流入容量瓶内。用20 mL四氯化碳重复萃取一次。取适量的四氯化碳洗涤玻璃砂芯漏斗，洗涤液一并流入容量瓶，加四氯化碳稀释至标线定容，并摇匀。

将萃取液分成两份，一份直接用于测定总萃取物，另一份经硅酸镁吸附后，用于测定石油类。

(2)絮凝富集萃取　水样中石油类和动、植物油的含量较低时，采用絮凝富集萃取法。

向一定体积的水样中加 25 mL 硫酸铝溶液并搅匀，然后边搅拌边逐滴加 25 mL 氢氧化钠溶液，待形成絮状沉淀后沉降 30 min，以虹吸法弃去上层清液，加适量的盐酸溶液溶解沉淀，以下步骤按直接萃取法进行。

2. 吸附

(1)吸附柱法　取适量的萃取液通过硅酸镁吸附柱，弃去前约 5 mL 的滤出液，余下部分接入玻璃瓶用于测定石油类。如萃取液需要稀释，应在吸附前进行。

(2)振荡吸附法　只适合于通过吸附柱后测得的结果基本一致的条件下采用。本法适合大批量样品的测量。称取 3 g 硅酸镁吸附剂，倒入 50 mL 磨口三角瓶。加约 30 mL 萃取液，密塞。将三角瓶置于康氏振荡器上，以≥200 次/min 的速度连续振荡 20 min。萃取液经玻璃砂芯漏斗过滤，滤出液接入玻璃瓶用于测定石油类。如萃取液需要稀释，应在吸附前进行。

3. 测定

(1)样品测定　以四氯化碳作参比溶液，使用适当光程的比色皿，在 2 400～3 400 cm^{-1} 之间分别对萃取液和硅酸镁吸附后滤出液进行扫描，于 2 600～3 300 cm^{-1} 之间划一直线作基线，在 2 930 cm^{-1}、2 960 cm^{-1} 和 3 030 cm^{-1} 处分别测量萃取液和硅酸镁吸附后滤出液的吸光度 A_{2930}、A_{2960} 和 A_{3030}，并分别计算总萃取物和石油类的含量，按总萃取物与石油类含量之差计算动、植物油的含量。

(2)校正系数测定　以四氯化碳为溶剂，分别配制 100 mg/L 正十六烷、100 mg/L 姥鲛烷和 400 mg/L 甲苯溶液。用四氯化碳作参比溶液，使用 1 cm 比色皿，分别测量正十六烷、姥鲛烷和甲苯三种溶液在 2 930 cm^{-1}、2 960 cm^{-1}、3 030 cm^{-1} 处的吸光度 A_{2930}、A_{2960} 和 A_{3030}。正十六烷、姥鲛烷和甲苯 3 种溶液在上述波数处的吸光度均服从于下式，由此得出的联立方程式经求解后，可分别得到相应的校正系数 X、Y、Z 和 F。

$$c=X\times A_{2930}+Y\times A_{2960}+Z(A_{3030}-A_{2930}/F)$$

式中：c 为萃取溶液中化合物的含量，mg/L；A_{2930}、A_{2960} 和 A_{3030} 为各对应波数下测得的吸光度；X、Y、Z 为与各种 C—H 键吸光度相对应的系数；F 为脂肪烃对芳香烃影响的校正因子，即正十六烷在 2 930 cm^{-1} 和 3 030 cm^{-1} 处的吸光度之比。

(3)校正系数检验　分别准确量取纯正十六烷、姥鲛烷和甲苯，按 5∶3∶1 的比例配成混合烃。使用时根据所需浓度，准确称取适量的混合烃，以四氯化碳为溶剂配成适当浓度范围（如 5 mg/L、40 mg/L、80 mg/L 等）的混合烃系列溶液。

在 2 930 cm^{-1}、2 960 cm^{-1}和 3 030 cm^{-1}处分别测量混合烃系列溶液的吸光度 A_{2930}、A_{2960}和 A_{3030}，按上式计算混合烃系列溶液的浓度，并与配制值进行比较。如混合烃系列溶液浓度测定值和回收率在 90%～110%范围内，则校正系数可采用，否则应重新测定校正系数并检验，直至符合条件为止。

4. 空白试验

以水代替试料，加入与测定时相同体积的试剂，并使用相同光程的比色皿，按 2.5.6.4 步骤中 3.（1）的有关步骤进行空白试验。

2.5.6.5 计算

1. 总萃取物量

水样中总萃取物量 c_1（mg/L）按下式计算：

$$c_1=[X\times A_{1,2930}+Y\times A_{1,2960}+Z(A_{1,3030}-A_{1,2930}/F)]\times \frac{V_0\times D\times l}{V_W\times L}$$

式中：X、Y、Z 为校正系数；$A_{1,2930}$、$A_{1,2960}$和 $A_{1,3030}$为各对应波数下测得萃取液的吸光度；V_0 为萃取溶剂定容体积，mL；V_w 为水样体积，mL；D 为萃取液稀释倍数；l 为测定校正系数时所用比色皿的光程，cm；L 为测定水样时所用比色皿的光程，cm。

2. 石油类含量

水样中石油类的含量 c_2（mg/L）按下式计算：

$$c_2=[X\times A_{2,2930}+Y\times A_{2,2960}+Z(A_{2,3030}-A_{2,2930}/F)]\times \frac{V_0\times D\times l}{V_W\times L}$$

式中：$A_{2,2930}$、$A_{2,2960}$和 $A_{2,3030}$为各对应波数下测得硅酸镁吸附后滤出液的吸光度。

3. 动、植物油含量

水样中动、植物油的含量 c_3（mg/L）按下式计算：

$$c_3=c_1-c_2$$

2.5.6.6 精密度和准确度

两个实验室测定石油类含量为 1.44～92.6 mg/L 的炼油及石油化工废水，相对标准偏差为 1.36%～9.04%。单个实验室测定石油类和动、植物油含量分别为 0.43 mg/L 和2.17 mg/L的城市生活污水，相对标准偏差分别为 14.6%和 7.80%；测定石油类和动、植物油含量分别为 4.35 mg/L 和 19.3 mg/L 的食品工业废水，相对标准偏差分别为 8.50%和 1.07%。

2.5.7 痕量有机污染物

除了上面提到的有机污染物外，水体中还存在痕量的毒性大、蓄积性强、难降解、被列为优先污染物的有机化合物，种类繁多，包括苯系物、挥发性卤代烃、氯苯类化合物等。目前水中有机物的分析主要是采用色谱法，色谱法是一类重要的分离测定多组分混合物极其有效的分析方法。它基于不同物质在相对运动的两相中具有不同的分配系数，当这些物质随流动相移动时，就在两相之间进行反复多次分配，使原来分配系数只有微小差异的各组分得到很好的分离，依次送入检测器测定，达到分离、分析各组分的目的。对于不同的分析对象，只要选择合适的流动相和固定相，就可以达到分离的目的。色谱法的分类方法较多，常按两相所处的状态来分。用气体(如氮气、氢气或氦气)作为流动时，称为气相色谱(GC，gas chromatography)，用液体(如甲醇、乙腈)作为流动相时，称为液相色谱(LC，liquid chromatography)。

2.5.7.1 气相色谱法

气相色谱法主要用于低分子质量、易挥发、热稳定有机化合物的分析。该方法选择性高，对性质极为相似的同分异构体等有很强的分离能力；分辨率高，可以分离沸点十分接近、且组成复杂的混合物；灵敏度高，高灵敏度的检测器可检测出 10^{-14}～10^{-11} g 的痕量物质；分析速度快，且样品用量少。

1. 气相色谱流程

气相色谱仪的基本构造见图 2-14。气相色谱仪的基本工作流程为：载气由高压钢瓶供给，经减压、干燥、净化和测量流量后进入汽化室，携带由汽化室进样口注入并迅速汽化为蒸气的试样进入色谱柱，经分离后的各组分依次进入检测器，将浓度或质量信号转换成电信号，经阻抗转换和放大，送入记录仪记录色谱峰。

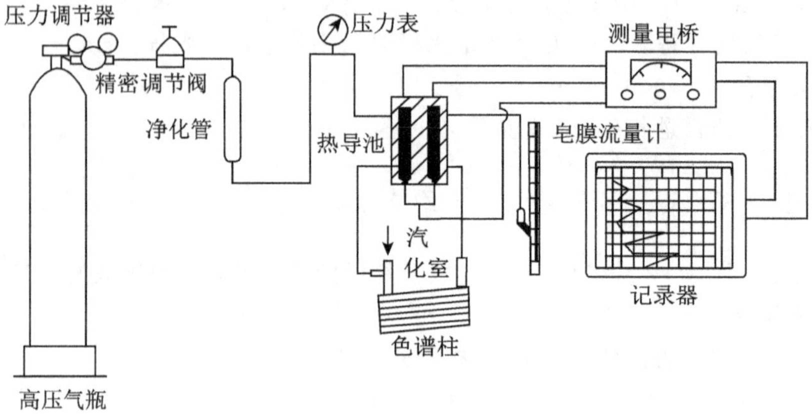

(a) 普通填充柱气相色谱仪流程

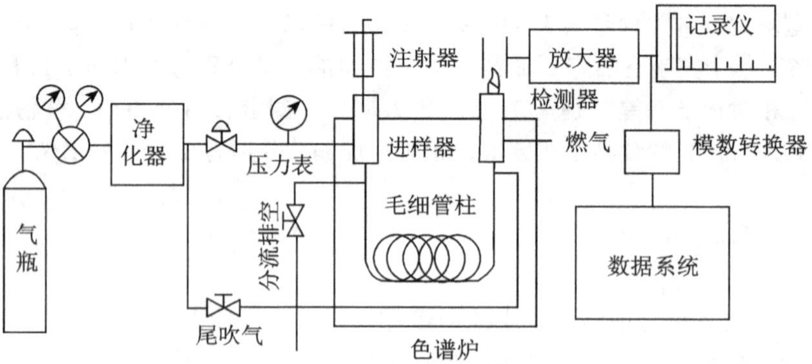

(b) 毛细管气相色谱仪流程

图 2-14 气相色谱仪的基本构造

(引自：陈玲．环境监测．2008)

2. 色谱流出曲线

当载气载带着各种组分依次通过检测器时，检测器响应信号随时间变化曲线称为色谱流出曲线，也称色谱图，见图 2-15。根据色谱峰出峰时间可进行定性分析；根据色谱峰高或峰面积可以进行定量分析。

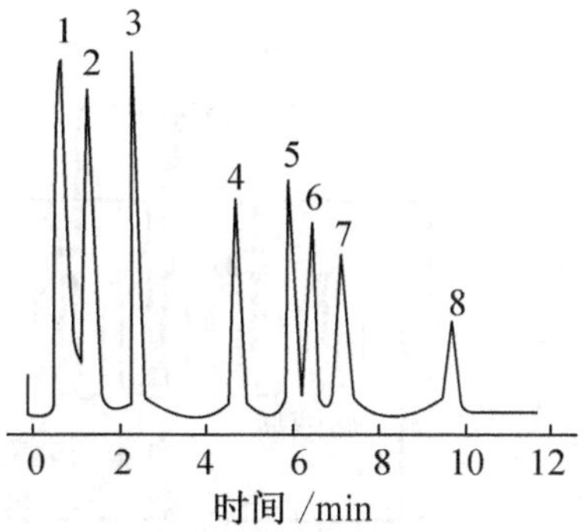

图 2-15　气相色谱流出曲线

（引自：陈玲．环境监测．2008）

3. 气相色谱分析条件的选择

气相色谱分析条件的选择包括色谱柱内径及柱长、固定相、汽化温度、及柱温、载气及其流速、进样时间和进样量等条件的选择。

气相色谱柱分为填充柱和毛细管柱两类，柱内所负载的固定相又可分为固体和液体两类。根据所分析组分性质的不同，选择不同种类的色谱柱固定相。固定液的选择可根据“相似相溶原理”，即被分离的组分为非极性物质，选用非极性固定液；被分离的组分为极性物质，选用极性固定液。

提高柱温可提高柱效，但柱温过高又会使组分间不易分离，而柱温过低会使分析时间增长。因此要在保证各待测组分良好分离的情况下选择合适的柱温。

载气应根据所用检测器类型，对柱效能的影响等因素选择。如对热导检测器，应选氢气或氩气；对氢火焰离子化检测器，一般选氮气；载气流速小，宜选用分子量较大和扩散系数小的载气，如氮气和氩气，反之，应选用分子质量小，扩散系数大的载气，如氢气，以提高柱效。

4. 检测器

气相色谱检测器可分为质量型检测器和浓度型检测器两类。质量型检测器的响应值仅与单位时间进入检测器的组分质量成正比，而与载气的量无关，氢火焰离子化检测器（HFID，hydrogen flame ionization detector）和火焰光度检测器（FPD，flame photometric detector）属于此类。浓度型检测器的响应值和组分在载气中的浓度成正比，热导检测器（TCD，thermal conductivity detector）和电子捕获检测器（ECD，electron capture detector）属于此类。

2.5.7.2　液相色谱法

高效液相色谱仪工作流程图如图 2-16 所示。主要由输液系统、进样系统、分离系统（色谱柱）、检测器、记录系统和辅助系统组成。样品由进样器注入系统，流动相由泵抽入流经色谱柱，使样品在色谱柱上被分离，依次进入检测器，由记录仪将检测器的信号记录下来。

高效液相色谱法是在气相色谱的基础上发展起来的，是色谱技术的一个分支。气相色谱的基本概念和理论、定性定量方法等也基本上适用于高效液相色谱。液相色谱用液体作为流动相，常用的流动相有甲醇和乙腈。液相色谱柱有多种类型，常见的分析用色谱柱是内径 3.0～4.6 mm，长 10～30 m 的不锈钢柱。根据样品中组分固定相与流动相中的作用方式的不同，按分类过程的物理化学原理可分为吸附色谱、分配色谱、离子交换色谱、凝胶色谱或排阻色谱等。

液相色谱检测器最常用的有紫外检测器（UVD，ultraviolet detector）和荧光检测器（FD，fluorophotomeric detector），另外还有示差折光检测器（RID）和电导检测器（ECD）等，其中，UVD、FD、ECD 属于选择性检测器，对不同组分的物质响应差别极大，因此，只能选择性地检测某些类型的物质。RID 属于通用型检测器，它对大多数物质的响应相差不大。

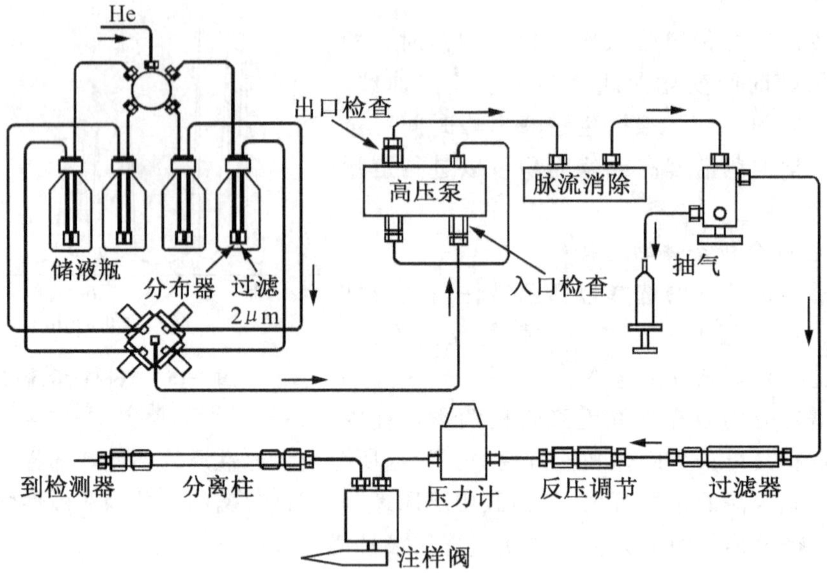

图 2-16　高效液相色谱仪流程图

(引自：陈玲．环境监测．2008)

2.6 非金属无机污染物的测定

环境水体中除了有机污染物外，还有大量的无机物，例如，含氮化合物、含磷化合物、氟化物、氯化物、氰化物、硫酸盐等。这些化合物一般以阴离子形态存在于水体中，容易被生物吸收或不稳定。对于这些化合物的测定，最普遍应用的方法是化学法和光度法，应用离子选择电极法的也较多，近年来离子色谱法在测定阴离子方面取得较大进展。

水中的含氮化合物是一项重要的卫生指标。环境水体中存在着各种形态的含氮化合物，由于化学和生物化学的作用，它们处在不断的变化和循环之中。水中氮的存在形式有氨氮(NH_3、NH_4^+)、亚硝酸盐(NO_2^-)、硝酸盐(NO_3^-)、有机氮(蛋白质、尿素、氨基酸、硝基化合物等)。最初进入水中的有机氮和氨氮，其中有机氮首先被分解转化为氨氮，而后在有氧条件下，氨氮在亚硝酸菌和硝酸菌的作用下逐步氧化为亚硝酸盐和硝酸盐。若水中富含大量有机氮和氨氮，说明水体新近受到污染。

磷为常见元素，在天然水和废水中磷主要以正磷酸盐(PO_4^{3-}、HPO_4^{2-}、$H_2PO_4^-$)、缩合磷酸盐($P_2O_7^{4-}$、$P_3O_{10}^{5-}$、$(PO_3)_6^{3-}$)和有机磷(如磷脂等)形式存在，也存在于腐殖质粒子和水生生物中。化肥、冶炼、合成洗涤剂等行业的工业废水及生活污水中常含有大量的磷。由于化肥和有机磷农药的大量使用，农田排水中也会含有比较高的磷。

当水体中含氮、磷和其他营养物质过多时，会促使藻类等浮游生物大量繁殖，形成水华或赤潮，造成水体富营养化。

2.6.1 亚硝酸盐

亚硝酸盐(NO_2-N)是含氮化合物分解过程中的中间产物，它是有机污染的标志之一。亚硝酸盐及不稳定，可被氧化为硝酸盐，也可被还原为氨氮。由于在硝化过程中，由 NH_3 转化为 NO_2^- 过程比较缓慢，而由 NO_2^- 转化成 NO_3^- 比较快速，因而亚硝酸盐在天然水体中含量并不高，通常不超过 0.1 mg/L。亚硝酸盐进入人体后，可使血液中正常携氧的铁血红蛋白氧化成高铁血红蛋白，使之失去输送氧的能力，还可与仲胺类反应生成具致癌性的亚硝胺类物质。

水中亚硝酸盐常用的测定方法有离子色谱法、气相分子吸收光谱法(HJ/T 197—2005)和 N-(1-萘基)-乙二胺光度法。前两种方法简便、快速、干扰较少；光度法灵敏度较高，选择性较好。亚硝酸盐氮的测定通常用重氮偶合光度法，按使用试剂不同分为 N-(1-萘基)-乙二胺光度法和 α-萘胺光度法。下面主要介绍 N-(1-萘基)-乙二胺光度法(GB 7493—87)的测定过程。

2.6.1.1 N-(1-萘基)-乙二胺光度法原理

在磷酸介质中，pH 为 1.8 时，水中的亚硝酸根离子与4-氨基苯磺酰胺(4-aminobenzene sulfonamide)反应生成重氮盐，它再与 N-(1-萘基)-乙二胺二盐酸盐[N-(1-naphthy1)-1,2-diaminaethane dihydrochlo-ride]偶联生成红色染料，在 540 nm 波长处测定吸光度。如果使用光程长为 10 mm 的比色皿，亚硝酸盐氮的浓度在 0.2 mg/L 以内其呈色符合比尔定律。

2.6.1.2 仪器

(1)玻璃器皿，都应用 2 mol/L 盐酸仔细洗净，然后用水彻底冲洗。

(2)常用实验室设备及分光光度计。

2.6.1.3 试剂

(1)实验用水(无亚硝酸盐的二次蒸馏水) 采用下列方法之一制备。

①加入高锰酸钾结晶少许于 1 L 蒸馏水中，使成红色，加氢氧化钡(或氢氧化钙)结晶至溶液呈碱性，使用硬质玻璃蒸馏器进行蒸馏，弃去最初的 50 mL 馏出液，收集约 700 mL 不含锰盐的馏出液，待用。

②于 1 L 蒸馏水中加入浓硫酸 1 mL、硫酸锰溶液 [每 100 mL 水中含有 36.4 g 硫酸锰($MnSO_4 \cdot H_2O$)]0.2 mL，滴加 0.04%(m/V)高锰酸钾溶液至呈红色(1~3 mL)，使用硬质玻璃蒸馏器进行蒸馏，弃去最初的 50 mL 馏出液，收集约 700 mL 不含锰盐的馏出液，待用。

(2)磷酸 15 mol/L，ρ=1.70 g/mL。

(3)硫酸 18 mol/L，ρ=1.84 g/mL。

(4)磷酸 1+9 溶液(1.5 mol/L)。溶液至少可稳定 6 个月。

(5)显色剂 于 500 mL 烧杯内加入 250 mL 水和 50 mL 15 mol/L 磷酸，加入 20.0 g 4-氨基苯磺酰胺($NH_2C_6H_4SO_2NH_2$)。再将 1.00 g N-(1-萘基)-乙二胺二盐酸盐($C_{10}H_7NHC_2H_4NH_2 \cdot 2HCl$)溶于上述溶液中，转移至 500 mL 容量瓶，用水稀释至标线，摇匀。此溶液贮存于棕色试剂瓶中，保存在 2~5℃，至少可稳定 1 个月。

注：本试剂有毒性，避免与皮肤接触或吸入体内。

(6)高锰酸钾标准溶液　$c(1/5\ KMnO_4)=0.050$ mol/L。溶解 1.6 g 高锰酸钾($KMnO_4$)于 1.2 L 水中(一次蒸馏水)，煮沸 0.5～1 h，使体积减少到 1 L 左右，放置过夜，用G-3号玻璃砂芯滤器过滤后，滤液贮存于棕色试剂瓶中避光保存。高锰酸钾标准溶液要进行标定和计算。

(7)草酸钠标准溶液　$c(1/2Na_2C_2O_4)=0.0500$ mol/L。溶解 105℃烘干 2 h 的优级纯无水草酸钠(3.350 0±0.000 4) g 于 750 mL 水中，定量转至 1 000 mL 容量瓶中，用水稀释至标线，摇匀。

(8)亚硝酸盐氮标准贮备溶液　$c_N=250$ mg/L。

①贮备溶液的配制　称取 1.232 g 亚硝酸钠($NaNO_2$)，溶于 150 mL 水中，定量转移至 1 000 mL 容量瓶中，用水稀释至标线，摇匀。本溶液贮存在棕色试剂瓶中，加入 1 mL 氯仿，保存在 2～5℃，至少稳定 1 个月。

②贮备溶液的标定　在 300 mL 具塞锥形瓶中，移入高锰酸钾标准溶液 50.00 mL、浓硫酸 5 mL，用 50 mL 无分度吸管，使下端插入高锰酸钾溶液液面下，加入亚硝酸盐氮标准贮备溶液 50.00 mL，轻轻摇匀，置于水浴上加热至 70～80℃，按每次 10.00 mL 的量加入足够的草酸钠标准溶液，使高锰酸钾标准溶液褪色并使过量，记录草酸钠标准溶液用量 V_2，然后用高锰酸钾标准溶液滴定过量草酸钠至溶液呈微红色，记录高锰酸钾标准溶液总用量 V_1。

再以 50 mL 实验用水代替亚硝酸盐氮标准贮备溶液，如上操作，用草酸钠标准溶液标定高锰酸钾溶液的浓度 c_1。

按下式计算高锰酸钾标准溶液浓度 c_1(1/5 $KMnO_4$，mol/L)：

$$c_1=\frac{0.0500\times V_4}{V_3}$$

式中：V_3 为滴定实验用水时加入高锰酸钾标准溶液总量，mL；V_4 为滴定实验用水时加入草酸钠标准溶液总量，mL；0.050 0 为草酸钠标准溶液浓度 $c(1/2\ Na_2C_2O_4)$，mol/L。

按下式计算亚硝酸盐氮标准贮备溶液的浓度 c_N(mg/L)：

$$c_N=\frac{(c_1V_1-0.0500V_2)\times 7.00\times 1000}{50.00}=140V_1c_1-7.00V_2$$

式中：V_1 为滴定亚硝酸盐氮标准贮备溶液时加入高锰酸钾标准溶液总量，mL；V_2 为滴定亚硝酸盐氮标准贮备溶液时加入草酸钠标准溶液总量，mL；c_1 为经标定的高锰酸钾标准溶液的浓度，mol/L；7.00 为亚硝酸盐氮(1/2N)的摩尔质量；50.00 为亚硝酸盐氮标准贮备溶液取样量，mL；0.050 0 为草酸钠标准溶液浓度 $c(1/2\ Na_2C_2O_4)$，mol/L。

(9)亚硝酸盐氮中间标准液　$c_N=50.0$ mg/L。取亚硝酸盐氮标准贮备溶液 50.00 mL 于 250 mL 容量瓶中，用水稀释至标线，摇匀。此溶液贮于棕色瓶内，保存在 2～5℃，可稳定 1 周。

(10)亚硝酸盐氮标准工作液　$c_N=1.00$ mg/L。取亚硝酸盐氮中间标准液 10.00 mL 于 500 mL 容量瓶内，水稀释至标线，摇匀。此溶液使用时，当天配制。

注：亚硝酸盐氮中间标准液和标准工作液的浓度值，应采用贮备溶液标定后的准确浓度的计算值。

(11)氢氧化铝悬浮液　溶解 125 g 硫酸铝钾[$KAl(SO_4)_2\cdot 12H_2O$]或硫酸铝铵[$NH_4Al(SO_4)_2\cdot 12H_2O$]于 1 L 一次蒸馏水中，加热至 60℃，在不断搅拌下，徐徐加入 55 mL 浓氢氧化铵，放置约 1 h 后，移入 1 L 量筒内，用一次蒸馏水反复洗涤沉淀，最后用实验用水洗涤沉淀，直至洗涤液中不含亚硝酸盐为止。澄清后，把上清液尽量全部倾出，只留稠的悬浮物，最后加入 100 mL 水。使用前应振荡均匀。

(12)酚酞指示剂　c=10 g/L。0.5 g 酚酞溶于 95%(体积分数)乙醇 50 mL 中。

2.6.1.4　操作步骤

(1)试样的制备　实验室样品含有悬浮物或带有颜色时，需去除干扰。水样最大体积为 50.0 mL，可测定亚硝酸盐氮浓度高至 0.20 mg/L。浓度更高时，可相应用较少量的样品或将样品进行稀释后，再取样。

(2)测定　用无分度吸管将选定体积的水样移至 50 mL 比色管(或容量瓶)中，用水稀释至标线，加入显色剂 10 mL，密塞，摇匀，静置，此时 pH 应为 1.8±0.3。加入显色剂 20 min 后、2 h 以内，在 540 nm 的最大吸光度波长处，用光程长 10 mm 的比色皿，以实验用水做参比，测量溶液吸光度。

注：最初使用本方法时，应校正最大吸光度的波长，以后的测定均应用此波长。

(3)空白试验　按上述(2)所述步骤进行空白试验，用 50 mL 水代替水样。

(4)色度校正　如果实验室样品经处理后还具有颜色时，按(2)所述方法，从水样中取相同体积的第二份水样，进行测定吸光度，只是不加显色剂，改加磷酸(1+9)10 mL。

(5)标准曲线校准：在一组 6 个 50 mL 比色管(或容量瓶)内，分别加入 1.00 mg/L 亚硝酸盐氮标准工作液 0、1.00、3.00、5.00、7.00 和 10.00 mL，用水稀释至标线，然后加入显色剂 20 min 后、2 h 以内，在 540 nm 的最大吸光度波长处，用光程长 10 mm 的比色皿，以实验用水做参比，测量溶液吸光度。

从测得的各溶液吸光度，减去空白试验吸光度，得校正吸光度 A，绘制以氮含量(μg)对校正吸光度的校准曲线，亦可按线性回归方程的方法，计算校准曲线方程。

2.6.1.5　计算

水样溶液吸光度的校正值 A_r，按下式计算：

$$A_r = A_s - A_b - A_c$$

式中：A_s为水样溶液测得吸光度；A_b为空白试验测得吸光度；A_c为色度校正测得吸光度。

由校正吸光度 A_r 值，从校准曲线上查得(或由校准曲线方程计算)相应的亚硝酸盐氮的含量 m_N(μg)。

水样的亚硝酸盐氮浓度按下式计算：

$$c_N = \frac{m_N}{V}$$

式中：c_N为亚硝酸盐氮浓度，mg/L；m_N为相应于校正吸光度 A 的亚硝酸盐氮含量，μg；V 为取水样体积，mL。

试样体积为 50 mL 时，结果以 3 位小数表示。

2.6.1.6　注意事项

(1)采样和样品保存：实验室样品应用玻璃瓶或聚乙烯瓶采集，并在采集后尽快分析，不要超过 24 h。若需短期保存(1～2 d)，可以在每升实验室样品中加入 40 mg 氯化汞，并保存于 2～5℃。

(2)当试样 pH≥11 时，可能遇到某些干扰，遇此情况，可向水样中加入酚酞溶液 1 滴，边搅拌边逐滴加入磷酸溶液，至红色刚消失。经此处理，则在加入显色剂后，体系 pH 为 1.8±0.3，而不影响测定。

(3)水样若有颜色和悬浮物，可于每 100 mL 水中加入 2 mL 氢氧化铝悬浮液。搅拌、静置、过滤再取水样测定。

(4)水样中若含氯胺、氯、硫代硫酸盐、聚磷酸钠和三价铁离子对测定有明显干扰。

(5)精密度和准确度：取平行双样测定结果的算术平均值为测定结果。

2.6.2　硝酸盐

硝酸盐(NO_3^-)是在有氧环境中最稳定的含氮化合物，也是含氮有机化合物经无机化作用最终阶段的分解产物。由于大量施用化肥和酸雨等因素的影响，水体中硝酸盐含量呈升高趋势。清洁的地面水硝酸盐含量很低，受污染的水体和一些深层地下水含量较高。过多的硝酸盐对环境和人体不利。饮用水中的硝酸盐是有害物质，进入人体后可以被还原为亚硝酸盐进而生成其他危害更严重的物质。饮用水中，硝酸盐的浓度限制在 10 mg/L(以氮计)以下。

硝酸盐测定方法有光度法、离子色谱法、离子选择电极法和气相分子吸收光谱法(HJ/T 198—2005)等。光度法包括酚二磺酸分光光度法、戴氏合金还原-纳氏试剂光度法、镉柱还原-偶氮光度法、紫外分光光度法(HJ/T 346—2007)等。

其中镉柱还原-偶氮光度法利用硝酸盐通过镉柱后被还原成亚硝酸盐，亚硝酸盐与芳香胺生成重氮化合物，测定亚硝酸盐。此法可分别测定样品中硝酸盐与亚硝酸盐，但操作比较繁琐，较少应用。戴氏合金还原法是水样在碱性介质中，硝酸盐可被还原剂戴氏合金在加热情况下定量还原为氨，经蒸馏出后被吸收于硼酸溶液中，用纳氏试剂光度法或酸滴定法测定。紫外分光光度法是利用硝酸根离子在 220 nm 波长处的吸收而定量测定硝酸根。酚二磺酸分光光度法(GB 7480—87)显色稳定，测定范围较宽，下面重点介绍此测定方法。

2.6.2.1　酚二磺酸光度法原理

利用硝酸盐在无水情况下与酚二磺酸反应生成邻硝基酚二磺酸，在碱性(氨性)溶液中生成黄色化合物，于 410 nm 波长处进行分光光度测定。

2.6.2.2　仪器

75～100 mL 容量瓷蒸发皿；50 mL 具塞比色管；分光光度计；恒温水浴。

2.6.2.3　试剂

(1)浓硫酸　ρ=1.84 g/mL。

(2)发烟硫酸($H_2SO_4 \cdot SO_3$)　含 13%三氧化硫(SO_3)。

注：①发烟硫酸在室温较低时凝固，取用时，可先在 40～50℃隔水浴中加温使熔化，不能将盛装发烟硫酸的玻璃瓶直接置入水浴中，以免瓶裂引起危险。

②发烟硫酸中含三氧化硫(SO_3)浓度超过 13%时，可用浓硫酸按计算量进行稀释。

(3)酚二磺酸($C_6H_3(OH)(SO_3H)_2$)　称取 25 g 苯酚置于 500 mL 锥形瓶中，加 150 mL 浓硫酸使之溶解，再加 75 mL 发烟硫酸充分混合。瓶口插一小漏斗，置瓶于沸水浴中加热 2 h,得淡棕色稠液，贮于棕色瓶中，密塞保存。当苯酚色泽变深时，应进行蒸馏精制。若无发烟硫酸时，亦可用浓硫酸代替，但应增加在沸水浴中加热时间至 6 h，制得的试剂尤应注意防止吸收空气中的水分，以免因硫酸浓度的降低，影响硝基化反应的进行，使测定结果偏低。

(4)氨水($NH_3 \cdot H_2O$)　ρ=0.90 g/mL。

(5)氢氧化钠溶液　0.1 mol/L。

(6)硝酸盐氮标准贮备液　c_N=100 mg/L。将0.721 8 g经105～110℃干燥2 h的硝酸钾(KNO_3)溶于水中，移入1 000 mL容量瓶，用水稀释至标线，混匀。加2 mL氯仿作保存剂，至少可稳定6个月。每毫升本标准溶液含0.10 mg硝酸盐氮。

(7)硝酸盐氮标准溶液　c_N=10.0 mg/L。吸取50.0 mL 100 mg/L硝酸盐氮标准贮备液，置蒸发皿内，加0.1 mol/L氢氧化钠溶液使pH调至8，在水浴上蒸发至干。加2 mL酚二磺酸试剂，用玻璃棒研磨蒸发皿内壁，使残渣与试剂充分接触，放置片刻，重复研磨一次，放置10 min，加入少量水，定量移入500 mL容量瓶中，加水至标线，混匀。每毫升本标准溶液含0.010 mg硝酸盐氮。贮于棕色瓶中，此溶液至少稳定6个月。

(8)硫酸银溶液　称取4.397 g硫酸银(Ag_2SO_4)溶于水，稀释至1 000 mL。1.00 mL此溶液可去除1.00 mg氯离子(Cl^-)。

(9)硫酸溶液　0.5 mol/L。

(10)EDTA二钠溶液　称取50 gEDTA二钠盐的二水合物($C_{10}H_{14}N_2O_3Na_2 \cdot 2H_2O$)，溶于20 mL水中，使调成糊状，加入60 mL氨水充分混合，使之溶解。

(11)氢氧化铝悬浮液　称取125 g硫酸铝钾($KAl(SO_4)_2 \cdot 12H_2O$)或硫酸铝铵($NH_4Al(SO_4)_2 \cdot 12H_2O$)溶于1 L水中，加热到60℃，在不断搅拌下徐徐加入55 mL氨水，使生成氢氧化铝沉淀，充分搅拌后静置，弃去上清液。反复用水洗涤沉淀，至倾出液无氯离子和铵盐。最后加入300 mL水使成悬浮液。使用前振摇均匀。

(12)高锰酸钾溶液　3.16 g/L。

2.6.2.4 操作步骤

1. 水样体积的选择

最大水样体积为50 mL，可测定硝酸盐氮浓度至2.0 mg/L。

2. 空白试验

取50 mL水，以与水样测定完全相同的步骤、试剂和用量，进行平行操作。

3. 标准曲线的绘制

用分度吸管向一组10支50 mL比色管中分别加入10.0 mg/L硝酸盐氮标准溶液0、0.10、0.30、0.50、0.70、1.00、3.00、5.00、7.00、10.0 mL，加水至约40 mL，加3 mL氨水使成碱性，再加水至标线，混匀。硝酸盐氮含量分别为0、0.001、0.003、0.005、0.007、0.010、0.030、0.050、0.070、0.10 mg。进行分光光度测定。所用比色皿的光程长10 mm。由除零管外的其他校准系列测得的吸光度值减去零管的吸光度值，绘制吸光度对硝酸盐氮含量(mg)的校准曲线。

4. 干扰的排除

(1)带色物质　取100 mL水样移入100 mL具塞量筒中，加2 mL氢氧化铝悬浮液，密塞充分振摇，静置数分钟澄清后，过滤，弃去最初的滤液20 mL。

(2)氯离子　取100 mL水样移入100 mL具塞量筒中，根据已测定的氯离子含量，加入相当量的硫酸银溶液充分混合，在暗处放置30 min，使氯化银沉淀凝聚，然后用慢速滤纸过滤，弃去最初滤液20 mL。

注：如不能获得澄清滤液，可将已加过硫酸银溶液后的水样在近 80℃的水浴中加热，并用力振摇，使沉淀充分凝聚，冷却后再进行过滤；如同时需去除带色物质，则可在加入硫酸银溶液并混匀后，再加入 2 mL 氢氧化铝悬浮液，充分振摇，放置片刻待沉淀后，过滤。

(3)亚硝酸盐　当亚硝酸盐氮含量超过 0.2 mg/L 时，可取 100 mL 试样，加 1 mL 硫酸溶液，混匀后，滴加高锰酸钾溶液，至淡红色保持 15 min 不褪为止，使亚硝酸盐氧化为硝酸盐，最后从硝酸盐氮测定结果中减去亚硝酸盐氮量。

5. 样品的测定

(1)蒸发　取 50.0 mL 水样(如果硝酸盐含量较高可酌量减少)置于蒸发皿中，用 pH 试纸检查，必要时用硫酸溶液或氢氧化钠溶液，调至微碱性 pH≈8，置水浴上蒸发至干。

(2)硝化反应　加 1.0 mL 酚二磺酸试剂，用玻璃棒研磨，使试剂与蒸发皿内残渣充分接触，放置片刻，再研磨一次，放置 10 min，加入约 10 mL 水。

(3)显色　在搅拌下加入 3～4 mL 氨水，使溶液呈现最深的颜色。如有沉淀产生，过滤，或滴加 EDTA 二钠溶液，并搅拌至沉淀溶解。将溶液移入比色管中，用水稀释至标线，混匀。

(4)分光光度测定　于 410 nm 波长，选用合适光程长的比色皿，以水为参比，测量溶液的吸光度。

2.6.2.5　计算

水样中的硝酸盐浓度按下式计算：

$$c_{\mathrm{N}}(\mathrm{mg/L}) = \frac{m}{V} \times 1\,000$$

式中：m 为从标准曲线上查得的硝酸盐氮量，mg；V 为水样体积，mL；1 000 为换算为每升水样计。

2.6.2.6　注意事项

(1)实验室样品可贮于玻璃瓶或聚乙烯瓶中。硝酸盐氮的测定应在水样采集后立即进行，必要时，应保存在 4℃下，但不得超过 24 h。

(2)氯化物对测定有干扰，使结果偏低。在处理水样时加硫酸银使氯离子生成氯化银沉淀。水中若含有亚硝酸盐(超过 0.2 mg/L)，则需将其氧化成硝酸盐。氧化剂用高锰酸钾，然后从测定结果中扣除亚硝酸盐含量。

2.6.3　氨氮

水样中的总氮含量是衡量水质的重要指标之一。其测定方法通常采用过硫酸钾氧化，使有机氮和无机氮化合物转变为硝酸盐测定。凯氏氮是指以基耶达(Kjeldahl)法测得的含氮量，它包括氨氮以及在浓硫酸和催化剂(K_2SO_4)条件下能转化为铵盐而被测定的有机氮化合物。

氨氮以游离氨(又称非离子氨，NH_3)和铵盐(NH_4^+)形式存在于水中，二者的组成比取决于水的 pH。水中氨氮的来源主要有生活污水、合成氨工业废水以及农田排水。氨氮较高时对鱼类有毒害作用，高含量时会导致鱼类死亡。

氨氮的测定方法有纳氏试剂分光光度法(HJ 535—2009 代替 GB 7479—87)、水杨酸分光光度法（HJ 536—2009 代替 GB 7481—87）、蒸馏-中和滴定法（HJ 537—2009 代替 GB 7478—87）、电极法、气相分子吸收光谱法（HJ/T 195—2005）等。

纳氏试剂分光光度法是二氯化汞和碘化钾的碱性溶液与氨反应生成黄棕色化合物，在较宽的波长范围内有强烈吸收，比色测定。水杨酸分光光度法是在亚硝基铁氰化钠存在下，铵与水杨酸盐和次氯酸离子反应生成蓝色化合物，比色测定。比色方法操作简便、灵敏、但干扰较多。因此对污染严重的工业废水，应将水样蒸馏，以消除干扰。蒸馏时调节水样 pH 在 6～7.4 范围，加入氢氧化镁使呈微碱性。如采用纳氏试剂比色法或酸滴定法时以硼酸为吸收液；用水杨酸-次氯酸盐分光光度法时采用硫酸吸收。

2.6.3.1　纳氏试剂法原理

碘化汞和碘化钾的碱性溶液与氨反应生成淡黄棕色胶态化合物，其色度与氨氮含量成正比，通常可在波长 410～425 nm 范围内测其吸光度，反应式如下：

$$2K_2[HgI_4]+NH_3+3KOH \longrightarrow NH_2Hg_2IO(\text{黄棕色})+7KI+2H_2O$$

本法最低检出浓度为 0.025 mg/L（光度法），测定上限为 2 mg/L。采用目视比色法，最低检出浓度为 0.02 mg/L。水样作适当的预处理后，本法可适用于地面水、地下水、工业废水和生活污水。

2.6.3.2　仪器

带氮球的定氮蒸馏装置：500 mL 凯氏烧瓶、氮球、直形冷凝管；分光光度计；pH 计。

2.6.3.3　试剂

(1)配制试剂用水均应为无氨水。无氨水，可选用下列方法之一进行制备。

①蒸馏法：每升蒸馏水中加 0.1 mL 硫酸，在全玻璃蒸馏器中重蒸馏，弃去 50 mL 初馏液，接取其余馏出液于具塞磨口的玻璃瓶中，密塞保存。

②离子交换法：使蒸馏水通过强酸性阳离子交换树脂柱。

(2)1 mol/L 盐酸溶液　取 8.5 mL 盐酸于 100 mL 容量瓶中，用水稀释至标线。

(3)1 mol/L 氢氧化钠溶液　称取 4 g 氢氯化钠溶于水中，稀释至 100 mL。

(4)轻质氧化镁（MgO）　将氧化镁在 500℃下加热，以除去碳酸盐。

(5)0.05%溴百里酚蓝指示液（pH 6.0～7.6）　称取 0.05 g 溴百里酚蓝指示液溶于 50 mL水中，加 10 mL 无水乙醇，用水稀释至 100 mL。

(6)防沫剂　如石蜡碎片。

(7)吸收液　①硼酸溶液：称取 20 g 硼酸溶于水，稀释至 1 L。②0.01 mol/L 硫酸溶液。

(8)纳氏试剂　可选择下列方法之一制备：

①称取 20 g 碘化钾溶于约 25 mL 水中，边搅拌边分次少量加入二氯化汞（$HgCl_2$）结晶粉末（约 10 g），至出现朱红色沉淀不易溶解时，改为滴加饱和二氯化汞溶液，并充分搅拌，当出现微量朱红色沉淀不再溶解时，停止滴加氯化汞溶液。

另称取 60 g 氢氧化钾溶于水，并稀释至 250 mL，冷却至室温后，将上述溶液徐徐注入氢氧化钾溶液中，用水稀释至 400 mL，混匀。静置过夜，将上清液移入聚乙烯瓶中，密塞保存。

②称取 16 g 氢氧化钠，溶于 50 mL 水中，充分冷却至室温。

另称取 7 g 碘化钾和 10 g 碘化汞（HgI_2）溶于水，然后将此溶液在搅拌下徐徐注入氢氧化钠溶液中。用水稀释至 100 mL，贮于聚乙烯瓶中，密塞保存。

(9)酒石酸钾钠溶液　称取 50 g 酒石酸钾钠($KNaC_4H_4O_6 \cdot 4H_2O$)溶于 100 mL 水中，加热煮沸以除去氨，放冷，定容至 100 mL。

(10)铵标准贮备溶液　称取 3.819 g 经 100℃干燥过的氯化铵(NH_4Cl)溶于水中，移入 1 000 mL 容量瓶中，稀释至标线。此溶液每毫升含 1.00 mg 氨氮。

(11)铵标准使用溶液　移取 5.00 mL 铵标准贮备液于 500 mL 容量瓶中，用水稀释至标线。此溶液每毫升含 0.010 mg 氨氮。

2.6.3.4　操作步骤

1. 水样预处理

取 250 mL 水样(如氨氮含量较高，可取适量并加水至 250 mL，使氨氮含量不超过 2.5 mg)，移入凯氏烧瓶中，加数滴溴百里酚蓝指示液，用氢氧化钠溶液或盐酸溶液调节至 pH 7左右。加入 0.25 g 轻质氧化镁和数粒玻璃珠，立即连接氮球和冷凝管，导管下端插入吸收液液面下。加热蒸馏，至馏出液达 200 mL 时，停止蒸馏。定容至 250 mL。

采用酸滴定法或纳氏比色法时，以 50 mL 硼酸溶液为吸收液；采用水杨酸-次氯酸盐比色法时，改用 50 mL 0.01 mol/L 硫酸溶液为吸收液。

2. 标准曲线的绘制

吸取 0、0.50、1.00、3.00、5.00、7.00 和 10.0 mL 铵标准使用液于 50 mL 比色管中，加水至标线，加 1.0 mL 酒石酸钾钠溶液，混匀。加 1.5 mL 纳氏试剂，混匀。放置 10 min 后，在波长 420 nm 处，用光程 20 mm 比色皿，以水为参比，测定吸光度。

由测得的吸光度，减去零浓度空白管的吸光度后，得到校正吸光度，绘制以氨氮含量(mg)对校正吸光度的标准曲线。

3. 水样的测定

(1)分取适量经絮凝沉淀预处理后的水样(使氨氮含量不超过 0.1 mg)，加入 50 mL 比色管中，稀释至标线，加 0.1 mL 酒石酸钾钠溶液。

(2)分取适量经蒸馏预处理后的馏出液，加入 50 mL 比色管中，加一定量 1 mol/L 氢氧化钠溶液以中和硼酸，稀释至标线。加 1.5 mL 纳氏试剂，混匀。放置 10 min 后，同标准曲线步骤测量吸光度。

4. 空白试验

以无氨水代替水样，作全程序空白测定。

2.6.3.5　计算

由水样测得的吸光度减去空白试验的吸光度后，从标准曲线上查得氨氮含量(mg)。

$$\text{氨氮}(\mathrm{N,mg/L})=\frac{m}{V}\times 1\,000$$

式中：m 为由校准曲线查得的氨氮量，mg；V 为水样体积，mL；1 000 为换算为每升水样计。

2.6.3.6　注意事项

(1)纳氏试剂中碘化汞与碘化钾的比例，对显色反应的灵敏度有较大影响。静置后生成的沉淀应除去。

(2)滤纸中常含痕量铵盐，使用时注意用无氨水洗涤。所用玻璃器皿应避免实验室空气中氨的沾污。

2.6.4 氟化物

氟广泛存在于天然水体中，以地下水中含氟量最高，一般为1～3 mg/L，高的每升可达数十毫克。炼铝、磷肥、钢铁等工业排放的三废，含氟较高。氟是人体必需的微量元素，推荐饮水标准中的氟以0.5～1.5 mg/L为宜。氟的缺乏和过量都会对人的牙齿和骨骼产生不良影响。

测定水中氟化物的方法有离子色谱法(HJ/T 84—2001)、氟离子选择电极法(GB 7484—87)、氟试剂分光光度法(HJ 488—2009)、茜素磺酸锆目视比色法(HJ 487—2009)和硝酸钍滴定法。离子色谱法已被国内外普遍使用，方法简便、测定快速、干扰较小，但设备比较昂贵。分光光度法适用于含氟较低的样品，氟试剂法可以测定0.05～1.8 mg/L F^-；茜素黄酸锆目视比色法可以测定0.1～2.5 mg/L F^-，但是误差比较大。氟化物含量大于5 mg/L时可采用硝酸钍滴定法。氟电极是目前众多电极中性能最好的一种，用它测定氟离子的方法被列为测定氟的标准方法，已成功地应用于测定天然水、海水、饮料、尿、血清、大气、植物、土壤等各种试样中的F^-。

2.6.4.1 离子选择电极测定原理

以氟化镧电极为指示电极，饱和甘汞电极或氯化银电极为参比电极，当水中存在氟离子时，就会在氟电极上产生电位响应。工作电池表示如下：

Ag | AgCl，Cl^-(0.33 mol/L)，F^-(0.001 mol/L) | LaF_3 ‖ 试液 ‖ 外参比电极。

当控制水中总离子强度足够量且为定值时，电池的电动势E值随待测溶液中氟离子浓度而变化，且遵守能斯特方程，并服从下式：

$$E = E^{\ominus} - \frac{2.303RT}{F}\lg c_{F^-}$$

E与$\lg c_{F^-}$呈直线关系，$\frac{2.303RT}{F}$为该直线的斜率，亦为电极的斜率。

与氟离子形成络合物的多价阳离子(如三价铝、三价铁和四价硅)及氢离子干扰测定，其他常见离子无影响。通常加入总离子强度调节剂以保持溶液的总离子强度，并络合干扰离子，保持溶液适当的pH，就可以直接测定了。

2.6.4.2 仪器

离子计或精密酸度计；氟离子选择电极；磁力加热搅拌器；饱和甘汞电极或氯化银电极。

2.6.4.3 试剂

(1)氟标准贮备液　称取0.221 0 g氟化钠(NaF)，预先在105～110℃烘干2 h，溶于去离子水中，移至1 000 mL容量瓶中，用水稀释至标线，摇匀。贮于聚乙烯瓶中，此溶液含氟100 μg/mL。

(2)氟标准溶液　用氟标准贮备液，制备成每毫升含10 μg氟的标准溶液。

(3)总离子强度调节缓冲溶液(TISAB)　0.2 mol/L柠檬酸钠-1 mol/L硝酸钠：称取58.8 g二水合柠檬酸钠和85 g硝酸钠，加水溶解，用稀盐酸调节pH至5～6，转入1 000 mL容量瓶中，稀释至标线，摇匀。

2.6.4.4 操作步骤

1. 样品预处理

清洁水样无需预处理即可用氟离子选择电极测定，严重污染的水样或其他复杂样品须经消解或预蒸馏将氟分离后再行测定。氟的分离利用氢氟酸具有挥发性质，可以在高沸点强酸性介质中将其蒸出，使用的酸通常是硫酸或高氯酸。

(1)取 400 mL 蒸馏水置于 1 L 蒸馏瓶中，在不断搅拌下缓慢加入 200 mL 浓硫酸，混匀。加入 5～10 粒玻璃珠。连接好蒸馏装置，开始小火加热。然后加大火提高蒸馏速度至温度刚刚升到 180℃时为止，弃去馏出液。本操作目的是除去氟化物污染。此时蒸馏瓶中酸与水的比例约为 2∶1。

(2)将上述蒸馏瓶内的溶液放冷到 120℃以下，加入 250 mL 水样，混匀。按步骤(1)蒸馏至温度达 180℃时止。温度不能超过 180℃，以防止带出硫酸盐，收集馏出液于接收瓶中，待测定。

(3)蒸馏瓶内的硫酸溶液可反复使用到对馏出液产生污染，以致影响回收率和馏出液中发现干扰物时为止。要定期地蒸馏标准氟化物试样，用来检验酸的适用性。在蒸馏含氟量高的水样时，蒸馏水样后要加 300 mL 水再蒸馏，把两次氟化物馏出液合并，必要时反复加水蒸馏，到蒸馏瓶中氟含量降低到最低值为止。把后回收的氟化物馏出液与第一次馏出液合并。如果蒸馏装置长时间没有使用，也要重复操作加水蒸馏，弃去馏出液。

(4)在蒸馏含有大量氯化物水样时，可把固体硫酸银加到蒸馏瓶内，每毫克氯化物要加 5 mg 硫酸银。

2. 标准曲线的绘制

(1)于一系列 50 mL 容量瓶中分别加入 1.00、3.00、5.00、10.00、20.00 mL 氟化物标准溶液，10 mL 总离子强度调节缓冲溶液(TISAB)，用水稀释至标线，摇匀。转入 100 mL 烧杯中。

(2)将电极插入溶液中，开动电磁搅拌器，维持 25℃，搅拌 1～3 min，电位稳定后，在继续搅拌下读数。在放电极前，不要搅拌，以免晶体周围进入空气而引起错误的读数或指针晃动。在每次测量之前，都要用水冲洗电极，并用滤纸吸干。测定顺序应从低浓度到高浓度。

(3)在半对数坐标纸上或计算机上，绘制 $E\text{-}\lg c_{F^-}$ 曲线(对数轴上取氟离子标准溶液的浓度，在均等轴上取电位)。

3. 样品测定

在 50 mL 容量瓶中，加入 10 mL 总离子强度缓冲液，加适量预处理好的水样。稀释至标线，混合均匀，然后转入 100 mL 烧杯中，按绘制标准曲线的步骤(2)程序操作，读取毫伏数值。

2.6.4.5 计算

$$\text{水中氟化物}(F^-,\ mg/L)=\frac{\text{测得氟量}(\mu g)}{\text{水样体积}(mL)}$$

2.6.4.6 注意事项

(1)标准曲线应当与样品在同样温度下测定。

(2)测定用聚乙烯烧杯为宜。

(3)要注意消除电极表面的气泡。

(4)测定氟离子溶液的 pH 应在 5～9。

2.6.5 氰化物

工业废水中含有的氰化物可分为简单氰化物和络合氰化物两类。简单氰化物多为碱金属的盐类，如 KCN、NaCN 等，有剧毒，在酸性介质中，易形成挥发性的氰化氢。络合氰化物中的氰与金属离子配位结合，较为稳定，但加酸蒸馏时也会变成氰化氢而被蒸出。

氰化物中除少数稳定的络盐(如铁氰化钾等)外，都有剧毒，氰化物进入人体内，与高铁细胞色素氧化酶结合，生成氰化高铁细胞色素氧化酶，失去传递氧的作用，引起组织缺氧窒息。

对于高浓度的污水(＞1 mg/L)可用硝酸银滴定法测定氰化物(HJ 484—2009 水质 氰化物的测定 容量法和分光光度法代替 GB 7486—87 和 GB 7487—87)；对于低浓度样品的测定，可采用离子选择电极法，目前最常用的方法是光度法。标准采用的氰化物光度测定法有异烟酸-吡唑啉酮分光光度法、异烟酸-巴比妥酸分光光度法、吡啶-巴比妥酸分光光度法(HJ 484—2009)。3 种方法都具有很好的灵敏度，显色反应机理也相似。

1. 水样的蒸馏

在氰化物的测定中干扰物质较多，通常采用蒸馏预处理方法除去干扰物质，以氰化氢形式将其分离后进行测定。氰氢酸是一种很弱的酸($K_a=4.03\times10^{-10}$)，因此在酸性介质中离解度很小，可以 HCN 形式蒸馏分离。目前标准方法中采用两种蒸馏分离方法。

(1)酒石酸-硝酸锌蒸馏 在水样中加入酒石酸和硝酸锌，溶液 pH 为 4，此条件下简单氰化物及部分络合氰(如锌氰络合物)可被蒸馏分离(HJ 484—2009 氰化物的测定)。

(2)在水样中加入磷酸和 EDTA 溶液，在 pH＜2 条件下蒸馏。利用 EDTA 络合能力，分解金属氰化物将氰蒸馏分离。此法能将简单氰化物和绝大部分络合氰蒸出，但钴氰络合物一类中的氰仍不能分离(HJ 484—2009 总氰化物的测定)。

蒸馏操作如下：在蒸馏瓶(500 mL)中加入水样 200 mL 和玻璃珠数粒，接收馏出液的量筒中加 10 mL 1％氢氧化钠溶液，在装置准备好后，加入 7～8 滴甲基橙溶液，10 mL 10％硝酸锌溶液，再迅速加入 5 mL 15％酒石酸溶液，立即盖好瓶塞，加热蒸馏，馏出速度以 2～4 mL/min 为宜，蒸出馏出液近 100 mL 为止。

2. 硝酸银滴定法

经蒸馏得到的碱性馏出液用硝酸银标准溶液滴定，氰离子与硝酸银作用生成可溶性的银氰络合离子$[Ag(CN)_2]^-$，过量的银离子与试银灵指示剂反应，溶液由黄色变为橙红色，即为终点。

3. 异烟酸-吡唑啉酮分光光度法

取预蒸馏馏出液，在调节 pH 至中性条件下，样品中的氰化物与氯胺 T 反应生成氯化氰(CNCl)，再与异烟酸作用，经水解后生成戊烯二醛，最后与吡唑啉酮缩合生成蓝色染料，其颜色与氰化物的含量成正比，在波长 638 nm 作光度测定。本法最低检出浓度为 0.004 mg/L 氰(CN^-)，测定上限为 0.25 mg/L。

4. 吡啶-巴比妥酸分光光度法

取预蒸馏馏出液，调节 pH 成中性介质条件下，氰离子和氯胺 T 的活性氯反应生成氯化氰，氯化氰与吡啶反应生成戊烯二醛，戊烯二醛与两个巴比妥酸分子缩合生成红紫色染料，在 580 nm 处进行比色测定。

2.6.6 磷(总磷、可溶性正磷酸盐和可溶性总磷)

在天然水和废水中，磷几乎都以各种磷酸盐的形式存在，它们分为正磷酸盐、缩合磷酸盐(焦磷酸盐、偏磷酸盐和多磷酸盐)和有机结合的磷酸盐，它们存在于溶液中，腐殖质粒子中或水生生物中。磷是生物生长的必需元素之一，但水体中磷含量过高(如超过 0.2 mg/L)，会导致富营养化，可造成藻类的过度繁殖，使水质恶化。天然水中磷酸盐含量较少，环境中的磷主要来源于化肥、冶炼、合成洗涤剂等行业的工业废水中及生活污水。

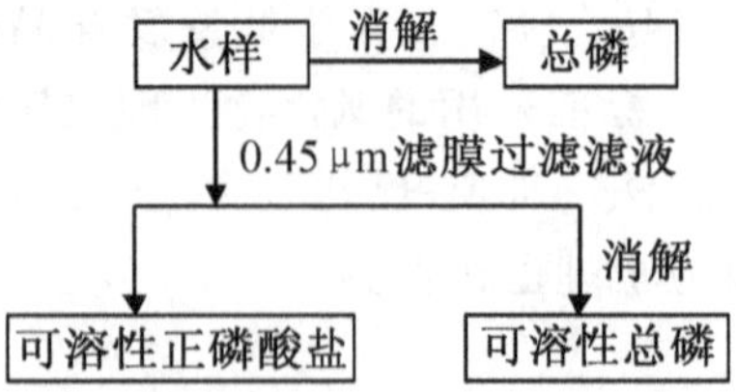

图 2-17 各种形式磷测定的流程图

水中磷的测定，通常按其存在形式分别测定总磷、可溶性正磷酸盐和可溶性总磷，可按图 2-17 所示预处理方法转变成正磷酸盐分别测定。水中磷的消解方法有：过硫酸钾消解法、硝酸-硫酸消解法、高氯酸消解法。

水中正磷酸盐的测定方法有：钼蓝分光光度法、钼酸铵(钼锑抗)分光光度法、重量法和离子色谱法。目前我们国家规定的水中总磷测定的标准方法是钼酸铵分光光度法(GB 11893—89)，几种方法的比较见表 2-12。

表 2-12 水中磷酸盐测定方法的比较

(引自：奚旦立．环境工程手册．1998)

方法名称	原　理	特点	适用范围
钼蓝分光光度法	水样中的正磷酸盐与酸化的钼酸铵反应生成淡黄色的磷钼杂多酸，遇氯化亚锡被还原成一种深蓝色的络合物(常称钼蓝)，在波长 690 nm 处比色定量	方便	天然水，最低检出浓度 0.025 mg/L
钼锑抗分光光度法	在酸性条件下，水样中的正磷酸盐与钼酸铵、酒石酸锑氧钾反应生成磷钼杂多酸，被还原剂抗坏血酸还原后变成蓝色络合物(常称磷钼蓝)，在波长 700 nm 处比色定量	方便，抗干扰好	天然水、生活污水、工业废水，最低检出浓度 0.01 mg/L
重量法	先加入氧化镁，后在 700℃下灼烧无机化，再用钼酸盐将磷酸盐以 $(NH_4)_3PO_4 \cdot 12MoO_3$ 的形式沉淀，并将沉淀物在 180℃下干燥后称重	测得的是总磷	浓度较高的污水和废水
离子色谱法	利用离子交换原理，使待测磷酸根离子与其他阴离子分离，与标准进行比较，根据保留时间定性，峰高或峰面积定量	快速，方便	清洁水，最低检出浓度 0.2 mg/L

2.7 金属及类金属污染物的测定

环境水体中存在着各种微量的金属化合物和类金属化合物，其中有些是人体健康和生物必需的常量元素和微量元素，但有些是对人体健康有害的，例如汞、镉、铬、铅、砷、镍、钡、钒等。受“三废”污染的地面水和工业废水中有害金属化合物的含量往往明显增加。

根据金属在水中存在的状态，可分别测定溶解的、悬浮的、总金属以及酸可提取的金属成分等。溶解的金属是指能通过 0.45 μm 滤膜的金属；悬浮的金属指被 0.45 μm 滤膜阻留的金属；总金属指未过滤水样，经消解处理后所测得的金属含量。

2.7.1 金属及类金属测定方法概述

水体中金属及类金属化合物的含量一般较低，对其进行测定需采用高灵敏度的方法。目前标准中主要采用原子吸收光度法、阳极溶出法和光度分析法。原子吸收光度法是测定金属化合物较适宜的方法，灵敏度和选择性都较好，操作也方便。阳极溶出法属于电化学分析法。光度分析法与适当的预处理方法配合，也能满足常规监测分析的要求。

2.7.1.1 阳极溶出法

阳极溶出伏安法也称反向极谱法，是一种灵敏度高(最低检出浓度可达到 10^{-7}～10^{-10} mol/L)的电化学分析方法。在一定的电压条件下，电解一定时间，使被测金属离子还原，在汞膜电极上以金属析出形成汞齐。此时将电压从负向正的方向扫描，还原成汞齐的金属从阳极氧化溶出，以离子形式返回溶液，同时记录其氧化波。根据溶出峰点位确定被测成分，根据氧化波的高度确定被测物质的含量，用快速扫描极谱仪测定。此方法可以测定铜、锌、铅、镉、铟、铊、铋、砷、硒、锡等金属元素。阳极溶出伏安法的“电析和溶出”过程可表示为：

$$Me^{n+} ne\ (+Hg) \underset{溶出}{\overset{电析}{\rightleftharpoons}} Me(Hg)$$

2.7.1.2 分光光度法

分光光度法在环境污染分析中已被普遍采用，金属元素与显色试剂作用转化成有色化合物后，用分光光度计进行测定。目前已研制出各种效果良好和非常灵敏的显色剂，金属离子、非金属离子均可用这种方法测定。例如，双硫腙(打萨宗，二苯基硫代卡巴腙)和金属元素螯合，金属螯合物的颜色呈红色，利用金属螯合物酸稳定性的差异，通过控制酸度就能直接测定汞、锌、铅、镉等元素。铜离子在氨性溶液中与铜试剂(二乙基二硫代氨基甲酸钠)反应生成黄棕色络合物，用四氯化碳萃取光度法测定。二苯碳酰二肼(二苯氨基脲，二苯卡巴肼)与铬(Ⅵ)反应生成红紫色的络合物，具有较高的灵敏度。

分光光度法的主要优点是准确、灵敏、快速、简便而费用又低。能检测 mg/L 浓度的物质，如经化学法富集，灵敏度还可提高 2～3 个数量级。测定的相对误差通常为 1%～5%。

2.7.1.3 原子吸收光度法

原子吸收法(AAS，atomic absorption spectrophotometry)是根据某元素的基态原子对该元素的特征谱线产生选择性吸收来进行测定的吸收方法。被测元素的化合物在火焰或石墨炉中离解形成原子蒸汽，由锐线光源(空心阴极灯)发射的某元素的特征谱线光辐射通过原子蒸汽层时，该元素的基态原子对特征谱线产生选择性吸收。每种元素都有自己为数不多的特征吸收谱线，不同元素的测定采用相应的元素灯，因此，谱线干扰在原子吸收光度法中是少见的。除了电离电位很低的若干元素外，一般电离干扰可以忽略。在一定条件下，特征谱线光强的变化与试样中被测元素的浓度成比例。此方法可以测定镉、铅、铬、铁、锰、铜、锌、镍等多种金属元素。原子化的方法分为3种：①高温原子化法，包括火焰原子化法，高温石墨炉法；②氢化、高温原子化法，如 AsH_3 原子化。③化学原子化法，又称冷原子化法，如利用还原剂把离子汞还原为汞(Hg^0)原子。

原子吸收光度法加测汞和氢化物发生器等附件，测定灵敏度可比石墨炉更高，汞、砷、硒、碲、铋、锑、锗、锡、铅的测定范围可提高1～2个数量级。原子吸收光度法中以火焰法比较成熟，使用最多，但对于环境样品，分析灵敏度还不够高。石墨炉法虽不够成熟，却是一种灵敏度很高的分析手段。

原子吸收光度法主要优点：①选择性好，干扰少，在分析复杂环境样品时容易得到可靠的分析数据。②灵敏度高，可用于微量样品分析。用火焰原子吸收法可测定样品含量至mg/L，用石墨炉法可测至μg/L，灵敏度高于高频电感耦合等离子体法。③测定含量范围广，既能进行痕量元素分析，又能测定基体元素的含量。稳定的原子吸收分光光度计，其准确度能达到0.1%～0.3%，可与经典容量法相比拟。

原子吸收光度法的缺点是：①测定每种元素都要更换专用的灯，不能同时作多元素分析。②各种干扰作用比高频电感耦合等离子体法更大。③对共振线位于真空紫外区的元素测定有困难。④对某些高温元素如铀、钍、锆、铪、铌、钽、钨、铍、硼等的测定灵敏度太低。

2.7.1.4 原子荧光光度法

原子荧光技术(AFS，atomic fluorescence spectrometry)是20世纪90年代发展起来的新技术，以其操作简便、灵敏度高、仪器价格低廉，广泛地应用于环境、食品等检测部门。

在酸性介质中，水样中的待测元素(硒、砷、汞、锑、锡、铅、镉等)与还原剂(硼氢化钾或硼氢化钠)反应生成待测元素的挥发性氢化物或气态组分，由载气(氩气)带入石英原子化器中原子化，在特制空心阴极灯照射下，基态原子被激发至高能态，在去活化回到基态时，发射出特征波长的荧光，在一定浓度范围内其荧光强度与待测元素含量成正比，与标准系列比较定量。

原子荧光光度法的灵敏度很高，比一般的分光光度法高2～3个数量级，能检测μg/L的痕量物质。

2.7.1.5 ICP-AES(inductively coupled plasma-atomic emission spectrometry)

电感耦合等离子体-原子发射光谱法(ICP-AES)在20世纪80年代引进我国分析测试领域。样品溶液由载气带入雾化系统进行雾化，以气溶胶形式进入轴向通道，在高温和惰性氩气气泵中，气溶胶微粒被充分蒸发、原子化、激发和电离。被激发的原子发射出很强的原子谱线和离子谱线。分光检测系统和数据处理系统将各元素发射的特征谱线及其强度经过分光、光电转换、检测和数据处理，最后输出各元素的含量。元素的特征谱线强度与元素浓度含量的关系是光谱定量分析的依据。

该方法的主要特点是能一次同时测定多种金属元素，选择性好，干扰少，适合于定性和多种元素定量分析。分析范围mg/L到μg/L，采用化学分离富集后再行测定，可提高灵敏度 1～2 个数量级。在环境保护中可用于分析水、飘尘、土壤、粮食以及各种生物样品等。但 ICP-AES 仪器设备价格昂贵，氩气消耗量大，分析成本高，对于环境样品的分析灵敏度还是不够。

2.7.1.6 ICP-MS(inductively coupled plasma-mass spectrophotometry)

电感耦合等离子体-质谱(ICP-MS)技术是 20 世纪 80 年代发展起来的新的分析测试技术。样品溶液经过雾化由载气送入 ICP 炬焰中，经过蒸发、解离、原子化、电离等过程，大部分转化为带正电荷的正离子，经离子采集系统进入质谱仪，质谱仪根据质荷比进行分离。对于一定的质荷比，质谱积分面积与进入质谱仪中的离子数成正比。即样品的浓度与质谱的积分面积成正比。因此，可在其他条件不变的情况下，通过测量质谱的峰面积来测定样品中元素的浓度，分析范围 μg/L 到 ng/L。

ICP-MS 以其灵敏度高、快速、多元素同时测定等优点广泛应用于环境、生物、医学、农业、食品、半导体等领域，是目前公认的最强有力的元素分析技术。ICP-MS 一方面对以往不能检测的项目如铍、铊、钍、铀等元素提供了检测方法，另一方面对以往需使用多台仪器、多人测定的项目如钙、镁、铁、锌、硒、铅、砷、镉等元素，提供了快速、简便、同时测定的检测方法，可大大降低检测成本提高工作效率，且方法的灵敏度、准确度均有很大提高。由于价格较高，应用受到一定的局限。

2.7.2 铬

铬(Cr)的化合物常见价态有三价和六价。在水体中，六价铬一般以 CrO_4^{2-}、$HCr_2O_7^-$、$Cr_2O_7^{2-}$ 3 种阴离子形式存在，受水体 pH、温度、氧化还原物质、有机物等因素的影响，三价铬和六价铬的化合物在一定条件下可以互相转化。

铬是生物体必须的微量元素之一，但是超过一定的量也会对生物体产生毒害。通常六价铬的毒性比三价铬大 100 倍，但是对于鱼类，三价铬的毒性比六价铬大。铬的主要污染源是含铬矿石的加工、金属表面处理、皮革鞣制、印染等行业。

我国已经把六价铬规定为实施总量控制的指标之一。在水体中铬的测定有原子吸收分光光度法、ICP-MS 法、硫酸亚铁铵滴定法，但是这些方法只可以测定水中的总铬，不能测定水中各种价态的铬。而二苯碳酰二肼分光光度法(GB 7467—87)适用于地面水和工业废水中六价铬的测定，也是国内外的标准方法。

2.7.2.1 原理

在酸性溶液中，六价铬与二苯碳酰二肼反应生成紫红色化合物，于波长 540 nm 处进行分光光度测定。试样体积为 50 mL，使用光程长为 30 mm 的比色皿，本方法的最小检出量为 0.2 μg 六价铬，最低检出浓度为 0.004 mg/L；使用光程为 10 mm 的比色皿，测定上限浓度为 1.0 mg/L。

含铁量大于 1 mg/L 显色后呈黄色。六价钼和汞也和显色剂反应，生成有色化合物，但在本方法的显色酸度下，反应不灵敏，钼和汞的浓度达 200 mg/L 不干扰测定。钒有干扰，其含量高于 4 mg/L 即干扰显色。但钒与显色剂反应后 10 min，可自行褪色。

2.7.2.2 仪器

分光光度计。

注：所有玻璃器皿内壁须光洁，以免吸附铬离子。不得用重铬酸钾洗液洗涤。可用硝酸、硫酸混合液或合成洗涤剂洗涤，洗涤后要冲洗干净。

2.7.2.3 试剂

(1)丙酮。

(2)硫酸。

(3)1+1硫酸溶液　将浓硫酸(ρ=1.84 g/mL，优级纯)缓缓加入到同体积的水中，混匀。

(4)1+1磷酸溶液　将磷酸(ρ=1.69 g/mL，优级纯)与水等体积混合。

(5)4 g/L氢氧化钠溶液　将氢氧化钠1 g溶于水并稀释至250 mL。

(6)氢氧化锌共沉淀剂

8%(m/V)硫酸锌溶液：称取硫酸锌($ZnSO_4 \cdot 7H_2O$)8 g，溶于100 mL水中。

2%(m/V)氢氧化钠溶液：称取2.4 g氢氧化钠，溶于120 mL水中。

用时将两溶液混合。

(7)40 g/L高锰酸钾溶液　称取高锰酸钾($KMnO_4$)4 g，在加热和搅拌下溶于水，最后稀释至100 mL。

(8)铬标准贮备液　称取于110℃干燥2 h的重铬酸钾($K_2Cr_2O_7$，优级纯)(0.282 9±0.000 1)g，用水溶解后，移入1 000 mL容量瓶中，用水稀释至标线，摇匀。此溶液1 mL含0.10 mg六价铬。

(9)铬标准溶液　吸取5.00 mL铬标准贮备液置于500 mL容量瓶中，用水稀释至标线，摇匀。此溶液1 mL含1.00 μg六价铬。使用当天配制此溶液。

(10)铬标准溶液　吸取25.00 mL铬标准贮备液置于500 mL容量瓶中，用水稀释至标线，摇匀。此溶液1 mL含5.00 μg六价铬。使用当天配制此溶液。

(11)200 g/L尿素溶液　将尿素[$(NH_2)_2CO$]20 g溶于水并稀释至100 mL。

(12)20 g/L亚硝酸钠溶液　将亚硝酸钠($NaNO_2$)2 g溶于水并稀释至100 mL。

(13)显色剂(Ⅰ)　称取二苯碳酰二肼($C_{13}H_{14}N_4O$)0.2 g，溶于50 mL丙酮中，加水稀释至100 mL，摇匀，贮于棕色瓶，置冰箱中。色变深后，不能使用。

显色剂(Ⅱ)　称取二苯碳酰二肼2 g，溶于50 mL丙酮中，加水稀释至100 mL，摇匀。贮于棕色瓶，置冰箱中。色变深后，不能使用。

2.7.2.4 操作步骤

1. 样品的预处理

(1)样品中不含悬浮物，低色度的清洁地面水可直接测定。

(2)如样品有色但不太深时，按测定步骤另取一份试样，以2 mL丙酮代替显色剂，试样测得的吸光度扣除此色度校正吸光度后，再行计算。

(3)锌盐沉淀分离法：对混浊、色度较深的样品可用此法前处理。

取适量样品(含六价铬少于100 μg)于150 mL烧杯中，加水至50 mL。滴加4 g/L氢氧化钠溶液，调节溶液pH为7～8。在不断搅拌下，滴加氢氧化锌共沉淀剂至溶液pH为8～9。将此溶液转移至100 mL容量瓶中，用水稀释至标线。用慢速滤纸干过滤，弃去10～20 mL初滤液，取其中50.0 mL滤液供测定。

当样品经锌盐沉淀分离法前处理后仍含有机物干扰测定时，可用酸性高锰酸钾氧化法破坏有机物后再测定。即取50.0 mL滤液于150 mL锥形瓶中，加入几粒玻璃珠，加入0.5 mL

硫酸溶液(1+1)、0.5 mL 磷酸溶液(1+1)，摇匀。加入 2 滴高锰酸钾溶液，如紫红色消褪，则应添加高锰酸钾溶液保持紫红色。加热煮沸至溶液体积约剩 20 mL。取下稍冷，用定量中速滤纸过滤，用水洗涤数次，合并滤液和洗液至 50 mL 比色管中。加入 1 mL 尿素溶液。摇匀，用滴管滴加亚硝酸钠溶液，每加一滴充分摇匀，至高锰酸钾的紫红色刚好褪去。稍停片刻，待溶液内气泡逸尽，转移至 50 mL 比色管中，用水稀释至标线，供测定用。

(4)二价铁、亚硫酸盐、硫代硫酸盐等还原性物质的消除：取适量样品(含六价铬少于 50 μg)于 50 mL 比色管中，用水稀释至标线，加入 4 mL 显色剂(Ⅱ)，混匀，放置 5 min 后，加入 1 mL 硫酸溶液(1+1)摇匀。5～10 min 后，在 540 nm 波长处，用 10 或 30 mm 光程的比色皿，以水做参比，测定吸光度。扣除空白试验测得的吸光度后，从校准曲线查得六价铬含量。用同法做校准曲线。

(5)次氯酸盐等氧化性物质的消除：取适量样品(含六价铬少于 50 μg)于 50 mL 比色管中，用水稀释至标线，加入 0.5 mL 硫酸溶液(1+1)、0.5 mL 磷酸溶液(1+1)、1.0 mL 尿素溶液，摇匀，逐滴加入 1 mL 亚硝酸钠溶液，边加边摇，以除去由过量的亚硝酸钠与尿素反应生成的气泡，待气泡除尽后，以下步骤同(3)(免去加硫酸溶液和磷酸溶液)。

2. 空白试验

按同试样完全相同的处理步骤进行空白试验，仅用 50 mL 水代替试样。

3. 测定

取适量(含六价铬少于 50 μg)无色透明试样，置于 50 mL 比色管中，用水稀释至标线。加入 0.5 mL 硫酸溶液和 0.5 mL 磷酸溶液，摇匀。加入 2 mL 显色剂(Ⅰ)，摇匀，5～10 min 后，在 540 nm 波长处，以水做参比，测定吸光度，扣除空白试验测得的吸光度后，从校准曲线上查得六价铬含量。

注：如经锌盐沉淀分离、高锰酸钾氧化法处理的样品，可直接加入显色剂测定。

4. 校准

向一系列 50 mL 比色管中分别加入 0、0.20、0.50、1.00、2.00、4.00、6.00、8.00 和 10.0 mL 铬标准溶液(如经锌盐沉淀分离法前处理，则应加倍吸取)，用水稀释至标线。然后按照测定试样的步骤(1)和(3)进行处理。从测得的吸光度减去空白试验的吸光度后，绘制以六价铬的量对吸光度的曲线。

2.7.2.5 计算

六价铬含量 c(mg/L)按下式计算：

$$c = \frac{m}{V}$$

式中：m 为由校准曲线查得的试样含六价铬量，μg；V 为试样的体积，mL。

2.7.2.6 注意事项

(1)采样与样品：实验室样品应该用玻璃瓶采集。采集时，加入氢氧化钠，调节样品 pH 约为 8。并在采集后尽快测定，如放置，不要超过 24 h。

(2)六价铬含量低于 0.1 mg/L，结果以 3 位小数表示；六价铬含量高于 0.1 mg/L，结果以 3 位有效数字表示。

(3)实验室内相对标准偏差为 0.6%。相对误差为 0.13%。实验室间相对标准偏差为 4.9%。

2.7.3 砷

砷(As)是人体非必需的元素。元素砷毒性较低，而砷的化合物均有剧毒，三价砷化合物比五价砷化合物毒性更强，如As_2O_3(砒霜)有强烈毒性，而有机化合态的砷毒性相对较低。砷的污染主要来自含砷农药、冶炼、制革、玻璃、染料化工等工业废水。环境中的砷以三价砷(AsO_3^{3-})和五价砷(AsO_4^{3-})两种价态化合物存在。

水中砷的测定方法有二乙氨基二硫代氨基甲酸银光度法、新银盐分光光度法、原子吸收分光光度法、原子荧光法、ICP-AES法、ICP-MS法。原子吸收分光光度法和原子荧光法主要是利用水样中的砷在酸性条件下与还原剂(硼氢化钾或硼氢化钠)反应生成砷化氢气体，导入仪器设备进行分析测定。而ICP-MS法可以直接用仪器进行分析测定水样中的砷，无需生成砷化氢。

2.7.3.1 新银盐分光光度法

新银盐分光光度法基于用硼氢化钾在酸性溶液中产生新生态氢，将水样中无机砷还原成砷化氢(AsH_3，即胂)气体，用硝酸-硝酸银-聚乙烯醇-乙醇溶液吸收，砷化氢将吸收液中的银离子还原成单质胶态银，使溶液呈黄色，其颜色强度与生成的氢化物的量成正比。该黄色溶液在400 nm有最大吸收，显色反应式如下：

$$KBH_4 + H^+ + 3H_2O \longrightarrow 8[H] + K^+ + H_3BO_3$$

$$As^{3+}(As^{5+}) + 3[H] \longrightarrow AsH_3 \uparrow$$

$$6AgNO_3 + AsH_3 + 2H_2O \longrightarrow 6Ag^0 + HAsO_2 + 6HNO_3$$

图2-18为砷化氢发生及吸收装置示意图。

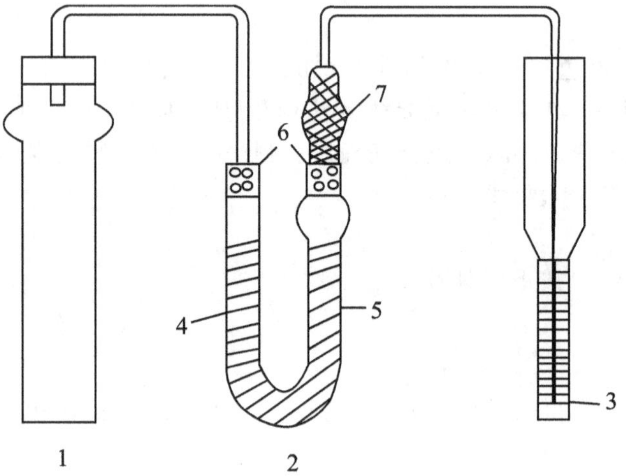

1. 250 mL反应管(ϕ30 mm，液面高度约为管高的2/3，或100 mL、50 mL反应管)
2. U形管 3. 吸收管 4. 0.3 g醋酸铅棉 5. 0.3 g吸有1.5 mL DMF混合液的脱脂棉
6. 脱脂棉 7. 脱胺管

图2-18 砷化氢发生及吸收装置

(引自：曲东. 环境监测. 2007)

二甲基甲酰胺(DMF)、乙醇胺、三乙醇胺混合溶剂浸渍的脱脂棉可以消除锑(Sb)、铋(Bi)、锡(Sn)等元素的干扰。吸收液中的聚乙烯醇是胶态银良好的分散剂，乙醇作为消泡剂，硝酸有利于胶态银的稳定。新银盐分光光度法对砷的测定具有较好的选择性，最低检出浓度0.4 μg/L，测定上限12 μg/L。但是KBH_4或$NaBH_4$与酸反应太快，吸收效果难掌握好。

2.7.3.2 二乙氨基二硫代氨基甲酸银光度法

试样中的砷经强酸消解后，变成可溶态砷，在碘化钾(KI)和氯化亚锡($SnCl_2$)的存在下，使五价砷还原成三价，锌粒与酸作用产生的新生态氢将As^{3+}还原成AsH_3(胂)。AsH_3与吸收液(二乙氨基二硫代氨基甲酸银(AgDDC)-三乙醇胺-三氯甲烷)中的AgDDC作用，生成红色的胶体银，在500 nm波长处，以三氯甲烷为参比测其经空白校正后的吸光度。显色反应如下：

$$H_3AsO_4+2KI+2HCl \longrightarrow H_3AsO_3+2KCl+I_2+H_2O$$

$$I_2+SnCl_2+2HCl \longrightarrow 2HI+SnCl_4$$

$$H_3AsO_4+SnCl_2+2HCl \longrightarrow H_3AsO_3+SnCl_4+H_2O$$

$$H_3AsO_3+6HCl+3Zn \longrightarrow AsH_3\uparrow+3ZnCl+3H_2O$$

清洁水样可直接取样加硫酸后测定；含有机物的水样应用硝酸-硫酸消解。水样中共存的锑、铋和硫化物氯化亚锡和碘化钾的存在可抑制锑、铋的干扰；硫化物可通过醋酸铅棉花去除。砷化氢发生的速度受锌粒大小、表面状态、反应酸度和温度的影响较大。锌粒以10～20目，表面粗糙状为好。砷化氢为剧毒物质，整个反应应在通风橱内进行。

本方法的最低检测浓度为7 μg/L，测定上限为500 μg/L，适用于地表水和废(污)水。

2.7.4 汞

汞及其化合物属于剧毒物质，特别是有机汞化合物。无机汞有一价和二价两种形态；有机汞有烷基汞、芳基汞、烷氧基汞等，以烷基汞的毒性最强；单质汞不稳定，容易转化成无机和有机的汞化合物。进入水体的无机汞离子可转化为毒性更大的有机汞。汞主要来源于金属冶炼、仪器仪表制造、颜料、塑料、食盐电解、油漆、医药等工业废水。天然水中汞含量一般不超过0.1 μg/L，我国饮用水标准限值为0.001 mg/L。

水样中微量、痕量汞的测定方法主要采用冷原子吸收法、冷原子荧光法(HJ/T 341—2007)、原子荧光法和ICP-MS法，这些方法具有干扰因素少、灵敏度较高的特点。双硫腙分光光度法是测定多种金属离子通用的方法，但操作繁杂。

2.7.4.1 冷原子吸收法

采用高锰酸钾-过硫酸钾法，或溴酸钾-溴化钾法消解水样，过剩的氧化剂在临测定前用盐酸羟胺还原，再用氯化亚锡将二价汞还原成金属汞。汞原子蒸气对波长253.7 nm的紫外光具有强烈的吸收作用，汞蒸气浓度与吸收值成正比。在室温下通入空气或氮气，将金属汞汽化，载入冷原子吸收测汞仪，测量吸收值，可求得试样中汞的含量。

图2-19为一种冷原子吸收测汞仪的工作流程。该方法适用于地面水、地下水、饮用水、生活污水及工业废水中汞的测定。在最佳条件下，最低检出浓度可达0.05 μg/L。

高锰酸钾-过硫酸钾消化法，既适用于一般废水、地表水、地下水，又适用于含有机物、悬浮物较多及组分复杂的水样；溴酸钾-溴化钾消化法，适用于清洁地表水、地下水、饮用

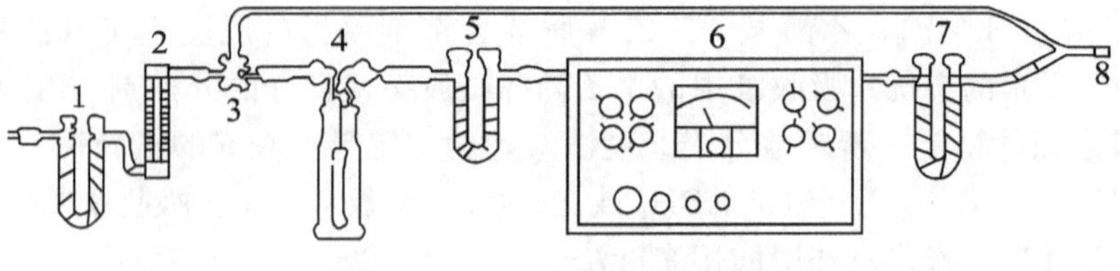

1，5，7. U形管　2. 转子流量计　3. 三通活塞　4. 汞还原器　6. 测汞仪　8. 废气出口

图 2-19　冷原子吸收测汞仪工作原理

（引自：奚旦立．环境工程手册，1998）

水、含有机物特别是洗涤剂较少的生活污水或工业废水。

2.7.4.2　冷原子荧光法

冷原子荧光法是一种发射光谱法。水样中的汞离子被还原剂（氯化亚锡）还原为单质汞，再汽化成汞蒸气。其基态汞原子受到波长 253.7 nm 的紫外光激发，汞原子吸收特定共振波的能量，使其由基态激发到高能态，当激发态汞原子去激发时便辐射出相同波长的荧光。在给定的条件下和较低浓度范围内，汞的浓度与荧光强度成正比。该方法的最低检出浓度可达 0.001 5 μg/L，测定下限为 0.006 0 μg/L，测定上限可达 1.0 μg/L，且干扰因素少，适用于地面水、生活污水和工业废水。

2.7.5　铜、锌、铅和镉

原子吸收分光光度法也称原子吸收光谱法，简称原子吸收法。被测定元素在高温中（火焰、石墨炉内）原子化，成为基态原子，吸收空心阴极灯（相同元素灯）所放出的特征谱线，光源共振谱线被吸收部分与被测元素的含量成正比。测定废水和受污染的水中（金属含量较高）铜、锌、铅、镉等元素时，可采用直接吸入火焰原子吸收法（GB 7475—87）；对于含量较低的清洁地面水或地下水，用萃取或离子交换法富集后再用火焰原子吸收法测定（GB 7475—87），也可以用灵敏度较高的石墨炉原子吸收法测定，但是石墨炉原子吸收法基体干扰比较严重。有条件的实验室可用灵敏度更高的 ICP-MS 法测定。

2.7.5.1　原子吸收法测定原理

水样通过酸化，使测定元素从样品中溶解下来，制备成可供直接吸入火焰原子吸收法测定的样品溶液。在火焰中形成的原子对特征辐射产生吸收，将测得的样品吸光度和标准溶液的吸光度进行比较，确定样品中被测元素的浓度。火焰原子吸收法的测定过程如图 2-20 所示。

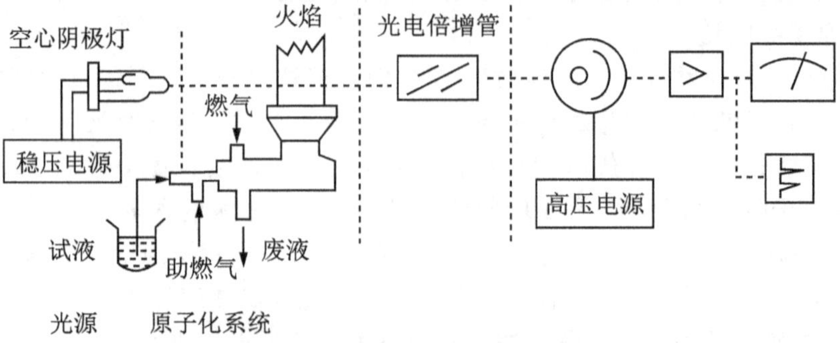

图 2-20　原子吸收分析过程示意图

（引自：奚旦立．环境监测．2004）

环境监测

石墨炉原子吸收法是将溶解态或液态样品注入石墨管，用电加热方式使石墨炉升温，被测元素蒸发离解形成的原子蒸气，对来自光源的特征辐射产生吸收。将测得的样品吸光度和标准吸光度进行比较，确定样品中被测金属的含量。原理与火焰原子吸收相同，只是原子化的部件不同。

2.7.5.2 仪器

(1)原子吸收分光光度计及相应的辅助设备，配有乙炔-空气燃烧器，空心阴极灯。仪器操作参数可参照厂家的说明进行选择。

(2)消解设备

2.7.5.3 试剂

(1)硝酸：优级纯

(2)高氯酸：优级纯

(3)金属元素的标准贮备液及标准溶液：标准贮备液可以购买，也可以用光谱纯金属用硝酸溶解进行制备。购买的标准贮备液用5%硝酸稀释成一定的浓度系列。

2.7.5.4 操作步骤

1. 水质样品

取100.0 mL水样放入200 mL烧杯中，加入浓硝酸5 mL，在电热板上加热(不要沸腾)，蒸发至10 mL左右，加入5 mL硝酸和2 mL高氯酸，继续消解，直至1 mL左右。如果消解不完全，再加入5 mL硝酸和2 mL高氯酸，再次蒸至1 mL左右。取下冷却，加水溶解残渣，用酸洗过的中速滤纸滤入100.0 mL容量瓶中，用水定容。

取0.2%硝酸100 mL，按上述操作程序，制备空白样。

2. 测定

(1)标准曲线的绘制，工作标准曲线各元素的浓度见表2-13，其浓度范围应包括样品中被测元素的浓度，同时应该在线性工作范围内。各元素的标准曲线可单独配置，也可混合。

表2-13 标准曲线各点标准溶液浓度 mg/L

元素	工作标准溶液浓度					
Cu	0.00	0.25	0.50	1.50	2.50	5.00
Zn	0.00	0.05	0.10	0.30	0.50	1.00
Pb	0.00	0.50	1.00	3.00	5.00	10.0
Cd	0.00	0.05	0.10	0.30	0.50	1.00

(2)测定程序　不同型号的仪器操作方法有所不同，仪器操作要遵循制造厂家的说明指南。主要操作包括：

①按规定把空心阴极灯装在灯架上，选择需要的波长。

②接通仪器电源，按照规定值设定灯电流。

③预热仪器，直到空心阴极灯发射稳定。这个时间一般需要10～30 min。

④调节灯的位置，使光强指示偏转最大。

⑤启动空气气源，调节压力和流量到规定值。

⑥打开乙炔气源，调节压力和流量到规定值，点燃火焰并立即用去离子水喷雾。

⑦用 0.2%硝酸溶液调节试样提升量，提升量一般在 3～7 mL/min 范围，然后将仪器调零。

⑧用一定浓度的标准溶液标定仪器(如铜 2.5 mg/L)，使仪器处于所需要的工作状态。

⑨进行测量，测量完毕后，依次用 1%硝酸和去离子水喷雾 5 min 以清洗燃烧器，清洗完毕后，熄灭火焰。

⑩燃烧器经长时间使用或试样含盐量很高时，会出现狭缝堵塞现象，火焰接近狭缝口的燃烧层出现局部锯齿状，因此要经常用棉花蘸酒精擦洗狭缝，必要时，用单面刀片在通入空气的情况下清除缝口两侧的沉积物，保证火焰正常。

(3)样品测定

①用 0.2%硝酸将仪器调零。

②测定标准系列的吸光度。标准系列的浓度点必须在 5 个点以上(不包括空白)，其浓度范围应包括全部未知样的浓度值。每个点进行 3 次读数，3 次读数的平均值作为该点的吸光度。

③用试剂空白调零，测定试样的吸光度。

2.7.5.5 计算

(1)从原子吸收仪上直读测试液的信号值(浓度或质量)，或用标准曲线计算。标准曲线用标准浓度 x(或质量)对相应信号 y(吸收值)的回归直线 $y=a+bx$ 表示。

(2)样品含量的计算

$$被测元素(mg/L)=\frac{测定浓度值(mg/L)\times 定容体积(mL)}{取样体积(mL)}$$

2.7.5.6 注意事项

注意高氯酸的使用安全。高氯酸遇有机物或在温度高浓度大于 78%时，都容易爆炸。故应注意加酸顺序和通风橱中进行。

习题与思考题

1. 简要说明监测各类水体水质的主要目的和确定监测项目的原则。

2. 怎样制订地面水体水质的监测方案？以河流为例，说明如何设置监测断面和采样点？

3. 对于工业废水排放源，怎样布设采样点和采集代表性的水样？

4. 湖泊、水库监测垂线如何布设？

5. 解释下列术语，说明各适用于什么情况？瞬时水样，混合水样，综合水样，平均混合水样，平均比例混合水样。

6. 水样有哪些保存方法？试举几个实例说明怎样根据被测物质的性质选用不同的保存方法。

7. 水样在分析测定之前，为什么要进行预处理？预处理包括哪些内容？

8. 现有一废水样品，经初步分析，含有微量汞、铜、铅和痕量酚，欲测定这些组分的含量，试设计一个预处理方案。

9. 怎样采集测定溶解氧的水样？说明电极法和碘量法测定溶解氧的原理。怎样消除干扰？

10. 怎样用萃取法从水样中分离富集欲测有机污染物和无机污染物？各举一个实例。

11. 何谓真色和表色？怎么样根据水质污染情况选择适宜的测定颜色方法？为什么？

12. 测定底质有何意义？采样后怎样进行制备？常用哪些分解样品的方法？各适用于什么情况？

13. 说明测定水体下列指标的意义，怎样测定？臭，浊度，矿化度，氧化还原电位。

14. 高锰酸盐指数和化学需氧量在应用上有何区别？二者在数量上有何关系？为什么？

15. 简述 COD、BOD、TOD、TOC 的含义，对一种水来说，它们之间在数量上是否有一定的关系？为什么？

16. 在测定水样中氟离子时，为何在测定溶液中加入总离子强度调节剂(TISAB)？用何种方法测定可以不加 TISAB，为什么？

17. 水体中各种含氮化合物是怎样相互转化的？测定各种形态的含氮化合物对评价水体污染和自净状况有何意义？

18. 简要列出用纳氏试剂分光光度法测定污染较重的废水中氨氮的要点。

19. 欲测定某水样中的亚硝酸盐氮和硝酸盐氮，试选择适宜的测定方法，列出测定原理和要点。

20. 简述水体中总氮和总磷的测定意义和方法。

21. 冷原子吸收法和冷原子荧光法测定水样中汞，在原理、测定流程和仪器方面有何主要相同和不同之处？

22. 原子吸收分光光度法测定金属化合物的原理是什么？用方块图示意其测定流程。

23. 列出用火焰原子吸收法测定水样中镉、铜、铅、锌的要点，它们之间是否会相互干扰？为什么？

24. 试比较分光光度法和原子吸收分光光度法的原理、仪器主要组成部分及测定对象的主要不同之处？

25. 怎样用分光光度法测定水样中的六价铬和总铬？

26. 简要说明用异烟酸-吡唑啉酮分光光度法测定水样中氰化物的原理和测定要点。

27. 简述用原子吸收分光光度法测定砷的原理。与分光光度法有何不同？

28. 在水质监测中用 AAS 法目前主要测定哪些项目？

29. 金属元素测定的方法有哪些？

Chapter 3

第3章

空气环境监测

本章提要：

本章主要介绍空气污染物质形态、性质与危害，空气的采样方法，颗粒物的监测分析以及气态污染物的监测分析。

通过本章学习了解空气主要污染物种类、形态，对人、动物和植物的主要危害；掌握空气监测样品的采样方法；空气中颗粒污染物质(总悬浮颗粒物、可吸入颗粒物、飘尘、自然沉降量)的监测分析；空气中气态污染物(二氧化硫、氮氧化物、一氧化碳、二氧化碳、甲醛、光化学氧化剂)的监测分析；大气降水采样方法、样品的预处理和保存。

大气是指包围在地球周围的气体。它维护着人类及生物的生存。事实上，对人类及生物生存起着重要作用的是占空气总量95%左右的地面以上12 km的空气层，即对流层。环境空气中污染物种类多，成分复杂，影响范围广。对环境空气影响较大的主要有颗粒物、二氧化硫、氮氧化物、一氧化碳、碳氢化合物、硫化物、光化学烟雾、氟化物等。

3.1 空气污染及其危害

在通常情况下，每人每日平均吸入10～12 m^3的空气，在60～90 m^2的肺泡面积上进行气体交换与吸收，以维持人的正常生理活动。因此，空气的正常化学组成是保证人体生理机能和健康的必要条件。

空气的正常组分是氮78.06%、氧20.95%、氩0.93%，这三种气体的总和约占99.94%，而其他气体总和不到0.1%。但是，在人类的生活和生产过程中，不断产生大量的有害物质，逸散到空气中，使空气增加了多种新的成分。当其达到一定浓度并持续一定时间时，改变了空气正常组成，破坏了空气的物理、化学和生态的平衡体系，影响工农业生产，对人体、动植物以及物品、材料等产生不利影响和危害，即称为空气污染。

3.1.1 空气中的主要污染物

3.1.1.1 空气主要污染物

空气污染物的种类很多，已经产生危害，并受到人们注意的污染物有几十种。根据其存在状态，可将其概括为两大类：颗粒污染物和气态污染物。

1. 颗粒污染物

根据颗粒污染物的物理性质不同，可分为以下几种：

(1)粉尘(dust)　是指悬浮于气体介质中的细小固体粒子。通常是由于固体物质的破碎、粉剂、研磨等机械过程或土壤、岩石风化等自然过程形成的。粉尘的粒径一般在1～200 μm之间。大于10 μm的粒子，依靠重力作用能够在较短时间内沉降到地面的，称为降尘；那些小于10 μm能够长期在空气中漂浮的粒子称为飘尘。

(2)烟(fume)　通常系指由冶金过程形成的固体粒子的气溶胶。其粒径范围为：0.01～1.0 μm。在生产过程中总是伴随着诸如氧化之类的化学反应，一些熔融物质挥发后生成的气态物质在冷凝时便生成各种烟尘。

(3)飞灰(fly ash)　系指由燃料燃烧过程中产生的、由烟气带走的灰分中分散得较细的粒子。灰分(ash)系含碳物质燃烧后残留的固体渣。在分析测定时假定它是完全燃烧的。

(4)黑烟(smoke)　通常系指由燃烧产生的能见气溶胶，其粒径范围为0.05～1 μm。它不包括水蒸气。在某些文献中以林格曼数、黑烟的遮光率、沾污的黑度或捕集的沉降物的质量来定量表示黑烟。

(5)雾(fog)　在工程中，雾一般泛指小液体粒子的悬浮体，其粒径范围在200 μm以下，是由液体蒸气的凝结、液体的雾化以及化学反应等过程形成的。如水雾、酸雾、碱雾、油雾等。

(6)总悬浮微粒又称为总悬浮颗粒物(total suspended particle，TSP) 系指空气中粒径小于100 μm的所有固体颗粒。这是为适应我国目前普遍采用的低容量($10\ m^3/h$)滤膜采样法而规定的指标。

2. 气态污染物

气态污染物质种类极多，主要有五大类，以二氧化硫为主的含硫化合物、以一氧化氮和二氧化氮为主的含氮化合物、碳氢化合物、碳的氧化物及卤素化合物等(表3-1)。

表3-1 空气中气体污染物的分类

污染物	一次污染物	二次污染物
含硫化合物	SO_2、H_2S	SO_3、H_2SO_4、硫酸盐
含氮化合物	NO、NH_3	NO_2、HNO_3、硝酸盐
碳氢化合物	$C_1\sim C_5$ 化合物	醛、酮、过氧化乙酰硝酸酯
碳的氧化物	CO、CO_2	无
卤素化合物	HF、HCl	无

若空气污染物是从污染源直接排出的原始物质，则称为一次污染物；若是由一次污染物与空气中原有成分之间、或几种一次污染物之间，经过一系列化学或光化学反应而生成的与一次污染物性质不同的新污染物质，则称为二次污染物。

3.1.1.2 空气污染物的存在状态

测定空气污染物的浓度，不仅需要灵敏、准确的分析方法，而且要有简易正确的采样方法。采样方法的选择与污染物在空气中存在的状态密切相关。因此，必须掌握污染物的特征和它们在空气中的存在状态，以便选择正确的采样方法，获得准确的监测结果。

由于空气污染物的物理化学性质不同，排放源不同，在空气中存在的状态也就不一样，如直接从工厂排出的各种有害气体，在空气中呈气态，排出已挥发的液体，呈蒸气态。一些从工厂烟囱排出的一次污染物，在空气中经光化学作用、氧化作用等形成二次污染物，很多是极微小的颗粒均匀地分布在空气中，多呈气溶胶态。

1. 气态和蒸气

(1)气态 某些污染物质，在常温、常压下以气体形式分散在空气中。常见的气态污染物有：二氧化硫、一氧化碳、氮氧化物(NO、NO_2等)、氯气、氯化氢、硫化氢、臭氧等。

(2)蒸气 某些在常温、常压下是液体或固体(如苯、丙烯醛、汞在常温、常压下是液体，酚在常温常压下是固体)，但由于它们的沸点或熔点低，挥发性大，因而是能以蒸气态挥发到空气中的物质。

不论是气体分子还是蒸气分子，它们的运动速度都较大，扩散快，并在空气中分布比较均匀。另外，扩散情况与其比重有关，比重小者向上飘浮，比重大者(汞蒸气)向下沉降。受温度和气流的影响，它们随气流以相等速度扩散，故空气中许多气体污染物常能污染到很远的地方。

(3)气溶胶 是由固体颗胶、液体颗粒或液体及固体颗粒悬浮于气体介质中形成均匀的分散体系，其沉降速度极小。由固体颗粒物形成的，称固体气溶胶，如烟，即是一种固体凝集性的气溶胶；由液体颗粒形成的称"液体气溶胶"如雾，即是一种液体气溶胶。空气中二次污染物，多半呈气溶胶态。

气溶胶的粒径不同，其物理、化学性质也各异。这类物质可小到由几个分子集结而成，也可大到目视可见的程度。极细的颗粒物几乎和气体或蒸气一样，受布朗运动所支配，遵循液体流动线。细小颗粒能聚集或凝集成较大的颗粒。这些较大的颗粒多具有固体物质的特点，它们受重力影响很大，很少聚集或凝集。颗粒物的化学性质受颗粒的化学组成和颗粒表面可能吸附的气体的性质影响。在某些情况下颗粒和可吸附的气体结合，会产生比各单个组分更大的毒性。

气溶胶按其形成的方式不同，可分为分散性的气溶胶、凝聚性的气溶胶以及化学反应性的气溶胶。

①分散性气溶胶　以固体粉末或液体泡沫飞散到空气中而形成的。属于液体分散性的有硫酸雾、碱雾及喷洒的农药。属于固体分散性的有石英粉尘、氧化铅粉尘等。这一类气溶胶颗粒较大，分散度范围较宽。

②凝聚性气溶胶　如冶炼过程中，高温蒸发出来的分子排入空气中遇冷空气形成过饱和蒸气，并凝聚成小颗粒分散到空气中，形成各种金属烟。也有一些液体分子，如有机溶剂在高温蒸发，进入空气遇冷凝聚形成雾。这些均属于凝聚性气溶胶。

③化学反应性气溶胶　许多一次污染物进入空气后，发生一系列的化学反应，从而产生许多新的化学物质，有的形成颗粒状物质，飘浮在空气中形成气溶胶，如 SO_2 在一定条件下氧化形成 SO_3，进一步与水汽结合形成硫酸，再与空气中的无机尘粒形成各种硫酸盐气溶胶。又如一氧化氮(NO)在空气中，由臭氧、氧和过氧基将它氧化成 NO_2，与水反应形成硝酸和亚硝酸，再与无机尘粒反应形成硝酸和亚硝酸盐的气溶胶。

化学反应所形成的气溶胶在空气中可凝聚，也可分散，变化多端。温度、湿度、大气压对这些反应影响很大，故很难严格区分它们是凝聚性的还是分散性的。

实际上污染物质在空气中存在的状态是极其复杂而又多变的。严格地说来，在一般情况下，污染物质是以多种状态存在于空气中。如：砷或多环芳烃，一般认为是颗粒状物质，但实际上在空气中有砷蒸气与砷颗粒，苯并[a]芘(B[a]P)蒸气与苯并[a]芘的颗粒物混存。又如金属铅主要以气溶胶状态存在于空气中，同时也有蒸气态的铅。故在采样时要考虑到这种共存情况，否则会损失一部分，而得出错误的结论。

2. 固体颗粒污染物

空气中的固体污染物主要是指颗粒物。以颗粒状存在的空气污染物，一般是指粒径在 0.01～100 μm 之间的液体和固体微粒，是一个复杂的非均相体系。颗粒物的化学性质受颗粒的化学组成和表面可能吸附的气体所影响。在某些情况下，颗粒和被吸附的气体结合，会产生比各个组分更强的毒性。更重要的是小颗粒，如粒径＜10 μm 的可吸入颗粒物，长期飘浮在空气中，随呼吸而进入上、下呼吸道，对健康危害极大。

3.1.2　空气污染的危害

局部空气污染，如家庭炊烟已有几千年历史。在 12 世纪初，随着人们对煤炭的发掘与使用，煤烟造成的空气污染给人类带来了新的危害。18 世纪中叶，又开始利用石油作能源。石油的污染又成了空气污染的突出问题。近代原子能的大量利用也同样给大气带来新的问题。空气污染的危害是多方面的，下面分别叙述其对人体健康和对动、植物的危害，至于对各种材料的腐蚀损害等由于和监测的关系意义不大，不再赘述。

3.1.2.1 对人体健康的危害

1. 急性作用

在某种特定的条件和环境下，如谷地或盆地，无风或微风，出现逆温，有排出大量污染物的污染源存在，污染物扩散不出去，或者发生某些毒物泄漏事故，使空气中污染物浓度剧增，常常造成空气污染急性作用事件。历史上曾发生过数起空气污染急性作用事件，最典型的是1952年伦敦烟雾事件及洛杉矶光化学烟雾事件。1952年12月5～8日，伦敦地区上空出现大雾天气，气温逆增，当时逆温层在40～50 m的低空，致使该地区地面无风，烟雾弥漫。因此，从家庭和工厂排出的烟尘被逆温层封盖而停滞在下层。空气中SO_2浓度高达3.5 mg/m^3，总悬浮颗粒物高达4.5 mg/m^3。雾期1周内伦敦地区死亡人数从2 062人激增至4 703人，与历年同期相比，多死3 500～4 000人。在死者年龄分布上，各年龄组都有增加，而以45岁以上居多，65岁以上老人死亡人数增加尤为显著，慢性支气管炎，支气管肺炎和心脏病患者死亡最多。

光化学烟雾是排入空气的氮氧化物、碳氢化合物、一氧化碳、二氧化硫、烟尘等达到一定浓度时，在太阳紫外线照射下，发生光化学反应而形成的一种毒性很大的二次污染物。其主要成分为臭氧、醛类、过氧化乙酰硝酸酯(PAN)、硫酸及硫酸盐气溶胶、硝酸及硝酸盐气溶胶、氧原子等氧化剂，其中臭氧占90%左右。光化学烟雾对人体有强烈的刺激和伤害作用，当浓度为0.1 mg/L时，会刺激眼睛，引起流泪；浓度达1 mg/L，眼睛发痛难睁，并伴有头痛，中枢神经发生障碍；如果浓度达50 mg/L，人会立即死亡，所以光化学烟雾又称之为“杀人烟雾”。如美国洛杉矶1943年开始出现光化学烟雾事件。洛杉矶市拥有250多万辆汽车，每天排出约1 000多吨碳氢化合物及氧化剂(NO_x)，在强烈的阳光照射下，经过一系列的光化学反应，形成臭氧(O_3)、过氧化乙酰硝酸酯(PAN)和醛类等强氧化剂。随着光化学反应的进行，反应物不断聚集，烟雾浓度就不断升高，一般经3～4 h便达到最高值。臭氧高峰浓度可达1 mg/m^3。北太平洋上空出现的逆温层像盖子一样，笼罩在洛杉矶盆地上空，使烟雾扩散不开。许多人喉头发炎，鼻眼受刺激而红肿，且有不同程度的头痛。日本东京1970年发生的光化学烟雾整整持续了一个夏季，2万人患眼痛病。澳大利亚的悉尼、意大利的热那亚、印度的孟买，均出现过这种烟雾事件。

空气污染对人体产生的急性作用，在某些情况下是以某种或某些毒物急性中毒形式表现出来的，这就是毒物直接作用的影响。而在另外一些情况下，例如，伦敦烟雾事件，则以加重原患呼吸系统疾病、心脏病患者的病情进而加速了这些患者的死亡。这就是毒物间接作用的影响。

2. 慢性作用

空气污染对人体健康的慢性危害主要是由于污染物与呼吸道黏膜表面长时间连续接触引起的，这种效应往往不易引人注意，而且难以鉴别。其主要表现为眼、鼻黏膜刺激，慢性支气管炎、哮喘、肺癌及因生理机能障碍而加重高血压、心脏病的病情。例如，西欧、日本近20年呼吸道疾病增加9倍。美国加利福尼亚州1950年、1960年呼吸道疾病死亡率增加1倍多，肺气肿增加4倍。在中国居民用含高氟、高硫、高灰分的劣质煤做燃料，产生高浓度的氟化物、硫氧化物以及煤烟。居民氟中毒严重，轻者患不同程度的氟斑牙，重者骨骼变形，丧失劳动力。

3.1.2.2 对动物的危害

空气污染对动物的危害和影响与对人的情况相似。凡是对人造成了危害的空气污染事件，都同时对动物产生一定的危害和影响，使不少动物患病或死亡。空气污染对动物的慢性危害，除直接吸入外，还通过食物进入动物体内。美国蒙塔那州一铜冶炼厂排出大量二氧化硫、三氧化二砷，污染周围牧草，草中含砷 1 340 mg/kg，使 24 km 内的 3 500 头羊，死亡 625 头。蒙塔那州磷肥厂，因排放大量氟化氢，严重污染周围环境，草饲料中氟含量高达 848 mg/kg，致使牛患氟骨症，牛奶减少，生殖率降低。我国内蒙古包头钢铁厂，所用的矿石含氟量很高，排出大最含氟烟气，污染空气、牧草及水源，致使牛、羊、马等牲畜骨骼变形及骨折时有发生。桑叶在低浓度氟污染的空气中可以积累氟，蚕吃了发育不良，容易出现高节蚕、空头蚕，迟眠，不结茧或死亡。

3.1.2.3 对植物的危害

许多空气污染物如二氧化硫(SO_2)、氟化氢(HF)、氯气(Cl_2)、臭氧(O_3)、二氧化氮(NO_2)、过氧化乙酰硝酸酯(PAN)、乙烯(C_2H_4)、氨(NH_3)、氯化氢(HCl)、硫化氢(H_2S)、一氧化碳(CO)等，都会对植物产生有害的影响。当有害气体浓度很高时，在短期内(几天、几小时甚至几分钟)便会破坏植物的叶片组织，产生明显的症状，甚至整个叶片枯萎脱落，使生长发育受到明显影响，称为急性伤害。植物长期接触低浓度的有害气体，叶片逐渐失绿黄化、生长发育不良，称为慢性伤害。

不同的污染气体危害植物的方式和机理不完全相同，所以产生的伤害症状也有区别。污染物浓度和接触时间的联合作用，称为剂量。能引起植物伤害的最低剂量，称为临界剂量，或叫伤害阈值。不同污染物危害植物的临界剂量是不同的。同样，由于植物耐受能力和敏感程度不同，同一污染物在不同植物上表现的临界剂量也是不同的。不同污染物的急性危害往往表现出各自特有的危害症状，常使作物产量显著降低。可根据这些典型症状进行生物监测。慢性危害是指低浓度的污染物在长时间内造成的危害。慢性危害也能影响植物的生长发育，有时还会出现与急性危害相似的症状，但大多数症状是不明显的。不可见危害只造成植物生理上的障碍，在某种程度上抑制植物的生长，但在外观上不呈特殊受害症状，较难立即判断污染物种类及受害程度，因而需进一步分析受害叶片所含的成分等。

空气污染对植物的急性危害，可根据受害植物的叶片上出现的变色斑纹等症状，作初步鉴定，同时从受害症状也可初步确定污染物的种类，如利用敏感植物进行空气污染的生物监测技术。

3.1.3 空气中污染物的时空分布

与其他环境要素中的污染物相比较，空气中的污染物具有随时间、空间变化大的特点。了解该特点，对于获得正确反映空气污染实况的监测结果有重要意义。

空气污染物的时空分布及其浓度与污染源的分布、排放量及地形、地貌、气象等条件有关。气象条件如风向、风速、大气湍流、大气稳定度总在不停地改变，因此污染物的稀释与扩散情况也在不断地变化。同一污染源对同一地点在不同时间所造成的污染物浓度相差较大；同一时间不同地点浓度差别也较大。一次污染物和二次污染物在环境空气中的浓度由于受气象条件的影响，一天内的变化也较大。一次污染物因受逆温层、气温、气压等的影响，早上和傍晚时浓度较高，中午较低；二次污染物如光化学烟雾，因在阳光照射下才能形成，故中午浓度较高，早晨和傍晚时浓度较低。风速大，大气不稳定，则污染物稀释扩散速度快，浓度变化也快；反之，稀释扩散慢，浓度变化也慢。

污染源的类型、排放规律及污染物的性质不同，其时空分布特点也不同。点污染源或线污染源排放的污染物浓度变化较快，涉及范围小；大量地面小污染源(如工业区炉窑、分散供热锅炉等)构成的面污染源排放的污染物分布比较均匀，并随气象条件变化有较强的变化规律。

由于空气污染物在时间和空间上的分布不均匀，空气监测中要十分注意监测(采样)地点和时间的选择。在《环境空气质量标准》中，要求侧定污染物的瞬时最大浓度及日平均、月平均、年平均浓度，以反映污染物随时间变化情况。

3.1.4 空气质量标准和监测

3.1.4.1 空气质量标准

为了改善环境空气质量，防止生态破坏，创造清洁适宜的环境，保护人体健康，我国制定了环境空气质量标准(GB 3095—1996)，随后又对此标准进行了修订(环境空气质量标准GB3095—1996 修改单)，修订后的各项污染物的浓度限值见表 3-2。

表 3-2 空气中各项污染物的浓度限值

污染物名称	取值时间	浓度限值			
		一级标准	二级标准	三级标准	浓度单位
二氧化硫 SO_2	年平均	0.02	0.06	0.10	mg/m^3 (标准状态)
	日平均	0.05	0.15	0.25	
	1 h 平均	0.15	0.50	0.70	
总悬浮颗粒物 TSP	年平均	0.08	0.20	0.30	
	日平均	0.12	0.30	0.50	
可吸入颗粒物 PM_{10}	年平均	0.04	0.10	0.15	
	日平均	0.05	0.15	0.25	
二氧化氮 NO_2	年平均	0.04	0.08	0.08	
	日平均	0.08	0.12	0.12	
	1 h 平均	0.12	0.24	0.24	
一氧化碳 CO	日平均	4.00	4.00	6.00	
	1 h 平均	10.00	10.00	20.00	
臭氧 O_3	1 h 平均	0.16	0.20	0.20	
铅 Pb	季平均	1.50			
	年平均	1.00			
苯并[a]芘 B[a]P	日平均	0.01			$\mu g/m^3$ (标准状态)
氟化物 F	日平均	7①			
	1 h 平均	20①			
	月平均	1.8②		3.0③	$\mu g/(dm^2 \cdot d)$
	植物生长季平均	1.2②		2.0③	

注：①适用于城市地区；②适用于牧业区和以牧业为主的半农半牧区，蚕桑区；③适用于农业和林业区。

3.1.4.2 空气污染监测的分类

按照监测的不同目的，一般可将空气污染监测工作分为三类。

1. 污染源的监测

这类监测主要是针对空气污染物质发生源进行的。如烟囱、汽车尾气排出口的监测。目的是了解这些污染源所排出的有害物质是否符合现行排放标准的规定，分析它们对空气的影响，以便对其加以限制。排放口的监测还可对现有的净化装置的性能进行评价，确定在排放时失散的原料或产品所造成的经济损失。当然通过长时间的定期监测积累数据，也可为进一步修订和充实排放标准及制定环境保护法规提供科学依据。

2. 环境污染监测

这类监测的对象不是污染源而是整个大气。目的是了解和掌握环境污染的情况，进行空气污染质量评价，并提出警戒限度。通过长期监测，为修订或制定国家环境标准及其他环境保护法规积累资料，为预测预报创造条件。另外，研究有害物质在空气中的变化，如二次污染物的形成、光化学反应等，以及某些空气污染的理论，制定城市规划，确定防护距离等，均需要以监测资料为依据。

3. 特定目的的监测

除了定点定期地进行空气一般污染状况的监测外，还有为了某一目的进行的特定指标监测，即特定目的的监测。它要求选定某一种或多种污染物进行特定目的的监测。例如，研究空气污染对人体健康的影响，调查燃煤火力发电厂排出的污染物对周围居民呼吸道的危害等。进行这种监测首先应选定对上呼吸道有刺激作用的污染物二氧化硫、硫酸雾、可吸入颗粒物等做为监测项目，再选定一定数量的人群进行监测。由于目的是监测污染物对人体健康的影响，所以测定每人每日对污染物接受量，以及污染物在一天或一段时间内的浓度变化，就是这种监测的特点。为此，除进行空气污染点监测外，还必须采用一种特制的个体采样器(根据选用的监测项目而异)，由选定的人群携带，调节成与人的呼吸线速度相似的流量并随人的活动来采集空气样品，即在规定的时间内(一日、几日或一段时间)，根据要求进行连续或间断采样。所采的样品不是某一采样点的浓度，而是一个人在规定的时间内的总接受量，包括劳动、休息、吃饭、走路等在室内外一切活动的接受量，也可以是一个人在一段时间内的接受量。所采集的样品按规定的指标进行分析化验。这种监测，不但可以得到每天污染物进入人体内的总量及平均浓度，还可以得到每段时间内的总量及平均浓度，基本满足了最近一些卫生学家所强调的“时间加权平均浓度”的要求。用这些结果来评定污染物对居民呼吸道危害情况时，还必须进行大量的人体健康检查，找出污染物与疾病之间的关系，而监测是研究这种问题的主要环节。

在进行空气污染各项监测时，必须提出的一个重要问题，就是如何取得能反映实际情况并有代表性的测定结果。这就需要对采样点、采样时间、采样频率、气象条件、地理特点、工业布局以及采样方法、监测分析方法、监测仪器等进行综合考虑。总之，空气监测工作是一项科学性很强的工作，必须事前进行周密的调查，制订出比较完善的监测方案。

3.2 空气质量监测方案的制订

空气监测试样的代表性是决定大气监测质量的重要因素。试样的代表性又取决于采样的布点、时间、频率、方法及效率等。《环境监测技术规范》中规定了环境空气环境污染监测与污染源监测的目的、布点原则、监测项目、采样方法、监测技术等。

3.2.1 布点前的准备

为保证布点质量，布点前应做好如下工作。

1. 制定布点工作计划

计划内容应包括：明确监测任务、目的、范围、技术规范及预计完成时间；确定工作方法和进行步骤；拟定布点技术要点；提出所需人力、设备及经费预算等。

2. 资料收集及调研

收集监测区的地形资料、气象资料、土地利用和功能分区情况、人口分布及人群健康状况、污染源分布及排放情况。

地形对当地的风向、风速和大气稳定度等有影响，地形因素是设置监测网点应该考虑的重要因素。工业区在山谷、河谷、盆地等地区时，出现逆温层的可能性大；丘陵地区的城市内，环境空气污染物的浓度梯度会相当大；沿海地区受海风和陆风的影响；山区会受山谷风的影响等。监测区域的地形越复杂，监测点布设密度越大。

污染物在空气中的扩散、运输和发生物理、化学变化与气象条件关系密切。因此，要收集监测区域的风向、风速、气温、气压、降水量、日照时间、相对湿度、温度的垂直梯度和逆温层变化规律。

监测区域土地利用情况及功能区划分也是设置监测网点应考虑的重要因素之一。不同功能区的污染情况是不同的，如工业区、商业区、混合区、居民区、文教区等。还可以按照建筑物的密度、有无绿化带等作进一步分类。

掌握监测区域的人口分布、居民和动植物受环境空气污染危害情况及流行性疾病等资料，对制订监测方案、分析判断监测结果是有益的。

调查监测区域内的污染源类型、数量、位置、排放的主要污染物种类和排放量，调查污染源采用的原料、燃料种类及消耗量。调查污染源的排放高度和排放强度。交通运输污染较重和石油化工企业比较集中的区域，同时考虑二次污染物。

3. 建立监测区空气污染物时空分布概念

在调查分析基础上，以间断性监测实验方法，粗测污染物的时空分布；也可根据大气扩散理论，估算污染物的时空分布。然后根据粗测或估算结果与监测区气象要素、地形及污染源特点进行相关分析，作出监测区空气污染物时空分布概略图。

3.2.2 监测项目

空气中污染物多种多样，应根据优先监测的原则，选择那些危害大、涉及范围广，已有成熟的测定方法，并有标准可比的项目进行监测。我国目前要求的空气常规监测项目见表3-3。

表 3-3　环境空气污染常规监测项目

类别	必测项目	选测项目
空气污染物监测	二氧化硫(SO_2)、二氧化氮(NO_2)、可吸入颗粒物(PM_{10})、一氧化碳(CO)、臭氧(O_3)	总悬浮颗粒物(TSP)、铅(Pb)、氟化物(F)、苯并[a]芘、有毒有害有机物
空气降水监测	pH、电导率	K^+、Na^+、Ca^{2+}、Mg^{2+}、NH_4^+、SO_4^{2-}、NO_3^-、Cl^-

3.2.3　监测网点的布设

环境空气监测网点的布设是否合理影响到数据的代表性和科学性，环境监测布点方法有经验法、统计法和模式法。

3.2.3.1　布点的原则和采样要求

1. 布点原则

(1)应能控制整个监测区，即在监测区内，大气污染物浓度高、中、低及对照(清洁)都应分配适当的监测点。

(2)按污染轻重，区别布点。即在重污染区，如主导方向明显的污染源下风向区、工矿企业集中区、人口高密度区、污染超标区等，要适当增设采样点；城市郊区和农村，人口密度小及污染物浓度低的地区，可酌情少设采样点。

(3)有特殊任务的监测点，应按照特殊要求布点。

2. 现场设点要求

(1)监测点周围 50 m 范围内不应有污染源。

(2)点式监测仪器采样口周围，监测光束附近或开放光程监测仪器发射光源到监测光束接收端之间不能有阻碍环境空气流通的高大建筑物、树木或其他障碍物。从采样口或监测光束到附近最高障碍物之间的水平距离，应为该障碍物与采样口或监测光束高度差的 2 倍以上。

(3)采样口周围水平面应保证 270°以上的捕集空间，如果采样口一边靠近建筑物，采样口周围水平面应有 180°以上的自由空间。

(4)当某监测点需设置多个采样口时，为防止其他采样口干扰颗粒物样品的采集，颗粒物采样口与其他采样口之间的直线距离应大于 1 m。若使用大流量总悬浮颗粒物(TSP)采样装置进行并行监测，其他采样口与颗粒物采样口的直线距离应大于 2 m。

(5)采样高度根据监测目的而定。手工间断采样，其采样口离地面的高度应在 1.5～15 m范围内；对于自动监测，其采样口或监测光束离地面的高度应在 3～15 m 范围内；针对道路交通的污染监控点，其采样口离地面的高度应在 2～5 m 范围内；在建筑物上安装监测仪器时，监测仪器的采样口离建筑物墙壁、屋顶等支撑物表面的距离应大于 1 m；监测空气污染物对人体的危害，采样点位应离地面 1.5～2 m；若监测空气污染物对植物的影响，采样点位的高度应与植物高度相近。

3.2.3.2　采样点数目

监测区域内采样点数目应根据监测范围、污染物的空间分布、人口分布及密度、气象、地形及经济条件等因素综合考虑。对于空气地面自动监测站(点)的数目，世界卫生组织

(WHO)推荐依城市人口数按表 3-4 设置。我国对空气环境污染常规监测采样点规定的设置数目列于表 3-5。

表 3-4　WHO 推荐城市空气自动监测站(点)数

市区人口/万人	飘尘	二氧化硫	氮氧化物	氧化剂	一氧化碳	风向、风速
≤100	2	2	1	1	1	1
100～400	5	5	2	2	2	2
400～800	8	8	4	3	4	2
>800	10	10	5	4	5	3

表 3-5　我国环境空气质量评价点设置数量要求

建成区城市人口/万人	建成区面积/km^2	监测点数
<10	<20	1
10～50	20～50	2
50～100	50～100	4
100～200	100～150	6
200～300	150～200	8
>300	>200	按每 25～30 km^2 建成区面积设 1 个监测点，并且不少于 8 个点

3.2.3.3　采样点布设方法

1. 功能区布点方法

按功能区划分布设采样点多用于区域性常规监测。将监测区域划分为工业区、商业区、居住区、工业和居住混合区、文化区、交通稠密区、清洁区等，再根据具体污染情况和人力、物理条件，在各功能区设置一定数量的监测点，各功能区的采样点数不要求平均，一般在污染较集中的工业区和人口密集的居住区多设监测点。同时应在对照区或清洁区设置 1～2 个对照点。

2. 网格布点法

网格法多用于受各种污染源综合污染的平原地区布设采样点。这种方法是将所要监测的区域划分成许多等距离的方格，每个方格中间或两条直线交点处设一采样点(图 3-1)。方格的大小视污染程度、人口密度以及人力、物力、财力条件而定。一般间距为 1～2 km。若人力、物力不足，不能以方格均匀布点时，至少要在污染严重的工业区、交通枢纽区、商业

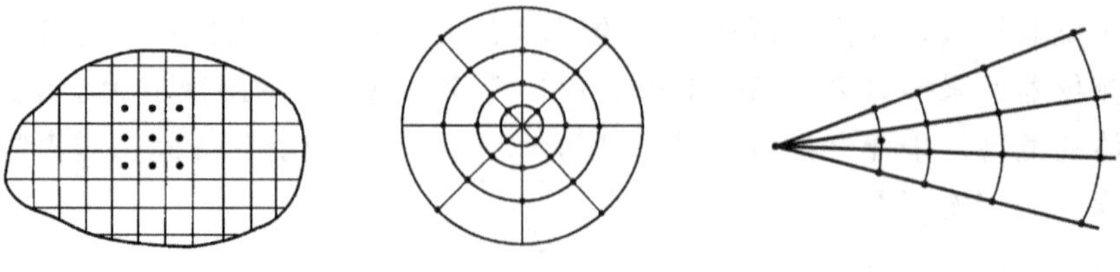

图 3-1　网格布点法(左)、同心圆布点法(中)、扇形布点法(右)

(引自：奚旦立．环境监测．2004)

环境监测

区、有少数工业企业的居民区、没有工业企业的居民区、不受污染的清洁区等地方设采样点。若主导风向明确，下风向设点应多一些，一般约占采样点总数的60%。

3. 同心圆布点法

同心圆布点法适用于受单一污染源或多个污染源构成一个污染中心所影响的地区布设采样点。此法是以污染源为中心，作同心圆，再从圆心分八个方位作射线，射线与圆的交点处可布设采样点(图3-1)。但是，不同圆周上的采样点布设不一定相同或均匀分布，可依据气象条件对不同方位的影响布设，一般在常年主导风向下方多设采样点。同心圆半径分别可以取4 km、10 km、20 km、40 km，从里向外各圆周上分别设4、8、8、4个采样点。

4. 扇形布点法

扇形布点法适用于高架污染源或主导风向明显的地区。采样点是扇形布设在污染源的某一方向。以点源为顶点，主导风向为轴线，在下风向地面上划出一个扇形区域作为布点范围(图3-1)。扇形角度一般为45°～90°。采样点设在距点源不同距离的若干弧线上，相邻两点与顶点连线的夹角一般取10°～20°。各线上的采样点数和间距可根据居民的反映和预测结果、工厂的规模、污染物排放方式和高度等具体情况布设，一般为3～4个采样点，在上风向设一对照点。

以上几种采样布点方法，可以单独使用，也可以综合使用，目的就是要求有代表性地反映污染物浓度，为大气监测提供可靠的样品。

采用同心圆和扇形布点时，应考虑高架点源排放污染物的扩散特点。一般点源脚下污染物浓度接近本底值，随着距离增大，浓度随之增加，并逐渐出现最大值，然后按指数规律下降。因此，以同心圆或射线法布点时，其圆和弧线半径不宜等倍增加，而是靠近最大污染物浓度区段密一些。污染物最大浓度出现的位置与源高、气象条件和地面状况有关。一般认为普通高度的点源，烟云落地为15倍源高。但是，随着源高和大气稳定度的增加，污染物在地面最大浓度位置则成倍向外延伸，例如，50 m高的烟囱污染物最大地面浓度位置为源高的40倍以上，100 m高的烟囱则为100倍处。

3.2.4 采样时间和采样频率

采样时间指每次采样从开始到结束所持续的时间，也称采样时段。采样频率指在一定时间范围内的采样次数。这两个参数要根据监测目的、污染物分布特征、分析方法灵敏度及人力物力等因素决定。

对某些污染物采样时段短，很难取得代表性样品，而对间歇式监测采样时段过长又很难反映出污染物随时间的变化。因此，常增加采样频率，以多个试样测定结果的平均值代表采样点空气污染物浓度。要真正反映出某一地点污染物浓度的变化，必须每年12个月，每月30 d，每天24 h采样监测，即进行常年的连续自动监测。由于设备条件所限，有些城市和地区达不到连续自动监测的要求，合适的采样时间和频率是取得具有代表性数据的重要条件。我国监测技术规范对环境空气污染例行监测规定的采样时间和采样频率列于表3-6。环境空气质量标准(GB 3095—1996)中对污染物监测数据的统计有效性进行了规定。

表 3-6　空气质量监测采样时间和采样频率

（引自：张俊秀．环境监测．2003）

项目	采样时间	采样频率
二氧化硫	连续(24±0.5)h/次	隔日采样，每月 14～16 d，12 个月/年
氮氧化物	连续(24±0.5)h/次	隔日采样，每月 14～16 d，12 个月/年
总悬浮颗粒物	连续(24±0.5)h/次	隔双日采样，每月 5～6 d，12 个月/年
降尘	(30±2)d/次	每月监测，12 月/年
硫酸盐化速率	(30±2)d/次	每月监测，12 月/年

3.3　环境空气样品的采集和采样设备

3.3.1　采集方法

根据被测物质在空气中存在的状态和浓度，以及所用分析方法的灵敏度，可选择不同的采样方法。采集空气样品的方法一般分为直接采样和富集采样法两大类。

3.3.1.1　直接采样法

直接采样法一般用于空气中被测污染物浓度较高，或者所用的分析方法灵敏度高，直接进样就能满足环境监测的要求。如用氢焰离子化监测器测定空气中的苯系物、置换汞法测定空气本底中的一氧化碳等。用这类方法测得的结果是瞬时或者短时间内的平均浓度，它可以比较快地得到分析结果。直接采样法常用的采样容器有注射器、塑料袋、真空瓶(管)和一些固定容器等。这种方法具有经济和轻便的特点。

1. 注射器采样法

即将空气中被测物采集在 100 mL 注射器中的方法。采样时，先用现场空气抽洗 2～3 次，然后抽取空气样品至 100 mL，密封进样口，带回实验室进行分析。采集的空气样品要立即进行分析，最好当天处理完毕。注射器采样法一般用于有机蒸气的采样。

2. 塑料袋采样法

即将空气中被测物质直接采集在塑料袋中的方法。此种方法需要注意所用塑料袋不应与所采集的被测物质起化学反应，也不应对被测物质产生吸附和渗漏现象。常用塑料袋有聚乙烯袋、聚四氟乙烯袋及聚酯袋等，为减少对待测物质的吸附，有些塑料袋内壁衬有金属膜，如衬银、铝等。采样时用二连球打入现场空气，冲洗 2～3 次，然后再充满被测样品，夹住进气口，带回实验室进行分析。

3. 采气管采样法

图 3-2　采气管

采气管是两端具有旋塞的管式玻璃容器，其容积为 100～500 mL(图 3-2)。采样时，打开两端旋塞，将二联球或抽气泵接在管的一端，迅速抽进比采气管体积大 6～10 倍的欲采气体，使气管中原有气体完全被置换出，关上两端旋塞，采气体积即为采气管的容积。

4. 真空瓶(管)采样法

即将空气中被测物质采集到预先抽成真空的玻璃瓶或玻璃采样管中的方法。所用的采样瓶(管)必须是用耐压玻璃制成，一般容积为 500～2 000 mL，如图 3-3 所示。

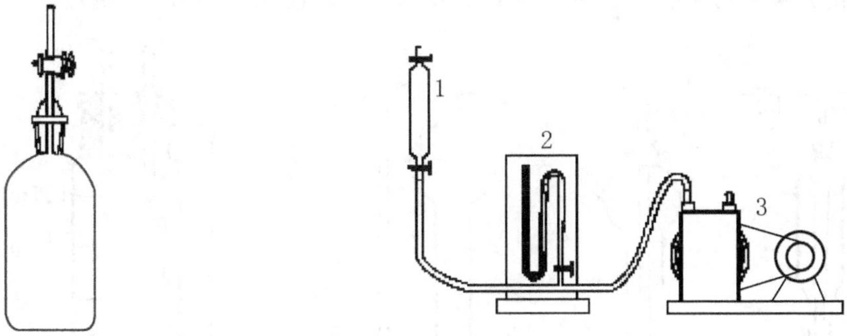

1. 真空采气瓶 2. 闭管压力计 3. 真空泵

图 3-3 真空采气瓶(左)、抽真空装置(右)

抽真空时，瓶外面应套有安全保护套，一般抽至剩余压力为 1.33 kPa 左右即可，如瓶中预先装好吸收液，可抽至溶液冒泡时为止。采样时，在现场打开瓶塞，被测空气即充进瓶中，关闭瓶塞，带回实验室分析。采样体积为真空采样瓶(管)的体积。如果真空度达不到 1.33 kPa 时，采样体积的计算应扣除剩余压力。

3.3.1.2 富集采样法

当空气中被测物质浓度很低，而所用分析方法又不能直接测出其含量时，需用富集采样法进行空气样品的采集。富集采样的时间一般都比较长，所得的分析结果是在富集采样时间内的平均浓度，这更能反映环境污染的真实情况。

富集采样的方法有溶液吸收法、填充柱阻留法(固体阻留法)、滤料阻留法、低温冷凝法及自然积集法等。在实际应用时，可根据监测目的和要求、污染物的理化性质、在空气中的存在状态，以及所用的分析方法来选择。

1. 溶液吸收法

溶液吸收法是用吸收液采集空气中气态、蒸气态物质以及某些气溶胶的方法。当空气样品进入吸收液时，气泡与吸收液界面上的监测物质的分子由于溶解作用或化学反应，很快地进入吸收液中。同时气泡中间的气体分子因存在浓度梯度和运动速度极快，能迅速地扩散到气-液界面上。因此，整个气泡中被测物质分子很快地被溶液吸收。各种气体吸收管就是利用这个原理而设计的。

理想的吸收液应是理化性质稳定，在空气中和在采样过程中自身不会发生变化，挥发性小，并能够在较高温度下经受较长时间采样而无明显的挥发损失，有选择性的吸收，吸收效率高，能迅速地溶解被测物质或与被测物质起化学反应。最理想的吸收液中就含有显色剂，边采样边显色，不仅采样后即可比色定量，而且可以控制采样的时间，使显色强度恰好在测定范围内。常用的吸收液有水溶液和有机溶剂等。吸收液的选择是根据被测物质的理化性质及所用的分析方法而定。

吸收液的选择原则是：①与被采集的物质发生化学反应快或对其溶解度大；②污染物质被吸收液吸收后，要有足够的稳定时间，以满足分析测定所需时间的要求；③污染物质被吸收后，应有利于下一步分析测定，最好能直接用于测定；④吸收液毒性小、价格低、易于购买，且尽可能回收利用。

溶液吸收法采集污染物时，通常使用如图 3-4 所示的几种吸收管(瓶)。

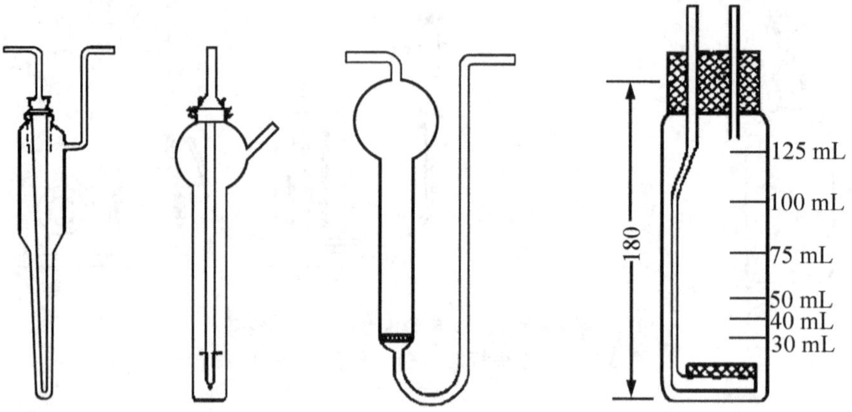

图 3-4　溶液吸收法通常使用的几种吸收管(瓶)

气泡吸收管　适用于采集气态和蒸气态物质，对于气溶胶态物质，因不能像气态分子那样快速扩散到气液界面上，故吸收效率差。

冲击式吸收管　适宜于采集气溶胶态物质。因为该吸收管的进气管喷嘴孔径小，距离瓶底又很近，当被采气样快速从喷嘴喷出冲向管底时，则气溶胶颗粒因惯性作用冲击到管底被分散，从而易被吸收液吸收。

多孔筛板吸收管(瓶)　气样通过吸收管(瓶)的筛板后，被分散成很小的气泡，且阻留时间长，大大增加了气液接触面积，从而提高了吸收效果。适合采集气态和蒸气态物质外，也能采集气溶胶态物质。

2. 填充柱阻留法

填充柱是用一根长 6～10 cm、内径 3～5 mm 的玻璃管或塑料管，内装颗粒状填充剂制成。采样时，让气样以一定流速通过填充柱，欲测组分因吸附、溶解或化学反应等作用被阻留在填充剂上，达到浓缩采样的目的。采样后，通过解吸或溶剂洗脱，使被测组分从填充剂上释放出来进行测定。根据填充剂阻留作用的原理，可分为吸附型、分配型和反应型三种类型。

吸附型填充柱　这种柱的填充剂是颗粒状固体吸附剂，如活性炭、硅胶、分子筛、高分子多孔微球等。在选择吸附剂时，既要考虑吸附效率，又要考虑易于解吸测定。

分配型填充柱　这种填充柱的填充剂是表面涂有高沸点有机溶剂(如异十三烷)的惰性多孔颗粒物(如硅藻土)，类似于气液色谱柱中的固定相，只是有机溶剂的用量比色谱固定相大。当被采集气样通过填充柱时，在有机溶剂(固定液)中分配系数大的组分保留在填充剂上而被富集。

反应型填充柱　这种柱的填充剂是由惰性多孔颗粒物(如石英砂、玻璃微球等)或纤维状物(如滤纸、玻璃棉等)表面涂渍能与被测组分发生化学反应的试剂制成。气样通过填充柱时，被测组分在填充剂表面因发生化学反应而被阻留。

3. 滤料阻留法

该方法是将过滤材料(滤纸、滤膜等)放在采样夹上(图 3-5)，用抽气装置抽气，则空气中的颗粒物被阻留在过滤材料上，称量过滤材料上富集的颗粒物质量，根据采样体积，即可计算出空气中颗粒物的浓度。

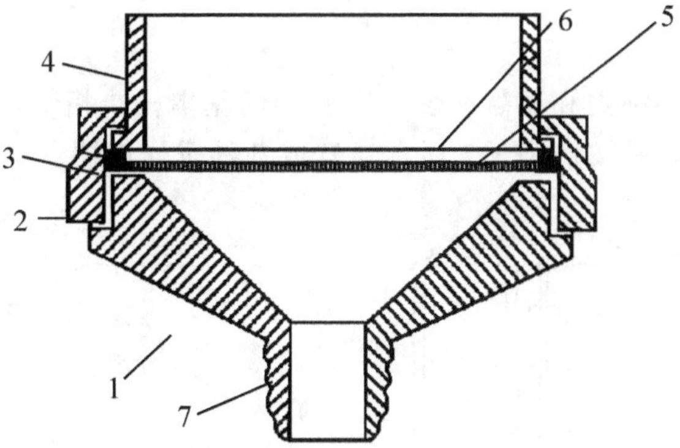

1. 底座　2. 禁锢圈　3. 密封圈　4. 接座圈　5. 支撑网　6. 滤膜　7. 抽气接口

图 3-5　颗粒物采样夹

4. 低温冷凝法

空气中某些沸点比较低的气态污染物质，如烯烃类、醛类等，在常温下用固体填充剂等方法富集效果不好，而低温冷凝法可提高采集效率。低温冷凝采样法是将 U 形或蛇形采样管插入冷阱中(图 3-6)，当空气流经采样管时，被测组分因冷凝而凝结在采样管底部。如用气相色谱法测定，可将采样管与仪器进气口连接，移去冷阱，在常温或加热情况下气化，进入仪器测定。

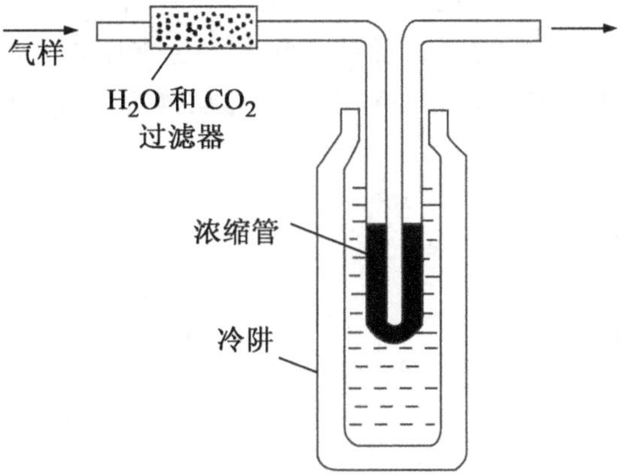

图 3-6　低温冷凝采样

制冷的方法有半导体制冷器法和制冷剂法。常用的制冷剂有冰(0℃)、冰-食盐(－10℃)、干冰-乙醇(－72℃)、干冰(－78.5℃)、液氮(－196℃)等。

5. 自然积集法

这种方法是利用物质的自然重力、空气动力和浓差扩散作用采集空气中的被测物质，如自然降尘量、硫酸盐化速率、氟化物等空气样品的采集。采样不需要动力设备，简单易行，且采样时间长，测定结果能较好地反映空气污染状况。

3.3.2 采样仪器

用于空气采样的仪器种类和型号颇多，但它们的基本构造相似，一般由收集器、流量计和采样动力三部分组成，并按照图 3-7 所示装置成各种采样仪器。

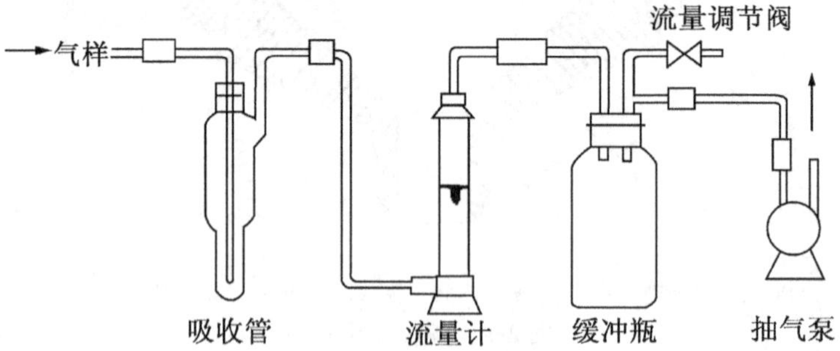

图 3-7 气体采样系统

1. 收集器

收集器是阻留捕集空气中欲测污染物的装置。包括前面介绍的气体吸收管(瓶)、填充柱、滤料、冷凝采样管等。

2. 流量计

流量计是采样时测定气体流量的装置。常用的流量计有皂膜流量计、孔口流量计(图 3-8)、转子(浮子)流量计(图 3-9)、湿式流量计、临界孔稳流计和质量流量计等。转子流量计具有简单、轻便、较准确等特点，常为各种空气采样仪器所采用。皂膜流量计常用于校正其

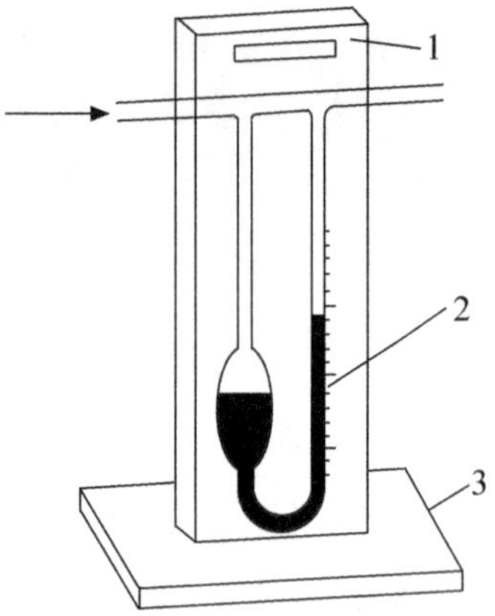

1. 隔板　2. 液柱　3. 支架

图 3-8 孔口流量计

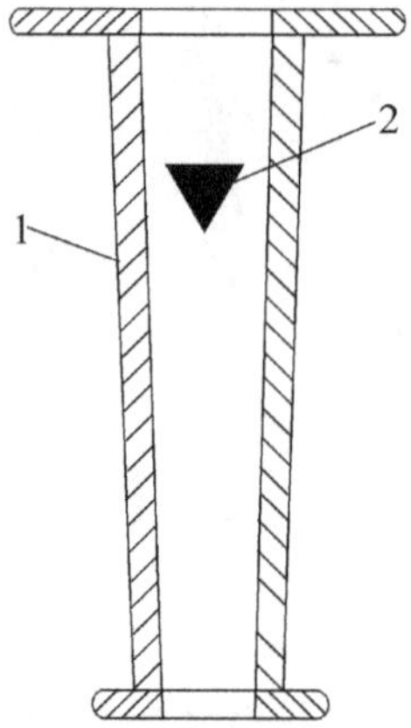

1. 锥形玻璃瓶　2. 转子

图 3-9 转子流量计

他流量计。

3. 采样动力

空气监测中除少数项目(如降尘等)不需动力采样外，绝大部分项目的监测采样都需采样动力。采样动力为抽气装置，最简易的采样动力是人工操作的抽气筒、注射器、双联球等。而通常所说的采样动力是指采样仪器中的抽气泵部分。抽气泵有真空泵、刮板泵、薄膜泵和电磁泵等。

3.3.3 采样效率及评价

采样方法或采样器的采样效率是指在规定的采样条件(如采样流量、污染物浓度范围、采样时间等)下所采集到的污染物量占总量的百分数。采样效率评价方法通常与污染物在空气中存在状态有很大关系。不同的存在状态有不同的评价方法。

3.3.3.1 采集气态和蒸气态污染物质效率的评价方法

采集气态和蒸气态的污染物常用溶液吸收法和填充柱阻留法。效率评价有绝对比较法和相对比较法两种。

1. 绝对比较法

精确配制一个已知浓度为 c_0 的标准气体，然后用所选用的采样方法采集标准气体，测定其浓度，比较实测浓度 c_1 和配气浓度 c_0，其采样效率 K 为：

$$K=\frac{c_1}{c_0}\times 100\%$$

用这种方法评价采样效率虽然比较理想，但是配制已知浓度的标准气体有一定困难，实际应用时受到限制。

2. 相对比较法

配制一个恒定浓度的气体，而其浓度不一定要求准确已知。然后用 2～3 个采样管串联起来采集所配制的样品。采样结束后，分别测定各采样管中污染物的含量，计算第一个采样管含量占各管总量的百分数，其采样效率 K 为：

$$K=\frac{c_1}{c_1+c_2+c_3}\times 100\%$$

式中：c_1、c_2、c_3 分别为第一、第二和第三个采样管中污染物的实测浓度。

用此法计算采样效率时，要求第二管和第三管的浓度之和与第一管比较是极小的，这样三个管所测得的浓度之和就近似于所配制的气样浓度。一般要求 K 值在 90%以上。有时还需串联更多的吸收管采样，以期求得与所配制的气样浓度更加接近。采样效率过低时，应更换采样管、吸收剂或降低抽气速度。

3.3.3.2 采集颗粒物效率的评价方法

采集颗粒物的效率评价有两种表示方法。一种是颗粒采样效率，即所采集到的颗粒数占总的颗粒数的百分数。另一种是质量采样效率，即所采集到的颗粒物质量占颗粒物总质量的百分数。只有当全部颗粒大小相同时，这两种采样效率才在数值上相等。但是，实际上这种情况是不存在的。粒径几微米以下的极小颗粒在颗粒数上总是占绝大部分，而按质量计算却只占很小部分。所以质量采样效率总是大于颗粒采样效率。在空气监测中，评价采集颗粒物方法的采样效率多用质量采样效率表示。

评价采集颗粒物方法的效率与评价气态和蒸气态的采样方法有很大的不同。一是由于配制已知浓度标准颗粒物在技术上比配制标准气体要复杂得多，而且颗粒物粒度范围也很大，所以很难在实验室模拟现场存在的气溶胶各种状态。二是用滤料采样就像一个滤筛一样，能漏过第一张滤料的细小颗粒物，也有可能会漏过第二张或第三张滤料，所以用相对比较法评价颗粒物的采样效率就有困难。鉴于以上情况，评价滤料的采样效率一般用另一个已知采样效率高的方法同时采样，或串联在其后面进行比较得出。颗粒采样效率常用一个灵敏度很高的颗粒计数器测量进入滤料前后的空气中的颗粒数来计算。

3.3.4 采气量、采样记录和浓度表示

1. 采气量的确定

每一个采样方法都规定了一定的采气量。采气量过大或过小都会影响监测结果。一般来讲，分析方法灵敏度较高时，采气量可小些，反之则需加大采气量。如果现场污染物浓度不清楚时，采气量和采样时间应根据被测物质在空气中的最高允许浓度和分析方法的检出限来确定。最小采气量是保证能够测出最高允许浓度范围所需的采样体积，最小采气量可用下式进行估算：

$$V=\frac{V_t\times D_L}{c}$$

式中：V 为最小采气体积，L；V_t 为样品溶液的总体积，mL；D_L 为分析方法的检出限，μg/mL；c 为最高允许浓度，mg/m^3。

2. 采样记录

采样记录与实验室分析测定记录同等重要。在实际工作中，不重视采样记录，往往会导致由于采样记录不完整而使一大批监测数据无法统计而报废。因此，必须给予高度重视。采样记录的内容有：所采集样品被测污染物的名称及编号；采样地点和采样时间；采样流量、采样体积及采样时的温度和空气压力；采样仪器、吸收液及采样时天气状况及周围情况；采样者、审核者姓名。

3. 空气中污染物浓度的表示方法

(1)浓度的表示方法

空气中污染物浓度的表示方法有两种：一种是以单位体积内所含的污染物的质量数来表示，常用 mg/m^3 或 $\mu g/m^3$ 来表示；另外一种是污染物体积与气样总体积的比值，常用 μL/L、nL/L 或 pL/L 表示。过去常用的 ppmV 是指在百万体积空气中含有害气体和蒸气的体积数。

(2)空气体积的换算

根据气体状态方程式可知，气体体积受温度和空气压力影响。为了使计算出的浓度具有可比性，要将采样体积换算成标准状态下的采样体积，体积换算式如下：

$$V_0=V_t\times\frac{273}{273+t}\times\frac{P}{101.325}$$

式中：V_0为标准状态下的采样体积，L 或 m^3；V_t为采样体积，L 或 m^3；t 为采样时的

温度,℃；P 为采样时的大气压力，kPa。

3.4 空气中颗粒物污染物质的监测分析

空气中颗粒物的测定项目有：总悬浮颗粒物、可吸入颗粒物、自然沉降量、颗粒物中化学组分含量等。颗粒物的组分复杂，浓度范围大，全部分析不可能，也不必要。但一些毒性较大，对环境影响大的组分，即使浓度低也需测定。经常测定的颗粒组分有重金属、硫酸盐、硝酸盐及有机毒物如苯并[a]芘等。研究性监测，可选择专一项目测定。颗粒物中化学组分的含量测定可以参考相应的分析测试方法进行。

3.4.1 总悬浮颗粒物

空气中悬浮颗粒物不仅是严重危害人体健康的主要污染物，而且也是气态、液态污染物的藏体，其成分复杂，并具特殊的理化特性及生物活性，是空气污染监测重要项目之一。测定总悬浮颗粒物(total suspended particulates，TSP)的方法是基于重力原理制定的，国内外广泛采用重量法。我国《环境空气　总悬浮颗粒物的测定　重量法》(GB/T 15432—1995)中详细规定了总悬浮颗粒物的测定方法。

所用的采样器按采样流量大小不同，可分为大流量(1 m^3/min 以上)、中流量(100 L/min 左右)和小流量(10 L/min 左右)三种。

大流量采样所采集样品除可测定总悬浮颗粒物的质量浓度外，样品滤料可用于测定金属元素(如铅、铬、锰、铍、铁、镍、锌、铜、硒、镉、锑等)、无机盐(如硫酸盐、硝酸盐、氮化物等)和有机化合物(苯并[a]芘等)。

中流量采样-重量法也适用于测定总悬浮颗粒物的质量浓度，也可作有害物质组分的单项测定。所用滤膜直径比大流量采样器小，采样和测定方法同大流量法。

3.4.1.1　原理

通过具有一定切割特性的采样器，以恒速抽取一定体积的空气，使之通过已恒重的滤膜，空气中粒径小于 100 μm 的悬浮微粒被阻留在滤膜上。根据采样前后滤膜重量之差及采气体积，即可计算总悬浮颗粒物的质量浓度。滤膜处理后，进行组分分析。用重量法测定空气中总悬浮颗粒物的方法一般分为大流量(1.1～1.7 m^3/min)和中流量(0.05～0.15 m^3/min)采样法，采样时可根据要求和条件选择。

3.4.1.2　仪器(中流量采样法)

(1)中流量采样器：流量 0.05～0.15 m^3/min，滤膜直径 8～10 cm。

(2)流量校准装置：经过罗茨流量计校准孔口流量计。

(3)气压计。

(4)滤膜：超细玻璃纤维滤膜或聚氯乙烯滤膜。

(5)分析天平：感量 0.1 mg。

3.4.1.3 测定步骤

1. 采样器的流量校准

采样器每月用孔口校准器进行流量校准。

2. 采样

每张滤膜使用前均需用光照检查，不得使用有针孔或有任何缺陷的滤膜采样。迅速称重在平衡室内已平衡 24 h 的滤膜，读数准确至 0.1 mg，记下滤膜的编号和重量，将其平展地放在光滑洁净的纸袋内，然后贮存于盒内备用。天平放置在平衡室内，平衡室温度在 20～25℃之间，温度变化小于±3℃，相对湿度小于 50%，湿度变化小于 5%。

将已恒重的滤膜用小镊子取出，“毛”面向上，平放在采样夹的网托上，拧紧采样夹，按照规定的流量采样。采样 5 min 后和采样结束前 5 min，各记录一次 U 形压力计压差值，读数准至 1 mm。若有流量记录器，则直接记录流量。测定日平均浓度一般从 8：00 开始采样至第二天 8：00 结束。若污染严重，可用几张滤膜分段采样，合并计算日平均浓度。

采样后，用镊子小心取下滤膜，使采样“毛”面朝内，以采样有效面积的长边为中线对叠好，放回表面光滑的纸袋并贮于盒内。记录采样点、采样时间、现场温度、大气压力、采样器编号、滤膜编号、流量等。

3. 样品测定

将采样后的滤膜在平衡室内平衡 24 h，迅速称重，记录结果及有关参数。

3.4.1.4 结果计算

$$总悬浮颗粒物(TSP，mg/m^3)=\frac{W}{Q_N \times t}$$

式中：W 为阻留在滤膜上的总悬浮颗粒物质量，mg；Q_N 为标准状态下的采样流量，m^3/min；t 为采样时间，min。

3.4.1.5 注意事项

(1)滤膜称重时的质量控制。取清洁滤膜若干张，在平衡室内平衡 24 h，称重。每张滤膜称 10 次以上，则每张滤膜的平均值为该张滤膜的原始质量，此为“标准滤膜”。每次称清洁或样品滤膜的同时，称量两张“标准滤膜”，若称出的重量在原始重量±5 mg 范围内，则认为该批样品滤膜称量合格，否则应检查称量环境是否符合要求，并重新称量该批样品滤膜。

(2)要经常检查采样头是否漏气。当滤膜上颗粒物与四周白边之间的界线逐渐模糊，则表明应更换面板密封垫。

(3)称量不带衬纸的聚氯乙烯滤膜时，在取放滤膜时，用金属镊子轻轻接触一下天平盘，以消除静电的影响。

3.4.2 可吸入颗粒物

空气中的可吸入颗粒物(inhalable particulate matter，IP)，一般指 0.1～10 μm 粒径的微粒，它易被吸入人体，影响人体健康、影响动植物生长。可吸入颗粒物的测定方法较多，可用大流量和小流量采样器采集，用重量法测定。下面重点介绍可吸入颗粒物(PM_{10})的小流量冲击式采样-重量法。

3.4.2.1　原理

利用二段冲击式采样器，在 13 L/min 的流量(或规定流量)下采样，空气中的悬浮颗粒经惯性冲击分离，将粒径大于 10 μm 的颗粒物阻留在撞击挡板的入口挡板内，可吸入尘通过入口挡板被捕集在预先恒重的滤料上。取下称量，两次质量之差为 PM_{10} 的质量。以采样标准体积除以增加 PM_{10} 的量，即得出空气中 PM_{10} 质量浓度，用 mg/m^3 表示。

3.4.2.2　仪器

(1)PM_{10}采样器　仪器由分级采样器、采样时间控制器、恒流抽气泵和采样支架等部件配套组成。使用时，用皂膜流量计校准采样器在采样前和采样后的流量，流量误差应小于 5%。

(2)分析天平　感量 0.1 mg 或 0.01 mg。

(3)滤料　玻璃纤维滤纸或合成纤维滤膜，直径由所用的采样器决定。在干燥器中平衡 24 h，称量至恒重(W_1)。

3.4.2.3　步骤

采样时，将已恒重的滤料，毛面向上，平置于采样夹中，按采样器说明书操作，在采样器规定的流量下，采气 8～24 h。记录采样时温度和大气压力。

采样后，小心放下采样滤料，尘面向里对折，放于清洁纸袋中，再放入样品盒内保存待用。

将采过样的滤料，置于干燥器中平衡 24 h。称量至质量恒定 W_2。采样前和后滤料称量结果之差，即为 PM_{10} 质量。称量后，将样品滤料低温保存，作颗粒物成分分析用。

3.4.2.4　计算

$$c=\frac{(W_2-W_1)\times 1\,000}{V_0}$$

式中：c 为空气中 PM_{10} 的质量浓度，mg/m^3；W_2 为采样后滤料质量，g；W_1 为采样前滤料质量，g；V_0 为换算成标准状况下的采样体积，m^3。

3.4.2.5　注意事项

(1)PM_{10}称量最低质量限　用感量为 0.1 mg 或 0.01 mg 的分析天平，其 95%置信水平的 PM_{10} 检测限分别为 0.3 mg 和 0.03 mg。

(2)方法检测下限　若采样器所规定流量为 13 L/min，采样时间为 8 h，其采样体积为 6.24 m^3，当用感量为 0.1 mg 分析天平称量，则 PM_{10} 的最低检出浓度为 0.048 mg/m^3。

(3)测定浓度范围　若采样时间为 8 h，则可测浓度范围为 0.048～0.481 mg/m^3。

(4)精密度与准确度　若以 13 L/m^3 流量，PM_{10}平行采样的测定结果，其相对标准差为 4.6%；方法的准确度除称量滤料所带来误差之外，还取决于采样器流量的校正和采样流量恒定。采样流量的变化大于指定采样流量的±5%时，PM_{10}测定的准确度降低。因此，采样前在模拟采样状态下，进行采样流量值的校准。采样期间应保持恒流采样，流量变化小于±5%。因此，本法现场测定的准确度为±10%。

(5)干扰和排除　风速和湿度是影响采样与称量结果的干扰因素。当风速大于 5 m/s(4 级风)，能吹起地面纸张和灰尘时，应停止采样。对于在相对湿度大于 80%时所采集的样品，干燥平衡应延长至 48 h 以上。

(6)滤料称量分析的质量控制　在已平衡称量滤料中，随机取 4～5 张滤料反复平衡称量10次以上，求出各张滤料的平均质量，作为称量质量控制的“标准滤料”。每次称量清洁样品或滤料时，必须同时称二张“标准滤料”。若用感量0.1 mg分析天平称量时，“标准滤料”的质量超过平均质量的±0.45 mg时，应重新平衡后，再称量或对天平进行调整校准。

(7)每次采样前，认真清洁分级采样头的内外表面和分级喷嘴，安装时应防止漏气和压损滤料。

3.4.3 降尘量

空气中大于10 μm粒径的颗粒物，自然沉降于单位面积上的量称为降尘量。重量法是测定降尘量的常用方法，方法简易可行，便于推广。

3.4.3.1 原理

空气中颗粒物自然沉降在集尘缸内，经收集、蒸发、干燥、称重后，计算降尘量。结果以每月每平方千米面积上沉降的吨数[即 t/(km^2·月)]表示。

3.4.3.2 仪器

(1)集尘缸：内径15 cm、高30 cm的圆筒形玻璃缸(或塑料缸、瓷缸)。

(2)50 mL瓷蒸发皿。

(3)分析天平：感量0.1 mg。

(4)1 000 mL烧杯。

(5)电热板：2 400 W。

(6)多孔水浴。

3.4.3.3 试剂

(1)0.05 mol/L硫酸铜溶液。

(2)20%乙醇水溶液。

3.4.3.4 采样

1. 设点要求

采样地点附近不应有高大的建筑物，也不应受局部污染源的影响。集尘缸放置高度应距离地面5～15 m。如放在屋顶，应距屋顶1～1.5 m，以避免屋面扬尘的影响。

2. 设缸前的准备

在集尘缸中，加入适量水，缸口加盖，携至采样地点后取下盖。缸内加水量，视当地历年月降雨量和月蒸发量而定，一般可加300～500 mL，使缸内经常保持湿润。在此条件下采集，可防止落入集尘缸中的灰尘被风吹走。记录放缸的地点、缸号、时间(年、月、日、时)。

在夏季，可加入0.05 mol/L硫酸铜溶液2.00 mL，以抑制微生物及藻类的生长。在秋冬季节，可加入20%乙醇溶液300 mL作为防冻剂。

按月定期取换集尘缸一次(30±3) d，取缸时应核对地点、缸号，记录取缸时间(月、日、时)，缸口加盖，携回实验室。

在夏季多雨季节，应注意缸内积水情况。必要时应更换干净的集尘缸，继续收集，待采样完毕，合并后测定。

在采样同时，选绿化清洁区做对照点，放置集尘缸，以作对比。

3.4.3.5　测定步骤

1. 瓷蒸发皿的准备

将 50 mL 瓷蒸发皿编号，洗净，在(105±5)℃干燥箱中烘 3 h，取出放在干燥器内，冷却 45 min，在分析天平上称量，再烘干 30～50 min，冷却 45 min，再称量，直至恒重(两次称量重量之差小于 0.4 mg)。此值为 W_a。然后将其在 600℃灼烧 2 h，冷却，称至恒重，此值为 W_b。

2. 降尘量的测定

用光洁的镊子将落入缸内的树叶、小虫等异物取出，并用水将附着的细小尘粒冲洗下。将缸内溶液和尘粒全部转入 1 000 mL 烧杯中，在电热板上小心蒸发，使体积缩小至约 100 mL。将杯中溶液和尘粒分数次转移到已恒重的蒸发皿中，用水冲洗黏附在杯壁上的尘粒，并入蒸发皿中。在沸水浴上蒸发至干后，放入干燥箱于(105±5)℃烘干，按上述方法称量至恒重(W_1)。

如果集尘缸内尘粒较多，直接蒸发易发生崩溅，而使降尘损失。如遇这种情况，可将取回的集尘缸静置一昼夜，然后先把上清液移入 1 000 mL 烧杯中，在电热板上小心蒸发至约 100 mL，再将杯中溶液和留在缸中的溶液及尘粒分数次全部转入到已恒重的蒸发皿中，按上述操作步骤蒸发、烘干。

3. 降尘总量中可燃物的测定

将上述已测降尘总量的蒸发皿放入马福炉中，在 600℃灼烧 3 h，待炉内温度降至 300℃以下时取出，放入干燥器中，冷却 50 min，称重。再在 600℃下灼烧 1 h，冷却，称量，直至恒重(W_2)。

3.4.3.6　计算

1. 降尘量按下式计算：

$$M=\frac{W_1-W_a}{S\times n}\times 30\times 10^4$$

式中：M 为降尘量，t/(km^2・月)；W_1 为降尘量加瓷蒸发皿重量，g；W_a 为在 105℃烘干的瓷蒸发皿重量，g；S 为集尘缸缸口面积，cm^2；n 为采样天数，精确到 0.1 d。

如采样时加入硫酸铜溶液，则计算式为：

$$M=\frac{W_1-W_a-W_c}{S\times n}\times 30\times 10^4$$

式中：W_c 为 0.05 mol/L 硫酸铜溶液 2.00 mL 蒸发至干后的重量，g。

2. 降尘中的可燃物按下式计算：

$$M'=\frac{(W_1-W_a)-(W_2-W_b)}{S\times n}\times 30\times 10^4$$

式中：M' 为可燃物量，t/(km^2・月)；W_b 为在 600℃灼烧的瓷蒸发皿重，g；W_2 为灼烧后降尘的灰分重量加瓷蒸发皿的重量，g。

如采样时加入硫酸铜溶液，则计算式为：

$$M'=\frac{(W_1-W_a)-(W_2-W_b)-W_d}{S\times n}\times 30\times 10^4$$

式中：W_d 为 0.05 mol/L 硫酸铜溶液 2.00 mL 蒸发、灼烧后的重量，g。

W_c 和 W_d 的测定方法：

吸取 0.05 mol/L 硫酸铜溶液 2.00 mL，放入已恒重的瓷蒸发皿内，在沸水浴锅上蒸发至干，于(105±5)℃烘干，按上述条件称量至恒重，减去蒸发皿重量(W_a)，即为 W_c。然后放入马福炉中，在 600℃灼烧，按上述条件称量至恒重，减去蒸发皿重量(W_b)，即为 W_d。注意测定 W_c、W_d 时所用硫酸铜溶液与加入集尘缸的硫酸铜溶液应是同一批溶液。

3.4.3.7　注意事项

(1)每一个样品所使用的烧杯、蒸发皿等的编号必须一致，并与其相对应的集尘缸的编号一并及时填入记录表中。

(2)蒸发皿在烘箱、马福炉及干燥器中，应分散放置不可重叠。

3.5　空气中气态污染物的监测分析

空气中常见的气态和蒸气态污染物近 20 余种。我国《环境空气质量监测规范》规定连续采样必须测定的污染物为二氧化硫、二氧化氮、一氧化碳、臭氧。选测项目为氟化物、铅、苯并[a]芘、有毒有害有机物等。

3.5.1　二氧化硫

空气中的二氧化硫主要源于含硫燃料的燃烧、含硫矿石的冶炼、化工工业的硫酸厂、炼油厂等生产过程中的产物。二氧化硫是一种无色、有刺激性、能溶于水的气体。它不仅对人体和动植物产生直接危害，而且在空气中还可形成硫酸雾和酸雨，对人类环境产生更为严重的二次污染。

测定二氧化硫的方法很多，如分光光度法、紫外荧光法、电导法、微库仑滴定法、气相色谱以及简易快速测定法等。其中紫外荧光法和电导法主要用于自动监测。盐酸副玫瑰苯胺分光光度法灵敏度高，选择性好，最低检出限为 0.02 μg/10 mL。该法在国内外广泛用于空气环境中 SO_2 含量的测定。环境部门修定了 2 个用于测定 SO_2 含量的盐酸副玫瑰苯胺分光光度法。一个是 HJ 483—2009(代替 GB 8970—88)，一个是 HJ 482—2009(代替 GB/T 15262—94)。不同的是前者 SO_2 的吸收剂是四氯汞钾吸收液，而后者是甲醛缓冲液作 SO_2 的吸收液。由于四氯汞钾吸收液毒性极大，环境工作者大力推荐甲醛缓冲液作 SO_2 的吸收液。本节主要介绍甲醛缓冲液吸收-盐酸副玫瑰苯胺分光光度法测定二氧化硫。

3.5.1.1　原理

二氧化硫被甲醛缓冲溶液吸收后，生成稳定的羟基甲磺酸加成化合物。在样品溶液中加氢氧化钠使加成化合物分解，释放出的二氧化硫与盐酸副玫瑰苯胺作用，生成紫红色化合物。根据颜色深浅，在 577 nm 波长处进行分光光度测定。

主要干扰物为氮氧化物、臭氧及某些重金属元素。加入氨磺酸钠溶液可消除氮氧化物的干扰；采样后放置一段时间可使臭氧自行分解；加入磷酸及环己二胺四乙酸二钠盐可以消除或减少某些金属离子的干扰。10 mL 样品溶液中含 50 μg 钙、镁、铁、镍、镉、铜、锌等金属离子及 5 μg 二价锰离子时，不干扰测定。当 10 mL 样品溶液中含 10 μg 二价锰离子时，可使样品的吸光度降低 27%。

用 10 mL 吸收液采样 30 L 时，测定空气中二氧化硫的检出限为 0.007 mg/m^3，测定下限为 0.028 mg/m^3，测定上限为 0.667 mg/m^3；用 50 mL 吸收液，采样体积 288 L，取出 10 mL样品测定时，测定空气中二氧化硫的检出限为 0.004 mg/m^3，测定下限为 0.014 mg/m^3，测定上限为 0.347 mg/m^3。

3.5.1.2　仪器

(1)多孔玻板吸收管。

(2)具塞比色管 10 mL。

(3)恒温水浴。

(4)空气采样器，流量范围为 0.1～1 L/min。

(5)分光光度计。

3.5.1.3　试剂

(1)环己二胺四乙酸二钠溶液 c(CDTA-2Na)＝0.050 mol/L：称取 1.82 g 反式 1，2-环己二胺四乙酸[(*tans*-1，2-cyclohexylen edinitrilo) tetraacetic acid，简称 CDTA]，溶解于 1.50 mol/L 氢氧化钠溶液 6.5 mL，用水稀释至 100 mL。

(2)甲醛缓冲吸收贮备液：吸取 36%～38%甲醛 5.5 mL、0.050 mol/L CDTA-2Na 溶液 20.0 mL，称取 2.04 g 邻苯二甲酸氢钾，溶解于少量水，将三种溶液合并，用水稀释至 100 mL，贮存于冰箱，可保存一年。

(3)甲醛缓冲吸收液：使用时，用水将吸收贮备液稀释 100 倍。此溶液每毫升含 0.2 mg 甲醛。

(4)氢氧化钠溶液，$c(NaOH)=1.50$ mol/L：称取 6 g 氢氧化钠溶于 100 mL 水中。

(5)0.60%(*m/V*)氨磺酸钠溶液：称取 0.60 g 氨磺酸(H_2NSO_3H)，加入 1.50 mol/L 氢氧化钠溶液 4.0 mL，用水稀释至 100 mL，密封保存，可使用 10 d。

(6)碘贮备液，$c(1/2I_2)=0.10$ mol/L：称取 12.7 g 碘(I_2)于烧杯中，加入 40 g 碘化钾和 25 mL 水，搅拌至完全溶解后，用水稀释至 1 000 mL，贮于棕色细口瓶中。

(7)碘溶液，$c(1/2I_2)=0.010$ mol/L：量取碘贮备液 50 mL，用水稀释至 500 mL，贮于棕色细口瓶中。

(8)淀粉指示剂(0.5%*m/V*)：称取 0.5 g 可溶性淀粉，用少量水调成糊状，慢慢倒入 100 mL 沸水中，继续煮沸至溶液澄清，冷却后贮于细口瓶中。

(9)碘酸钾溶液 $c(1/6KIO_3)=0.100\,0$ mol/L：称取 3.566 7 g 碘酸钾(KIO_3，优级纯，105(110℃干燥 2 h)，溶解于水，移入 1 000 mL 容量瓶中，用水稀释至标线，摇匀。

(10)盐酸溶液，$c(HCl)=1.2$ mol/L：量取 100 mL 浓盐酸，用水稀释 1 000 mL。

(11)硫代硫酸钠贮备液 $c(Na_2S_2O_3\cdot 5H_2O)=0.10$ mol/L：称取 25.0 g 硫代硫酸钠($Na_2S_2O_3\cdot 5H_2O$)，溶解于 1 000 mL 新煮沸并已冷却的水中，加 0.20 g 无水碳酸钠，贮于棕色细口瓶中，放置一周后标定其浓度。若溶液呈现浑浊时，应该过滤。

标定方法：吸取 0.100 0 mol/L 碘酸钾溶液 20.00 mL，置于 250 mL 碘量瓶中，加70 mL新煮沸并已冷却的水和 1 g 碘化钾，振摇至完全溶解后，加 10 mL 1.2 mol/L 盐酸，立即盖好瓶塞，摇匀。于暗处放置 5 min 后，用 0.10 mol/L 硫代硫酸钠贮备溶液滴定至淡黄色，加淀粉溶液 2 mL，继续滴定至蓝色刚好褪去。记录消耗体积(V)，按下式计算硫代硫酸钠溶液的浓度：

$$c = \frac{0.1000 \times 20.00}{V}$$

式中：c 为硫代硫酸钠溶液浓度，mol/L；V 为滴定消耗硫代硫酸钠溶液的体积，mL。

平行滴定所用去的硫代硫酸钠溶液体积之差不超过 0.05 mL。

(12)硫代硫酸钠标准溶液 $c(Na_2S_2O_3)$＝0.01 mol/L：取标定后的 0.10 mol/L 硫代硫酸钠贮备溶液 50.0 mL，置于 500 mL 容量瓶中，用新煮沸并已冷却水稀释至标线摇匀，贮于棕色细口瓶中。临用现配。

(13)亚硫酸钠标准溶液：称取 0.200 g 亚硫酸钠(Na_2SO_3)，溶解于 0.05%EDTA-2Na 溶液 200 mL(用新煮沸并已冷却的水配制)，缓慢摇匀使其溶解。放置 2～3 h 后标定浓度。此溶液相当于每毫升含 320～400 μg 二氧化硫。

标定方法：吸取上述亚硫酸钠溶液 20.00 mL，置于 250 mL 碘量瓶中，加入新煮沸并已冷却的水 50 mL、0.05 mol/L 碘溶液 20.00 mL 及冰乙酸 1.0 mL 盖塞，摇匀。于暗处放置 5 min，用 0.01 mol/L 硫代硫酸钠标准溶液滴定至淡黄色，加入 0.5%淀粉溶液 2 mL，继续滴定至此色刚好褪去，记录消耗体积(V)。

另取配制亚硫酸钠溶液所用的 0.05%EDTA-2Na 溶液 20 mL，同样进行空白滴定，记录消耗量(V_0)。

平行滴定所用硫代硫酸钠标准溶液体积之差应不大于 0.04 mL，取平均值计算浓度：

$$c(SO_2\ \mu g/mL) = \frac{(V_0 - V) \times c \times 32.02}{20.00} \times 1000$$

式中：V_0为滴定空白溶液所消耗的硫代硫酸钠标准溶液体积，mL；V 为滴定亚硫酸钠溶液所消耗的硫代硫酸钠标准溶液体积，mL；c 为硫代硫酸钠($Na_2S_2O_3$)标准溶液浓度，mol/L；32.02 为二氧化硫($1/2SO_2$)的摩尔质量，g/mol。

标定出准确浓度后，立即用吸收液稀释成每毫升含 10.00 μg 二氧化硫的标准贮备液(贮于冰箱，可保存 3 个月)。使用前，再用吸收液稀释为每毫升含 1.00 μg 二氧化硫的标准使用溶液。贮于冰箱，可保存 1 个月。此溶液供绘制标准曲线及进行分析质量控制时使用。

(14)盐酸副玫瑰苯胺贮备液(0.2%)：称取 0.20 g 经提纯的盐酸副玫瑰苯胺(Pararosaniline Hydrochloride，$C_{19}H_{17}N_3 \cdot HCl$，又名对品红、副品红，简称 PRA)，溶解于 100 mL 1.0 mol/L 的盐酸溶液中。

(15)0.05%盐酸副玫瑰苯胺使用液：吸取经提纯的 0.2% PRA 贮备溶液 25.00 mL 于 100 mL 容量瓶中，加 85%浓磷酸 30 mL，浓盐酸 12.0 mL，用水稀释至标线，摇匀。放置过夜后使用。此溶液避光密封保存，可使用 9 个月。

(16)1 mol/L 盐酸溶液：量取 86 mL 浓盐酸(比重 1.19)用水稀释至 1 000 mL。

3.5.1.4　步骤

(1)采样：用多孔玻璃吸收管，内装 10 mL 吸收液，以 0.5 L/min 流量采样 1 h。采样时吸收液温度应保持在 23～29℃，并应避免阳光直接照射样品溶液。

(2)标准曲线的绘制：取 14 支 10 mL 具塞比色管，分 A、B 两组，每组各 7 支分别对应编号。A 组按表 3-7 配制标准色列。

表 3-7 标准色列的配制

加入溶液	比色管编号						
	0	1	2	3	4	5	6
1.0 μg/mL 亚硫酸钠标准溶液/mL	0	0.50	1.00	2.00	5.00	8.00	10.00
甲醛吸收液/mL	10.00	9.50	9.00	8.00	5.00	2.00	0.00
二氧化硫含量/μg	0	0.50	1.00	2.00	5.00	8.00	10.00

A 组各管再分别加入 0.60%氨磺酸钠溶液 0.50 mL 和 1.50 mol/L 氢氧化钠溶液 0.50 mL 混匀。B 组各管加入 0.05%盐酸副玫瑰苯胺使用溶液 1.00 mL。

将 A 组各管逐个倒入对应的 B 管中，立即混匀放入恒温水浴中显色。在 20±2℃显色 20 min。于波长 577 nm 处，用 1 cm 比色皿，以水为参比，测定吸光度。以空白校正后各管的吸光度为纵坐标，以二氧化硫的质量浓度(μg/10 mL)为横坐标，用最小二乘法建立校准曲线的回归方程式

(3)样品测定：样品溶液中若有浑浊物，应离心分离除去。将样品溶液移入 10 mL 比色管中，用吸收溶液稀释至 10 mL 标线，摇匀。放置 20 min 使臭氧分解。加入 0.60%氨磺酸钠溶液 0.50 mL，混匀，放置 10 min 以除去氮氧化合物的干扰。以下步骤同标准曲线的绘制。

样品测定时与绘制标准曲线时温度之差应不超过 2℃。

与样品溶液测定同时，进行试剂空白测定，标准控制样品或加标回收样品备 1～2 个以检查试剂空白值和校正因子，检查试剂的可靠性和操作的准确性，进行分析质量控制。

3.5.1.5 计算

$$c=\frac{(A-A_0)-a}{b\times V_n}$$

式中：c 为空气中二氧化硫的质量浓度，mg/m^3；A 为样品溶液的吸光度；A_0为试剂空白溶液的吸光度；b 为回归方程式的斜率，吸光度 · 10 mL/μg SO_2；a 为回归方程式的截距；V_n 为标准状态下的采样体积，L。

3.5.1.6 注意事项

(1)温度对显色影响较大，温度越高，空白值越大，温度高时显色快，褪色亦快。因此在实验中要注意观察和控制温度，一般需用恒温水浴法进行控制，并注意使水浴水面高度超过比色管中溶液的液面高度，否则会影响测定准确度。显色温度与时间的关系见表 3-8。

表 3-8 显色温度与时间的关系

项目	显色温度/℃				
	10	15	20	25	30
显色时间/min	40	25	20	15	5
稳定时间/min	35	25	20	15	10

(2)对品红的提纯很重要，因提纯后可降低试剂空白值和提高方法的灵敏度。提高酸度

虽可降低空白值，但灵敏度也有下降。

(3)六价铬能使紫红色络合物褪色，产生负干扰，所以应尽量避免用硫酸铬酸洗液洗涤玻璃器皿，若已洗，则要用(1+1)盐酸浸泡 1 h，用水充分洗涤，除去六价铬。

(4)用过的比色管及比色皿应及时用酸洗涤，否则红色难以洗净。比包管用(1+1)盐酸溶液洗涤，比色皿用(1+4)盐酸加 1/3 体积乙醇的混合液洗涤。

(5)加对品红使用液时，每加 3 份溶液，需间歇 3 min，依次进行。以使每个比色管中溶液显色时间尽量接近。

(6)采样时吸收液应保持在 23～29℃。用二氧化硫标准气进行吸收试验，23～29℃时，吸收效率为 100%。

(7)二氧化硫气体易溶于水，空气中水蒸气冷凝在进气导管管壁上，会吸附、溶解二氧化硫，使测定结果偏低。进气导管应内壁光滑，吸附性小，宜采用聚四氟乙烯管。并且导管应尽量要短，最长不得超过 6 m。

3.5.2 氮氧化物

空气中的氮氧化物，主要源于硝酸、硫酸工业、氮肥厂、硝化工艺等生产过程以及日益增加的汽车和各种内燃机的废气排放。氮氧化物以一氧化氮、二氧化氮、三氧化二氮、四氧化二氮、五氧化二氮等多种形态存在，其中一氧化氮和二氧化氮是主要存在形态，为通常所指的氮氧化物(NO_x)。空气中的 NO_2、NO 毒性大，可直接危害人、动物和植物；而且还可经光化学反应产生光化学烟雾。因此，氮氧化物是空气污染监测的主要对象之一。

空气中一氧化氮和二氧化氮常用盐酸萘乙二胺分光光度法、化学发光法和微库仑滴定法进行分别测定和总量测定。化学发光法测定氮氧化物的优点是灵敏度高、选择性好、响应快，能连续自动监测；盐酸萘乙二胺分光光度法(HJ 479—2009 代替 GB/T 15436—1995 和 GB 8969—88)采样与显色同时进行，操作简便，方法灵敏，目前为国内外普遍采用。

盐酸萘乙二胺分光光度法有两种采样方法：方法一吸收液用量少，适用于短时间采样，测定空气中氮氧化物的短时间浓度；方法二吸收液用量大，适用于 24 h 连续采样，测定空气中氮氧化物的日平均浓度。

3.5.2.1 原理

空气中的氮氧化物主要是一氧化氮和二氧化氮。空气中的二氧化氮被串联的第一支吸收瓶中的吸收液吸收后，生成亚硝酸，其中亚硝酸与对氨基苯磺酸发生重氮化反应，再与盐酸萘乙二胺偶合，生成粉红色偶氮染料。空气的一氧化氮不与吸收液反应，通过氧化管时被酸性高锰酸钾溶液氧化为二氧化氮，被串联的第二支吸收瓶中的吸收液吸收并反应生成粉红色偶氮染料。生成的偶氮染料在波长 540 nm 处的吸光度与二氧化氮的含量成正比。分别测定第一支和第二支吸收瓶中样品的吸光度，计算两支吸收瓶内二氧化氮和一氧化氮的质量浓度，二者之和即为氮氧化物的质量浓度(以二氧化氮计)。

NO_2 吸收及显色反应如下：

$$2NO_2 + H_2O \longrightarrow HNO_2 + HNO_3$$

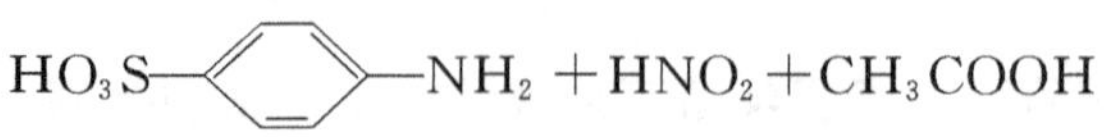

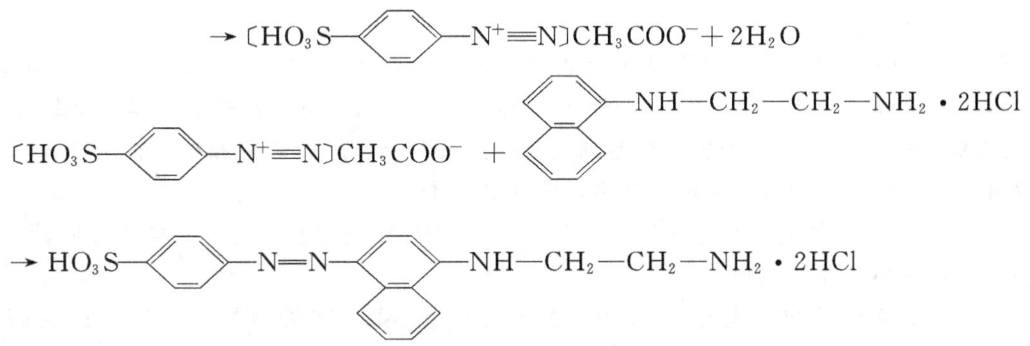

（玫瑰红色）

由反应式可见，吸收液吸收空气中的 NO_2 后，并不是100%的生成亚硝酸，还有一部分生成硝酸，计算结果时需要用 Saltzman 实验系数 f 进行换算。该系数是用 NO_2 标准混合气体进行多次吸收实验测定的平均值，表征在采气过程中被吸收液吸收生成偶氮染料的亚硝酸盐量与通过采样系统的 NO_2 总量的比值。f 值受空气中 NO_2 的浓度、采样流量、吸收瓶类型、采样效率等因素影响，因此测定条件应与实际样品保持一致。

同样空气中的一氧化氮通过酸性高锰酸钾溶液氧化管后，也并不是100%的被氧化，计算结果时也需要用氧化系数进行换算。氧化系数是指一氧化氮被氧化为二氧化氮且被吸收液吸收生成偶氮染料的量与通过采样系统的一氧化氮的总量之比。

本方法的检出限为0.36 μg/10 mL 吸收液。当吸收液总体积为10 mL，采样体积为24 L时，空气中氮氧化物的检出限为0.015 mg/m³。当吸收液总体积为50 mL，采样体积288 L，空气中氮氧化物的检出限为0.006 mg/m³。测定环境空气中氮氧化物的测定范围为0.024～2.0 mg/m³。

3.5.2.2 仪器

(1)多孔玻板吸收瓶。

(2)氧化瓶。

(3)空气采样器：流量范围0.1～1.0 L/min。

(4)分光光度计。

(5)10 mL 比色管。

3.5.2.3 试剂

(1)冰乙酸。

(2)盐酸羟胺溶液，c=0.2～0.5 g/L。

(3)硫酸溶液，$c(1/2H_2SO_4)$=1 mol/L：取15 mL 浓硫酸(ρ_{20}=1.84 g/mL)，徐徐加入500 mL 水中，搅拌均匀，冷却备用。

(4)酸性高锰酸钾溶液，$c(KMnO_4)$=25 g/L：称取25 g 高锰酸钾于1 000 mL 烧杯中，加入500 mL 水，稍微加热使其全部溶解，然后加入1 mol/L 硫酸溶液500 mL，搅拌均匀，贮于棕色试剂瓶中。

(5)N-(1-萘基)乙二胺盐酸盐(N-(1-naphthyl)-ethyenediamine dihydrochloride)贮备液，$c[C_{10}H_7NH(CH_2)_2NH_2(2HCl)]$=1.00 g/L：称取0.50 g N-(1-萘基)乙二胺盐酸盐于500 mL容量瓶中，用水溶解稀释至刻度。此溶液贮于密闭的棕色瓶中，在冰箱中冷藏可稳

定保存 3 个月。

(6)显色液：称取 5.0 g 对氨基苯磺酸($NH_2C_6H_4SO_3H$)溶解于约 200 mL 40～50℃热水中，将溶液冷却至室温，全部转入 1 000 mL 容量瓶中，加入 50 mL 冰乙酸和 50 mL N-(1-萘基)乙二胺盐酸盐贮备液，用水稀释至刻度。此溶液贮于密闭的棕色瓶中，在 25℃以下暗处存放可稳定 3 个月。若溶液呈现淡红色，应弃之重配。

(7)吸收液：采样时，将显色液和水按 4∶1(*V*/*V*)比例混合，配成采样用吸收液。吸收液的吸光度应小于等于 0.005。

(8)亚硝酸钠标准贮备液，$c(NO_2^-)=250\ \mu g/mL$：准确称取 0.375 0 g 亚硝酸钠($NaNO_2$，优级纯，使用前在(105±5)℃干燥恒重)，溶解于水，移入 1 000 mL 容量瓶中，用水稀释至标线。此溶液贮于密闭棕色瓶内，于暗处存放，可稳定保存 3 个月。

(9)亚硝酸钠标准溶液，$c(NO_2^-)=2.5\ \mu g/mL$：准确吸取亚硝酸钠贮备液 1.00 mL 于 100 mL 容量瓶中，用水稀释至标线。临用现配。

3.5.2.4　测定步骤

1. 标准曲线的绘制

取 6 支 10 mL 具塞比色管，按表 3-9 所列数据配制标准系列。根据表 3-9 分别移取相应体积的亚硝酸钠标准溶液，加水至 2.00 mL，加入显色液 8.00 mL。

表 3-9　NO_2^- 标准溶液系列

项　目	0	1	2	3	4	5
亚硝酸钠标准溶液/mL	0	0.40	0.80	1.20	1.60	2.00
水的体积/mL	2.00	1.60	1.20	0.80	0.40	0.00
显色液的体积/mL	8.00	8.00	8.00	8.00	8.00	8.00
NO_2^- 含量/(μg/mL)	0	0.10	0.20	0.30	0.40	0.50

以上溶液摇匀，避开阳光直射放置 20 min(室温低于 20℃时放置 40 min)，在 540 nm 波长处，用 1 cm 比色皿，以水为参比，测定吸光度。以吸光度为纵坐标，相应的标准溶液中 NO_2^- 含量(μg)为横坐标，绘制标准曲线。

2. 采样

将两支内装 10.0 mL 吸收液的多孔玻板吸收瓶和一只内装 5～10 mL 酸性高锰酸钾溶液的氧化瓶，用尽量短的硅橡胶管将氧化瓶串联在两支吸收瓶之间(图 3-10)，将吸收瓶的出气口与空气采样器相连接。以 0.4 L/min 的流量避光采样至吸收液呈微红色为止(40～80 min)，记下采样时间，密封好采样瓶，带回实验室，当日测定。若吸收液不变色，应延长采样时间，采样量应不少于 6 L。在采样的同时，应测定采样现场的温度和大气压力，并作好记录。

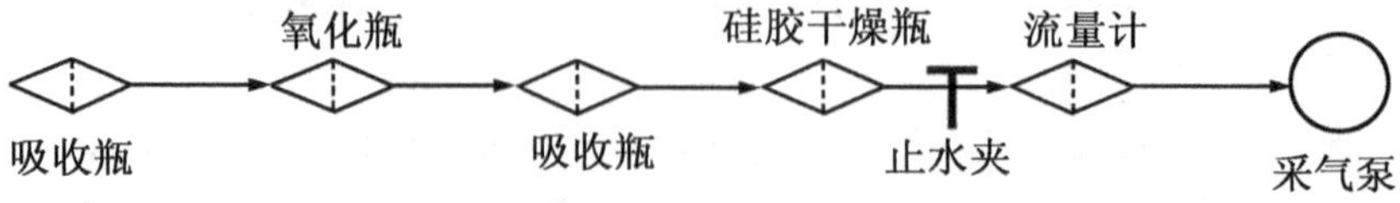

图 3-10　采样示意图

3. 样品的测定

采样后放置 20 min，室温低于 20℃时放置 40 min 以上，用水将采样瓶中吸收液的体积补充至标线，混匀。用 1 cm 比色皿，在波长 540 nm 处，以水为参比测量吸光度。若样品溶液的吸光度超过标准曲线的测定上限，可将吸收液稀释后再测定吸光度，但稀释倍数不得大于 6。

3.5.2.5 计算

(1)空气中二氧化氮的浓度按下式计算：

$$c_{NO_2} = \frac{(A_1 - A_0 - a) \times V \times D}{b \times f \times V_0}$$

(2)空气中一氧化氮浓度(以一氧化氮计)按下式计算：

$$c_{NO} = \frac{(A_2 - A_0 - a) \times V \times D \times 30}{b \times f \times V_0 \times K \times 46}$$

(3)空气中氮氧化物的浓度按下式计算：

$$c_{NO_x} = c_{NO_2} + c_{NO}$$

式中：A_1、A_2 分别为串联的第一支和第二支吸收瓶中样品溶液的吸光度；A_0 为试剂空白溶液的吸光度；a 为标准曲线的截距；b 为标准曲线的斜率，吸光度 · mL/μg；V 为采样用吸收液体积，mL；V_0 为标准状态下的采样休积，L；D 为样品的稀释倍数；K 为 NO→NO_2 氧化系数，0.68；f 为 Saltzman 实验系数，0.88(当空气中二氧化氮浓度高于 0.72 mg/m^3 时，f 取值 0.77)；30 为 NO 相对分子质量；46 为 NO_2 相对分子质量。

3.5.2.6 注意事项

(1)吸收液应避光，且不能长时间暴露在空气中，以防止光照使吸收液显色或吸收空气中的氮氧化物而使试剂空白值增高。

(2)亚硝酸钠(固体)应密封保存，防止空气及湿气侵入。部分氧化成硝酸钠或呈粉末状的试剂都不能直接用于配制标准溶液。若无颗粒状亚硝酸钠试剂，可用高锰酸钾容量法标定出亚硝酸钠贮备溶液的准确浓度后，再稀释为含 5.0 μg/mL 亚硝酸根的标准溶液。

(3)空气中二氧化硫浓度为氮氧化物浓度的 30 倍时，会对二氧化氮的测定产生负干扰。但在城市环境空气中，较少遇到这种情况。

(4)空气中过氧乙酰硝酸酯(PAN)对二氧化氮的测定产生正干扰。一般环境空气中 PAN 浓度较低，不会导致显著的误差。

(5)空气中臭氧浓度超过 0.25 mg/m^3 时，对二氧化氮的测定产生负干扰。采样时在采样瓶入口端串接一段 15～20 cm 长的硅橡胶管，可排除干扰。

3.5.3 一氧化碳

一氧化碳(CO)是一种无色无味的有毒气体，在空气中的本底浓度为 0.08 cm^3/m^3。空气中的一氧化碳来源于一些自然过程和人为过程。近代由于交通车辆的增多，燃油排气，使城市局地空气中一氧化碳含量增加，成了低层空气的重要污染物之一。测定空气中一氧化碳的方法很多，如非分散红外吸收法和定电位电解法，方法简便，能连续自动监测，也能测定塑料袋中的一氧化碳。汞置换法也称间接冷原子吸收法，其原理是气样中的一氧化碳与活性氧化汞在180～200℃发生反应，置换出汞蒸气，带入冷原子吸收测汞仪测定汞的含量，再换算成一氧化碳的浓度，该方法灵敏度高、响应时间快、操作简单，常用于低浓度一氧化碳的测定。非分散红外吸收法(GB 9801—88)除了可以测定空气中一氧化碳外，也可用于CO_2、CH_4、SO_2、NH_3等气态污染物质的监测，该方法简单快速，是目前国际上应用较多的一种方法。

3.5.3.1　原理

一氧化碳对4.65 μm波段附近的红外辐射具有选择吸收，在一定的浓度范围内吸光度与一氧化碳浓度呈线性关系，根据气样的吸光度可确定一氧化碳的浓度。

二氧化碳在4.3 μm附近，水蒸气在3 μm和6 μm附近有吸收峰，因此水蒸气、二氧化碳、悬浮颗粒物干扰一氧化碳的测定。测定时，气样需经硅胶、无水氯化钙过滤管除去水蒸气和二氧化碳，经玻璃纤维滤膜除去颗粒物。

3.5.3.2　仪器

(1)非色散红外一氧化碳分析仪。

(2)记录仪：0～10 mV。

(3)聚乙烯塑料采气袋、铝箔采气袋。

(4)霍加拉特管。

3.5.3.3　试剂

(1)高纯氮气：99.99%。

(2)变色硅胶。

(3)无水氯化钙。

(4)一氧化碳标准气。

3.5.3.4　测定步骤

(1)采样：用双联球将现场空气抽入采气袋内，洗3～4次，采气500 mL，夹紧进气口。

(2)仪器启动和调零：开启电源开关，稳定1～2 h，将高纯氮气连接在仪器进气口，通入氮气校准仪器零点。也可以用经霍加拉特管(加热至90～100℃)净化后的空气调零。

(3)校准仪器：将一氧化碳标准气连接在仪器进气口，使仪表指针指示满刻度的95%。重复2～3次。

(4)样品测定：将采气袋连接在仪器进气口，样品气体被抽入仪器中，由指示表直接指示出一氧化碳的浓度(cm^3/m^3)。

3.5.3.5　计算

$$CO(mg/m^3)=1.25c$$

式中：c为实测空气中一氧化碳浓度，cm^3/m^3；1.25为将一氧化碳浓度从cm^3/m^3换算为标准状态下质量浓度(mg/m^3)的换算系数。

3.5.3.6　注意事项

(1)仪器启动后，必须预热，稳定一定时间后再进行测定。仪器具体操作按仪器说明书规定进行。

(2)空气样品应经硅胶干燥，玻璃纤维滤膜过滤后再进入仪器，以消除水蒸气和颗粒物的干扰。

(3)仪器接上记录仪，将空气连续抽入仪器，可连续监测空气中一氧化碳浓度变化。

3.5.4 二氧化碳

CO_2 是植物光合作用的原料，但随着化石燃料的大量开发利用，空气 CO_2 含量也逐渐增加，产生“温室效应”威胁，因此成为空气监测的对象。二氧化碳也是评价市内和公共场所环境空气卫生质量的一项重要指标。测定低浓度二氧化碳(0.03%～0.5%)的方法有红外线吸收气体分析仪器法、气相色谱法、容量法、检气管法、被动式采样-容量法等。准确度高、使用方便的红外线吸收气体分析仪，已广泛用于公共场所监测。

3.5.4.1 原理

空气中的二氧化碳抽入便携式红外线二氧化碳分析仪，基于其对红外线的选择性吸收，在一定范围内吸收值与二氧化碳浓度呈线性关系，根据吸收值测定二氧化碳的浓度。

3.5.4.2 仪器

(1)铝箔复合薄膜采气袋：充气的容积为 0.5～1 L，使用前应检漏。

(2)GXH 型便携式红外线二氧化碳气体分析仪。

3.5.4.3 试剂

(1)变色硅胶：于 120℃下干燥 2 h。

(2)烧碱石棉或碱石灰。

(3)零点校准气：用高纯氮气(纯度为 99.99%)或环境空气经过烧碱石棉和变色硅胶干燥管净化后作为零点校准气。

(4)量程校准气：0.5% CO_2/N_2 标准气，贮于铝合金钢瓶中，不确定度小于 2%。临用时用纯氮气或净化后除二氧化碳空气稀释成所需浓度的标准气体。

3.5.4.4 测定步骤

(1)采样：用双连橡皮球将现场空气打入铝箔复合薄膜采气袋，使之胀满后挤压放掉。如此反复 5～6 次，最后一次打满后，密封进样口，带回实验室分析。也可以将仪器带到现场间歇进样或连续测定环境空气中二氧化碳浓度。

(2)仪器启动和校正：仪器启动和稳定后，通入零点校准气调仪器的零点；然后通入量程校准气调仪器的上限值标度；调零与量程校准重复 2～3 次，使仪器处于正常工作状态。

(3)样品测定：采样后，将采气袋中的样品空气通过干燥管抽入仪器的气室，表头指示二氧化碳浓度(%)。如果仪器带到现场，接上记录仪表，可记录环境空气中二氧化碳浓度。

3.5.4.5 计算

仪器的标度指示是经过标准气体校准的，样品中二氧化碳浓度由表头直接读出。

3.5.4.6 注意事项

(1)仪器启动后，必须充分预热，稳定 1～2 h 以上，再进行样品测定，否则影响测定结果的准确度。

(2)干扰和排除：由于水分有干扰，在测定样品时，应使空气样品先经过硅胶干燥管过滤后，再进入仪器，以防止水蒸气对测定结果的影响。4.26 μm 是二氧化碳特征吸收峰，甲烷吸收峰为 3.3 μm，对二氧化碳不干扰；一氧化碳吸收峰为 4.65 μm，对二氧化碳有轻微干扰，但室内空气中一氧化碳浓度很低，达不到干扰程度。水蒸气可以使测量池内反射率下降，造成灵敏度降低，测量时，仪器入口要接干燥剂过滤器($CaCl_2$ 或硅胶)。灰尘也会影响气的通过，过滤器还有滤尘作用。

3.5.5 甲醛

甲醛在水溶液中极易挥发，空气中含量达到 20～70 mg/m^3，就会引起中毒症状。空气中的甲醛污染主要来源于树脂、塑料、制革、造纸、染料、油漆等的生产过程及消毒防腐剂的使用。

空气中甲醛的测定方法有酚试剂光度法、乙酰丙酮光度法、盐酸副玫瑰苯胺光度法、变色酸光度法等。酚试剂分光光度法灵敏度高，但选择性较差；乙酰丙酮分光光度法灵敏度略低，但选择性较好；离子色谱法是个新方法，但是需要有相应仪器的配备。酚试剂光度法(GB/T 18204.26—2000)由于重现性好、操作简单，是目前测定甲醛较好的方法之一。

3.5.5.1 酚试剂分光光度法原理

空气中甲醛被酚试剂溶液吸收，反应生成嗪，嗪在酸性溶液中被高铁离子氧化形成蓝绿色化合物，比色定量。该方法检出下限为 0.056 μg，当采样体积为 10 L 时，测定浓度范围为 0.01～0.15 mg/m^3。

3.5.5.2 仪器

(1)气泡吸收管。

(2)空气采样器：流量范围 0.1～1 L/min，流量稳定。使用时，用皂膜流量计校准采样器在采样前和采样后的流量，流量误差应小于 5%。

(3)10 mL 具塞比色管。

(4)分光光度计。

3.5.5.3 试剂

(1)吸收原液　称量 0.1 g 酚试剂[盐酸-3-甲基-2-苯并噻唑酮腙，$C_4H_4SN(CH_3)C:NNH_2 \cdot HCl$，简称 MBTH]，加水溶解，移入 100 mL 具塞量筒中，加水至刻度。放冰箱保存，可稳定 3 d。

(2)吸收液　吸取 5 mL 吸收原液，加 95 mL 水，混匀，即为吸收液。采样时，临用现配。

(3)0.1 mol/L 盐酸溶液　量取 8.2 mL 盐酸加水稀释至 1 L。

(4)1%硫酸铁铵溶液　称量 1.0 g 硫酸铁铵($NH_4Fe(SO_4)_2 \cdot 12H_2O$，优级纯)，用 0.1 mol/L 盐酸溶液溶解，并稀释至 100 mL。

(5)碘溶液，$c(1/2I_2)=0.1$ mol/L　称量 12.7 g 升华碘和 30 g 碘化钾，加水溶解，稀释至 1 L。

(6)1 mol/L 氢氧化钠溶液　称量 40 g 氢氧化钠，溶于水中，并稀释至 1 000 mL。

(7)0.5 mol/L 硫酸溶液　量取 28 mL 浓硫酸缓慢加入水中，冷却后，稀释至 1 000 mL。

(8)碘酸钾标准溶液，$c(1/6KIO_3)=0.100\,0$ mol/L　准确称量 3.566 8 g，经 105℃烘干 2 h 的碘酸钾(优级纯)，溶解于水，移入 1 L 容量瓶中，再用水稀释至刻度。

(9)5 g/L 淀粉溶液　称量 0.5 g 可溶性淀粉，用少量水调成糊状后，再加刚煮沸的水至 100 mL，冷却后，加入 0.1 g 水杨酸保存。

(10)0.100 0 mol/L 硫代硫酸钠标准溶液　称量 26 g 硫代硫酸钠($Na_2S_2O_3 \cdot 5H_2O$)，溶于新煮沸冷却的水中，加入 0.2 g 无水碳酸钠，再用水稀释至 1 L。贮于棕色瓶中，如混浊应过滤。放置 1 周后，标定其准确浓度。

标定方法：准确量取 25.00 mL 0.100 0 mol/L 碘酸钾标准溶液，于 250 mL 碘量瓶中，加入 75 mL 新煮沸冷却的水，加 3 g 碘化钾及 10 mL 冰乙酸溶液，摇匀后，暗处放置 3 min，用待标定的 0.1 mol/L 硫代硫酸钠标准溶液滴定析出的碘，至淡黄色。加入 1 mL 0.5%淀粉溶液，呈蓝色。再继续滴定至蓝色刚刚褪去，即为终点。记录所用硫代硫酸钠溶液体积(V，mL)。重复滴定两次，两次所用硫代硫酸钠溶液体积误差不超过 0.05 mL。其准确浓度用下式计算：

$$\text{硫代硫酸钠标准溶液浓度(mol/L)} = \frac{0.100\,0 \times 25.00}{V}$$

(11)甲醛标准贮备溶液　量取 2.8 mL 含量为 36%～38%甲醛溶液，用水稀释至1 000 mL，用碘量法标定甲醛溶液浓度，此液可稳定 3 个月。

标定方法：准确吸取 20.00 mL 待标定的甲醛贮备溶液，于 250 mL 碘量瓶中，加入 20.00 mL 碘溶液，1 mol/L 氢氧化钠溶液 15 mL，放置 15 min。加入 0.5 mol/L 硫酸溶液 20 mL，再放置 15 min，用 0.100 0 mol/L 硫代硫酸钠标准溶液滴定，直至溶液呈现淡黄色时，加入 5%淀粉溶液 1 mL，继续滴定至恰使蓝色褪尽为止。记录所用硫代硫酸钠标准溶液体积(V_2，mL)。同时，用水做试剂空白滴定，记录空白滴定所用硫代硫酸钠溶液的体积(V_1，mL)。样品滴定和空白滴定各重复两次，两次滴定所用硫代硫酸钠的体积误差不超过 0.05 mL。甲醛溶液的浓度用下式计算：

$$\text{甲醛溶液浓度(mg/mL)} = \frac{(V_1 - V_2) \times M \times 15}{20}$$

式中：M 为硫代硫酸钠溶液的浓度，mol/L；15 为甲醛摩尔质量的 1/2；20 为标定时所取甲醛标准贮备溶液体积的毫升数。

(12)甲醛标准工作溶液　临用时，将甲醛标准贮备溶液用水稀释成 1.00 mL 含 10 μg 甲醛，立即再取此溶液 10.00 mL，加入 100 mL 容量瓶中，加入 5 mL 吸收原液，用水稀释至刻度。此溶液 1.0 mL 含 1 μg 甲醛，放置 30 min 后，用于配置标准色列。此标准溶液可稳定 24 h。

3.5.5.4　测定步骤

1. 采样

用一个内装 5 mL 吸收液的气泡吸收管，以 0.5 L/min 流量，采气 10 L 并记录采样时的温度和大气压力。采样后应在 24 h 内分析。

2. 标准曲线的绘制

按表 3-10 制备标准色列。

表 3-10　甲醛标准系列的配制

项　目	0	1	2	3	4	5
甲醛标准溶液体积/mL	0	0.10	0.50	1.00	1.50	2.00
吸收液体积/mL	5.00	4.90	4.50	4.00	3.50	3.00
甲醛含量/μg	0	0.10	0.50	1.00	1.50	2.00

各管中，加入1%硫酸铁铵溶液0.4 mL，混匀，在室温(8～35℃)放置20 min，用1 cm比色皿，以水作参比，在波长630 nm下，测定各管溶液的吸光度，以甲醛含量(μg)为横坐标，吸光度为纵坐标，绘制标准曲线。

3. 样品测定

采样后，将样品溶液全部转入比色管中，用少量吸收液洗吸收管，合并使总体积为5 mL。然后，按绘制标准曲线的操作步骤，测定吸光度A。用5 mL未采样吸收液，按相同操作步骤测定试剂空白的吸光度A_0。

3.5.5.5 计算

$$c = \frac{W}{V_0}$$

式中：c为空气中甲醛浓度，mg/m^3；W为样品中的甲醛含量，μg；V_0为换算成标准状况下的采样体积，L。

3.5.5.6 注意事项

(1)绘制标准曲线与样品测定时温差不应超过2℃。

(2)二氧化硫共存时，会使结果偏低，二氧化硫产生的干扰，可以在采样时，使气体先通过装有硫酸锰滤纸的过滤器，即可排除干扰。

硫酸锰滤纸的制备：取10 mL浓度为100 g/L的硫酸锰水溶液，滴加到250 cm^2玻璃纤维滤纸上，风干后切成2 mm×5 mm碎片，装入15 mm×150 mm的U形玻璃管中，采样时，将此管接在甲醛吸光管之前。此法制成的硫酸锰滤纸，吸收二氧化硫的效能受空气湿度影响较大。当相对湿度大于88%，采气速度1 L/min，二氧化硫浓度为1 mg/m^3时，能消除95%以上的二氧化硫，此滤纸可维持50 h有效；当相对湿度为15%～30%时，吸收二氧化硫的效能逐渐降低，所以相对湿度很低时，应换用新制备的硫酸锰滤纸。

3.5.6 光化学氧化剂

近代由于城市空气受氧化剂的污染，形成有强烈刺激作用的光化学烟雾危害，因此对总氧化剂、臭氧和过氧乙酰硝酸酯(PAN)等的监测应特别引起重视。总氧化剂是空气中除氧以外的那些显示有氧化性质的物质，一般指能将碘化钾氧化析出碘的物质。主要有臭氧、过氧乙酰硝酸酯和氮氧化物等。而光化学氧化剂则是除去氮氧化物后，能氧化碘化钾的物质，二者的关系为：

$$光化学氧化剂=总氧化剂-0.269\times 氮氧化物$$

式中：0.269为氮氧化物的校正系数，即在采样后4～6 h内，有26.9%的NO_2与碘化钾反应。因为采样时在吸收管前安装了三氧化铬-石英砂氧化管，能将一氧化氮等低价氮氧化物氧化为二氧化氮，所以式中是空气中氮氧化物总浓度。

测定空气中光化学氧化剂常用硼酸-碘化钾分光光度法，该方法灵敏，简易可行。用硼酸-碘化钾分光光度法测定的总氧化剂浓度中，扣除氮氧化物参加反应的部分，得光化学氧化剂浓度；在测定的总氧化剂浓度中，减去零空气样品浓度(零空气样品为采集通过二氧化锰过滤管后除去臭氧的气样)，得臭氧浓度。

3.5.6.1 原理

臭氧及其他氧化剂将硼酸-碘化钾吸收液中的碘离子氧化后析出碘分子，反应如下：

$$O_3 + 2I^- + 2H^+ \rightarrow I_2 + O_2 + H_2O$$

碘离子被氧化析出碘分子的量与臭氧等氧化剂有定量关系，于 352 nm 处测定游离碘的吸光度。本法检出限为 0.19 μg O_3/10 mL(按与吸光度 0.01 相对应的臭氧浓度计)，当采样体积为 30 L 时，最低检出浓度为 0.006 mg/m^3。

二氧化硫使测定结果偏低，在吸收管前加一个三氧化铬-石英砂氧化管，可以除去相当于 100 倍氧化剂的二氧化硫，而不会引起氧化剂的损失。同时，硫化氢亦被氧化剂除去。

其他氧化剂如过氧乙酰硝酸酯(PAN)、卤素、过氧化氢、有机亚硝酸酯等，都能氧化碘离子为碘(I_2)。

3.5.6.2 仪器

(1)10 mL 具塞比色管。

(2)气泡式吸收管。

(3)双球玻璃管。

(4)空气采样器，流量：0～1 L/min。

(5)紫外可见分光光度计。

3.5.6.3 试剂

(1)吸收液　称取 10.0 g 碘化钾和 6.2 g 硼酸，溶解于水，稀释至 1 000 mL。此溶液 pH 值为 5.5±0.2。室温下放置一天后使用。

(2)过氧化氢溶液　量取 30%过氧化氢溶液 0.50 mL，稀释至 100 mL。取此溶液 1.0 mL，稀释至 100 mL，此溶液浓度为 0.001 5%。贮于冰箱。

(3)碘酸钾溶液 $c(1/6KIO_3)$=0.100 00 mol/L　称取 3.567 g 碘酸钾((110℃±5)℃：烘干 2 h)，溶解于水，移入 1 000 mL 容量瓶中，用水稀释至标线。

(4)硫酸溶液，$c(1/2H_2SO_4)$=1.0 mol/L　量取 28 mL 浓硫酸缓慢加入水中，冷却后，稀释至 1 000 mL。

(5)臭氧标准溶液　称取 1.0 g 碘化钾，溶解于水，移入 100 mL 容量瓶，加入 0.100 mol/L 碘酸钾溶液 1.00 mL 及 1.0 mol/L 硫酸溶液 5.0 mL，用水稀释至标线。即为 0.010 00 mol/L 碘溶液，此溶液每毫升相当于含 240 μg 臭氧。贮于暗处可稳定保存 1 周。吸取 10.00 mL 此溶液，置于 100 mL 容量瓶中，用吸收液稀释至标线，浓度为 24.0 μg/mL。临用时，吸取 24.0 μg/mL 溶液 5.00 mL，置于 100 mL 容量瓶中，用吸收液稀释至标线，此稀标准液浓度为 1.2 μg/mL。

用碘酸钾溶液代替 O_3 标准溶液的反应如下：

$$KIO_3 + 5KI + 3H_2SO_4 = 3I_2 + 3K_2SO_4 + 3H_2O$$

(6)三氧化铬-石英砂氧化管　筛取 10～20 目石英砂，以(1+2)盐酸溶液浸泡 12 h。用水洗至中性，烘干。将三氧化铬及石英砂按 1∶10(重量比)混合，加少量水调匀，红外灯下或 105℃烘箱中烘干，加热时应不断搅拌。

将三氧化铬-石英砂装入双球玻璃管，两端用少量脱脂棉塞好。使用前通入 1 g/m^3 臭氧老化 2 h。

3.5.6.4 实验步骤

1. 采样

串联两支气泡式吸收管，各装 10 mL 吸收液，在进气口连接一支三氧化铬-石英砂氧化管，并略微向下倾斜，以防三氧化铬沾污后面的吸收液。以 0.5 L/min 流量采气 30 L。当空气中臭氧浓度超过 0.4 mg/m^3 时，应适当缩短采样时间。

采样、运输及贮存过程中应严格避光。吸收液与氧化管间应采用聚四氟乙烯管以内接外套法连接(将聚四氟乙烯管插入管口，用聚四氟乙烯生料带或生胶带缠好，外面再套一小段乳胶管)。不可直接用乳胶管连接。

2. 标准曲线的绘制

取 7 支 10 mL 具塞比色管，按表 3-11 配制标准系列。摇匀，用 1 cm 比色皿在波长 352 nm 处，以水为参比，测定吸光度。以吸光度对臭氧含量(μg)，绘制标准曲线。

表 3-11　臭氧标准系列的配制

比色管号	0	1	2	3	4	5	6
臭氧标准溶液/mL	0	1.00	2.00	4.00	6.00	8.00	10.00
吸收液/mL	10.00	9.00	8.00	6.00	4.00	2.00	0
臭氧含量/(μg/10 mL)	0	1.20	2.40	4.80	7.20	9.60	12.0

若标准曲线不通过原点而与横坐标相交，说明吸收液中有还原性杂质，可加过氧化氢溶液氧化。1 L 吸收液中应加 0.001 5%过氧化氢溶液的体积按下式计算：

$$理论加入量(mL)=\frac{W_0\times 34}{48\times 15}\times\frac{1\,000}{10}$$

$$实际加入量(mL)=理论加入量\times 130\%$$

式中：W_0 为曲线与横坐标相交处相当的臭氧量，μg；34、48 分别为 H_2O_2 和 O_3 的相对分子质量；15 为每毫升 0.001 5%H_2O_2 溶液中含 H_2O_2 的微克数。

吸收液中加过氧化氢溶液后，放置一夜，重新绘制标准曲线，此标准曲线应通过原点。

3. 样品测定

采样后，用吸收液将样品溶液体积调整为 10.0 mL。移入 1 cm 比色皿，于波长 352 nm 处，以水为参比，测定吸光度。

3.5.6.5 计算

1. 吸收效率(CE)

用两支吸收管串联采样，设吸收效率不随浓度改变，进气中臭氧浓度为 c，第一吸收管中臭氧浓度为 c_1，吸光度为 A_1，第二管中分别为 c_2 和 A_2，

$$c_1=c\times CE$$

$$c_2=(c-c_1)\times CE$$

根据上面两式可得吸收效率，

$$CE=\frac{c_1-c_2}{c_1}$$

臭氧浓度与吸光度成正比，因此，

$$CE = \frac{(A_1 - A_0) - (A_2 - A_0)}{(A_1 - A_0)} = \frac{A_1 - A_2}{A_1 - A_0}$$

2. 臭氧浓度

$$光化学氧化剂(O_3\ mg/m^3) = \frac{(A_1 - A_0) - a}{V_n \times CE \times b} - 0.269c$$

式中：A_1为第一吸收管样品溶液吸光度；A_0为试剂空白液吸光度；b为回归方程式的斜率；a为回归方程式的截距；V_n为标准状态下的采样体积，L；CE为吸收效率；0.269为二氧化氮校正系数；c为同步监测时，空气中氮氧化物的浓度，NO_2 mg/m³。

3.5.6.6 注意事项

(1)三氧化铬-石英砂氧化管在使用前，必须通入高浓度臭氧(例如1 g/m³，可抽入紫外灯下的空气)老化。未经老化的氧化管，在采样时臭氧损失可达50%～90%。

(2)采样时，应选用两支构型基本相同的吸收管，以便两支吸收管的吸收效率相近。

(3)二氧化氮校正系数在15～30℃，于采样后(5±1) h测定的，数值为0.269±0.001。

(4)本法标准曲线回归方程式的斜率b=0.053±0.002。

3.6 大气降水污染物质的监测分析

我国一些地区已出现酸雨。当降雨的pH小于5.6时，称为酸雨。酸雨已成为世界普遍关注的危害，因此，监测分析降水的成分对了解大气污染状况也是有帮助的。雨水在形成及降落过程中，会吸收空气中的各种成分，包括空气污染物。使雨水中不仅含有碳酸，还含有硫酸、硝酸、盐酸及其盐类。我国环境监测技术规范中对大气降水例行监测要求逢雨必测pH和电导率，K^+、Na^+、Ca^{2+}、Mg^{2+}、NH_4^+、SO_4^{2-}、NO_3^-、Cl^-则每月测定一次。雨水中各项指标的测定可以参见水体中相应的分析方法。本节主要介绍大气降水的采样方法及样品保存。

3.6.1 大气降水采样方法

1. 采样点的设置

根据功能分区情况，按空气污染程度分别在各地区设点采样：污染严重的工业区；没有工业污染的住宅区；清洁对照区(郊区、农村等处)。

2. 采样设点数与位置

大城市人口在50万以上布设三个点，人口在50万以下的城市可布设两个点。一些研究性监测，要根据实际情况确定样点数。采样点的位置应根据城市区域环境特点选择，应尽可能避开排放酸、碱物质和厂矿工业烟尘的局部污染源以及主要街道交通污染源的影响。采样点的四周应为无遮挡雨、雪的高大树木或建筑物的空旷地点。

3. 样品采集

雨水收集用聚乙烯塑料小桶，小桶上口直径40 cm，高20 cm。雪水用聚乙烯塑料容器，其上口直径在60 cm以上。降水(雨、雪)收集容器放置高度应高于基础面1.2 m以上。每次降雨(雪)开始，立即将备用的收集容器放置在预定的采样点的支架上。从降雨(雪)开始到结束，收集全过程雨(雪)样。若一天中有几次降雨(雪)过程，则需测几次pH。如连续几天降雨(雪)，每天上午8：00时收集一次，即24 h算一次降雨(雪)样品。样品采集后，收集雨、雪的小桶或容器上，应贴上标签，编上号码，记录采样地点、日期、起止时间、雨量等内容。

3.6.2 样品的预处理和保存

1. 样品保存容器

存放降水的容器用白色的聚乙烯塑料瓶，不能用带颜色的塑料瓶。由于玻璃瓶含有较多的钾、钠、钙、镁等杂质，在降水样品存放过程中易溶解而污染样品，故不使用。新购回第一次使用的塑料容器瓶，要用洗涤剂将瓶内、外洗刷干净，并用自来水彻底冲洗。然后用(1+1)硝酸或盐酸溶液浸泡一昼夜，再用去离子水反复冲洗多次，至洗涤水呈中性为止(即与去离子水的pH相同)。将瓶倒置于干燥架上，使瓶自然晾干备用。

2. 降水样品预处理

测定电导和pH的降水样品装入干燥清洁的聚乙烯塑料瓶中，不得过滤。测定时，要先测定电导，再测定pH。不能先测pH，因为甘汞电极插入水样后，饱和氯化钾溶液扩散到样品中，会改变降水样品的电导率。

3. 滤膜与过滤处理

由于降水样品中常含有尘埃颗粒物、微生物、酵母等微粒，所以除测定pH和电导率的大气降水不过滤外，分析K^+、Na^+、Ca^{2+}、Mg^{2+}、SO_4^{2-}、F^-、Cl^-、NO_2^-、NO_3^-、NH_4^+等项目的水样均需用0.45 μm孔径的乙酸和硝酸混合纤维素滤膜过滤。这种滤膜的孔径均匀、孔隙率高、过滤速度快，它是一种惰性材料，很少有吸附现象发生。使用前，滤膜要用去离子水浸泡一昼夜，并用去离子水洗涤数次后，再用于过滤操作以便除去滤膜在加工制作过程中沾污的杂质。

4. 样品保存

降水水样从采集到分析这段时间里，由于物理(温度、光照、静置或振动、敞露或密封等)、化学(pH、氧化还原电位、沉淀-溶解平衡等)及生物作用(微生物代谢等)会发生不同程度的变化，原则上应尽快测定。

水样保存措施：①密封：将采集的水样充满容器并密封，不仅可减少样品运输途中的振荡，也避免了空气中的O_2、CO_2对容器内样品的影响，还可减少挥发、减慢生物或微生物的作用。②冷藏：降水样品采集后放入冰箱内4℃保存，可阻止微生物的活动、减慢物理和化学作用的速率。

实验证明，采集的水样在即时过滤、密封、冷藏的条件下，样品中F^-、Cl^-、SO_4^{2-}、K^+、Na^+、Ca^{2+}、Mg^{2+}等离子至少可保存1个月。但NO_2^-、NO_3^-、NH_4^+均不稳定，应尽快分析。大气降水(雨、雪)样品不能敞开放置，因空气中微生物、二氧化碳、实验室的酸碱性气体等对pH的测定有影响，样品采集后在不过滤时应尽快测定。

习题与思考题

1. 何谓大气污染？

2. 大气污染对人和动植物有哪些主要危害？

3. 空气中的污染物以哪几种形态存在？了解它们的存在形态对监测工作有何意义？

4. 如何正确采集空气污染物样品？

5. 简要说明制定空气污染监测方案的程序和主要内容。

6. 进行空气质量常规监测时，怎样结合监测区域实际情况，选择和优化布点方法？

7. 直接采样法和富集采样法各适用于什么情况？怎样提高溶液吸收法的富集效率？

8. 怎样用重量法测定空气中总悬浮颗粒物(TSP)和可吸入颗粒物(PM_{10})？

9. 已知处于100.31 kPa、20℃状况下的空气中的 SO_2 的体积小数为 2.5×10^{-6}，试换算成标准状态下以 mg/m^3 为单位表示的浓度值。

10. 说明空气采样器的基本组成部分和各部分的作用。影响采样器采样效率的因素有哪些？

11. SO_2 的监测有哪几种方法？它们有何异同？如何根据实际情况选择 SO_2 的监测方法。

12. 简述用盐酸萘乙二胺分光光度法测定空气中氮氧化物的原理。如何分别测定一氧化氮和二氧化氮？

13. 简述非分散性红外吸收法测定CO的原理及其干扰因素。

14. 什么叫光化学氧化剂，什么叫总氧化剂，如何分别测定？

15. 大气降水主要有哪些监测项目？

Chapter 4

第4章

土壤环境监测

本章提要：

本章主要介绍了土壤的基本组成和性质、土壤监测方案的制订以及土壤污染监测的样品采集和污染物的监测分析方法。

通过本章学习了解土壤的组成和背景值；掌握土壤环境质量监测的布点原则、布点方法和采样点的计算方法；掌握土壤样品的采集方法、制备方法及预处理方法；掌握土壤无机污染物的测定分析方法；了解土壤中农药残留的检测分析方法。

土壤是人类赖以生存和发展的物质基础，也是人类环境的重要组成部分。土壤质量的优劣直接影响人类的生活、健康和社会发展。但是由于近些年不合理地施用农药、污水灌溉、污泥农用等使各类污染物质通过多种渠道进入土壤。当污染物进入土壤的数量超过土壤自净能力时，将导致土壤质量下降，甚至恶化，影响土壤的生产力。此外，通过地下渗漏、地表径流还将污染地下水和地表水。因此，防止如让污染，及时进行土壤污染监测，也是环境监测中不可缺少的重要内容。

4.1 概述

4.1.1 土壤的组成

土壤是指陆地地表具有肥力并能生长植物的疏松表层。土壤介于大气圈、岩石圈、水圈和生物圈之间，是环境中特有的组成部分。地球的表面是岩石圈，表层的岩石经过风化作用，逐渐破坏成疏松的、大小不等的矿物颗粒，称为母质。土壤是在母质、生物、气候、地形、时间等多种成土因素综合作用下形成和演变而成的。土壤由矿物质、动植物残体腐解产生的有机物质、生物、水分和空气等固、液、气三相组成。

1. 土壤矿物质的组成

土壤矿物质是组成土壤的基本物质，约占土壤固体部分总重量的 90%，有土壤骨骼之称。土壤矿物的组成和性质直接影响土壤的物理性质和化学性质。土壤矿物质元素的相对含量与地球表面岩石圈元素的评价含量及其化学组成相似。土壤是由不同粒级的土壤颗粒组成的。土壤粒径的大小影响着土壤对污染物的吸附和解吸能力。例如，大多数农药在黏土中累积量大于砂土，而且在黏土中结合紧密不易解吸。

2. 土壤有机质

土壤有机质也是土壤形成的重要基础，它与土壤矿物质共同构成土壤的固相部分。土壤有机质绝大部分集中于土壤表层。在表层(0～15 cm 或 0～20 cm)土壤有机质一般只占土壤干重量的 0.5%～3%。土壤有机质是土壤中含碳有机化合物的总称，由进入土壤的植物、动物、生物残骸以及施入土壤的有机肥料经分解转化逐渐形成的，通常分为非腐殖质和腐殖物质两类。非腐殖物质包括糖类化合物(如淀粉、纤维素等)、含氮有机化合物及有机磷和有机硫化合物，一般占土壤有机质总量的 10%～15%。腐殖物质指植物残体中稳定性较强的木质素及其类似物，在微生物作用下部分被氧化形成的一类特殊的高分子聚合物，具有芳香族结构，含有多种功能团，如羧基、羟基、甲氧基及氨基等，具有表面吸附、离子交换、络合、缓冲、氧化还原作用及生理活性等性能。

3. 土壤生物

土壤生物是土壤有机质的重要来源，对进入土壤的有机污染物的降解及无机污染物，如重金属的形态转化起着主导作用，是土壤净化功能的主要贡献者。包括微生物(细菌、真菌、放线菌、藻类等)及动物(原生动物、蚯蚓、线虫类等)。

4. 土壤水和空气

土壤水是土壤中各种形态水分的总称，是土壤的重要组成部分。它对土壤中物质的转化过程和土壤形成过程起着决定作用。土壤水实际是含有复杂溶质的稀溶液，因此，通常将土壤水及其所含溶质称为土壤溶液。土壤溶液是植物生长所需水分和养分的主要供给源。

土壤空气是存在于土壤中气体的总称，是土壤的重要组成之一。土壤空气组成与土壤本身特性相关，也与季节、土壤水分、土壤深度条件相关，如在排水良好的土壤中，土壤空气主要来源于大气，其组分与大气基本相同，以氮、氧和二氧化碳为主，而在排水不良的土壤中氧含量下降，二氧化碳含量增加。

4.1.2 土壤背景值

土壤背景值(soil background)又称土壤本底值，代表一定环境单元中的一个统计量的特征值。背景值指在各区域正常地理条件和地球化学条件下元素在各类自然体(岩石、风化产物、土壤、沉积物、天然水、近地大气等)中的正常含量。背景值这一概念最早是地质学家在应用地球化学探矿过程中引出的。在环境科学中，土壤背景值是指在区域内很少受到人类活动影响和未受或未明显受现代工业污染与破坏的情况下，土壤原来固有的化学组成和元素含量水平。

土壤背景值按照统计学的要求进行采样设计和样品采集，分析结果经分布类型检验，确定其分布类型，以其特征值表达该元素本底值的集中趋势，以一定的置信度表达该元素本底值的范围。

在环境科学中，土壤背景值是评价土壤污染的基础，同时也可作为污染途径追踪的依据。

4.1.3 土壤污染

土壤污染(soil contamination，soil pollution)是指生物性污染物或有毒有害化学性污染物进入土壤后，引起土壤正常结构、组成和功能发生变化，超过了土壤对污染物的净化能力，直接或间接引起不良后果的现象。

1. 土壤污染的来源与种类

土壤中污染物的来源有两类，一类是自然源，主要是自然矿床风化、火山灰、地震等；另外一类是人为污染源，主要包括固体废弃物(城市垃圾、工业废渣、污泥、尾矿等)、施肥、农药喷施、污水灌溉、大气沉降等。

污染物的种类包括无机污染物和有机污染物。无机污染物有重金属(汞 Hg、镉 Cd、铅 Pb、铬 Cr、镍 Ni、铜 Cu、锌 Zn)、非金属(砷 As、硒 Se)、放射性元素(铯^{137}Cs、锶^{90}Sr)；有机污染物包括有机农药、酚类、氰化物、石油、苯并芘、有机洗涤剂。

2. 土壤污染的特性

由于“三废”物质、化学物质、农药、微生物等进入土壤并不断累积，引起土壤的组成、结构和功能发生改变。从而影响植物的正常生长和发育，以致在植物体内积累，使农产品的产量与质量下降，最终影响人体健康。

(1)隐蔽性和滞后性　从开始污染到导致后果，有一段很长的间接、逐步、积累的隐蔽过程，如日本的“镉米”事件。土壤污染从产生污染到出现问题通常会滞后较长的时间。

(2)持久性和难恢复性　污染物质在土壤中并不像在大气和水中那样容易扩散和稀释，土壤一旦被污染后很难恢复，土壤的污染和净化过程需要相当长的时间。尤其是重金属的污染是不可逆的过程，末端治理技术十分有限。

(3)判定难　到目前为止，国内外尚未定出类似于水和大气的土壤污染判定标准。

3. 土壤污染的类型

土壤污染的类型按照污染物进入土壤的途径可分为水质污染型、大气污染型、农业污染型、固体废弃物污染型、生物污染型。

(1)水质污染型　是指用工业废水、城市污水和受污染的地表水进行农田灌溉，使污染物质随水进入到农田土壤而造成污染。其特点是污染物集中于土壤表层，但随着污灌时间的延长，某些可溶性污染物可由表层渐次向下渗透。

(2)大气污染型　是指空气中各种颗粒沉降物(如镉、铅、砷等)和气体，自身降落或随雨水沉降到土壤而引起的污染。其中二氧化硫、氮氧化物、氟化氢等废气，分别以硫酸、硝酸、氢氟酸等形式进入土壤，容易引起土壤酸化。

(3)农业污染型　是指农田中大量施用化肥、农药、有机肥以及农用地膜等造成的污染。如六六六、滴滴涕等在土壤中的长期残留；氮、磷等化肥在土壤中累积或进入地下水，成为潜在的环境污染物；农用地膜难于分解，在土壤中形成隔离层。

(4)固体废弃物污染型　是指垃圾、污泥、矿渣、粉煤灰等固体废弃物的堆积、掩埋、处理过程造成的污染。这种污染属于点源型土壤污染，其污染物的种类和性质都比较复杂。

(5)生物污染型　是指一个或几个有害的生物种群，从外界环境侵入土壤，大量繁衍，破坏原来的动态平衡，对人体健康产生不良的影响。造成土壤生物污染的污染物主要是未经处理的粪便、垃圾、城市生活污水、饲养场和屠宰场的污物等。其中危险性最大的是传染病医院未经消毒处理的污水和污物。

4.1.4　土壤环境监测目的和特点

1. 土壤环境监测的目的

土壤环境监测是环境监测的重要内容之一，其目的是查清本底值，监测、预报和控制土壤环境质量，根据监测目的，土壤环境监测分为以下几类：

(1)土壤环境质量监测　是指为了判断土壤的环境质量是否符合相关标准的规定而进行的监测，判断土壤是否被污染以及污染程度、状况，预测发展变化趋势。例如，我国颁布的《土壤环境质量标准》(GB 15618—1995)、《农产品安全质量无公害蔬菜/水果产地环境要求》(GB/T 18407.1/2—2001)、《无公害食品　茶叶产地环境条件》(NY 5020—2001)等，根据各类标准的要求对土壤环境质量状况作出判断。同时也可根据相关标准判断是否适于用做无公害农产品、绿色食品或有机食品生产基地。

(2)土壤背景值调查　是指通过测定土壤中元素的含量，确定这些元素的背景水平和变化。土壤背景值是环境保护的基础数据，是研究污染物在土壤中变迁和进行土壤质量评价与预测的重要依据，同时为土壤资源的保护和开发、土壤环境质量标准的制定以及农林经济发展提供依据。

(3)土壤污染监测　是指对土壤各种金属、有机污染物、农药与病原菌的来源、污染水平及积累、转移或降解途径进行的监测活动。土壤污染的优先监测应是对人群健康和维持生态平衡有重要影响的物质。如汞、镉、铅、砷、铜、镍、锌、硒、铬、硝酸盐、氟化物、卤化物等元素或无机污染物；石油、有机磷和有机氯农药、多环芳烃、多氯联苯、三氯乙醛及其他生物活性物质；由粪便、垃圾和生活污水引入的传染性细菌和病毒等。土壤污染监测是长期的、常规性动态监测，其监测结果对掌握土壤质量状况，实施土壤污染控制防治途径和质量管理有重要意义。

(4)土壤污染事故监测　是指对废气、废水、废液、废渣、污泥以及农用化学品等对土壤造成的污染事故进行的应急监测。需要调查引起事故的污染物来源、种类、污染程度、及危害范围等，为行政主管部门采取对策提供科学依据。

2. 土壤环境监测的特点

由于土壤组成的复杂性和种类的多样性，以及人类对土壤认识的局限性等给土壤污染监测工作带来了许多困难，与大气、水体污染监测相比，土壤监测具有独自的特点。

(1)复杂性　当污染物进入土壤后，其迁移、转化受到土壤性质的影响，将表现出不同的分布特征，同时土壤具有空间变异性特征，因此，土壤监测中采集的样品往往具有局限性。如当污水流经农田时，污染物在其各点分布差异很大，采集的样品代表性较差，因此，样品采集时必须尽量反映实际情况，使采样误差降低至最小。

(2)频次低　由于污染物进入土壤后变化慢，滞后时间长，因此采样频次低。

(3)与植物的关联性　土壤是植物生长的主要环境与基质，是自然界食物链循环的基础，因此在土壤污染监测的同时，还要监测农作生长发育是否受到影响以及污染物的含量水平。

4.2 土壤环境监测方案的制订

土壤监测方案是在调查研究的基础上，通过综合分析，确定监测目的、计划监测采样与布点、选择监测方法、建立质量保证程序和措施、提出监测数据处理要求，最终全面安排实施计划。结合《土壤环境质量标准》(GB 15618—1995)、《农田土壤环境质量监测技术规范》(NY/T—2000)以及《土壤环境监测技术规范》(HJ/T 166—2004)介绍土壤环境监测方案的制订程序。

4.2.1　资料的收集

广泛收集相关资料，包括自然环境和社会环境方面的资料，有利于科学、优化布设监测点和后续监测工作。

自然环境方面的资料包括：土壤类型、土壤环境背景值、土类、成土母质、地形地貌等土壤信息资料；温度、降水量和蒸发量等气象资料；地表水和地下水、地质条件、水土流失等水文资料；以及相应的图件(如交通图、土壤图、地质图、大比例尺地形图等资料，供制作采样图和标注采样点位用)。遥感与土壤利用及其演变过程等方面的资料。

社会环境方面的资料包括：工农业生产布局、人口分布及相应图件(如行政区划图等)。

污染资料调查包括：工业污染源种类与分布、污染物种类及排放途径和排放量、农药和化肥使用情况、污水灌溉及污泥使用情况、工程建设或生产过程对土壤造成影响的环境研究资料、造成土壤污染事故的主要污染物的毒性、稳定性以及如何消除等资料、地方病等。

资料收集后，需要现场踏勘，将调查得到的信息进行整理和利用，丰富采样工作图的内容。

4.2.2 监测项目

土壤监测项目一般根据监测目的而定　背景值调查研究是为了土壤中各种元素的含量水平，要求测定项目多。污染事故监测只测定可能造成土壤污染的项目。土壤质量监测测定那些影响自然生态和植物正常生长以及危害人体健康的项目。

《土壤环境质量标准》规定重金属类、农药类及 pH 共 11 个项目。《农田土壤环境质量监测技术规范》将监测项目分为三类，即规定必测项目（即土壤环境质量标准中要求测定的 11 个项目）、选择必测项目和选择项目。《土壤环境监测技术规范》将监测项目分常规项目、特定项目和选测项目。常规项目原则上为《土壤环境质量标准》中所要求控制的污染物。特定项目为《土壤环境质量标准》中未要求控制的污染物，但根据当地环境污染状况，确认在土壤中积累较多、对环境危害较大、影响范围广、毒性较强的污染物，或者污染事故对土壤环境造成严重不良影响的物质，具体项目由各地自行确定。选测项目一般包括新纳入的在土壤中积累较少的污染物、由于环境污染导致土壤性状发生改变的土壤性状指标以及生态环境指标等，由各地自行选择测定。

土壤监测项目与监测频次见表 4-1。常规项目可按当地实际适当降低监测频次，但不可低于 5 年一次，选测项目可按当地实际适当提高监测频次。

表 4-1　土壤监测项目与监测频次

项目类别		监测项目	监测频次
常规项目	基本项目	pH、阳离子交换量	每 3 年一次 农田在夏收或秋收后采样
	重点项目	镉、铬、汞、砷、铅、铜、锌、镍、六六六、滴滴涕	
特定项目（污染事故）		特征项目	及时采样，根据污染物变化趋势决定监测频次
选测项目	影响产量项目	全盐量、硼、氟、氮、磷、钾等	每 3 年监测一次 农田在夏收或秋收后采样
	污水灌溉项目	氰化物、六价铬、挥发酚、烷基汞、苯并[a]芘、有机质、硫化物、石油类等	
	POPs 与高毒类农药	苯、挥发性卤代烃、有机磷农药、PCB、PAH 等	
	其他项目	结合态铝（酸雨区）、硒、钒、氧化稀土总量、钼、铁、锰、镁、钙、钠、铝、硅、放射性比活度等	

4.2.3 采样点的布设

采样点的布设是土壤环境监测的前期工作，是野外采样的准备阶段，其原则和方法由科研或监测的目的决定。布点包括两个方面的内容，一是样点数，二是样点的布置方法。有些时候是先决定样点数，然后根据采样范围内的土质、地形、灌溉等的差异将总样点数合理地分配到整个监测范围内。有时则直接根据实际情况，采用分层随机抽样的布点方法，决定样点的布置与样点数。

1. 布设原则

土壤是一个开放的缓冲动力学体系，与外界环境不断进行物质和能量交换，但又具有物质和能量相对稳定和均匀性差的特点。为了使布设的采样点具有代表性和典型性，应遵循下列基本原则：

(1)合理划分采样单元，大单元分成相对均匀的小单元，设立对照单元。可按照土壤接纳污染物的途径(如大气污染、农灌污染、综合污染等)，参考土壤类型、农作物种类、耕作制度等因素，划分采样单元，同一单元的差别应尽可能缩小。背景值调查一般按照土壤类型和成土母质划分采样单元，因为不同类型的土壤和成土母质的元素组成和含量相差较大。

(2)对于土壤污染监测，考虑污染源类型，哪里有污染就在哪里布点，优先布设在那些污染严重、影响农业生产活动的地方。

(3)采样点避开田边、沟边、路边、肥堆边和水土流失严重、表层土严重破坏地点。

(4)"随机"和"等量"原则。样品是由总体中随机采集的一些个体所组成，个体之间存在变异，因此样品与总体之间，既存在同质的"亲缘"关系，样品可作为总体的代表，但同时也存在着一定程度的异质性的，差异愈小，样品的代表性愈好；反之亦然。为了达到采集的监测样品具有好的代表性，必须避免一切主观因素，使组成总体的个体有同样的机会被选入样品，即组成样品的个体应当是随机地取自总体。另一方面，在一组需要相互之间进行比较的样品应当有同样的个体组成，否则样本大的个体所组成的样品，其代表性会大于样本少的个体组成的样品。所以"随机"和"等量"是决定样品具有同等代表性的重要条件。

2. 布点方法

根据调查目的、调查精度和调查区域环境状况等因素确定监测单元。大气污染型土壤监测单元和固体废物堆污染型土壤监测单元以污染源为中心放射状布点，在主导风向和地表水的径流方向适当增加采样点(离污染源的距离远于其他点)；灌溉水污染监测单元、农用固体废物污染型土壤监测单元和农用化学物质污染型土壤监测单元采用均匀布点；灌溉水污染监测单元采用按水流方向带状布点，采样点自纳污口起由密渐疏；综合污染型土壤监测单元布点采用综合放射状、均匀、带状布点法。

(1)简单随机　将监测单元分成网格，每个网格编上号码，决定采样点样品数后，随机抽取规定的样品数的样品，其样本号码对应的网格号，即为采样点。随机数的获得可以利用掷骰子、抽签、查随机数表的方法。关于随机数骰子的使用方法可见GB10111《利用随机数骰子进行随机抽样的办法》。简单随机布点是一种完全不带主观限制条件的布点方法。

(2)分块随机　根据收集的资料，如果监测区域内的土壤有明显的几种类型，则可将区域分成几块，每块内污染物较均匀，块间的差异较明显。将每块作为一个监测单元，在每个监测单元内再随机布点。在正确分块的前提下，分块布点的代表性比简单随机布点好，如果分块不正确，分块布点的效果可能会适得其反。

(3)系统随机　将监测区域分成面积相等的几部分(网格划分)，每网格内布设一采样点，这种布点称为系统随机布点。如果区域内土壤污染物含量变化较大，系统随机布点比简单随机布点所采样品的代表性要好。

几种布点方法的示意图见图 4-1。

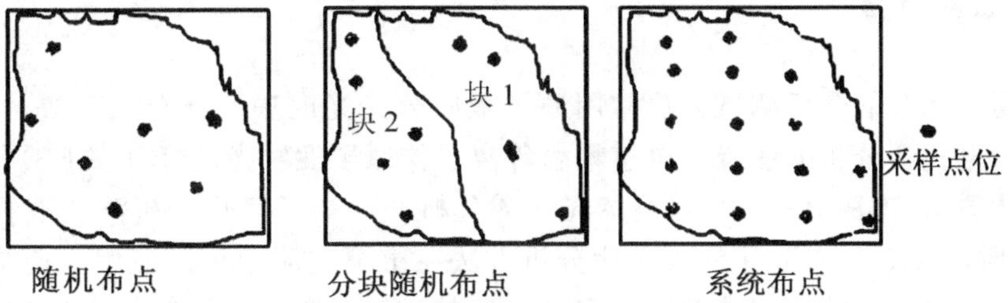

图 4-1　布点方式示意图

3. 采样点数量

土壤监测布设采样点数量要根据监测目的、区域范围大小及其环境状况等因素确定。监测区域大、区域环境状况复杂，布设采样点就要多；监测范围小，其环境状况差异小，布设采样点数就少。一般要求每个监测单元最少设 3 个点。区域土壤环境调查按调查的精度不同可从 2.5 km、5 km、10 km、20 km、40 km 中选择网距网格布点，区域内的网格结点数即为土壤采样点数量。

也可由均方差和绝对偏差、变异系数和相对偏差计算样品数，但计算的是样品数的下限数值。实际工作中土壤布点数量还要根据调查目的、调查精度和调查区域环境状况等因素确定。

(1)由均方差和绝对偏差计算样品数

用下列公式可计算所需的样品数：

$$n=t^2s^2/d^2$$

式中：n 为样品数；t 为选定置信水平(土壤环境监测一般选定为 95%)一定自由度下的 t 值；s^2 为均方差，可从先前的其他研究或者从极差 $R(s^2=(R/4)^2)$ 估计；d 为可接受的绝对偏差。

[例]某地土壤多氯联苯(PCB)的浓度范围 0～13 mg/kg，若 95%置信度时平均值与真值的绝对偏差为 1.5 mg/kg，s 为 3.25 mg/kg，初选自由度为 10，则

$$n=(2.23)^2(3.25)^2/(1.5)^2=23$$

因为 23 比初选的 10 大得多，重新选择自由度查 t 值计算得：

$$n=(2.069)^2(3.25)^2/(1.5)^2=20$$

20 个土壤样品数较大，原因是其土壤 PCB 含量分布不均匀(0～13 mg/kg)，要降低采样的样品数，就得牺牲监测结果的置信度(如从 95%降低到 90%)，或放宽监测结果的置信距(如从 1.5 mg/kg 增加到 2.0 mg/kg)。

(2)由变异系数和相对偏差计算样品数

$$n=t^2s^2/d^2 \text{ 可变为：} n=t^2C_V^2/m^2$$

式中：n 为样品数；t 为选定置信水平（土壤环境监测一般选定为 95%）一定自由度下的 t 值；C_V 为变异系数（%），可从先前的其他研究资料中估计；m 为可接受的相对偏差（%），土壤环境监测一般限定为 20%～30%。

没有历史资料的地区、土壤变异程度不太大的地区，一般 C_V 可用 10%～30% 粗略估计，有效磷和有效钾变异系数 C_V 可取 50%。

4.2.4 监测方法

土壤中污染元素的分析测试方法常用原子吸收分光光度法、分光光度法、原子荧光法、气相色谱法、电化学分析方法等，电感耦合等离子体原子发射光谱（ICP-AES）分析法、电感耦合等离子体质谱（ICP-MS）、X 射线荧光光谱分析法、中子活化分析法、液相色谱分析法及气相色谱-质谱（GC-MS）联用法等近代分析方法在土壤监测中也已应用。选择分析方法的原则是第一标准方法，第二权威部门规定或推荐的方法，第三自选等效方法的顺序。表 4-2 列出了《土壤环境监测技术规范》规定的分析测试方法。

表 4-2　土壤常规监测项目及分析方法

监测项目	监测仪器	监测方法	方法来源
镉	原子吸收光谱仪	石墨炉原子吸收分光光度法	GB/T 17141—1997
	原子吸收光谱仪	KI-MIBK 萃取原子吸收分光光度法	GB/T 17140—1997
汞	测汞仪	冷原子吸收法	GB/T 17136—1997
砷	分光光度计	二乙基二硫代氨基甲酸银分光光度法	GB/T 17134—1997
	分光光度计	硼氢化钾-硝酸银分光光度法	GB/T 17135—1997
铜	原子吸收光谱仪	火焰原子吸收分光光度法	GB/T 17138—1997
铅	原子吸收光谱仪	石墨炉原子吸收分光光度法	GB/T 17141—1997
	原子吸收光谱仪	KI-MIBK 萃取原子吸收分光光度法	GB/T 17140—1997
铬	原子吸收光谱仪	火焰原子吸收分光光度法	GB/T 17137—1997
锌	原子吸收光谱仪	火焰原子吸收分光光度法	GB/T 17138—1997
镍	原子吸收光谱仪	火焰原子吸收分光光度法	GB/T 17139—1997
六六六和滴滴涕	气相色谱仪	电子捕获气相色谱法	GB/T 14550—1993
六种多环芳烃	液相色谱仪	高效液相色谱法	GB 13198—91
稀土总量	分光光度计	对马尿酸偶氮氯膦分光光度法	GB 6262
pH	pH 计	森林土壤 pH 测定	GB 7859—87
阳离子交换量	滴定仪	乙酸铵法	土壤理化分析，1978

4.2.5 土壤环境质量评价

土壤环境质量评价涉及评价因子、评价标准和评价模式。评价因子数量与项目类型取决于监测的目的和现实的经济和技术条件。评价标准常采用国家土壤环境质量标准、区域土壤背景值或部门(专业)土壤质量标准。评价模式常用污染指数法或与其有关的评价方法。

我国的《土壤环境质量标准》(GB 15618—1995)按土壤应用功能、保护目标和土壤主要性质，规定了土壤中污染物的最高允许浓度指标，见表4-3。

表 4-3　土壤环境质量标准值　mg/kg

级别 / 土壤pH / 项目	一级	二级			三级
	自然背景	＜6.5	6.5～7.5	＞7.5	＞6.5
镉≤	0.20	0.30	0.30	0.60	1.0
汞≤	0.15	0.30	0.50	1.0	1.5
砷(水田)≤	15	30	25	20	30
砷(旱地)≤	15	40	30	25	40
铜(农田等)≤	35	50	100	100	400
铜(果园)≤	—	150	200	200	400
铅≤	35	250	300	350	500
铬(水田)≤	90	250	300	350	400
铬(旱地)≤	90	150	200	250	300
锌≤	100	200	250	300	500
镍≤	40	40	50	60	200
六六六≤	0.05	0.50			1.0
滴滴涕≤	0.05	0.50			1.0

注：①重金属(铬主要是三价)和砷均按元素量计，适用于阳离子交换量＞5 cmol(+)/kg的土壤，若≤5 cmol(+)/kg，其标准值为表内数值的半数。②六六六为四种异构体总量，滴滴涕为四种衍生物总量。③水旱轮作地的土壤环境质量标准，砷采用水田值，铬采用旱地值。

1. 污染指数、超标率(倍数)评价

土壤环境质量评价一般以单项污染指数为主，指数小污染轻，指数大污染则重。当区域内土壤环境质量作为一个整体与外区域进行比较或与历史资料进行比较时，除用单项污染指数外，还常用综合污染指数。土壤由于地区背景差异较大，用土壤污染累积指数更能反映土壤的人为污染程度。土壤污染物分担率可评价确定土壤的主要污染项目，污染物分担率由大到小排序，污染物主次也同此序。除此之外，土壤污染超标倍数、样本超标率等统计量也能反映土壤的环境状况。污染指数和超标率等计算公式如下：

土壤单项污染指数＝土壤污染物实测值/土壤污染物质量标准

土壤污染累积指数＝土壤污染物实测值/污染物背景值

土壤污染物分担率＝(土壤某项污染指数/各项污染指数之和)×100%

土壤污染超标倍数＝(土壤某污染物实测值－某污染物质量标准)/某污染物质量标准

土壤污染样本超标率＝(土壤样本超标总数/监测样本总数)×100%

2. 内梅罗污染指数评价

$$\text{内梅罗污染指数}(P_N)=\sqrt{\frac{PI_{\text{均}}^2+PI_{\text{最大}}^2}{2}}$$

式中：$PI_{均}$ 和 $PI_{最大}$ 分别是平均单项污染指数和最大单项污染指数。

内梅罗指数反映了各污染物对土壤的作用，同时突出了高浓度污染物对土壤环境质量的影响，可按内梅罗污染指数，划定污染等级。内梅罗指数土壤污染评价标准见表 4-4。

表 4-4　土壤内梅罗污染指数评价标准

等级	内梅罗污染指数	污染等级
Ⅰ	$P_N \leqslant 0.7$	清洁(安全)
Ⅱ	$0.7 < P_N \leqslant 1.0$	尚清洁(警戒限)
Ⅲ	$1.0 < P_N \leqslant 2.0$	轻度污染
Ⅳ	$2.0 < P_N \leqslant 3.0$	中度污染
Ⅴ	$P_N > 3.0$	重污染

3. 背景值及标准偏差评价

用区域土壤环境背景值(x)95%置信度的范围($x \pm 2s$)来评价：

若土壤某元素监测值 $x_I < x - 2s$，则该元素缺乏或属于低背景土壤；

若土壤某元素监测值在 $x \pm 2s$，则该元素含量正常；

若土壤某元素监测值 $x_I > x + 2s$，则土壤已受该元素污染，或属于高背景土壤。

4.3　土壤样品的采集与制备

土壤环境样品的采集是土壤环境监测的重要环节，是土壤环境分析的前提。能否获得科学、准确、有代表性、典型性的土壤样品，是各种土壤环境监测的基础，是关系到分析结果和由此得出的结论正确与否的一个先决条件。

4.3.1　土壤样品采集

样品采集一般按三个阶段进行：

前期采样：根据背景资料与现场考察结果，采集一定数量的样品分析测定，用于初步验证污染物空间分异性和判断土壤污染程度，为制订监测方案(选择布点方式和确定监测项目及样品数量)提供依据，前期采样可与现场调查同时进行。

正式采样：按照监测方案，实施现场采样。

补充采样：正式采样测试后，发现布设的样点没有满足总体设计需要，则要进行增设采样点补充采样。

面积较小的土壤污染调查和突发性土壤污染事故调查可直接采样。

1. 混合样

在已布置明确的点上采样，也需保证样品的代表性。为减少土壤空间分布不均匀的影响，在一个采样单元内，应在不同方位上进行多点采样，并且均匀混合成为代表性的土壤样品。一般农田土壤环境监测采集耕作层土样，种植一般农作物采 0～20 cm，种植果林类农作物采 0～60 cm。为了保证样品的代表性，减低监测费用，采取采集混合样的方案。每个土壤单元设 3～7 个采样区，单个采样区可以是自然分割的一个田块，也可以由多个田块所构成，其范围以 200 m×200 m 左右为宜。每个采样区的样品为农田土壤混合样。混合样的采集主要有四种方法，见图 4-2。

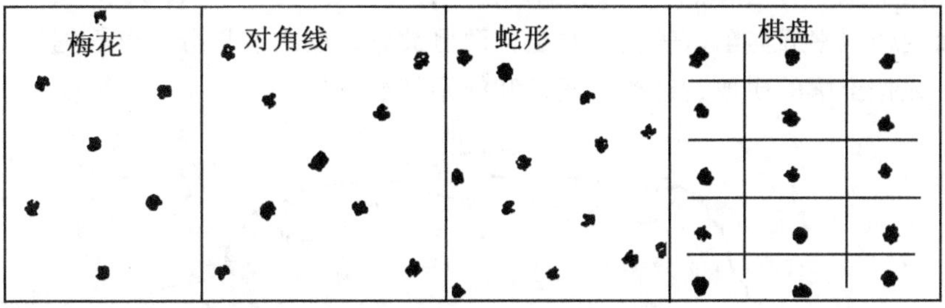

图 4-2　混合土壤采样点布设示意图

(1)梅花点法　适用于面积较小，地势平坦，土壤组成和受污染程度相对比较均匀的地块，设分点 5 个左右。

(2)对角线法　适用于污灌农田土壤，对角线分 5 等份，以等分点为采样分点。

(3)蛇形法　适宜于面积较大、土壤不够均匀且地势不平坦的地块，设分点 15 个左右，多用于农业污染型土壤。

(4)棋盘式法　适宜中等面积、地势平坦、土壤不够均匀的地块，设分点 10 个左右；受污泥、垃圾等固体废物污染的土壤，分点应在 20 个以上。

各分点混匀后用四分法取 1 kg 土样装入样品袋，多余部分弃去。四分法的做法是，将各点采集的土样混匀并铺成正方形，划对角线，分成四份，将对角线的两个对顶三角形范围内的样品保留，剔出一半。如此循环，直至所需的土量。样品袋一般由棉布缝制而成，如潮湿样品可内衬塑料袋(供无机化合物测定)或将样品置于玻璃瓶内(供有机化合物测定)。采样的同时，由专人填写样品标签、采样记录；标签一式两份，一份放入袋中，一份系在袋口，标签上标注采样时间、地点、样品编号、监测项目、特征描述、采样深度和经纬度，以及采样人等信息。采样结束，需逐项检查采样记录、样袋标签和土壤样品，如有缺项和错误，及时补齐更正。采样记录格式见表 4-5。

表 4-5　土壤采样现场记录表

采用地点			东经		北纬	
样品编号			采样日期			
样品类别			采样人员			
采样层次			采样深度/cm			
样品描述	土壤颜色		植物根系			
	土壤质地		沙砾含量			
	土壤湿度		其他异物			
采样点示意图				自下而上植被描述		

注：土壤颜色可采用门塞尔比色卡比色，也可按土壤颜色三角表进行描述。颜色描述可采用双名法，主色在后，副色在前，如黄棕、灰棕等。颜色深浅还可以冠以暗、淡等形容词，如浅棕、暗灰等。

2. 剖面样

一般监测采集表层土，采样深度 0～20 cm，特殊要求的监测(土壤背景、环评、污染事故等)必要时选择部分采样点采集剖面样品。因此，需用土钻进行分层取样，或挖掘土坑后，自坑壁下端逐层向上采取分层样品。剖面的规格一般为长 1.5 m，宽 0.8 m，深 1.2 m(图 4-3)。挖掘土壤剖面要使观察面向阳，表土和底土分两侧放置。层次的划分，可根据需要而定，或按等距离分层，或按土壤的质地、结构、颜色和根系情况分层。

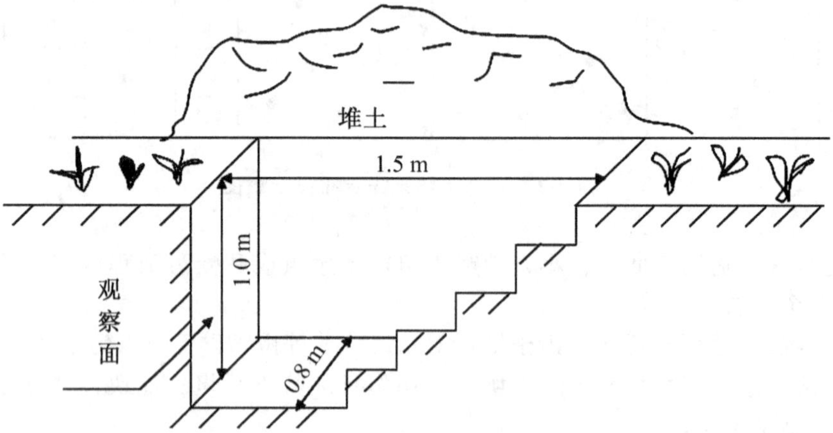

图 4-3　土壤剖面坑示意图

一般每个剖面采集 A、B、C 三层土样。地下水位较高时，剖面挖至地下水出露时为止；山地丘陵土层较薄时，剖面挖至风化层。

对 B 层发育不完整(不发育)的山地土壤，只采 A、C 两层。

干旱地区剖面发育不完善的土壤，在表层 5～20 cm、心土层 50 cm、底土层 100 cm 左右采样。

水稻土按照 A 耕作层、P 犁底层、C 母质层(或 G 潜育层、W 潴育层)分层采样(图 4-4)，对 P 层太薄的剖面，只采 A、C 两层(或 A、G 层或 A、W 层)。

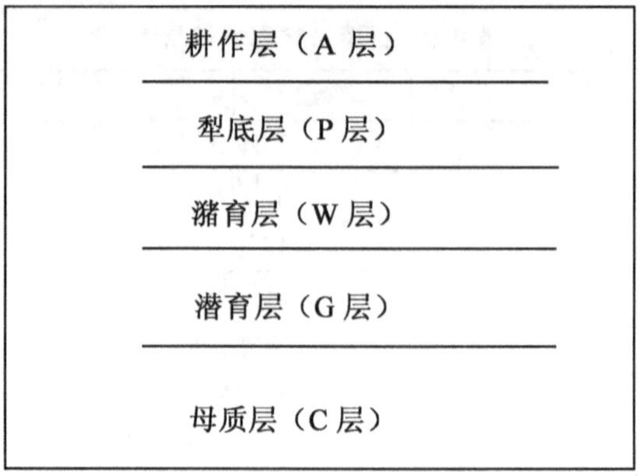

图 4-4　水稻土剖面示意图

对A层特别深厚，沉积层不甚发育，1 m内见不到母质的土类剖面，按A层5～20 cm、A/B层60～90 cm、B层100～200 cm采集土壤。草甸土和潮土一般在A层5～20 cm、C1层(或B层)50 cm、C2层100～120 cm处采样。

采样次序自下而上，先采剖面的底层样品，再采中层样品，最后采上层样品，以免采取上层样品对下层土壤的混杂污染。测量重金属的样品尽量用竹片或竹刀去除与金属采样器接触的部分土壤，再用其取样。剖面每层样品采集1 kg左右，装入样品袋。标签和采样记录格式见表4-5。

如果用土钻取样，把土钻钻至所需深度，把钻提出，将土样用挖勺取出。如果只取表层土样，可用深10 cm，直径8 cm金属或塑料制的采样筒，直接压入土层内，然后用铲铲出并取样。

4.3.2 土壤样品的制备

现场采集的土壤样品经核对无误后，进行分类装箱，运往实验室加工处理。在运输中严防样品的损失、混淆和玷污，并安排专人押送，按时送至实验室。从野外取回的土样，都需经一个制备过程：风干、磨细、过筛、混匀、装瓶，以备各项测定之用。

样品制备目的是：①剔除土壤以外的侵入体(如植物残茬、石粒、砖块等)和新生体(如铁锰结核和石灰结核等)，以除去非土样的组成部分；②适当磨细，充分混匀，使分析时所称取的少量样品具有较高的代表性，以减少称样误差；③使样品可以长期保存，不致因微生物活动而霉坏。

1. 样品的风干

除测定游离挥发酚、铵态氮、硝态氮、低价铁、农药等不稳定项目需要新鲜土样外，多数项目需用风干土样。因为风干土样较易混合均匀，重复性、准确性都比较好。

从野外采集的土壤样品运到实验室后，为避免受微生物的作用引起发霉变质，应立即将全部样品倒在白色搪瓷盘或木盘内进行风干。当达半干状态时把土块压碎，拣去动植物残体如根、茎、叶、虫体等和石块、结核(石灰、铁、锰)等杂物后铺成薄层，经常翻动，在阴凉处使其慢慢风干，切忌阳光下暴晒或烘箱烘干。即使因急需而使用烘箱，也只能限于低温鼓风干燥。如果石子过多，应当将拣出的石子称重，记下所占的百分数。风干场所力求干燥通风，并要防止酸蒸气、氨蒸气等易挥发化学物质和灰尘的污染。

2. 磨碎与过筛

在磨样室将风干的样品倒在有机玻璃板上，用木槌敲打，用木滚、木棒、有机玻璃棒再次压碎，拣出杂质，混匀，并用四分法取压碎样，过孔径2 mm尼龙筛。过筛后的样品全部置无色聚乙烯薄膜上，并充分搅拌混匀，再采用四分法取其两份，一份交样品库存放，另一份作样品的细磨用。粗磨样可直接用于土壤pH、阳离子交换量、元素有效态含量等项目的分析。

用于细磨的样品再用四分法分成两份，一份研磨到全部过孔径0.25 mm(60目)筛，用于农药或土壤有机质、土壤全氮量等项目分析；另一份研磨到全部过孔径0.15 mm(100目)筛，用于土壤元素全量分析。制样过程见图4-5。

在磨细与过筛过程中，通过任何筛孔的样品必须代表整个样品的成分，并且任何样品不

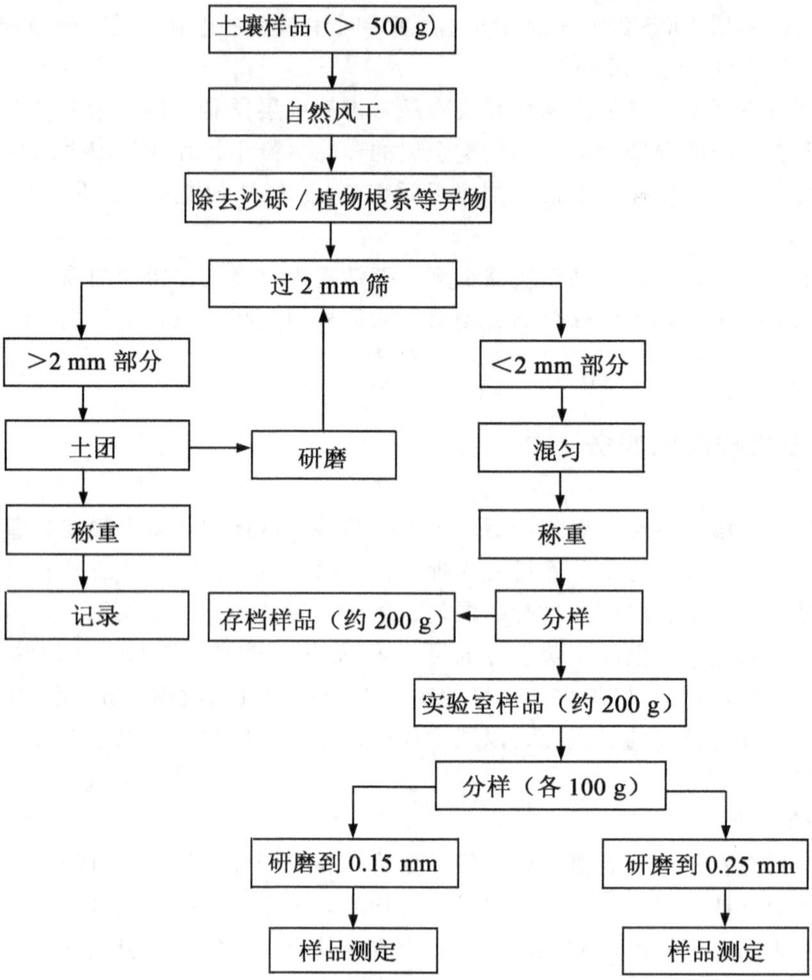

图 4-5　常规监测制样过程图

得因制备过程而导致污染。如果样品须制备粗、细两种规格，切不可把能通过细孔筛者作为细粒样，不能通过细孔筛者作为粗粒样。必须按照预定计划，分别取出预计数量的样品，无损地通过预定的筛孔。凡一次研磨不能通过者，必须多次研磨，不允许遗留任何土粒通不过既定筛孔。为了保证样品不受污染，必须注意制样的工具、容器、与存储方法等。磨制样品的工具应取未上过漆的木盘、木棒或木杵。对于坚硬的、必须通过很细筛孔的土粒，应用玛瑙乳钵和玛瑙研钵。

3. 土样保存

一般样品用磨口塞的广口瓶保存半年至一年，以备必要时查核之用。样品瓶上标签须注明样号、采样地点、土类名称、试验区号、深度、采样日期、筛孔等项目，并且瓶内和瓶外都须附上标签。

环境监测中用以进行质量控制的标准土样或对照土样则需长期妥善保存。储存样品应尽量避免日光、潮湿、高温和酸碱气体等的影响。

玻璃材质容器是常用的优质贮器，聚乙烯塑料容器也属美国环保局推荐容器之一，该类贮器性能良好、价格便宜且不易破损。

将风干土样、沉积物或标准土样等贮存于洁净的玻璃或聚乙烯容器之内。在常温、阴凉、干燥、避阳光、密封(石蜡涂封)条件下保存。

4.3.3 土壤样品的预处理

土壤中污染物种类繁多，不同的污染物在不同土壤中的样品预处理方法及测定方法各异。同时要根据不同的监测要求和监测目的，选定样品预处理方法。

同时由于土壤组成的复杂性和土壤物理化学性状(pH、E_h 等)差异，造成重金属及其他污染物在土壤环境中形态的复杂和多样性。金属不同形态，其生理活性和毒性均有差异，其中以有效态和交换态的活性、毒性最大，残留态的活性、毒性最小，而其他结合态的活性、毒性居中。因此，土壤环境中重金属元素的形态分析也是土壤重金属污染监测的一个重要组成部分，同时也已成为当前环境科学、生物化学和生命科学领域中颇为活跃的前沿性课题。

土壤样品的预处理方法主要有分解法和提取法，前者用于元素的测定，后者用于有机污染物和不稳定组分以及重金属形态的测定。

4.3.3.1 全分解方法

土壤样品全分解方法有：酸分解法、高压密闭分解法、微波炉加热分解法、碱融法等。分解的作用是破坏土壤的矿物晶格和有机质，使待测元素进入试样溶液中。

1. 酸分解法

酸分解法也称消解法，是测定土壤中重金属常选用的方法。用于消解的酸通常有硝酸、盐酸、高氯酸、硫酸、磷酸、氢氟酸、硼酸等。这些酸对样品的分解，主要是靠酸的溶解腐蚀作用和氧化作用。盐酸、硫酸等强酸具有直接分解腐蚀矿物质的特性，磷酸、氢氟酸、硼酸等弱酸是用于一些特有元素化合物的分解。氢氟酸可以强烈地腐蚀含硅化合物，它使束缚在硅酸盐里的各种成分溶解到溶液中去；磷酸对铬铁矿具有特殊的分解能力；高氯酸对有机质具有很强的破坏能力。

在实际分析中，各种酸很少单独使用，多用混合酸进行消解。常用的多元酸消解体系有：盐酸-硝酸-氢氟酸-高氯酸、硝酸-氢氟酸-高氯酸、硝酸-硫酸-高氯酸、硝酸-硫酸-磷酸、硝酸-盐酸等。同时，为了提高其分解能力，还可以加入其他氧化剂或还原剂，如高锰酸钾、五氧化二钒、亚硝酸钠等。

盐酸-硝酸-氢氟酸-高氯酸全分解土壤样品的操作要点是：准确称取 0.5 g(准确到 0.1 mg,以下都与此相同)风干过 0.15 mm 筛的土样于聚四氟乙烯坩埚中，用几滴水润湿后，加入 10 mL HCl(ρ 1.19 g/mL)，于电热板上低温加热，蒸发至约剩 5 mL 时加入 15 mL HNO_3(ρ 1.42 g/mL)，继续加热蒸至近黏稠状，加入 10 mL HF(ρ 1.15 g/mL)并继续加热，为了达到良好的除硅效果应经常摇动坩埚。最后加入 5 mL $HClO_4$(ρ 1.67 g/mL)，并加热至白烟冒尽。土壤分解物应呈白色或淡黄色(含铁较高的土壤)，倾斜坩埚时呈不流动的黏稠状。用稀酸溶液冲洗内壁及坩埚盖，温热溶解残渣，冷却后，定容至 100 mL 或 50 mL，最终体积依待测成分的含量而定。

2. 高压密闭分解法

此方法的操作要点是：称取 0.5 g 风干过 0.15 mm 筛的土样于内套聚四氟乙烯坩埚中，加入少许水润湿试样，再加入 HNO_3(ρ 1.42 g/mL)、$HClO_4$(ρ 1.67 g/mL)各 5 mL，摇匀后将坩埚放入不锈钢套筒中，拧紧。放在 180℃的烘箱中分解 2 h。取出，冷却至室温后，取出坩埚，用水冲洗坩埚盖的内壁，加入 3 mL HF(ρ 1.15 g/mL)，置于电热板上，在 100～120℃加热除硅，待坩埚内剩下 2～3 mL 溶液时，调高温度至 150℃，蒸至冒浓白烟后再缓缓蒸至近干，定容后进行测定。

3. 微波炉加热分解法

该方法是将土壤样品和混合酸放入聚四氟乙烯容器中，置于微波炉内加热，使试样分解的一种消化法。由于微波炉加热分解法是以被分解的土样及酸的混合液作为发热体，从内部进行加热使土样分解，热量几乎不向外部传到损失，所以热效率非常高。并且，在消化中通过微波炉的不断旋转，可以起到激烈搅拌和充分混匀土样的作用，使其加速分解。此法具有方便快捷、消化力高等特点，目前使用较普遍。一般使用 HNO_3-HCl、HNO_3-H_2O_2 等体系。

4. 碱熔法

碱熔法是将土壤样品与碱混合，在高温下熔融，使样品分解的方法。常用的溶剂有碳酸钠、氢氧化钠、过氧化钠、偏硼酸锂等。所用器皿有铝坩埚、瓷坩埚、镍坩埚和铂金坩埚等。碱熔法具有分解样品完全，操作简便、快速，且不产生大量酸蒸气的特点，但由于使用试剂量大，引入了大量可溶性盐，也易引进污染物质。另外，有些重金属如镉、铬在高温下易挥发损失(如高于 450℃)。

(1)碳酸钠熔融法(适合测定氟、钼、钨)

其操作要点是：称取 0.500 0～1.000 0 g 风干土样放入预先用少量碳酸钠或氢氧化钠垫底的高铝坩埚中(以充满坩埚底部为宜，以防止熔融物粘底)，分次加入 1.5～3.0 g 碳酸钠，并用圆头玻璃棒小心搅拌，使与土样充分混匀，再放入 0.5～1 g 碳酸钠，使平铺在混合物表面，盖好坩埚盖。移入马福炉中，于 900～920℃熔融 0.5 h。自然冷却至 500℃左右时，可稍打开炉门(不可开缝过大，否则高铝坩埚骤然冷却会开裂)以加速冷却，冷却至 60～80℃用水冲洗坩埚底部，然后放入 250 mL 烧杯中，加入 100 mL 水，在电热板上加热浸提熔融物，用水及 HCl(1+1)将坩埚及坩埚盖洗净取出，并小心用 HCl(1+1)中和、酸化(注意盖好表面皿，以免大量 CO_2 冒泡引起试样的溅失)，待大量盐类溶解后，用中速滤纸过滤，用水及 5% HCl 洗净滤纸及其中的不溶物，定容待测。

(2)碳酸锂-硼酸、石墨粉坩埚熔样法(适合铝、硅、钛、钙、镁、钾、钠等元素分析)

土壤矿物质全量分析中土壤样品分解常用酸溶剂，酸溶试剂一般用氢氟酸加氧化性酸分解样品，其优点是酸度小，适用于仪器分析测定，但对某些难熔矿物分解不完全，特别对铝、钛的测定结果会偏低，且不能测定硅(已被除去)。

碳酸锂-硼酸在石墨粉坩埚内熔样，再用超声波提取熔块，分析土壤中的常量元素，速度快，准确度高。

其操作要点是：在 30 mL 瓷坩埚内充满石墨粉，置于 900℃高温电炉中灼烧半小时，取出冷却，用乳钵棒压一空穴。准确称取经 105℃烘干的土样 0.200 0 g 于定量滤纸上，与 1.5 g Li_2CO_3-H_3BO_3(Li_2CO_3 : H_3BO_3 = 1 : 2)混合试剂均匀搅拌，捏成小团，放入瓷坩埚内石墨粉洞穴中，然后将坩埚放入已升温到950℃的马福炉中，20 min后取出，趁热将熔块投入盛有100 mL 4%硝酸溶液的250 mL烧杯中，立即于250W功率清洗槽内超声(或用磁力搅拌)，直到熔块完全溶解；将溶液转移到200 mL容量瓶中，并用4%硝酸定容。吸取20 mL上述样品液移入25 mL容量瓶中，并根据仪器的测量要求决定是否需要添加基体元素及添加浓度，最后用4%硝酸定容，用光谱仪进行多元素同时测定。

4.3.3.2 形态分析样品的处理方法

1. 有效态的提取

重金属元素不同的化学形态，对生物体的可利用性不同。在重金属元素的总量中只有一部分时能为植物所吸收的，只有这一部分才会对植物直接造成危害，进而影响食品安全和人体健康。提取有效态成分时，一般而言水提取量最接近植物可吸收量，以后发展的如各种浓度的醋酸铵、柠檬酸、草酸盐等模仿根酸和根周围缓冲特性的提取剂。20世纪70年代以来，为了明确植物吸收的重金属数量与土壤中可提取态的重金属数量之间的关系，国内外学者开展了大量的研究工作。筛选出的较为理想的提取剂有EGTA、EDTA、DTPA等，其中应用较为普遍的是DTPA。

(1)DTPA浸提　DTPA(二乙三胺五乙酸)浸提液可测定有效态Cu、Zn、Fe、Cd等。浸提液的配制：其成分为0.005 mol/L DTPA-0.01 mol/L $CaCl_2$-0.1 mol/L TEA(三乙醇胺)。称取1.967 g DTPA溶于14.92 g TEA和少量水中；再将1.47 g $CaCl_2 \cdot 2H_2O$ 溶于水，一并转入1 000 mL容量瓶中，加水至约950 mL，用6 mol/L HCl调节pH至7.30(每升浸提液约需加6 mol/L HCl 8.5 mL)，最后用水定容。贮存于塑料瓶中，几个月内不会变质。浸提操作要点：称取25.00 g风干过2 mm筛的土样放入150 mL硬质玻璃三角瓶中，加入50.0 mL DTPA浸提剂，在25℃用水平振荡机振荡提取2 h，干滤纸过滤，滤液用于分析。DTPA浸提剂适用于石灰性土壤和中性土壤。

(2)0.1 mol/L HCl浸提　此方法的操作要点是：称取10.00 g风干过2 mm筛的土样放入150 mL硬质玻璃三角瓶中，加入50.0 mL 1 mol/L HCl浸提液，用水平振荡器振荡1.5 h，干滤纸过滤，滤液用于分析。酸性土壤适合用0.1 mol/L HCl浸提。

(3)水浸提　土壤中有效硼常用沸水浸提，操作步骤：准确称取10.00 g风干过2 mm筛的土样于250 mL或300 mL石英锥形瓶中，加入20.0 mL无硼水。连接回流冷却器后煮沸5 min,立即停止加热并用冷却水冷却。冷却后加入4滴0.5 mol/L $CaCl_2$ 溶液，移入离心管中，离心分离出清液备测。

关于有效态金属元素的浸提方法较多，例如，有效态Mn用1 mol/L乙酸铵-对苯二酚溶液浸提。有效态Mo用草酸-草酸铵(24.9 g草酸铵与12.6 g草酸溶解于1 000 mL水中)溶液浸提，固液比为1∶10。硅用pH 4.0的乙酸-乙酸钠缓冲溶液、0.02 mol/L H_2SO_4、0.025%或1%的柠檬酸溶液浸提。酸性土壤中有效硫用 H_3PO_4-HAc 溶液浸提，中性或石灰性土壤中有效硫用0.5 mol/L $NaHCO_3$ 溶液(pH 8.5)浸提。用1 mol/L NH_4Ac 浸提土壤中有效钙、镁、钾、钠以及用0.03 mol/L NH_4F-0.025 mol/L HCl或0.5 mol/L $NaHCO_3$ 浸提土壤中有效态磷等。

2. 重金属形态的提取

通常金属元素的形态可划分为水溶态、可交换态、络合(螯合)态、沉淀态(包括结晶态与被封闭态)、有机态等。由于不同金属元素与土壤结合的某些特性差异，对各种形态的提取剂选择亦有所不同，在元素形态的系统研究中常采用连续提取法进行。在土壤环境化学中，对重金属元素的形态分析一般采用 Tessier 的五步连续提取法。该方法由 Tessier 于1979年提出，主要适用于土壤或底泥等基质中重金属的形态分析。连续提取的5种形态分别为：可交换态、碳酸盐结合态、铁锰氧化结合态、有机结合态和残渣态。其具体步骤如下：

（1）可交换态　2 g 试样中加入 1 mol/L $MgCl_2$ 溶液 16 mL(pH 7.0)，室温下振荡 1 h，离心 10 min，吸取上清液分析。

（2）碳酸盐结合态　经步骤①处理后的残余物在室温下用 16 mL 1 mol/L NaAc 浸提，在浸提前用乙酸把 pH 调至 5.0，振荡 8 h，离心，吸取上清液分析。

（3）铁锰氧化物结合态　经步骤②处理后的残余物中，加入 16 mL 0.04 mol/L 盐酸羟胺($NH_2OH \cdot HCl$)在体积分数为 20%的乙酸中浸提。浸提温度为(96±3)℃，时间为 4 h，离心，吸取上清液分析。

（4）有机结合态　在经步骤③处理后的残余物中，加入 3 mL 0.02 mol/L HNO_3、5 mL 30% H_2O_2，然后用 HNO_3 调节 pH 至 2，将混合物加热至(85±2)℃，保温 2 h，并在加热中间振荡几次。再加入 5 mL 30% H_2O_2，用 HNO_3 调 pH 至 2，再将混合物在(85±2)℃加热 3 h，并间断地振荡。冷却后，加入 5 mL 3.2 mol/L 乙酸铵 20%(*V/V*)HNO_3 溶液，稀释至 20 mL，振荡 30 min。离心，吸取上清液分析。

（5）残渣态　对步骤④处理后的残余物，利用 HNO_3—HF—$HClO_4$ 消解法消解分析。

上述各形态的浸提都在 50 mL 聚乙烯离心试管中进行，以减少固态物质的损失。在互相衔接的操作之间，用 10 000 r/min(12 000 *g* 重力加速度)离心处理 30 min，用注射器吸出清液，分析痕量元素。残留物用 8 mL 去离子水洗涤，再离心 30 min，弃去洗涤液，洗涤水要尽量少用，以防止损失可溶性物质，特别是有机物的损失。离心效果对分离影响较大，要切实注意。

一般认为，在5种不同的存在形式中，可交换态和碳酸盐结合态金属易迁移、转化，对人类和环境危害较大；铁锰氧化结合态和有机结合态较为稳定，但在外界条件变化时也有释放出金属离子的可能。残渣态一般称为非有效态，因为它在自然条件下不易释放出来。

4.3.3.3　有机污染物的提取方法

土壤中有机污染物包括苯并[a]芘、三氯乙醛、矿物油、挥发酚、六六六、DDT 等。由于这些污染物的含量多数是痕量和超痕量，需要对环境样品进行浓缩、富集和分离。土壤中有机物的测定方法与水样中基本相同，而最大的不同之处在于有机物的提取方法。

1. 常用有机溶剂

（1）有机溶剂的选择原则　根据相似相溶的原理，尽量选择与待测物极性相近的有机溶剂作为提取剂。提取剂必须与样品能很好地分离，且不影响待测物的纯化与测定；不能与样品发生作用，毒性低、价格便宜；此外，还要求提取剂沸点范围在 45～80℃之间为好。

还要考虑溶剂对样品的渗透力，以便将土样中待测物充分提取出来。当单一溶剂不能成为理想的提取剂时，常用两种或两种以上不同极性的溶剂以不同的比例配成混合提取剂。

（2）常用有机溶剂的极性　常用有机溶剂的极性由强到弱的顺序为：(水)，乙腈，甲醇，乙酸，乙醇，异丙醇，丙酮，二氧六环，正丁醇，正戊醇，乙酸乙酯，乙醚，硝基甲烷，二氯甲烷，苯，甲苯，二甲苯，四氯化碳，二硫化碳，环己烷，正己烷(石油醚)和正庚烷。

(3)溶剂的纯化　纯化溶剂多用重蒸馏法。纯化后的溶剂是否符合要求，最常用的检查方法是将纯化后的溶剂浓缩 100 倍，再用与待测物检测相同的方法进行检测，无干扰即可。

2. 有机污染物的提取

(1)振荡提取　准确称取一定量的土样(新鲜土样加 1～2 倍量的无水 Na_2SO_4 或 $MgSO_4 \cdot H_2O$ 搅匀，放置 15～30 min，固化后研成细末)，转入标准三角瓶中，加入约 2 倍体积的提取剂振荡 30 min，静置分层或抽滤、离心分出提取液，样品再分别用 1 倍体积提取液提取 2 次，分出提取液，合并，待净化。振荡提取操作简便，是最为广泛应用的环境样品前处理方法之一。其缺点是有机溶剂耗用量大，还易引入新的干扰，浓缩步骤费时，且易导致被测物的损失。

(2)超声波提取(ultrasonic extraction)　准确称取一定量的土样(或取 30.0 g 新鲜土样加 30～60 g 无水 Na_2SO_4 混匀)置于 400 mL 烧杯中，加入 60～100 mL 提取剂，超声振荡 3～5 min，真空过滤或离心分出提取液，固体物再用提取剂提取 2 次，分出提取液合并，待净化。超声波提取技术的基本原理主要是利用超声波的空化作用加速土壤中目标有机物的浸提过程。与常规提取法相比，超声波提取具有提取时间短，提取率高、无需加热等优点。但由于超声波发生器本身产生的超声波不甚均匀，使得超声波提取的方法重现性差。

(3)索氏提取　本法适用于从土壤中提取非挥发及半挥发有机污染物。准确称取一定量土样或取新鲜土样 20.0 g 加入等量无水 Na_2SO_4 研磨均匀，转入滤纸筒中，再将滤纸筒置于索氏提取器中。在有 1～2 粒干净沸石的 150 mL 圆底烧瓶中加 100 mL 提取剂，连接索氏提取器，加热回流 16～24 h 即可。此法为经典提取法，也叫完全提取法，提取效果比较好，但需时间较长，耗费溶剂量大，可能产生有机溶剂的二次污染。

(4)其他方法　近年来，吹扫蒸馏法(用于提取易挥发性有机物)、超临界提取法(SFE)都发展很快。尤其是 SFE 法由于其快速、高效、安全性(不需任何有机溶剂)，因而是具有很好发展前途的提取法。

3. 提取液的净化

使待测组分与干扰物分离的过程为净化。当用有机溶剂提取样品时，一些干扰杂质可能与待测物一起被提取出，这些杂质若不除掉将会影响检测结果，甚至使定性定量无法进行，严重时还可使气相色谱的柱效减低、检测器沾污，因而提取液必须经过净化处理。净化的原则是尽量完全除去干扰物，而使待测物尽量少损失。常用的净化方法为：

(1)液-液分配法　液-液分配的基本原理是在一组互不相溶的溶剂中溶解某一溶质成分，该溶质以一定的比例分配(溶解)在溶剂的两相中。通常把溶质在两相溶剂中的分配比称为分配系数。在同一组溶剂对中，不同的物质有不同的分配系数；在不同的溶剂对中，同一物质也有着不同的分配系数。利用物质和溶剂对之间存在的分配关系，选用适当的溶剂通过反复多次分配，便可使不同的物质分离，从而达到净化的目的，这就是液-液分配净化法。采用此法进行净化时一般可得较好的回收率，不过分配的次数须是多次方可完成。

液-液分配过程中若出现乳化现象，可采用如下方法进行破乳：加入饱和硫酸钠水溶液，以其盐析作用而破乳；加入硫酸(1＋1)，加入量从 10 mL 逐步增加，直到消除乳化层，此法只适于对酸稳定的化合物；离心机离心分离。

液-液分配中常用的溶剂对有：乙腈-正己烷；N，N-二甲基甲酰胺(DMF)-正己烷；二甲亚砜-正己烷等。通常情况下正己烷可用廉价的石油醚(60～90℃)代替。

(2)化学处理法　用化学处理法净化能有效地去除脂肪、色素等杂质。常用的化学处理法有酸处理法和碱处理法。

酸处理法的操作要点是：用浓硫酸或 1∶1 浓硫酸和发烟硫酸直接与提取液(酸与提取液体积比 1∶10)在分液漏斗中振荡进行磺化，以除掉脂肪、色素等杂质。其净化原理是脂肪、色素中含有碳—碳双键，如脂肪中不饱和脂肪酸和叶绿素中含一双键的叶绿醇等，这些双键与浓硫酸作用时产生加成反应，所得的磺化产物溶于硫酸，这样便使杂质与待测物分离。这种方法常用于强酸条件下稳定的有机物如有机氯农药的净化，而对于以分解的有机磷、氨基甲酸酯农药则不可使用。

碱处理法的操作要点是：一些耐碱的有机物如农药艾氏剂、狄异剂、异狄氏剂可采用氢氧化钾-助滤剂柱代替皂化法。提取液经浓缩后过柱净化，用石油醚洗脱，有很好的回收率。

(3)吸附柱层析法　吸附柱层析法的原理，就是提取液中各组分在柱中吸附剂上反复被吸附与解析，并通过洗脱溶剂的解析作用使待测物与杂质分离，达到净化目的。

在玻璃柱中装入一种或数种吸附剂(吸附剂顶置 1～2 cm 厚的无水硫酸钠)，使待测物的提取液(为避免扩散，提取液应浓缩到 2 mL 左右)过柱。由于吸附剂对待测物和干扰物的吸附性不同，当用洗脱剂(一种或数种极性不同的溶剂配成)淋洗时，若柱中的吸附剂对待测物吸附性强时，则杂质被淋出，柱中的待测物另选洗脱剂即可淋出，反之则待测物被淋出。这种方法是常用的净化法之一。常用的吸附剂有：弗罗里硅土(Florisil)又称硅镁型吸附剂、氧化铝(包括中性、酸性和碱性 Al_2O_3)、硅藻土和活性炭等。

①氧化铝柱　氧化铝为一种高度多孔的粒状物，可从不同化学极性干扰物中将待测物分离出来。碱性(B)氧化铝，pH 9～10 用于碱性和中性化合物的分离，对于碱、醇类、烃类、生物碱，甾体化合物等是稳定的。缺点是可引起聚合、缩合和脱水反应，并不能以丙酮或乙酸乙酯作为洗脱剂。中性(N)氧化铝，适于绝大多数有机物的净化如：醛类、酮类、醌类、酯类、内酯类等。其缺点是比碱性氧化铝活性小很多。酸性(A)氧化铝，pH 4～5 主要用于酸性有机物的分离。

市售氧化铝须经活化后方能使用(于 400～450℃灼烧 3～4 h，待冷至常温后，储存在干燥器中备用)。由于氧化铝的活性要比其他吸附剂如弗罗里硅土大得多，有机物在柱中不易被洗出，而用强极性溶剂淋洗时，又易使杂质与被测物一并洗出，所以必要时还应对氧化铝进行降活处理，即在已活化过的氧化铝中加入 3%～15%的水，变成不同级别活性的氧化铝。

②弗罗里硅土柱　Florisil 是一种带酸性的硅酸镁，它具有很大的表面积，比表面高达 297 $m^2/\mu g$。因为是一种合成材料，所以不同批次产品之间活性差异很大，但活化作用后可部分消除这种差异(活化作用：市售弗罗里硅土应在 600～650℃下活化 3 h，待冷至室温后贮存于带磨口玻璃塞或衬铝箔螺旋盖的玻璃容器中避光保存)。

目前弗罗里硅土在国内外广泛用于酞酸酯类、亚硝胺类、硝基芳香化合物、卤代醚类、氯代烃类、有机磷及有机氯农药的净化。

当弗罗里硅土用于净化有机氯农药、多氯联苯、有机磷农药等时，使用前还需将已活化的弗罗里硅土在 130℃烘制 2 h，才可用于净化以确保分离效果。

③活性炭柱　活性炭是一种非极性吸附剂，用于脱色具有极好的效果，通常在含色素较多的有机磷农药残留分析中可用此法净化。进口活性炭品种有：Norit、Sgextra、Nuchar

C190N、Dar CO G60 等，国产有化学纯活性炭、层析用活性炭、767 型活性炭等。

④混合柱　将具有不同吸附柱性能的吸附剂按不同比例混合装柱，让各自吸附能力优势互补，这对于净化较为复杂的试样能获得更好的净化效果。例如，将活性炭、氧化镁、氧化铝和弗罗里硅土混合装柱，可使色素、脂肪、腊质都得到吸附。在混合柱中有时需加入一定比例的硅藻土或助滤剂，有调节淋洗速度的作用。

在上述柱层析法中，影响柱效的因素之一就是装柱。装柱有干法和湿法两种方式。干法系在底部有活塞的玻璃柱(内径 1.5 cm 左右，长 30 cm 左右)中塞少许净化过的玻璃棉以支撑吸附剂，一次加入 1～2 cm 高的无水 Na_2SO_4；适量吸附剂；和 1～2 cm 厚的无水 Na_2SO_4 敲实后即可。湿法装柱是将吸附剂与淋洗剂混匀后一起倒入层析柱中，要求吸附剂中无气泡、裂缝，吸附剂要分布匀实，吸附剂不得暴露于空气中，顶部再放置 1～2 cm 厚的无水 Na_2SO_4。

淋洗操作的要求是：淋洗液应沿柱壁缓慢倒入，不得损坏柱内吸附剂表层的平整性；同时不能让淋洗剂液面降至吸附剂表层之下，否则失去淋洗剂的浸润后，吸附剂发生开裂，使柱体出现气泡或沟流从而影响分离效果；此外，淋洗剂流出速度不要太快，以免柱中交换来不及达到平衡，也不可太慢，否则操作时间过长。通常淋洗速度为 5 mL/min 左右。淋洗剂用量与其极性、待测物极性及吸附剂活性有关，确定一个方法需收集哪一段淋出液，收集多少量，应通过测定淋洗曲线来判断。

⑤微柱法　70 年代末期，微型柱应用于农药分析残留检测后，大大提高了净化效率，因而使用范围愈来愈广。微型柱系用聚四氟乙烯制成的柱(容积为 1.0～60 mL)，内含0.1～10 g 吸附剂(40μm)。微柱具有以下特点：速度快，一般流速达 5～10 mL/min，大部分样品的净化只需 2 min 便可完成，为常规方法的 1/6；准确性、重复性好，又可避免交叉污染；回收率高，避免样品损失，且无乳化现象；节约费用，无需太多的器皿和设备，溶剂消耗少；活化简洁等。

4. 提取液的浓缩

使大体积溶液中溶剂减少、待测组分浓度增高的操作步骤为浓缩。提取液经过分离净化后，其中的被测组分的浓度往往太低，达不到分析需要，这就要对样品进行浓缩，才能进行测定。常用的浓缩方法有蒸馏或减压蒸馏法、蒸发法、吹气法、K-D 浓缩器浓缩法等。

(1)蒸发法　将待浓缩的溶液置于室温下，任其溶剂自然蒸发，达到浓缩的目的。此法简便，需时间长，但对如石油醚、丙酮、二氯甲烷等作为溶剂的提取液效果较好。

(2)吹气法　向待浓缩的溶液表面吹惰性气体或干燥空气，使溶剂加速挥发，适用于不易挥发、蒸汽压较低的农药。

(3)K-D 浓缩仪浓缩法　K-D 浓缩仪是由 K-D 瓶、施耐德管和冷凝器及接收瓶组成，在减压的条件下进行蒸馏，使溶剂从溶液中蒸出，溶液中待测物浓度增加。此方法简便，待测物不易损失，是普遍使用的一种浓缩方法，但对如甲醇、甲苯等沸点较高的溶剂，则速度慢、效果差，不宜采用。

(4)旋转浓缩法　本法需用旋转浓缩蒸发仪在减压、加温、旋转条件下进行浓缩，其浓缩速度快、待测物不易损失，是最常用的较为理想的一种方法。但对蒸汽压高的农药，使用时应注意温度条件不能过高，否则容易造成农药的损失。

4.4 土壤中无机污染物的监测分析

土壤中的无机污染物质主要有砷、铬、镉、汞、铅、镍、铜、锌和氟等金属和非金属化合物，它们大多来源于工业三废(废气、废水、废渣)排放、施用肥料及农药等农业生产活动。与水体和大气污染的直观表现不同，土壤污染往往要通过农作物或通过摄食的人或动物的健康状况才能反映出来，从遭受污染到产生严重后果有一个相当长的逐步积累的过程，具有强的隐蔽性和潜伏性。因此，监测土壤中污染物质的含量及其动向是至关重要的。

土壤中无机污染物质尤其是金属元素含量一般较低，对其进行测定需采用高灵敏度的方法。目前无机污染物质的分析可以采用光度分析法、阳极溶出法、原子吸收分光光度法和等离子体发射光谱法等。土壤中金属化合物的测定方法与“水和废水监测”中金属化合物的测定方法基本相同，仅在预处理方法和测定条件方面有差异，固在此作简单介绍。

4.4.1 砷和汞的分析(原子荧光法)

农药厂、铜或砷冶炼厂、焦化厂、钨矿周围等处排出的废水中常含有砷化合物，用含砷废水灌溉农田后，土壤受到砷污染。无机形态的砷曾被广泛应用于农业，作为杀虫剂、除莠剂、杀菌剂、干燥剂、脱叶剂以及动物饲料添加剂等。不断地增加砷化物的施用，已经导致许多中毒反应。受砷污染的土壤会降低农作物产量，同时引起食物链砷污染，最终损害人类的健康。

汞在天然或人工条件下均可以单质和汞的化合物两种形态存在。土壤的汞污染主要来自于污染灌溉、燃煤、汞冶炼厂和汞制剂厂(仪表、电气、氯碱工业)的排放。生长在汞污染土壤中的谷物，汞的含量可能会超过食用标准。汞对植物的危害因作物的种类而异。汞在一定浓度下使作物减产，在较高浓度下甚至使作物死亡。

测定土壤砷、汞常用的方法有原子吸收法、原子荧光法及分光光度法等，从方法的灵敏度、准确度、精密度、抗干扰能力及适用性上来看，这几种方法均可采用。原子吸收法与原子荧光法比分光光度法简便、快速，砷的分光光度法测定在“水和废水监测”中已经介绍，本节主要介绍氢化物-原子荧光光谱法。

4.4.1.1 原理

样品中的砷和汞经盐酸-硝酸加热消解后，用硼氢化钾(KBH_4)或硼氢化钠将样品中汞还原为原子态汞；用硫脲将五价砷还原为三价砷，再加入硼氢化钾将其还原为砷化氢。砷的氢化物或原子态汞由氩气载入原子化器解离而成为原子，原子受到光源特征辐射线的照射后产生原子荧光，荧光信号到达检测器转变为电信号，经电子放大器放大后由读数装置读出结果。

4.4.1.2 仪器

(1)氢化物发生原子荧光光谱仪。

(2)砷和汞的空心阴极灯。

(3)水浴锅。

4.4.1.3 试剂

(1)(1+1)王水　取1份硝酸与3份盐酸混合，然后用去离子水稀释1倍。

(2)测汞还原剂[0.01%硼氢化钾+0.2%氢氧化钾(KOH)溶液]　称取0.2 g氢氧化钾放入烧杯中，用少量水溶解；称取0.01 g硼氢化钾溶于氢氧化钾溶液中，然后稀释至100 mL,此溶液现用现配。

(3)测砷还原剂[1%硼氢化钾+0.2%氢氧化钾(KOH)溶液]　称取0.2 g氢氧化钾放入烧杯中，用少量水溶解；称取1.0 g硼氢化钾溶于氢氧化钾溶液中，然后稀释至100 mL，此溶液现用现配。

(4)测汞载液[(1+19)硝酸溶液]　量取25 mL，缓慢倒入方有少量去离子水的500 mL容量瓶中，用去离子水定容至刻度，摇匀。

(5)测砷载液[(1+9)盐酸溶液]　量取50 mL盐酸，加水定容至500 mL。

(6)硫脲(5%)-抗坏血酸(5%)水溶液　称取5 g硫脲(CH_4N_2S)，5 g抗坏血酸($C_6H_8O_6$)溶于去离子水中，稀释至100 mL，现用现配。

(7)保存液　称取0.5 g重铬酸钾，用少量水溶解，加入50 mL硝酸，用水稀释至1 000 mL摇匀。

(8)稀释液　称取0.2 g重铬酸钾，用少量水溶解，加入28 mL硫酸，用水稀释至1 000 mL摇匀。

(9)汞标准贮备液　称取经干燥处理的0.135 4 g氯化汞，用保存液溶解后，转移至1 000 mL容量瓶中，再用保存液稀释至刻度，摇匀。此标准溶液汞的浓度为100 μg/mL。

(10)汞标准中间溶液　吸取10.00 mL汞标准贮备液注入1 000 mL容量瓶中，用保存液稀释至刻度，摇匀。此标准溶液汞的浓度为1.00 μg/mL。

(11)汞标准工作溶液　吸取2.00 mL汞标准中间溶液注入100 mL容量瓶中，用保存液稀释至刻度，摇匀。此标准溶液汞的浓度为20.0 ng/mL。

(12)砷标准贮备液　准确称取三氧化二砷(As_2O_3)0.660 0 g于烧杯中，加入10 mL 10%氢氧化钠溶液，加热溶解，冷却后移入500 mL容量瓶中，用水稀释至刻度，摇匀。此溶液砷浓度为1.00 mg/mL。

(13)砷标准中间溶液　吸取10.00 mL砷标准贮备液注入100 mL容量瓶中，用(1+9)盐酸溶液稀释至刻度，摇匀。此标准溶液砷的浓度为100 μg/mL。

(14)砷标准工作溶液　吸取1.00 mL砷标准中间溶液注入100 mL容量瓶中，用(1+9)盐酸溶液稀释至刻度，摇匀。此标准溶液砷的浓度为1.00 μg/mL。

4.4.1.4 操作步骤

1. 土壤样品的消化

准确称取经风干、研磨并过0.15 mm孔径筛的土壤样品0.200 0～1.000 g于50 mL具塞刻度比色管中，加少量水润湿样品，然后加入10 mL(1+1)王水，加塞摇匀，在室温下放置过夜，再置于沸水浴中消煮2 h，其间摇动几次，取下冷却后用水稀释至刻度，摇匀后放置。

吸取一定量的消解试液于50 mL比色管中，加3 mL盐酸，5 mL硫脲-抗坏血酸溶液，用水稀释至刻度，摇匀放置，取上清液待测砷。

另吸取一份一定量的消解试液于50 mL比色管中，立即加入10 mL保存液，用稀释液稀释至刻度，摇匀后放置，取上清液测定汞，同时做空白试验。

2. 标准曲线的绘制

分别准确吸取0.00、0.50、1.00、2.00、3.00、5.00、10.00 mL汞标准工作液，分别置于50 mL容量瓶中，加入10 mL保存液，用稀释液稀释至刻度，摇匀。即得含汞量分别为0.00、0.20、0.40、0.80、1.20、2.00、4.00 ng/mL的标准系列溶液。

分别准确吸取0.00、0.50、1.00、1.50、2.00、3.00 mL砷标准工作液，分别置于50 mL容量瓶中，分别加入5 mL盐酸，5 mL硫脲-抗坏血酸溶液，用水稀释至刻度，摇匀。即得含砷量分别为0.00、10.0、20.0、30.0、40.0、60.0 ng/mL的标准系列溶液。

3. 仪器条件

根据仪器使用说明书选择仪器测定条件。

4. 测定

将仪器调至最佳工作条件，在还原剂和载液的带动下，测定标准系列各点的荧光强度（标准曲线是减去标准空白后的荧光强度对浓度绘制的标准曲线），然后测定样品空白、试样的荧光强度。

4.4.1.5 结果计算

$$w(\mathrm{As/Hg})=\frac{(c-c_0)\times V_2\times V_{总}/V_1}{m\times(1-f)\times 1\,000}$$

式中：$w(\mathrm{As/Hg})$为土壤砷/汞的质量分数，mg/kg；c为从标准曲线上查得元素含量，ng/mL；c_0为试剂空白溶液测定浓度，ng/mL；V_2为测定时分取样品溶液稀释定容体积，mL；$V_{总}$为样品消解后定容总体积，mL；V_1为测定时分取样品消解液体积，mL；m为样品质量，g；f为土壤含水量；1 000为将“ng”换算为“μg”的系数。

4.4.1.6 注意事项

(1)若样品中汞含量太高，不能直接测量，应适当减少称样量，使试样含汞量保持在标准曲线的直线范围内。

(2)样品消解完毕，通常要加保存液并以稀释液定容，以防止汞的损失。样品试液宜尽早测定，一般情况下只允许保存2～3 d。

4.4.2 氟的分析(氟试剂比色法)

氟在陆地环境中是普遍的，也通常存在于植物、土壤和磷肥中。氟是人体必需的营养元素，又是有毒性的污染元素。自然界中的氟污染主要来自于工业采矿、化工、冶金、陶瓷、水泥、石油、钢铁、磷肥等生产过程大量排放的含氟气体、液体和废渣，以及磷肥的施用和含氟农药如氟化钠、氟硅酸钠等的施用。氟进入土壤-植物系统，再通过食物链进入动物系统。人体长期摄入过量的氟化物会引起氟中毒，轻则造成斑釉牙，重则造成氟骨症。

测定氟的方法一般有离子选择性电极法（在“水和废水监测”中已经介绍）和氟试剂比色法。氟试剂比色法属于增色法，测定灵敏度高，色泽稳定，重现性好。本节介绍氟试剂比色法测定土壤中的氟。

4.4.2.1 原理

在乙酸盐缓冲介质(pH 4.0～4.6)和丙酮存在下，氟离子与氟试剂及硝酸镧生成蓝色三元络合物，颜色的强度与氟离子浓度成正比，在波长 610～620 nm 处测定吸光度。

4.4.2.2 仪器与设备

(1)分光光度计。

(2)蒸馏装置。

(3)pH 计。

4.4.2.3 试剂

(1)氟标准贮备液　称取经 105～110℃烘干的氟化钠(NaF，基准试剂)0.221 0 g，用水溶解后定容至 1 000 mL 容量瓶中，贮存在聚乙烯瓶中。此溶液含氟 100 μg/mL。

(2)氟试剂 $c(C_{19}H_{15}NO_8)=0.001$ mol/L　称取 0.193 g 氟试剂(3-甲基胺-茜素-二乙酸，简称，ALC)，加少量水，滴加 1 mol/L 氢氧化钠溶液，使其溶解，再加 0.125 g 乙酸钠，用 1 mol/L 盐酸溶液调节 pH 至 5.0，用水稀释至 500 mL，贮于棕色瓶中。

(3)硝酸镧$\{c[La(NO_3)_3]=0.001$ mol/L$\}$　称取 0.433 g 硝酸镧$[La(NO_3)_3 \cdot 6H_2O]$，用少量 1 mol/L 盐酸溶解，用乙酸钠溶液调节 pH 至 4.1，加水至 1 L。

(4)无氟浓硫酸　取 300 mL 浓硫酸于 500 mL 烧杯中，于电热板上加热至沸，并保持1 h 以除去其中微量氟，冷却后备用。

(5)磷酸　取 300 mL 浓磷酸于 500 mL 烧杯中，于电热板上加热至 180℃，并保持 1 h 以除去其中微量氟，冷却后备用。

(6)pH4.1 缓冲液　称取 35 g 无水乙酸钠溶解于 800 mL 水中，加冰乙酸 75 mL，加水稀释至 1 L，用乙酸或氢氧化钠调节 pH 至 4.1。

(7)丙酮(CH_3COCH_3)。

(8)混合显色剂　取 0.001 mol/L 氟试剂，pH4.1 缓冲液，丙酮及硝酸镧溶液，按体积比(3∶1∶3∶3)混合即得，现用现配。

(9)硫酸、氢氧化钠。

4.4.2.4 操作步骤

1. 试样预处理

称取 0.10～0.50 g 土样于 250 mL 长颈蒸馏瓶中，加 100 mL(1∶1)硫酸溶液，5 mL 浓磷酸，连接蒸馏装置，使之不漏气。加热蒸馏，用 5 mL 0.1 mol/L 氢氧化钠溶液加 1 滴酚酞溶液为吸收液。当蒸馏瓶内温度上升至 190℃时，停止加热。拆开冷凝管并用水冲洗，洗液与吸收液并入 100 mL 容量瓶中，用 1%盐酸溶液中和至紫红色刚好消失，加水定容，备用。

2. 标准溶液的制备

稀释氟标准贮备液至含氟 1 μg/mL，分别吸取 1 μg/mL 溶液于 25 mL 比色管中，使氟含量为 0、1.0、2.0、4.0、6.0、8.0、10.0 μg，加水至 10 mL，准确加入混合显色剂 10 mL,用水定容。放置 30 min，用 3 cm 比色皿于 620 nm 处，以试剂空白为参比测定吸光度。

3. 样品测定

吸取部分馏出液(含 1～10 μg)于 25 mL 比色管中，以下操作同标准曲线。

4.4.2.5 结果计算

$$w(F)=\frac{m_1 \times ts}{m}$$

式中：$w(F)$为土壤氟的质量分数，mg/kg；m_1为从标准曲线上查得比色液中的含氟量，μg；ts为分取倍数；m为试样质量，g。

4.4.2.6 注意事项

(1)络合物的吸光度受显色液、丙酮及缓冲剂用量的影响较大，对于酸碱性较强的试液，应事先中和后，再进行显色。

(2)混合显色剂不能久置，必须现用现配。

(3)本方法最低检出限为0.5 μgF。

4.4.3 镉、铅、镍、铬、铜、锌的分析

镉、铅、镍不是植物和动物的必需元素。但不同来源的镉、铅、镍、铬污染了土壤、植物、水体以及食品后，通过食物链引起人和动物中毒。铅的污染主要来自于交通，有色金属冶炼燃烧，以及汽油燃烧等排出的含铅废气、工业废水灌溉等。大气中的铅可以直接进入人体或由于雨水淋洗、微尘散落而污染农作物、水面和表土，再由动植物进入人体。

镉和镍的污染主要来源于冶炼、电镀、颜料、印刷和磷肥工业中的废水，废气和废渣中。长期利用含镉、镍污水灌溉农田会使土壤被镉或镍污染。

铬是一种主要的环境污染元素，铬的污染源主要是电镀、制革废水、铬渣等。铬在土壤中主要有两种价态：Cr^{6+}和Cr^{3+}。两种价态的行为极为不同，前者活性低而毒性高，后者恰恰相反。Cr^{3+}主要存在于土壤与沉积物中，Cr^{6+}主要存在于水中，但易被Fe^{2+}和有机物等还原。

土壤样品的预处理方法参见本章的4.3.3部分，重金属的测定方法参见“水和废水监测”中的相关章节。

4.5 土壤农药残留监测分析

当农药直接或间接的进入到土壤，在土壤中浓度累积到一定程度时，不仅农作物生长受阻，影响产量，而且一些有害物还将通过作物根系的吸收或生物链的富集作用，大量浓缩到食品中，最终造成人类健康的潜在性危险。因此，有关土壤中农药残留的测试技术无论是在土壤农化分析测试方面，还是土-水-作物系统污染监测方面都具有相当重要的意义。

土壤中通常需要检测的农药种类繁多，包括杀虫剂、除草剂、杀菌剂，其中杀虫剂又分有机氯、有机磷、氨基甲酸酯类、除虫菊酯类杀虫剂等。此外，由于许多农药具有很强的生物毒性，环境允许限量很低，因此，其最小检出量必须低到mg/kg或μg/kg级，甚至更低，才能满足测试的要求。

4.5.1 检测分析方法

农药残留检测分析，必须采用高灵敏度的检测仪器才能实现。由于残留物品种多，化学结构和性质各不相同，待测组分复杂，往往需要检测的不仅仅是农药本身，还有其有毒代谢

物等。所以应根据待测物特性及检测要求，使用不同的检测方法。尤其近年来高效农药品种不断出现，残留在环境中的量很低。同时国际上对农药最高残留限量要求也越来越严格，给农药残留量的检测技术提出了更高的要求。

检测方法应具备简便、快速、灵敏度高的特点，根据检测目的、待测物性质、样品种类，采用符合要求的方法。

用于检测农药残留检测的方法有：光度法(可见光、紫外光及红外光)、极谱法、薄层层析法、气相色谱法、生物测定法、同位素标记法、核磁共振波谱法、酶联免疫法、液相色谱法、色—质联用法等。这些方法中有的灵敏度不高，如分光光度法、极谱法、薄层层析法、生物测定法，有的需要特殊设备，如同位素标记法；有的则需要昂贵的仪器，如色—质联用仪、核磁共振波谱仪等；有的还处于研究开发阶段，还不够稳定和成熟，如酶联免疫法，在有机污染物的检测中运用不多。目前使用最多最普遍的方法是气相色谱法和液相色谱法，因为它们具有简便、快速、灵敏及稳定性和重现性好，线性范围宽、耗资低等优点。

1. 紫外可见分光光度法

在农药分析中主要包含有三种类型：①农药本身在可见或紫外光谱区有吸收，可直接进行比色。②经过化学反应可生成有色化合物，如将苯脲类除草剂进行水解后，进行重氮偶合反应后再加入显色剂显色，在可见光区对苯脲类除草剂的含量进行测定；将灭草隆和非草隆在酸性条件下水解后，与变色酸在碱性条件下重氮偶合，分别在 515 nm 和 510 nm 处用分光光度法测定，平均回收率为 85％。③引入显色基团生成有色化合物，如农药经醇解、水解产生的酚类或芳胺，可与偶氮试剂进行缩合形成有色化合物。

2. 气相色谱法(GC)

目前，气相色谱法(GC，gas chromatography)已成为农药定性、定量的重要手段之一。其工作原理是待测组分经色谱柱分离后，通过检测器将各组分的浓度或质量转变成相应的电信号，经放大器放大后，由记录仪或微处理机得到色谱图，根据色谱图对待测组分进行定性和定量分析。它具有操作简单、分析速度快、分离效能高、灵敏度高(检测限可达μg/kg～ng/kg)以及应用范围广等特点。使用气相色谱法，多种农药可以一次进样，得到完全的分离、定性和定量测定，再配置高性能的检测器，使分析速度更快，结果更可靠。所有在加热条件下易气化且稳定的有机物均可用气相色谱法检测。由于物质在气相中传递速度快，待测组分气化后在色谱柱中与固相相互作用多次，并在流动相和固定相中分配反复进行多次，故分配系数本来只有微小差别的组分得到很好的分离。固定相对分离起着决定性的作用，而仪器的灵敏度主要取决于色谱仪的检测器。但因其技术含量高，操作程序相对复杂，且需要特定的实验条件和具有一定专业技术人员进行操作，一般不适用现场检测。另外，沸点太高的物质或热稳定性差的物质都难以应用气相色谱法进行分析。

(1)色谱柱　色谱柱即气相色谱的分离系统，污染农药各组分之间、各组分与干扰物之间的分离由色谱柱实现。色谱柱的规格、性能决定分离效能。色谱柱大体可分为填充柱和毛细管柱。

①填充柱　填充柱通常为内径 2～4 mm，长 0.5～3 m 的玻璃管或不锈钢管，内填充有涂渍一层很薄的高沸点有机化合物液膜(固定液)的惰性固体(担体)而构成。固定液与担体重量比一般为 1～(10：100)。

固定液的选择要根据“相似相溶”的原理来确定，即待测物与固定液之间有某些相似性，如官能团、化学键、极性以及某些化学性质等。若待测组分在固定液上的溶解度大，分离系数就大，选择性也好。通常用非极性固定液分离非极性组分，用极性固定液分离极性组分。因条件所限而无法获得符合极性要求的单一固定液时，可用两种性质不同的固定液以一定比例混合，制成混合固定液以满足测试的要求。常用的固定液包括：非极性固定液有 SE-30、OV-1、OV-101、SE-54、SE-52；中等极性固定液有 OV-1701、OV-17、OV-225 等；极性固定液有 PEG-20M、FFAP、OV-210 等。

担体为承担色谱柱中固定液的固体惰性材料，多为多孔性颗粒物。担体的理化性质是影响色谱峰形的重要因素。担体应具备以下要求：比表面积大，孔径分布均匀；具有良好的热稳定性和化学惰性(与被测物不起化学反应、不发生吸附作用、也不起催化作用)；有足够的机械强度。担体种类很多，常用的有硅藻土型(如白色担体、红色担体及灰色担体)和非硅藻土型(如聚四氟乙烯担体，玻璃微球担体)。为了消除色谱峰型拖尾现象，需采用酸洗、碱洗、硅烷化、釉化等方法处理，以清除担体表面的活性。

②毛细管柱　通常为内径 0.1～0.5 mm，长几米至近百米的不锈钢或石英玻璃管构成，其内壁涂有一层固定液。由于毛细管柱具有比填充柱高得多的分离效能(其理论塔板数可高达近百万)，近年来越来越多的用于农药多残留的系统检测。

③其他类型色谱柱　填充毛细管柱为内径 0.25～0.5 mm 的填充柱，其渗透率介乎填充柱与毛细管柱之间。由填料填入内径为 2～4 mm，外径为 6～8 mm 的玻璃柱中，再拉制而成。

另外还有多孔层毛细管柱、多孔层玻璃球柱、大口径毛细管柱等。

(2)检测器　检测器为色谱仪中测量载气流中不同组分及含量的构件。在色谱分析时，待测各组分气化后经色谱柱分离，在通过检测器将先后流出的各组分按其理化特性进行检测，即按各组分含量多少转化成易于测量的电信号，再经放大后进行记录以定性定量。

农药分析中常用的气相色谱检测器主要有电子捕获检测器(ECD，electron capture detector)、火焰光度检测器(FPD，flame photometric detector)、氮磷检测器(NPD，nitrogen phosphorus detector)、热导池检测器(TCD，thermal conductivity detector)、氢火焰离子化检测器(FID，flame ionization detector)等。

①电子捕获检测器　是一种具有高选择性和高灵敏度的离子化检测器，只对具有电负性的物质如含卤素、硝基、氧原子的化合物有很强的响应。检测器的灵敏度高(可达 1×10^{-14} g/mL)。常用的 ECD 内有一放射源(^{63}Ni，强度为 10～20 mci，或^{3}H，强度为100～1 000 mci)。载气可用高纯 N_2、N_2 加 5%的 CO_2 或 Ar 加 5%～10%CH_4。广泛应用于有机氯农药、拟除虫菊酯类农药和其他含电负性原子的农药残留检测。

②火焰光度检测器　FPD 是利用火焰中化学发光作用发展起来的一种高灵敏度、高选择性的检测器。它只对含硫、磷的有机物有响应，因此又称硫磷检测器。对硫、磷的灵敏度都能达到 1×10^{-12} g/s，线性范围为 10^2～10^3。根据待测物类型选择不同滤光片，以提高灵敏度和减少干扰(硫滤光片波长 524 nm，磷滤光片波长 394 nm)。目前，FPD 广泛用于含硫、磷农药残留量的检测。FPD 所用气体为 N_2、H_2 和空气。在用 FPD 时，应在燃烧室升温到 100℃以上时再点火，点火时 H_2 和空气比例要保持富氧，以防止燃烧室积水和点火时爆鸣；点火后再开高压电源，使用完毕或拆卸检测器时，务必关闭高压电源；光电倍增管需避光、防潮、防止过热和震动；要保持滤光片干净、干燥，防止发霉等。

近年来，双火焰光度检测(DFPD)被广泛应用于农药残留量检测，它具有死体积小，响应快，操作稳定，抗干扰性强等优点。

③氮磷检测器　亦称碱火焰离子化检测器(AFID，alkaliflame ionization detector)，它是在FID喷口和收集极之间加一硅酸铷珠作为离子源，从而提高了检测器的灵敏度和选择性。该检测器只对含N、P的化合物有很高的灵敏度和选择性。灵敏度可达$1\times10^{-13}\sim1\times10^{-14}$ g/s，线性范围为$10^3\sim10^4$ g/s。NPD被广泛用于有机氮、有机磷类农药残留量的检测。

3. 高效液相色谱法(HPLC)

高效液相色谱法也称高压液相色谱法(high pressure liquid chromatography)或高速液相色谱法(high speed liquid chromatography)。是20世纪70年代快速发展起来的一项高效、快速的分析分离技术，它以液体作为流动相的一种色谱法。可用以分离检测极性强、分子量大及离子型有机物，尤其是对不易气化或受热易分解的农药残留检测更能显示出优越性。近年来，采用高效固定相、高压泵、高灵敏度的检测器、柱前(后)衍生化技术和计算机联用等，大大提高了液相色谱的检测效率、灵敏度和操作自动化程度，现已成为检测环境中微量有机污染物的重要方法。

此法也有以下不足：由于其只能检测对紫外有吸收和本身能发射荧光的农药，限制了高效液相色谱法的应用，且溶剂消耗量大，且很多溶剂对人体有害；检测器种类较气相色谱少，且灵敏度也低；液相色谱柱价格昂贵。

HPLC分液-液分配色谱、液-固吸附色谱、离子交换色谱和凝胶色谱等几大类。

(1)色谱柱　色谱柱是液相色谱起分离作用的关键部件，由柱管和填充料组成。柱管为内径均匀、管壁抛光的不锈钢管，常用的标准柱型为内径3.9 mm或4.6 mm，长15～25 cm的不锈钢柱。目前，长度为3～5 cm、填料3～5 μm的短柱具有高效、省时，节约溶剂的优点，应用范围有增大的趋势。农药分析常用的有C18、C8等反相色谱柱。

(2)流动相　流动相也称淋洗液。它可以携带样品中各组分移动及溶解待测物并使其各组分分离的作用。流动相可分为极性和非极性二大类。当流动相极性比固定相极性大时，称反相液相色谱；反之，称正相色谱。

用作流动相的溶剂应具备以下条件：具有稳定的化学性质，不能和固定相发生化学反应，也不能引起固定相表面活性集团的流失和基质的溶胀；纯度高或易于纯化；沸点不宜太低；无毒或低毒；溶剂性能应与所使用检测器相匹配(不得有干扰)；对样品各组分既要有良好的溶解型，又要有合适的极性，从而使各组分达到充分的分离；黏度要低，否则流动受阻。常用的农药监测分析的流动相有甲醇、乙腈、正已烷等。

(3)检测器　液相色谱的检测器能连续将随载液流出的各待测组分的量随时间变化情况转化为电信号输入记录仪或电脑以进行定量、定性分析。常用的检测器有紫外吸收检测器(UV，ultraviolet absorption detector)、荧光检测器(FD，fluorescence detector)和二极管阵列检测器(DAD，diode-array detector)等。理想的检测器应具备如下优点：灵敏度高、重复性好；噪声响应低；线性范围宽；对溶剂、流动相流速或环境温度的变化不敏感；稳定性好，操作方便。

①紫外吸收检测器　UV是目前应用最为广泛的检测器，其优点是灵敏度较高、检测限较低(最低检出浓度可达10^{-9} g/mL)、线性范围宽、流动相和温度的变化对基线影响不大、

稳定性好及不破坏待测物。不过UV只可检测对紫外光有吸收的农药。

②荧光检测器　FD为一种灵敏度高、选择性强的检测器，虽不如紫外检测器应用那样广泛，但它具有比UV灵敏度高1～2个数量级的优点，故也是常用的检测器。在紫外光照射下，具有对称共轭体系的分子(如多环芳烃类化合物)发射荧光，可用荧光检测测定。大多数农药本身不发生荧光，但经衍生化反应即可采用荧光检测。目前，荧光检测器已较多地用于环境样品中氨基甲酸酯类农药等的测定。但一些含卤素、重金属、氧、硝基的化合物，易使荧光熄灭，用FD时应给予注意。

③二极管阵列检测器　DAD灵敏度高，线性范围广，噪声小，可进行全波长检测，一次进样可检测样品中不同波长下所有的组分。该检测器目前已普遍应用于农药残留分析。

4. 气相色谱-质谱联用仪(GC-MS)

将气相色谱仪和质谱仪(MS，mass spectrometry)连接起来，成为一个整体仪器，即为GC-MS。GC-MS既具有气相色谱高分离效能，又具备质谱准确鉴定化合物结构的特点，可达到同时定性定量的检测目的。毛细管色谱与质谱及电子计算机联用，使色-质联用技术在事故污染物鉴定方面达到了高效、高速、自动化的程度，具有突出的优点。虽其价格较贵，但随着科学水平的提高，气相色谱-质谱联用仪在农药残留检测中的应用越来越广泛。

5. 超临界流体色谱法

超临界流体色谱法(SFC，supercritical fluid chromatography)是以超临界流体作为流动相的色谱分析技术。可在较低温度下分析分子量较大，对热不稳定的化合物和极性较强的化合物，可与各种气相、液相色谱检测器匹配，还可与红外、质谱联用。它可以通过调节压力、温度、流动相等组成多重梯度，选择最佳色谱条件。超临界流体色谱法综合利用了气相色谱法和高效液相色谱法的优点，克服了各自的缺点，成为一种强有力的分离和检测手段。

6. 免疫分析法

近年来，免疫分析法(IA，Immuno assay)用于农药残留快速检测的研究也十分活跃。免疫分析法是将抗体抗原反应与现代测试手段相结合的超微量分析法。它集测定的高灵敏度和抗性反应的强特异性于一体，在某些重要生物活性物质的痕量检测方面取得了很大成就。免疫分析法具有操作简单、快速、灵敏度高、特异性强、检测费用低等优点，只需要很少的仪器设备和专业培训，是初筛测定致癌物和一些剧毒农药的好方法。其灵敏度与常规的仪器分析一致，且适合现场筛选。对于大分子量的极性物质，如生物农药苏云金杆菌毒素蛋白等，免疫分析比常规生物测定和理化分析更具有准确可靠、方便快捷的优点。但它的开发过程需要投入较多资金、较长时间、抗体制备难度较大、抗体有特异性只适用于单一农药残留量的检测分析。若开发成试剂盒，可广泛用于现场样品和大量样品的快速检测。目前，酶联免疫法技术已商品化，农药“速测卡”，通过酶的活性反应来显示蔬菜中甲胺磷和氨基甲酸酯类农药的农残含量，使用起来快速简便，对污染事故的污染物监测具有十分重要的意义。

4.5.2　有机磷农药的多残留分析(气相色谱法)

鉴于有机磷农药的高效低残留性，其在农业生产中的使用量已上升到第一位，所以有机磷农药的残留量分析是农残分析测试中一个极为重要的内容。

4.5.2.1 原理

土壤样品中的有机磷农药采用丙酮加水提取、二氯甲烷萃取、凝结法净化、气相色谱氮磷检测器测定。

本方法适用于土样中速灭磷(mevinphos)、甲拌磷(phorate)、二嗪磷(diazinon)、异稻瘟净(IBP)、甲基对硫磷(parathion-methyl)、杀螟硫磷(fenitrothion)、溴硫磷(bromophos)、水胺硫磷(isocarbophos)、稻丰散(phenthoate)、杀扑磷(methidathion)共10种农药的多组分残留量的测定。本法的最低检测浓度为0.000 2~0.002 9 mg/kg。

4.5.2.2 试剂

速灭磷、甲拌磷、二嗪磷、异稻瘟净、甲基对硫磷、杀螟硫磷、水胺硫磷、稻丰散、杀扑磷、溴硫磷农药标准物,含量>95%。

本实验所用试剂均为分析纯,有机溶剂二氯甲烷(CH_2Cl_2)、三氯甲烷($CHCl_3$)、丙酮、石油醚(60~90℃)、乙酸乙酯(经重蒸),浓缩20倍以GC测定无干扰峰。85%磷酸、氯化铵、氯化钠、无水Na_2SO_4(300℃烘4 h备用)、助滤剂Celite 545、凝结剂:20 g氯化铵和85%磷酸40 mL,溶于400 mL蒸馏水中,再以蒸馏水定容至2 000 mL,备用。

4.5.2.3 仪器设备

(1)气相色谱仪:配氮磷检测器(GC-NPD),色谱柱长1.5 m,内径3 mm,5%的OV-17涂于chrom Q(80~100目)上。

(2)振荡器。

(3)浓缩仪。

4.5.2.4 操作步骤

1. 样品提取

准确称取鲜土20.0 g置于300 mL具塞锥形瓶中,加水(加水量:20 g土壤中含水量共为20 mL),摇匀后静置10 min,加100 mL含20%水分的丙酮浸泡6~8 h,振荡1 h。将提取液倒入铺有二层助滤剂的布氏漏斗中抽滤,收集80 mL滤液(相当于样品的2/3)置于500 mL分液漏斗中。加入10~15 mL的凝结剂和1 g助滤剂再用0.5 mol/L氢氧化钾溶液调节pH至4.5~5.0,振摇20次,静置3 min,过滤,滤液收集至另一500 mL分液漏斗中。加氯化钠13 g,用50 mL、50 mL、30 mL CH_2Cl_2萃取3次,合并CH_2Cl_2相,过无水Na_2SO_4柱干燥。CH_2Cl_2溶液收集于浓缩瓶中加乙酸乙酯0.5 mL,浓缩至1 mL左右,氮气吹干,再溶于丙酮中定容5 mL,待GC测定,色谱峰高外标法定量。

色谱条件:柱温200℃,检测器温度250℃,载气N_2流速36~40 mL/min,氢气4.5~6.0 mL/min,空气流速60~80 mL/min。

2. 标准溶液的配制

准确称取一定量的农药标准物,以丙酮为溶剂,分别配制浓度为0.5 g/L的速灭磷、甲拌磷、二嗪磷、水胺硫磷、甲基对硫磷和稻丰散;浓度为0.7 g/L的杀螟硫磷、异稻瘟净、溴硫磷和杀扑磷储备液,在4℃下可存放6~12个月。用移液管取上述10种储备液适量置于50 mL容量瓶中,用丙酮定容至刻度,使其中速灭磷、甲拌磷、二嗪磷、水胺硫磷、甲基对硫磷和稻丰散的浓度为50.0 mg/L,杀螟磷、异稻瘟净、溴硫磷、杀扑磷浓度为70.0 mg/L。此液为中间液,在4℃下可保存3~6个月。吸取此中间液10 mL以丙酮定容至100 mL即得混合标准工作液。

在样品分析的同时对混合标准工作也进行测定，且进样体积相同。

4.5.2.5　结果计算

测试结果按下式计算：

$$R_i = \frac{H_i \times m_{is} \times V \times ts}{H_{is} \times V_i \times m}$$

式中：R_i 为样品中 i 组分农药的含量，mg/kg；H_i 为注入色谱的样品中 i 组农药的峰高，cm(或峰面积，cm^2)；m_{is} 为注入色谱的样品中 i 组分农药的绝对量 ng；V 为样品定容体积，mL；H_{is} 为注入色谱的标样中 i 组分农药的峰高，cm(或峰面积，cm^2)；V_i 为样品进样量，μL；m 为相当烘干样品的重量，g；ts 为分取倍数(因只用提取液的 2/3，所以分取倍数应该是 3/2)。

习题与思考题

1. 简述土壤的基本组成。
2. 何谓土壤背景值？土壤背景值的调查研究对环境保护和环境科学有何意义？
3. 简述土壤污染的来源、污染类型及其特点。
4. 简述土壤监测的目的和意义。
5. 根据环境监测的目的，土壤环境质量监测分为哪几种类型？
6. 如何评价土壤环境质量？
7. 土壤环境监测布点的原则和布点方法有哪些？布点方法各适用于什么情况？
8. 如何确定采样点的数量？
9. 根据土壤污染监测的目的，如何确定采样深度？为什么需要多点采集混合土样？
10. 怎样加工制备风干土壤样品？不同监测项目对土壤样品的粒度要求有何不同？
11. 土壤样品预处理的方法有哪些？怎样根据监测目的的性质选择预处理方法？
12. 土壤样品的消解方法主要有哪些？各有何特点？
13. 为什么要进行土壤中重金属元素的形态分析？其总量分析和形态分析之间有何关系？
14. 简述土壤中重金属元素有效态的提取分析方法。
15. 国家标准中规定土壤重金属必测元素有哪些？各有哪些分析方法。
16. 土壤中有机污染物的提取和萃取方法有哪些？各有何特点？
17. 简述原子荧光法测定土壤中汞和砷的原理。
18. 试比较氟试剂比色法和氟离子电极法测定氟的原理和优缺点。
19. 目前用于检测农药残留的检测方法主要包括哪些？分析其优缺点？
20. 有一地势平坦的田块，由于用污水灌溉，土壤被铅、汞和苯并[a]芘污染，试设计一个监测方案，包括布设监测点、采集土壤、土样制备和预处理，以及选择分析测定方法。

Chapter 5

第5章

固体废物监测

本章提要：

本章主要介绍固体废物样品采集与制备方法和固体废物及其渗滤液有害性质的监测分析方法。

通过本章的学习，要求学生在了解固体污染物形态、性质与危害的基础上，掌握其正确的取样方法和分析测定的基本原理与技术；了解生活垃圾的特性及渗滤液的监测分析。

随着生产的发展和人类生活水平的提高，固体废物排放量日渐增多，固体废物的污染问题也已经成为环境保护的问题之一。固体废物来自人类活动的许多环节，主要包括生产过程和生活过程的各个环节。

5.1 固体废物样品采集与制备

固体废物(solid waste)，是指在生产、生活和其他活动中产生的丧失原有利用价值或者虽未丧失利用价值但被抛弃或者放弃的固态、半固态和置于容器中的气态的物品、物质以及法律、行政法规规定纳入固体废物管理的物品、物质。

被丢弃的非水液体，如废变压器油等由于无法归入废水、废气类，故习惯上归在固体废物类。固体废物的分类方法有多种，按其组成可分为有机废物和无机废物；按其形态可分为固体废物、半固体废物和液态(气态)废物；按其污染特性可分为危险废物和一般废物等。根据《中华人民共和国固体废物污染环境防治法》(1995 年公布)分为城市生活垃圾、工业固体废物和危险废物。

生活垃圾是指在日常生活中或者为日常生活提供服务的活动中产生的固体废物以及法律、行政法规规定视为生活垃圾的固体废物。其主要成分包括厨余物、废纸、废塑料、废织物以及废家具、废电器、庭院废物等。城市生活垃圾主要产自居民家庭、城市商业、餐饮业、旅馆业、市政环卫业、交通、文教、行政事业、工业企业及水处理污泥等。它的成分复杂，有机物含量高。影响城市生活垃圾成分的主要因素有居民生活水平、生活习惯、季节、气候等。

工业固体废物是指在工业、交通等生产过程中产生的固体废物。

危险废物(hazardous waste)是指列入国家危险废物名录或根据国家规定的危险废物鉴别标准和鉴别方法认定的具有腐蚀性、毒性、易燃性、反应性和感染性等一种或一种以上危险特性的废物。

固体废物的监测包括：采样计划的设计和实施、分析方法、质量保证等方面，各国都有具体制定。例如，美国环境保护局固体废弃物办公室根据资源回收法(RCRA)编写的“固体废物试验分析评价手册”(U. S. EPA，Test Methods for Evaluating Solid Waste)较为全面地论述了采样计划的设计和实施；质量控制；方法选择；金属分析方法；有机物分析方法；综合指标实验方法；物理性质测定方法；有害废物的特性，法规定义和可燃性、腐蚀性、反应性、浸出毒性的试验方法；地下水、土地处理监测和废物焚烧监测等。我国于 1998 年颁发了 HJ/T 20—1998《工业固体废物采样制样技术规范》。

为了使采集样品具有代表性，在采集之前要调查研究生产工艺过程、废物类型、排放数量、堆积历史、危害程度和综合利用情况。如采集有害废物则应根据其有害特性采取相应的安全措施。

5.1.1 固体废物样品采集

5.1.1.1 采样方案设计

在固体废物采样前，应首先进行采样方案(采样计划)设计。方案的内容包括采样目的和要求、背景调查和现场踏勘、采样程序、安全措施、质量控制、采样记录和报告等。

1. 采样目的

采样的基本目的是从一批工业固体废物中采集具有代表性的样品，通过试验和分析，获得在允许误差范围内的数据。在设计采样方案时，应首先明确以下具体目的和要求：特性鉴别和分类；环境污染监测；综合利用或处置；污染环境事故调查分析和应急监测；科学研究；环境影响评价；法律调查、法律责任、仲裁等。

采样的目的明确后，要调查以下影响采样方案制定的因素，并进行现场踏勘：工业固体废物的产生(处置)单位、产生时间、产生形式(间断或连续)、贮存(处置)方式；废物种类、形态、数量、特性(含物性和化性)；废物试验及分析允许的误差和要求；废物污染环境、监测分析的历史资料；废物产生或堆存或处置或综合利用现场踏勘，了解现场及周围环境。

2. 采样程序

采样程序，采样按以下步骤进行：①确定废物批量；②选派采样人员；③明确采样目的和要求；④进行背景调查和现场踏勘；⑤确定采样法；⑥确定份样数和份样量；⑦确定采样点；⑧选择采样工具；⑨制定安全措施；⑩制定质量控制措施、采样、组成小样(或大样)。

采样记录和报告，采样时应记录工业固体废物的名称、来源、数量、性状、包括、贮存、处置、环境、编号、份样量、份样数、采样点、采样方法、采样日期、采样人等。必要时，根据记录填写采样报告。

5.1.1.2 采样技术

1. 采样法

(1)简单随机采样法　一批废物，当对其了解很少，且采取的份样比较分散也不影响分析结果时，对这批废物不做任何处理，不进行分类也不进行排队，而是按照其原来的状况从批废物中随机采取份样。

抽签法：先对所有采份样的部位进行编号，同时把号码写在纸片上(纸片上号码代表采份样的部位)，掺和均匀后，从中随机抽取份样数的纸片，抽中号码的部位，就是采份样的部位，此法只宜在采份样的点不多时使用。

随机数字表法：先对所有采份样的部位进行编号，有多少部位就编多少号，最大编号是几位数，就使用随机数表的几栏(或几行)合在一起使用，从随机数字表的任意一栏、任意一行数字开始数，碰到小于或等于最大编号的数码就记下来(碰上已抽过的数就不要它)，直到抽够份数为止。抽到的号码，就是采份样的部位。

(2)系统采样法　一批按一定顺序排列的废物，按照规定的采样间隔，每间隔采取一个份样，组成小样或大样。

在一批废物以运送带、管道等形式连续排除的移动过程中，按一定的质量或时间间隔采份样，份样间的间隔可根据表 5-1 规定的份样数和实际批量按照下列公式计算：

$$T \leqslant \frac{Q}{n} \quad 或 \quad T' \leqslant \frac{60Q}{G \times n}$$

式中：T 为采样质量间隔，t；Q 为批量，t；n 为按照公式计算出的份样数或表 5-1 中规定的份样数；G 为每小时排出量，t/h；T' 为采样时间间隔，min。

表 5-1　批量大小与最少份样数　　固体：t；液体：1 000 L

批量大小	最少份样数	批量大小	最少份样数
<1	5	≥100	30
≥1	10	≥500	40
≥5	15	≥1 000	50
≥30	20	≥5 000	60
≥50	25	≥10 000	80

采第一个份样时，不可在第一间隔的起点开始，可在第一间隔内随机确定。

在运送带上或落口处采份样，须截取废物流的全截面。

所采份样的粒度比例应符合采样间隔或采样部位的粒度比例，所得的大样的粒度比例应与整批废物流的粒度分布大致相符。

(3)分层采样法　根据对一批废物已有的认识，将其按照有关标志分若干层，然后在每层中采取份样。一批废物分次排出或某生产工艺过程的废物间歇排出过程中，可分 n 层采样，根据每层的质量；按比例采取份样。同时，必须注意粒度比例，使每层所采份样的粒度比例与该层废物粒度分布大致相符。

第 i 层采份样数 n_i 按下列公式计算：

$$n_i = \frac{n \cdot Q_i}{Q}$$

式中：n_i为第 i 层应采份样数；n 为按公式计算出的份样数或表 5-1 中规定的份样数；Q_i为第 i 层废物质量，t；Q 为批量，t。

(4)两段采样法　简单随机采样、系统采样、分层采样都是一次就直接从批废物中采取份样，称为单阶段采样。当一批废物由许多车、桶、箱、袋等容器盛装时，由于各容器件比较分散，所以要分阶段采样。首先从批废物总容器件数 N_0 中随机抽取 n_1 件容器，然后再从 n_1 件的每一件容器中采 n_2 个份样。

推荐当 $N_0 \leqslant 6$ 时，取 $n_1 = N_0$；当 $N_0 > 6$ 时，n_1 按下列公式计算：

$$n_1 \geqslant 3 \times \sqrt[3]{N_0} \quad (小数进整数)$$

推荐第二阶段的采样数 $n_2 \geqslant 3$，即 n_1 件容器中的每个容器均随机采上、中、下最少 3 个份样。

(5)权威采样法　由对被采批工业固体废物非常熟悉的个人来采取样品而置随机性于不顾。这种采样法，其有效性完全取决于采样者的认识。尽管权威采样有时也能获得有效的数据，但对大多数采样情况，建议不采用这种采样方法。

2. 份样量

一般来说，样品量多一些，才有代表性。因此，份样量不能少于某一限度；但份样量达到一定限度之后，再增加重量也不能显著提高采样的准确度。份样量取决于废物的粒度上限，废物的粒度越大，均匀性越差，份样量就越多，它大致与废物的最大粒度直径某次方成正比，与废物不均匀性程度成正比。份样量可按切乔特公式计算：

$$Q \geqslant K \times d^{\alpha}$$

式中：Q 为份样量应采的最低重量，kg；d 为废物中最大粒度的直径，mm；K 为缩分系数，代表废物的不均匀程度，废物越不均匀，K 值越大，可用统计误差法由实验测定，有时也可由主管部门根据经验指定；α 为经验常数，随废物的均匀程度和易碎程度而定。对于一般情况，推荐 $K=0.06$，$\alpha=1$。

也可以按照表 5-2 确定每份样品应采的最小质量。表中要求的采样铲容量为保证一次在一个地点或部位能取到足够数量的份样量。

表 5-2　份样量和采样产容量

最大粒度/mm	最小份样量/kg	采样铲容量/mL	最大粒度/mm	最小份样量/kg	采样铲容量/mL
＞150	30		20～40	2	800
100～150	15	16 000	10～20	1	300
50～100	5	7 000	＜10	0.5	125
40～50	3	1 700			

对于液态废物的份样量以不小于 100 mL 的采样瓶(或采样器)所盛量为准。

3. 份样数

公式法：当已知份样间的标准偏差和允许误差时，可按下列公式计算份样数。

$$n \geqslant \left(\frac{t \times s}{\Delta}\right)^2$$

式中：n 为必要份样数；s 为份样间的标准误差；Δ 为采样允许误差；t 为选定置信水平下的最初 t 值，以此算出 n 的初值。用对应于 n 初值的 t 值代入，不断迭代，直至算得的 n 值不变，此 n 值即为必要份样数。

查表法：当份样间标准偏差或允许误差未知时，可按表 5-1 经验确定份样数。

5.1.1.3　采样点

对于堆存、运输中的固体工业固体废物和大池(坑、塘)中的液体工业固体废物，可按对角线型、梅花型、棋盘型、蛇型等点分布确定采样点(采样位置)。

对于粉末状、小颗粒的工业固体废物，可按垂直方向、一定深度的部位确定采样点。

对于容器内的工业固体废物，可按上部(表面下相当于总体积的 1/6 深处)、中部(表面下相当于总体积的 1/2 深处)、下部(表面下相当于总体积的 5/6 深处)确定采样点。

根据采样方式(简单随机采样、分层采样、系统采样、两段采样等)确定采样点(采样位置)。

5.1.1.4　采样工具

固体废物的采样工具包括：尖头钢锹；钢尖镐(腰斧)；采样探子和钻；气动和真空探针；取样铲；具盖采样桶或内衬塑料的采样袋。

5.1.1.5　采样类型

1. 现场采样

在生产现场采样，首先应确定样品的批量，然后按下式计算出采样间隔，进行流动间隔采样。

$$采样间隔 \leqslant \frac{批量}{规定的份样数}$$

注意事项：采第一个份样时，不准在第一间隔的起点开始，可在第一间隔内任意确定。

2. 运输车及容器采样

在运输一批固体废物时，当车数不多于该批废物规定的份样数时，每车应采份样数按下式计算。当车数多于规定的份样数时，按表 5-3 选出所需最少的采样车数，然后从所选车中各随机采集一个份样。

$$每车应采份样数 = \frac{规定份样数}{车数}$$

在车中，采样点应均匀分布在车厢的对角线上，如图 5-1 所示，端点距车角应大于 0.5 m，表层去掉 30 cm。

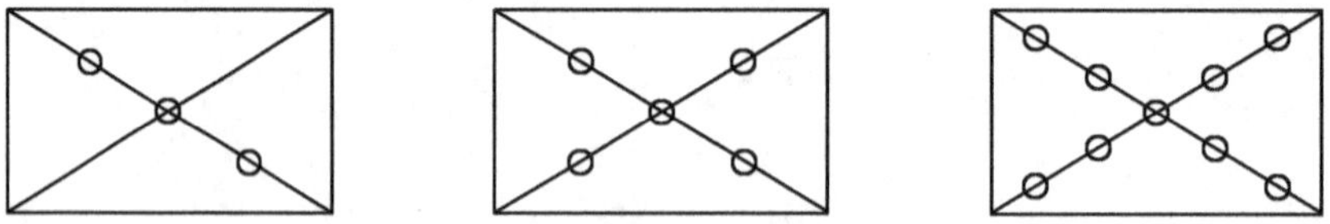

图 5-1　车厢中的采样布点

对于一批若干容器盛装的废物，按表 5-3 选取最少容器数，并且每个容器中均随机采两个样品。

表 5-3　所需最少的采样车数

车数(容器)	所需最少采样车数
＜10	5
10～25	10
25～50	20
50～100	30
＞100	50

3. 废渣堆采样

在渣堆两侧距堆底 0.5 m 处画第一条横线，然后每隔 0.5 m 画一条横线；再每隔 2 m 画一条横线的垂线，其交点作为采样点。按表 5-1 确定的份样数，确定采样点数，在每点上从 0.5～1.0 m 深处各随机采样一份，如图 5-2 所示。

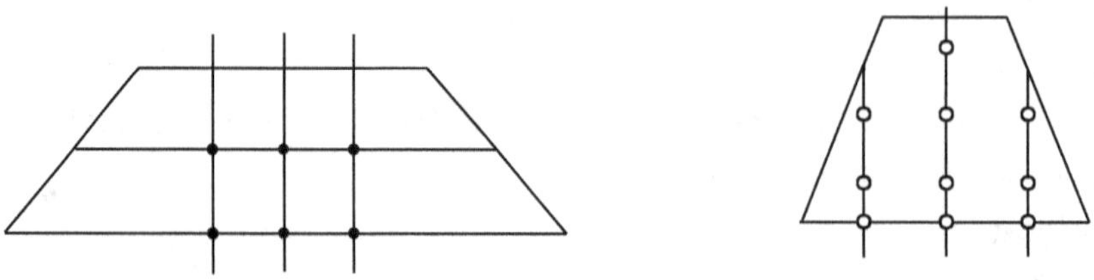

图 5-2　废渣堆中采样点的分布

5.1.2 样品的制备

样品制备的目的是从采取的小样或大样中获取最佳量、具有代表性、能满足试验或分析要求的样品。

1. 制样工具

制样工具包括粉碎机(破碎机)、药碾、钢锤、标准套筛、十字分样板、机械缩分器。

2. 制样要求

(1)在制样全过程中，应防止样品产生任何化学变化和污染。若制样过程中，可能对样品的性质产生显著影响，则应尽量保持原来状态。

(2)湿样品应在室温下自然干燥，使其达到适于破碎、筛分、缩分的程度。

(3)制备的样品应过筛后(筛孔为 5 mm)，装瓶备用。

3. 制样程序

(1)粉碎　用机械或人工方法把全部样品逐级破碎，通过 5 mm 筛孔。粉碎过程中，不可随意丢弃难于破碎的粗粒。

(2)缩分　将样品于清洁、平整、不吸水的板面上堆成圆锥形，每铲物料自圆锥顶端落下，使均匀地沿堆尖散落，不可使圆锥中心错位。反复转堆，至少三周，使其充分混合。然后将圆锥顶端轻轻压平，摊开物料后，用十字板自上压下，分成四等份，取两个对角的等份，重复操作数次，直至不少于 1 kg 试样为止。在进行各项有害特性鉴别试验前，可根据要求的样品量进一步进行缩分。

4. 样品水分的测定

称取样品 20 g 左右，测定无机物时可在 105℃下干燥，恒重至±0.1 g，测定水分含量。

测定样品中的有机物时应于 60℃下干燥 24 h，确定水分含量。固体废物测定结果以干样品计算，当污染物含量小于 0.1%时以 mg/kg 表示，含量大于 0.1%时则以百分含量表示，并说明是水溶性或总量。

5. 样品的保存

制好的样品密封于容器中保存(容器应对样品不产生吸附、不使样品变质)，贴上标签备用。标签上应注明：编号、废物名称、采样地点、批量、采样人、制样人、时间等。特殊样品，可采取冷冻或充惰性气体等方法保存。

制备好的样品，一般有效保存期为 3 个月，易变质的试样不受此限制。

5.2 固体废物有害性质监测分析

固体废物特性鉴别的检测项目应根据固体废物的产生源特性确定。固体废物特性鉴别采用 2007 年发布的《危险废物鉴别标准》(GB 5085)标准规定的相应方法和指标限值。危险废物是指具有腐蚀性、急性毒性、浸出毒性、反应性、易燃性、传染性、放射性等一种或一种以上危害特性的废物。

5.2.1 急性毒性初筛试验

有害废物中会有多种有害成分，组分分析难度较大。急性毒性的初筛试验(screening test for acute toxicity)可以简便地鉴别并综合急性毒性。《危险废物鉴别标准——急性毒性初筛》(GB 5085.2—2007)用《化学品测试导则》(HJ/T 153)中的急性经口毒性试验、急性经皮毒性试验和急性吸入毒性试验取代了原标准附录中的“危险废物急性毒性初筛试验方法”。口服毒性半数致死量(LD_{50})是经过统计学方法得出的一种物质的单一计量，可使青年白鼠口服后，在 14 d 内死亡一半的物质剂量。急性经口毒性试验方法如下：

以体重 18～24 g 的小白鼠(或 200～300 g 大白鼠)作为实验动物，若是外购鼠，必须在本单位饲养条件下饲养 7～10 d，仍活泼健康者方可使用。实验前 8～12 h 和观察期间禁食。

称取制备好的样品 100 g，置于 500 mL 具磨口玻璃塞的三角瓶中，加入 100 mL(pH 为 5.8～6.3)蒸馏水(固液比为 1：1)，振摇 3 min 于室温下静止浸泡约 24 h，用中速定量滤纸过滤，滤液留待灌胃用。

灌胃采用 1(或 5)mL 注射器，注射针采用 9(或 12)号，去针头，磨光，弯曲成新月形。对 10 只小白鼠(或大白鼠)进行一次性灌胃，每只灌浸出液 0.40(或 3.00)mL(实际灌胃量按照：小白鼠不超过 0.4 mL/20 g；大白鼠不超过 1.0 mL/100 g)，对灌胃后的小白鼠(或大白鼠)进行中毒症状观察，记录 48 h 内动物死亡数。根据实验结果，对该废物的综合毒性作出初步评价，如出现半数以上的小白鼠(或大白鼠)死亡，则可判断该废物是具有急性毒性的危险废物。

5.2.2 易燃性试验方法

鉴别易燃性(identification for ignitability)的方法是测定闪点(flash point)。闪点是指在标准大气压(101.3 kPa)下，液体表面上方释放出的易燃蒸气与空气完全混合后，可以被火焰或火花点燃的最低温度。闪点较低的液态废物和燃烧剧烈而持续的非液态废物，由于摩擦、吸湿、点燃等自发的化学变化会发热、着火，或可能由于它的燃烧引起对人体或环境的危害。《危险废物鉴别标准——易燃性鉴别》(GB 5085.4—2007)中规定了易燃性的鉴别方法。

液态固体废物鉴别试验采用专用的闭口闪点测定仪。温度计采用 1 号温度计(－30～170℃)或闭口闪点用 2 号温度计(100～300℃)。防护屏用镀锌铁皮制成，高度 550～650 mm，宽度以适用为度，屏身内壁漆成黑色。

测定时按标准要求加热试样至一定温度，停止搅拌，每升高 1℃点火一次，至试样上方刚出现蓝色火焰时，立即读出温度计上的温度值，该值即为闪点。

操作过程的细节可参阅《石油产品闪点测定法(闭口杯法)》(GB 261)。

对于固态废物，可参照《易燃固体危险货物危险特性检验安全规范》(GB 19521.1)进行。其中危险特性鉴别试验仪器采用金属燃烧速测仪、非金属燃烧速测仪。

对于气态危险废物，可参照《易燃气体危险货物危险特性检验安全规范》(GB 19521.2)进行。

5.2.3 腐蚀性试验方法

按照 GB/T 15555.12 制备的浸出液，pH≥12.5，或者≤2.0 时；或者在 55℃条件下，对 GB/T 699 中规定的 20 号钢材的腐蚀速率≥6.35 mm/年，则该废物是具有腐蚀性(identification for corrosivity)的危险废物。

腐蚀性指通过接触能损伤生物细胞组织、或腐蚀物体而引起危害。测定方法一种是按照《固体废物腐蚀性测定——玻璃电极法》(GB/T 15555.12)测定 pH；另一种是按照《金属材料实验室均匀腐蚀全浸试验方法》(JB/T 7901)测定腐蚀速率。玻璃电极法的具体测定方法如下。

称取 100 g 试样(以干基计，固体试样风干、磨碎后应能通过 Φ5 mm 的筛孔)，置于浸取用的混合容器中，加水 1 L(包括试样的含水量)。将浸取用的混合容器垂直固定在振荡器上，振荡频率调节为(110±10)次/min，振幅 40 mm，在室温下振荡 8 h，静置 16 h。通过过滤装置分离固液相，滤后立即测定滤液的 pH 值。

如果固体废物中干固体的含量小于 0.5%(m/m)时，则不经过浸出步骤，直接测定溶液的 pH 值。

用玻璃电极为指示电极，饱和甘汞电极为参比电极组成电池。原理与 pH 值的测定同。

5.2.4 反应性试验方法

废物的反应性(identification for reactivity)常指在常温、常压下，不稳定或外界条件发生变化时发生剧烈变化，以致产生爆炸或放出有毒有害气体的现象。根据危险废物鉴别标准(GB 5085.5—2007)，危险废物的反应特性主要有三种构成，即具有爆炸性质、与水或酸接触产生易燃气体或有毒气体、废弃氧化剂或有机过氧化物，其检验方法如下。

5.2.4.1 爆炸性质(explosion)

爆炸即在极短的时间内，释放出大量能量，产生高温，并放出大量气体，在周围形成高压的化学反应或状态变化的现象。对于固体废物爆炸性质的鉴别主要依据专业知识，必要时可以参考《民用爆炸品危险货物危险特性检验安全规范》(GB 19455)中的规定进行试验和鉴别。

1. 撞击感度试验

确定样品对机械撞击作用的敏感程度。一定量的样品，受一定重量的落锤，自一定高度自由落下的一次冲击作用，观察是否发生爆炸、燃烧和分解，测定其爆炸百分数，即为撞击感度值。

落锤重(10 000±10)g，落高(250±1)mm，样品量(0.050±0.002)g。将称量好的作品倒入柱套内，连同底座在装配台上适当转动几圈，让样品均匀地分布在击柱面上。再放入上击柱，让它借助本身的重力徐徐下落至接触面将 25 次装好样品的撞击装置，在上述试验条件下逐个放在落锤下进行撞击试验。观察有无分解、燃烧、爆炸现象发生。

分解：变色，有气味，有气体产生；燃烧：冒烟，有痕迹，有声响；爆炸：冒烟，有痕迹，声响明显。

一组试验的爆炸百分数按下式计算：

$$P=\frac{X}{25}\times 100\%$$

式中：P 为爆炸百分数；X 为 25 次试验中，分解、燃烧、爆炸的总次数。当两组测定结果平行时，以他们的算术平均值作为该样品的撞击感度值。

2. 摩擦感度试验

测定样品对摩擦作用的敏感程度，用摆式摩擦仪进行测定。将一定量的试验样品夹在试验装置的两个滑柱端面之间，并沿上滑柱的轴线方向施加一定的压力。当上滑柱受到摆锤从某一摆角一释放的侧击力作用时，将相对于受压的样品滑移。观察样品受摩擦作用后是否发生爆炸、燃烧和分解。在一定试验条件下的发火率即作为样品摩擦感度的标志。

3. 差热分析试验

确定样品的热不稳定性，用差热分析仪测定。当样品与参比物质以同一升温速度加热时，在记录仪上记录具有吸热或放热的温度-时间曲线。

将被测样品(5～25 mg)及参比样品(Al_2O_3 等)分别放入相同的坩埚内，将热电偶测量头与坩埚接触好，选择合适的升温速度及差热量程。仪器预热及调零后，使加热炉以某一恒定的速度升温，由于热电偶与自动记录仪相连，所以样品受热后分解的情况可从记录仪记录的温度-时间曲线得到。

通过样品的热分析曲线，可以了解样品受热分解的全过程。由温度-时间曲线的峰温、峰形等判断样品的热不稳定性。

4. 爆炸点试验

确定样品对热作用的敏感度，用爆发点测定仪测定。从样品开始受热到爆炸有一段时间，这段时间叫延滞期。采用 5 s 延滞期的爆炸点温度来比较样品的热感度。

将试验样品(25 mg)放入铜管壳中，将铜管壳投入伍德合金浴中，试验在不同的浴温下进行，记录在每个温度下爆炸前延滞的时间。试验温度由高逐渐下降，每隔一定温度，于恒温下进行试验，浴温一直降到爆炸、点燃、不发生明显的分解为止。浴温的范围为 125～400℃。如果在 360℃，5 min 不发生爆炸，样品就可以从合金浴中取出。

以横坐标表示介质的温度 t(℃)，以纵坐标表示延滞期 T(s)，作图可求出 5 s 延滞期爆发点。

5. 火焰感度试验

确定样品对火焰的敏感程度，用火焰感度仪测定。被测样品与黑药柱保持一段距离，用灼热的镍铬丝点燃标准用药柱，观察黑药在燃烧时产生的热量能否点燃样品。

把装有黑药柱的模具放在仪器顶部中心位置，旋转自耦变压器，使点火用的镍铬丝发红为止。转动点火工具手把，用通红的镍铬丝点燃黑药柱，黑药柱燃烧喷射之火焰作用于试样，观察试样是否爆炸、燃烧和分解。将自耦变压器旋至零点，依次用定点法或升降法将一组试样做完。

在上述试验条件下，只要能发火即说明样品对火焰有一定感度，而对火焰的敏感程度可用样品与黑药柱相距一定距离内发火百分数或 50% 发火距离表示。

5.2.4.2 与水或酸接触产生易燃气体或有毒气体

有些危险废物与水混合发生剧烈的化学反应，并放出大量易燃气体和热量，可按照《遇水放出易燃气体危险货物危险特性检验安全规范》(GB 19521.4—2004)的规定进行试验和判断；对于与水混合能产生足以危害人体健康或环境的有毒气体、蒸气或烟雾的废物，主要依据专业知识和经验来判断；对于与酸溶液接触后氢氰酸和硫化氢的比释放率的测定，可以在装有定量废物的封闭体系中加入一定量的酸，将产生的气体吹入洗气瓶，测定被分析物(GB 5085.5—2007)。实验装置如图 5-3 所示。

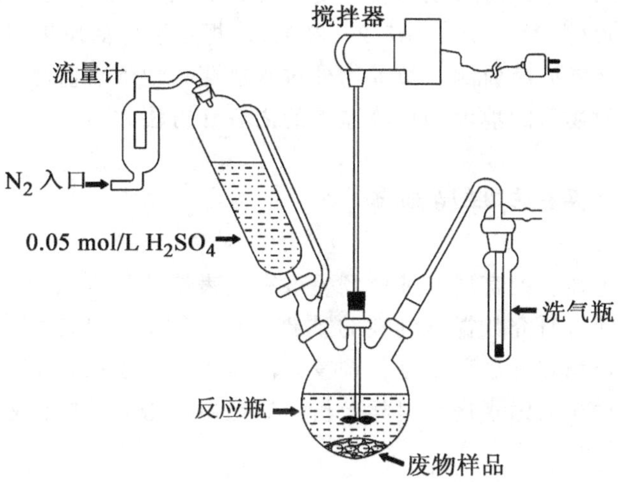

图 5-3 测定废物中氰化物或硫化物的实验装置

5.2.4.3 废弃氧化剂或有机过氧化物

对于极易引起燃烧或爆炸的废弃氧化剂，按照《氧化性危险货物危险特性检验安全规范》(GB 19452)的规定进行试验；而对热、震动或摩擦极为敏感的含过氧基的废弃有机过氧化物的试验方法按照《有机过氧化物危险货物危险特性检验安全规范》(GB 19521.12)的规定进行。

5.2.5 浸出毒性试验方法

浸出毒性(Identification for extraction toxicity)是固态的危险废物遇水浸沥，其中有害的物质迁移转化，污染环境，浸出的有害物质的毒性称为浸出毒性。固体废物受到水的冲淋、浸泡，其中有害成分将会转移到水相而污染地面水、地下水，导致二次污染。

《危险废物鉴别标准 浸出毒性鉴别》(GB 5085.3—2007)规定浸出试验采用《固体废物 浸出毒性浸出方法——硫酸硝酸法》(HJ/T 299—2007)规定步骤，该方法以硝酸/硫酸混合溶液为浸提剂，模拟废物在不规范填埋处置、堆放或经无害化处理后土地利用时，其中的有害组分在酸性降水的影响下，从废物中浸出而进入环境的过程。

浸出试验采用规定方法浸出水溶液，然后对浸出液进行分析。固体废物浸出液中任何一种危害成分含量超过 GB 5085.3—2007 中所列的浓度限值，则判定该固体废物是具有浸出毒性特征的危险废物。

5.3 生活垃圾监测分析

我国颁布的新的《生活垃圾采样和分析方法》(CJ/T 313—2009 代替 CJ/T 3039—95)，规定了城市生活垃圾样品的采集、制备和物理性质的分析方法，适用于城市生活垃圾的常规调查；《生活垃圾填埋场环境监测技术标准》(CJ/T 3037—95)，规定了生活垃圾填埋场环境监测内容和方法，适用于生活垃圾填埋场环境监测；《生活垃圾卫生填埋场环境监测技术要求》(GB/T 18772—2008 代替 GB/T 18772—2002)，规定了生活垃圾卫生填埋场大气污染物监测、填埋气体监测、渗沥液监测、填埋物外排水监测、地下水监测、噪声监测、填埋物监测、苍蝇密度监测、封场后的填埋场环境监测的内容和方法。

5.3.1 生活垃圾采样与样品制备

从不同的垃圾产生地、贮存场或堆放场提取有代表性的各类试样，既是垃圾特性研究的第一环节，也是保证获得研究数据准确性的重要前提。因此，实施城市生活垃圾采样之前，应对垃圾产地的自然环境和社会环境进行调查，同时也要考虑在收集、运输、贮存过程等可能的变化，然后对各种相关因素进行科学分析，制定出周密的采样计划。

5.3.1.1 垃圾样品采集

1. 采样点的确定

采样点通常根据市区人口、主要功能区和调查目的，按表 5-4 和表 5-5 确定点位及点数，并保证采样点垃圾具有代表性和稳定性。

表 5-4 各主要功能区采样点位的确定

序号	1			2	3	4	5		6
区别	居民区			事业区	商业区	清扫区	特殊区		混合区
类别	燃煤	半燃煤	无燃煤	办公文教	商店(场)饭店、娱乐场所、交通站(场)	街道、园林、广场	医院	使领馆	垃圾堆放处理场

表 5-5 城市人口与采样点数的确定

市区人口/万人	50 以下	50～100	100～200	200 以上
最少采样点数/个	8	16	20	30

2. 采样频率和时间

采样频率一般每月两次，在因环境而引起垃圾变化的时期，可调整部分月份的采样频率或增加采样频率。但两次采样间隔时间应大于 10 d。采样应在无大风、雨、雪的条件下进行。在同一市区每次各点的采样宜尽可能同时进行。

3. 采样方法

采样常用工具有：锹、耙、锯、锤子、剪刀等。各类垃圾收集点的采样应在收集点收运垃圾前进行。

在大于 3 m^3 的设施(箱、坑)中采用立体对角线布点法(图 5-4)在等距点(不少于 3 个)采等量垃圾，共 100～200 kg。

在小于 3 m^3 的设施(箱、坑)中，每个设施采 20 kg 以上，最少采 5 个，共 100～200 kg。

混合垃圾点应采集当日收运到堆放处理场的垃圾车中的垃圾，在间隔的每辆车内或在其卸下的垃圾堆中采用立体对角线法在 3 个等距点采等量垃圾共 20 kg；最少 5 车，总共100～200 kg。

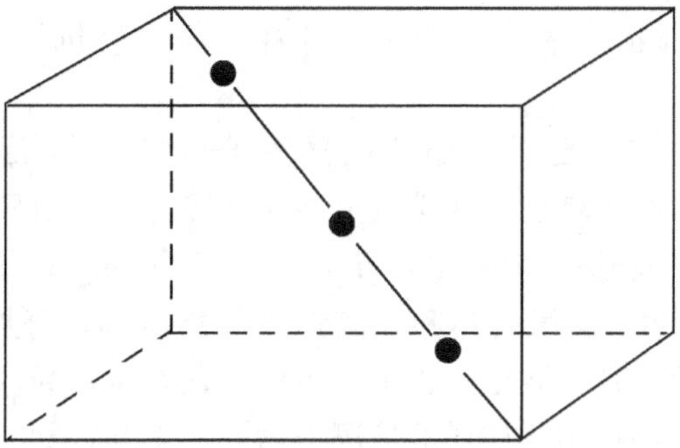

图 5-4　立体对角线布点采样法

5.3.1.2　样品制备

测定垃圾容重后将大块垃圾破碎至粒径小于 50 mm 的小块，摊铺在水泥地面充分混合搅拌，再用四分法缩分 2(或 3)次至 25～50 kg 样品，置于密闭容器运到分析场地。确实难全部破碎的可预先剔除，在其余部分破碎缩分后，按缩分比例，将剔除垃圾部分破碎加入样品中。

采样后应立即分析，否则必须将样品摊铺在室内避风阴凉干净的铺有防渗塑胶布的水泥地面，厚度不超过 50 mm，并防止样品损失和其他物质的混入，保存期不超过 24 h。

5.3.2　生活垃圾特性分析

对于垃圾的不同用途，其监测重点和项目也不同。例如，焚烧，垃圾的热值是决定性的参数；而堆肥需要测定生物降解度、堆肥的腐熟程度等；对于填埋，渗滤液分析和堆场周围的苍蝇密度等成为监测的主要项目。

5.3.2.1　粒度的测定

粒度采用筛分法，将一系列不同的筛目的筛子按规格序列由小到大排列，筛分时，依次连续摇动 15 min，依次转到下一号筛子，然后计算每一粒度微粒所占的百分比。如果需要在试样干燥后再称量，则需在 70℃的温度下烘干 24 h，然后再在干燥器中冷却后筛分。

5.3.2.2　淀粉的测定

垃圾在堆肥处理过程中，需借助淀粉量分析来鉴定堆肥的腐熟程度。测定方法原理是基于垃圾在堆肥过程中形成的淀粉碘化络合物的颜色变化与堆肥降解度的关系。当堆肥降解尚未结束时，淀粉碘化络合物呈蓝色；降解结束即呈黄色。堆肥颜色的变化过程是深蓝→浅蓝

→灰→绿→黄。

样品分析步骤是：①将 1 g 堆肥置于 100 mL 烧杯中，滴入几滴酒精使其湿润，再加 20 mL 36％的高氯酸；②用纹网滤纸(90 号纸)过滤；③加入 20 mL 碘反应剂到滤液中并搅动；④将几滴滤液滴到白色板上，观察其颜色变化。

5.3.2.3 生物降解度的测定

垃圾中含有大量天然的和人工合成的有机物质，有的容易生物降解，有的难以生物降解。目前，通过试验已经寻找出一种可以在室温下对垃圾生物降解作出适当估计的 COD 试验方法。在强酸性条件下，以强氧化剂重铬酸钾在常温下氧化样品中有机质，过量的重铬酸钾以硫酸亚铁回滴。根据所消耗氧化剂的量，计算样品中有机质的量，再换算为生物可降解度。

分析步骤是：①称取 0.5 g 已烘干磨碎试样置于 500 mL 锥形瓶中；②准确量取20 mL $c_{1/6(K_2Cr_2O_7)}=2$ mol/L 重铬酸钾溶液加入试样瓶中并充分混合；③用另一支量筒量取 20 mL 硫酸加到试样瓶中；④在室温下将这一混合物放置 12 h 且不断摇动；⑤加入大约 15 mL 蒸馏水；⑥再依次加入 10 mL 磷酸、0.2 g 氟化钠和 3 滴亚铁灵指示剂，每加入一种试剂后必须混合；⑦用标准硫酸亚铁铵溶液滴定，在滴定过程中颜色的变化是从棕绿→绿蓝→蓝→绿，在等当点时呈纯绿色；⑧用同样的方法在不放试样的情况下做空白试验；⑨如果加入指示剂时易出现绿色，则试验必须重做，必须再加 30 mL 重铬酸钾溶液。

生物降解度(BDM)的计算：

$$\text{BDM}=\frac{(V_2-V_1)\times V\times c\times 1.28}{V_2}$$

式中：BDM 为生物降解度；V_1为试样滴定体积，mL；V_2为空白试验滴定体积，mL；V 为重铬酸钾的体积，mL；c 为重铬酸钾的浓度，mol/L；1.28 为折合系数。

5.3.2.4 热值的测定

由于焚烧是一种可以同时并快速实现垃圾无害化、稳定化、减量化、资源化的处理技术，在工业发达国家，焚烧已经成为城市生活垃圾处理的重要方法，我国也正在加快垃圾焚烧技术的开发研究，以推进城市垃圾的综合利用。

热值是废物焚烧处理的重要指标，分高热值(H_0)和低热值(H_u)。垃圾中可燃物燃烧产生的热值为高热值。垃圾中含有的不可燃物质(如水和不可燃惰性物质)，在燃烧过程中消耗热量，当燃烧升温时，不可燃惰性物质吸收热量而升温；水吸收热量后气化，以蒸汽形式挥发。高热值减去不可燃惰性物质吸收的热量和水气化所吸收的热量，称为低热值。显然，低热值更接近实际情况，在实际工作中意义更大。

高热值与低热值之间的换算公式为：

$$H_u=H_0\left[\frac{100-(I+W)}{100-W_L}\right]\times 5.85W$$

式中：H_u为低热值，kJ/kg；H_0为高热值，kJ/kg；I 为惰性物质含量，%；W 为垃圾的表面湿度，%；W_L为剩余的和吸湿性的湿度，%。

热值的测定可以用量热计法或热耗法。测定废物热值的主要困难是要了解废物的比热值，因为垃圾组分变化范围大，各种组分比热差异很大，所以测定某一垃圾的比热是一复杂过程，而对组分比较简单的(例如含油污泥等)就比较容易测定。

5.3.3 垃圾渗滤液分析

渗沥水是指垃圾本身所带水分，以及降水等与垃圾接触而渗出来的溶液，它提取或溶出了垃圾组成中的污染物质甚至有毒有害物质，一旦进入环境会造成难以挽回的后果。在生活垃圾的填埋、焚烧、堆肥三种处理方法中，渗滤液主要来源于卫生填埋场，在垃圾填埋初期，由于地表水和地下水的流入、雨水的渗入，以及垃圾本身的分解会产生大量的污水，该污水称为垃圾渗滤液。其中溶解了大量可溶性无机、有机化合物等。

1. 渗沥水的特性

渗沥水的特性决定于它的组成和浓度。由于不同国家、不同地区、不同季节的生活垃圾组分变化很大，并且随着填埋时间的不同，渗沥水组分和浓度也会变化。其特点是：①成分的不稳定性，主要取决于垃圾的组成；②浓度的可变性，主要取决于填埋时间；③组成的特殊性，渗沥水既不同于生活污水，而且垃圾中存在的物质，渗沥水中不一定存在，一般废水中有的它也不一定有。例如，在一般生活污水中，有机物质主要是蛋白质(40%～60%)、碳水化合物(25%～50%)以及脂肪、油类(10%)，但在渗沥水中几乎不含油类，因为生活垃圾具有吸收和保持油类的能力，在数量上至少达到2.5 g/kg干废物。此外，渗沥水中几乎没有氰化物、金属铬和金属汞等水质必测项目。

2. 渗沥水的分析项目

根据实际情况，我国提出了《生活垃圾渗沥水理化分析和细菌学检验方法》(CJ/T 3018.1—3018.15)，规定常规监测项目包括：水温、色度、总固体、总溶解性固体与总悬浮性固体、硫酸盐、氨态氮、凯氏氮、氯化物、总磷、pH值、BOD_5、COD_{Cr}、钾、钠、细菌总数、总大肠菌数等。条件许可时，可加测硫化物、有机质、三甲胺、甲硫醇、二甲基二硫和重金属等项目。其中细菌总数和大肠菌数是我国已有的检测项目，测定方法基本上参照水质测定方法，并根据渗沥水特点做一些变动。

习题与思考题

1. 固体废物分为哪几类？
2. 简述危险固体废物的危害特性，其主要判别依据有哪些？
3. 如何采集固体废物样品？采集后如何预处理和保存？
4. 有害固体废物有害特性的检测包括哪些？分别试述其实验过程。
5. 固体废物的危害表现在哪些方面？
6. 何谓浸出毒性？
7. 什么叫急性毒性实验？为什么这是测定化学物质毒性的常用方法？
8. 城市生活垃圾特性分析包括哪些监测项目？分别试述其测试步骤。
9. 垃圾渗滤液有何特性？

Chapter 6

第6章

生物污染监测

本章提要：

本章主要介绍了生物污染的途径，样品的采集、制备及污染监测的分析方法。

通过本章的学习，了解生物污染的途径、分布及转化排泄特征；理解生物样品的采集、制备和预处理的基本原则和方法；掌握生物污染监测的分析方法。

环境污染物对农业生产的直接对象农作物和畜禽会产生极大的影响，而后者直接关系到人类的食物，因此在农业环境保护和农业环境监测中把环境污染物对动物和植物的污染途径、分布、毒害、症状、监测项目等作为研究的重点。

生物(动物和植物)都是直接或间接地从大气、水体和土壤中吸取营养的，当大气、水体和土壤受到污染后，生物在吸取养分的同时，也要吸收并积累一些有害的物质，从而使生物也遭到污染。人们食用了被污染的生物后，当然也会受到危害。因此，生物监测也是以保持生物的生存条件、维持生态平衡、保护人体健康为目的的一项工作，是环境监测的组成部分，其内容包括动物、植物组织中各种有害物质的测定。

6.1 概述

污染物对植物、动物的毒理影响，有着一定的共同性，如都存在吸收、分布、代谢、排泄的过程，都有着剂量-效应的关系，但植物和动物的表现症状和毒害机制却大相径庭。

6.1.1 生物污染形式

生物受污染的途径主要有表面附着、生物吸收和生物浓缩三种形式。

1. 表面附着

表面附着是指污染物附着在生物体表面的现象。例如，施用农药或大气中的粉尘降落时，部分农药或粉尘以物理的方式黏附在植物表面，其附着量与作物的表面积大小、表面性质及污染物的性质、状态有关。表面积大、表面粗糙、有茸毛的作物附着量比表面积小、表面光滑的作物大；作物对黏度大的污染物、乳剂比对黏度小的污染物、粉剂附着量大。附着在作物表面上的污染物，可因蒸发、风吹或随雨水流失而脱离作物表面。脂溶性或内吸传导性农药，可渗入作物表面的蜡质层或组织内部，被吸收、输导分布到植株汁液中。这些农药在外界条件和体内酶的作用下逐渐降解、消失，但稳定性农药的这种分解、消失速度缓慢，直到作物收获时往往还有一定的残留量。试验结果表明，作物体上残留农药量的减少通常与施药后的间隔时间呈指数函数关系。

2. 生物吸收

大气、水体和土壤中的污染物，可经生物体各器官的主动吸收和被动吸收进入生物体。

主动吸收即代谢吸收，是指细胞利用生物特有的代谢作用所产生的能量而进行的吸收作用。细胞利用这种吸收能把浓度差逆向的外界物质引入细胞内。如水生植物和水生动物将水体中的污染物质吸收，并成百倍、千倍甚至数万倍地浓缩，就是靠这种代谢吸收。

被动吸收即物理吸收，这是一种依靠外液与原生质的浓度差，通过溶质的扩散作用而实现的吸收过程，不需要供应能量。此时，溶质的分子或离子借分子扩散运动由浓度高的外液通过生物膜流向浓度低的原生质，直至浓度达到均一为止。

毒理学是研究化学物质对生物体毒性作用的性质和机理、对机体发生毒害作用的严重程度及其频率进行定量评价的科学，着重探讨化学物质对机体的危害以及避免危害的安全量。

环境毒理学是现代毒理学的分支，研究环境污染物对动植物和人体的危害及避免危害的安全量。农业环境监测中的环境毒理学则着重研究污染物对种植业有关的植物(农作物)和与养殖业有关的动物(畜、禽、水产)的危害及避免危害的安全量。

3. 生物浓缩

生物浓缩也称生物富集，是指生物体从生活环境中不断吸收低剂量的有害物质，并逐渐在体内浓缩或积累的能力。大气、土壤、水体及其他环境中都存在着微生物，环境中的污染物通过生物代谢进入微生物体内，使其体内污染物的含量比环境高很多，这就是微生物浓缩。另外环境中的污染物还可以通过生物的食物链进行传递和富集。比如，美国旧金山的休养胜地明湖，曾因使用滴滴涕使鱼类、鸟类大批死亡。其原因是滴滴涕通过湖水中"浮游生物—小鱼—大鱼—鸟类"食物链以惊人的速度在生物体内富集。如果将湖水中的滴滴涕浓度当作 1 倍，浮游生物体内的浓度就是 265 倍，吃浮游生物的小鱼体内的脂肪中是 500 倍，吃小鱼的大鱼脂肪中达到 8.5 万倍，吃鱼的鸟类体内脂肪中可达到 80 万～100 万倍。如果人吃了这种鱼和鸟，滴滴涕将在人体中富集，使人受到毒害。

6.1.2 污染物的吸收、分布、转移和代谢

污染物在生物体中各部位之间的分布是不均匀的，而且与生物的种类有关。了解生物体中各种有害物质含量的分布情况，对于生物保护和生物污染监测方法的选择都是有益的。

6.1.2.1 植物

污染物进入植物的途径主要是根部和叶部。根对污染物的吸收有两种方式，即主动吸收和被动吸收。主动吸收是根逆浓度梯度的吸收行为，这种吸收作用必须有根部的呼吸作用提供必要的能量，有试验证明在呼吸抑制剂作用下根的呼吸作用和主动吸收同步下降。专性蓄积污染物的植物是植物存在主动吸收污染物的明证。例如，专性富硒植物黄芪必须生长在含硒的土壤中，生长发育要求硒的参与，成为硒的指示植物，植株内含硒量高达 15 000 mg/kg。植物主动吸收的机制是细胞膜上存在着被称为载体的大蛋白质分子，像泵一样地运动，把细胞外的污染物离子运输转移到细胞内。更多的污染物是通过被动吸收方式进入植物根部的，或者依靠浓度差异产生的扩散作用，或者依靠阴阳离子的吸附交换作用。Smith 等证明植物根对铜的吸收不受低温、二硝基苯酚和氮气的影响，是一种非代谢过程。许多重金属离子进入植物根部，与根细胞内的蛋白质相结合或络合，因而根外的重金属离子的浓度依然高于根细胞内游离的重金属离子的浓度，在相对稳定的浓度差的驱使下，重金属离子得以源源不断地扩散到根细胞内。

在大气污染、根外施肥和喷施农药的情况下，植物叶片是污染物进入的主要渠道。植物叶片气孔、角质层、茸毛以及茎部的皮孔都能不同程度地吸收污染物。氟、二氧化硫等污染物以气态或悬浮颗粒态通过气孔进入植物体。

植物从土壤和水体中吸收的污染物，积蓄在各部位的含量是不同的。一般的分布规律是按下列顺序递减的：根＞茎＞叶＞穗＞壳＞种子。利用放射性同位素^{115}Cd对水稻试验的研究结果表明：水稻根系部分含镉量占整个植株含镉量的 84.8%，地上部分(包括叶、茎、穗、米)的总和只占 15.2%。

污染物在植物体中能运输转移。用放射性同位素$^{35}SO_2$的试验表明，大气中的二氧化硫从叶部进入植物体，可被运输至根部并排出体外。运输的推动力之一是蒸腾作用，随着蒸腾

作用氟化物在叶尖和叶缘浓度高于叶心的浓度，因而氟中毒时叶尖端表现出伤斑。污染物的运输能力取决于污染物的种类和性质，也取决于植物的特点。重金属进入植物体后往往被滞留在吸收部位，而非重金属则较容易地被转移。有人用元素电负性来解释重金属的转移问题，认为电负性大的重金属元素易与根内蛋白质结合形成稳定的络合物而被固定，电负性小的重金属元素较容易运转到其他部位。

在植物体中污染物的化学形态发生变化，一部分从无机态转化为有机态，或者从有机态转化为无机态，并发生化学价态的变化，因而其生理和毒理效应也发生相应的变化。

6.1.2.2　动物

污染物通过消化道、皮肤、呼吸道进入动物的机体内。对家畜而言，经口摄取造成中毒的可能性较大，但不排除药浴时通过皮肤，大气污染时通过呼吸道污染的可能性。消化道吸收的主要部位是肠道黏膜，以扩散方式通过细胞膜被吸收。浓度愈高，吸收愈多。不解离的脂溶性污染物较易吸收，水溶性易解离和难溶于水的污染物不易吸收。气体、挥发性液体和液态气溶胶的污染物均能进入呼吸道被肺迅速吸收；直径大于 10 μm 的微粒黏附在呼吸道，直径 5～10 μm 的阻留在气管和支气管，1～5 μm 的可达呼吸道深部，小于 1 μm 的可达到肺泡内。

污染物质被动物吸收后，主要通过血液和淋巴系统分布到全身，最后到达各种组织的作用点而发生危害。游离状态的污染物可进入血液，与血浆蛋白，特别是白蛋白相结合而在体内运输。因为毒物通过细胞膜的能力不同和与各组织的亲和力不同，因此污染物在体内各部位分布不均匀，在特定部位蓄积。按污染物性质及进入动物组织的类型不同，分布规律大致有五种。

(1)能溶解于体液的物质在体内均匀分布，如钠、钾、锂、铷、铯，以及阴离子氟、氯、溴等。

(2)主要蓄积于肝或其他网状内皮系统的物质，如镧、锑、钍等三价和四价阳离子，水解后成胶体。

(3)与骨具有亲和性的物质，如二价阳离子铅、钙、钡、锶、镭、铍等在骨骼中含量较高。

(4)对某一种器官具有特殊亲和性的物质，如碘对甲状腺，汞、铀对肾脏有特殊亲和性。

(5)脂溶性物质，如有机氯化合物，易蓄积于动物体内的脂肪中。

肝脏细胞膜通透性高，内皮细胞不完整，因而血液中的污染物，包括分子态、离子态、蛋白质结合态的污染物，都能进入肝脏。并且肝脏细胞内有特殊的结合蛋白质，能迅速结合外来污染物，能把血浆中已结合的污染物争夺过来。肾组织中也有特殊的结合蛋白质，它们与污染物的亲和力很强。脂溶性污染物则很容易在体脂中蓄积，如有机氯、有机磷农药都极易沉积于体脂中。脂溶性污染物能通过血脑屏障，进入脑和神经组织，可引起神经症状。水溶性和极性的污染物则不能通过屏障，因而不能进入脑部。同样脂溶性大的污染物能通过胎盘屏障，从母体进入胎儿，如有机汞，而水溶性的则不能。

污染物在动物体内在酶等的作用下进行代谢，叫做毒物的生物转化。生物转化的主要场所是动物肝细胞的内质网，主要的反应类型是氧化、还原、水解及合成和结合。经过生物转化使污染物毒性减弱或消失的叫做解毒或者生物失活，经生物转化生成新的毒性更强的化合物的称为致死性生物合成或生物活化。

多数污染物经生物转化后脂溶性减弱，水溶性和极性增强，增加了排泄的可能性。排泄主要经尿和胆汁两条途径。肾小球的毛细血管有较大的膜孔，因而除了大分子蛋白质结合态的污染物外，几乎所有的污染物都能通过肾小球滤过进入肾小管。在肾小管中解离的极性的水溶性污染物不再被重吸收，随尿液排出。未解离的非极性的污染物当其浓度大于血浆浓度时可能被重吸收。肝脏中的污染物经生物转化后生成代谢产物，排入胆汁而进入小肠，部分随粪便排出。部分污染物在肠内被微生物或酶又转化为脂溶性，再次被小肠吸收，形成肠肝循环，这种排泄速度很慢的污染物，如滴滴涕、六六六和有机汞，可用泻剂加速排泄，阻止污染物的再吸收。

6.2 生物样品的采集、制备和预处理

植物和动物样品都是有生命的材料，不同于土壤、大气、水体等样品，因此在样品采集、运输、制备方面都有一些特殊的要求和规定。动植物样品的个体差异较大，尤要注意其代表性。在植物样品污染成分监测中，很多污染成分常以 mg/kg 或 μg/kg 级浓度存在。为使分析结果正确地反映出样品中某种污染物的含量，除使全部分析工作精密而准确地进行外，正确地采集、处理样品也是分析工作中极为重要的环节之一。

6.2.1 植物样品的采集和制备

6.2.1.1 植物样品的采集

根据明确的研究目的，采集样品前应通过必要的调查访问，对分析对象的有关污染情况及各种环境因素的影响进行深入的了解，然后选择出采样区。在采样区内再划分和固定一些被污染后有代表性和生长典型的小区。预选株数或样段的数目，应该根据采样的次数及每次采样的数量来决定。

1. 样品采集的一般原则

(1)代表性　选择一定数量的能符合大多数情况的植株为样品。采集时，不要采集田埂、地边及距离田埂、地边 2 m 以内的样品。

(2)典型性　采样的部位要能反映监测的要求，不能将植株上下部位随意混合。

(3)适时性　根据研究需要和污染物质对植物影响的情况，在植物的不同生长发育阶段，定期采样。

2. 样品的采集

(1)采样前的准备工作　采样前应预先准备好小铲、剪刀等采样工具及布口袋或塑料袋、标签(木或竹制成的小牌)、记录本、样品采集登记表格等物品。

(2)样品采集量　主要是考虑样品分部位处理后，最少部分的数量是否够分析之用。为保证足够的数量，一般要求至少有 1 kg 干重样品，如果是新鲜的样品，以含 80%～90%的水分来计算，则样品要比干重多 5～10 倍。总之，以不少于 5 kg 新鲜样品为原则。

(3)样品采集　根据研究对象在选好的样区内分别采集不同植株的根、茎、叶、果等植物的不同部位。对于农作物的采集，一般在各采样小区内的采样点上，采集 5～10 处的植株

混合组成一个代表性样品。常以梅花形五点取样(图 6-1)，或在小区平行前进以交叉间隔方式取样(图 6-2)。

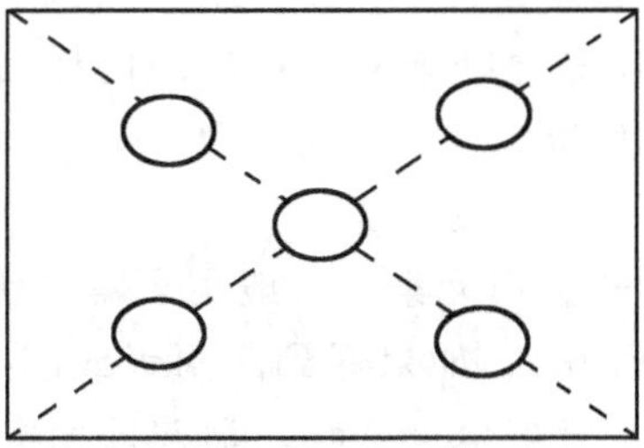

图 6-1　梅花形采样法

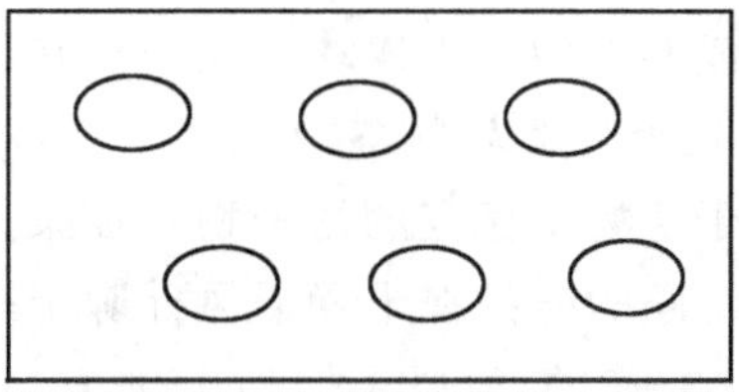

图 6-2　交叉间隔采样法

若采集的样品为根部，在抖掉附着在根上的泥土时，须注意不损失其根毛部位，以尽量保持根系的完整。如果是水稻根系，在采样时还须用清水立即将泥土洗净。根系带回实验室后立即用清水洗 4 次，时间不超过 30 min 为宜(不能浸泡)，洗干净后用纱布拭干。如果采集果树样品，要注意树龄、株型、生长势、载果数量和果实着生的部位及方位。蔬菜样品中的叶菜，若用鲜样进行分析，在采集时，尤其是在夏天采集时，由于天气炎热干燥，蒸发量大，植株最好连根带泥一同挖起，或用湿布将样品包住，或用塑料袋装好，不使其萎蔫。

水生植物(如浮萍、眼子菜、藻类等)一般采集全株。从污水塘或污染较严重的河、塘中捞取的样品，须用清水冲洗干净，并去掉其他水草、小螺等杂物。

(4)样品保存　将采集好的样品装入布口袋或聚乙烯塑料袋，并附上用铅笔编写好样品号的标签，注明编号、采样地点、植物种类、分析项目等，并填写样品采集登记表(表 6-1)，对一些特殊情况也应进行记录，以便查对和分析数据时参考。

表 6-1　样品采集登记表

样品号	样品名称	采集地点	采样日期	采集部位	土壤类别	物候期	污染情况			分析项目	分析部位	采集人
							次数	成分	浓度			

样品带回实验室后，应该立即放在干燥通风之处晾干或烘干，用鲜样进行监测的样品，应立即送往实验室进行处理和分析。当天不能处理、分析完的样品，应暂时冷藏在冰箱内。

6.2.1.2　植物样品的制备

从现场采回来的样品一般称之为原始样品。根据分析项目的要求，应将各个种类的原始样品用不同的方法进行选取。如块根、块茎、瓜果等可切成四块或八块，根据需要量各取每块的 1/4 或 1/8 混合成平均样。粮食、种子等充分混匀后，平铺于玻璃板或木板上，用多点取样或四分法多次选取，得到缩分后的平均样。然后把各平均样作一系列的加工处理，制成可供分析用的样品，称之为分析样品。

1. 新鲜样品的制备

测定植物中易起变化的物质(如酚、氰、农药、硝酸盐等)及多汁的瓜果、蔬菜样品，应在新鲜状态下进行。

将洗净、擦干后的样品切碎、混匀，称取 100 g 放入电动捣碎机的捣碎杯中，加同样重量的蒸馏水或去离子水，捣碎 1～2 min，制成匀浆。含水量高的样品捣碎时可以不加水；含水量低的样品，可增加水量 1～2 倍。对根、茎秆、叶等含纤维素多或较硬的样品，可用不锈钢刀或剪刀切成小碎块，混匀后在乳钵中加石英砂研磨。

2. 风干样品的制备

对于植物中稳定的污染物，如某些重金属元素和非金属元素，一般用干燥样品。

将洗净的样品在干燥通风处晾干(茎秆样品可以劈开)。如果遇到阴雨天或阴湿的气候，可放在 40～60℃鼓风干燥箱中烘干。样品干燥后，去掉灰尘、杂物，剪碎，用电动磨碎机粉碎。谷类作物的种子样品如稻谷等，应先脱壳再粉碎。根据分析项目的要求，将粉碎好的样品通过 40～100 目金属或尼龙筛，处理后的样品保存在玻璃广口瓶或聚乙烯广口瓶中备用。

对于测定某些金属元素的样品，应注意金属器械的污染问题，如测定样品中的铬时，最好不用钢制粉碎机，过筛最好用尼龙筛，否则会有镍、锰等元素的污染、干扰。

3. 样品水分含量的测定

在分析工作中结果的计算，常以干重为基础比较各样品间某成分含量的高低(mg/kg 干重)，因此在制备新鲜或风干样品时，须同时称样测定水分含量，计算干样品的含量，以便换算分析结果。含水量常用重量法测定，即称取一定量新鲜样品或风干样品，于 100～105℃烘干至恒重，由其失重计算含水量。对于含水量高的蔬菜、水果等，以鲜重表示计算结果比较好。

6.2.2 动物样品的采集和制备

动物的尿液、血液、唾液、胃液、乳汁、粪便、毛发、指甲、骨骼、组织和脏器等均可作为检验环境污染物的样品。

1. 尿液

绝大多数毒物及其代谢产物主要由肾脏经膀胱、尿道随尿液排出。尿液收集方便，因此，尿检在医学临床检验中应用较广泛。尿液中的排泄物一般早晨浓度较高，可一次收集，也可以收集 8 h 或 24 h 的尿样，测定结果为收集时间内尿液中污染物的平均含量。采集尿液的器具要先用稀硝酸浸泡洗净，再依次用自来水、蒸馏水清洗，烘干备用。

2. 血液

检验血液中的金属毒物及非金属毒物，如微量铅、汞、氟化物、酚等，对判断动物受危害情况具有重要意义。一般用注射器抽取 10 mL 血样于洗净的玻璃试管中，盖好、冷藏备用。有时需加入抗凝剂，如二溴酸盐等。

3. 毛发和指甲

蓄积在毛发和指甲中的污染物质残留时间较长，即使已脱离与污染物接触或停止摄入污染食物，血液和尿液中污染物含量已下降，而在毛发和指甲中仍容易检出。头发中的汞、砷等含量较高，样品容易采集和保存，故在医学和环境分析中应用较广泛。人发样品一般采集 2～5 g，男性采集枕部发，女性原则上采集短发。采样后，用中性洗涤剂洗涤，去离子水冲洗，最后用乙醚或丙酮洗净，室温下充分晾干后保存备用。

4. 组织和脏器

采用动物的组织和脏器作为检验样品，对调查研究环境污染物在机体内的分布、蓄积、毒性和环境毒理学等方面的研究都有一定的意义。但是，组织和脏器的部位复杂，且柔软、易破裂混合，因此取样操作要细心。以肝为检验样品时，应剥去被膜，取右叶的前上方表面下几厘米纤维组织丰富的部位作样品。检验肾时，剥去被膜，分别取皮质和髓质部分作样品，避免在皮质与髓质结合处采样。其他如心、肺等部位组织，根据需要，都可作为检验样品。检验较大的个体动物受污染情况时，可在躯干的各部位切取肌肉片制成混合样。采集组织和脏器样品后，应放在组织捣碎机中捣碎、混匀，制成浆状鲜样备用。

5. 畜禽产品

畜禽样品采集前应进行现场调查，了解养殖业的生产规模、品种、数量、商品率等状况，了解饲养场的污染状况(水体、饲料、牧草等)，了解养殖动物的生长发育情况以及产品产量和品质情况。

(1)鸡、鸭等小型畜禽样的采集　从饲养场或个体专业户选取3～6只畜禽，宰杀后用不锈钢刀在其背部或腿部随机取约1 kg混合样，立即在0℃以下冷冻保存，切忌用福尔马林浸渍，以免重金属污染。根据需要，同步采集各脏器组织的样品。

(2)大型畜禽(牛、羊等)样的采集　只能在食品加工厂或食品站选取2～3头宰杀的畜禽，用小刀在其背部、腿部随机取约1 kg混合样，处理同上。

(3)蛋类样品的采集　从选定的养鸡场随机选取1 kg新鲜蛋，应保持外壳完整无损伤，切忌选用保存较长时间的或破损的蛋。

(4)奶类样品的采集　从奶牛、奶羊养殖场选取4～5头奶牛、奶羊采全脂奶，充分混匀至无奶油形成后采集1～2 kg即可，如有奶油形成，应把奶油从容器壁完全刮下，搅拌至均匀乳化后采集。

6. 水产品

水产品如鱼、虾、贝类等是人们常吃的食物，也是水污染物进入人体的途径之一。样品从监测区域内水产品产地或最初集中地采集。一般采集产量高、分布范围广的水产品，所采品种尽可能齐全，以较客观地反映水产食品被污染的水平。例如，从水产养殖场选取鲜鱼或虾、螺、蚌各1 kg的混合样品。体重在500 g左右的个体数不少于5个，250 g以下的个体数不少于10个。先去除鳞、鳃等不可食部位，沿脊椎纵剖后取1/2或数分之一，50 g以下者取整体，剔去刺骨，切碎混匀。螺、蚌等贝类去硬壳，取肉组织，切碎混匀。

6.2.3　生物样品的预处理

采集、制备好的生物样品中含有大量有机物，且所含有害物质一般都在痕量和超痕量级范围，因此测定前必须对样品进行分解，对欲测组分进行富集和分离，或对干扰组分进行掩蔽等预处理。

1. 消解

消解法又称湿法氧化或消化法。它是将生物样品与一种或两种以上的强酸共煮，将有机物分解成二氧化碳和水除去。为加快氧化速度，常常要加入双氧水、高锰酸钾或五氧化二钒等氧化剂、消化剂。常用的消解体系有：硝酸-高氯酸、硝酸-硫酸、硫酸-高锰酸钾、硝酸-硫酸-五氧化二钒等。

2. 灰化

灰化法又称燃烧法或高温分解法。根据样品种类和待测组分的不同要求，选用铂、石英、银、镍、铁、聚四氟乙烯或瓷质坩埚，在高温炉中控温 450～550℃，加热至样品完全灰化，残渣经硝酸或盐酸再溶解后，测定各种元素成分。

为了促进分解，抑制某些元素的挥发损失，灰化法常加适量助灰化剂。如加入硝酸和硝酸盐，可加速样品的氧化、疏松灰分；加入硫酸和硫酸盐，可减少氯化物的挥发损失；加入碱金属或碱土金属的氧化物、氢氧化物或碳酸盐、醋酸盐，可防止氟、氯、砷等的挥发损失。

灰化分解生物样品不使用或少使用化学试剂，并可处理大量的样品，有利于提高测定微量元素的准确度。但因灰化温度较高，不宜用来处理含挥发组分的样品。对于易挥发的元素，如汞、砷等，可用氧瓶燃烧法。

3. 提取

测定生物样品中的农药、甲基汞、酚等有机污染物时，需用溶剂将待测组分从样品中提取出来。提取效果的好坏直接影响测定结果的准确度，常用的提取方法如下。

(1)振荡浸取法　蔬菜、水果、粮食等食品样品都可使用这种方法提取。将切碎的生物样品置于容器中，加入适当溶剂，放在振荡器上振荡浸取 10～30 min，滤出溶剂后，再用溶剂洗涤样品滤渣或再浸取一次，合并浸取液，供分离或浓缩用。

(2)组织捣碎提取　取定量切碎的生物样品，放入组织捣碎杯中，加入适当的提取剂，快速捣碎，过滤，滤渣再重复提取一次，合并滤液备用。该方法提取效果较好，应用较多，特别是从动植物组织中提取有机污染物质比较方便。

(3)直接球磨提取　用己烷作提取剂，直接在球磨机中粉碎和提取小麦、大麦、燕麦等粮食样品中的有机氯及有机磷农药，是一种快速的提取方法。

(4)索氏提取器提取　索氏提取器(图 6-3)又称脂肪提取器，常用于提取生物、土壤样品中的农药、石油、苯并[a]芘等有机污染物。该法提取效率高，溶剂用量小，但较费时，常用作研究其他提取方法的对照比较方法。

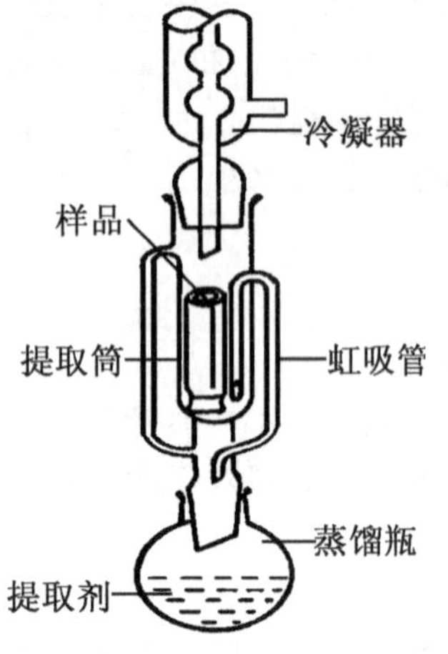

图 6-3　索氏提取器

对有机污染物的提取，一般按“极性相似相溶”原理选择提取剂，纯度要满足空白值控制要求，沸点要满足浓缩(去除提取剂)和目标物不损失的要求。

4. 分离

在提取样品中被测组分的同时，也把其他干扰组分同时提取出来，如用石油醚提取有机磷农药时，会将脂肪、色素等一同提取出来。因此在测定之前，还必须进行杂质的分离，也就是净化。常用的分离方法有：萃取法、层析法、低温冷冻法、磺化法和皂化法等。

(1)萃取法　萃取法是利用物质在互不相溶的两种溶剂中的分配系数不同，达到分离净化的目的。如农药与脂肪、蜡质、色素等一起被提取后，加入一种极性溶剂(如

环境监测

乙腈)振摇，由于农药的极性比脂肪、蜡质、色素大，农药在乙腈中的分配系数大，故可被乙腈萃取，经数次萃取，农药几乎完全可以与脂肪等杂质分离，达到净化的目的。

(2)层析法　层析法分为柱层析法、薄层层析法、纸上层析法，其中柱层析法在处理生物样品中用得较多。如在测定粮食中苯并[a]芘时，先用环已烷进行提取，然后将提取液倒入氧化铝-硅镁型吸附剂层析柱中，则提取物被吸附在吸附剂上，再用苯进行洗脱，这样就可把苯并[a]芘从杂质中分离出来。

(3)低温冷冻法　低温冷冻法是利用不同物质在同一溶剂中的溶解度随温度不同而不同的原理进行分离的。例如，将用丙酮提取生物样品中农药的提取液置于−70℃的冰-丙酮冷阱中，可使生物组织中的脂肪和蜡质在丙酮中的溶解度大大降低，以沉淀形式析出，农药则残留在丙酮中，从而达到分离的目的。

(4)磺化法和皂化法　磺化法是利用脂肪、蜡质等与浓硫酸发生磺化反应的特性，在农药和杂质的提取液中加入浓硫酸，脂肪、蜡质等干扰物质与浓硫酸反应，生成极性很强的磺酸基化合物，随硫酸层分离，从而达到与农药分离的目的。

皂化法是利用油脂等能与强碱发生皂化反应，生成脂肪酸盐而将其分离的方法。例如，用石油醚提取粮食中的石油烃，同时也将油脂提取出来，如果在提取液中加入氢氧化钾-乙醇溶液，油脂就会与之反应生成脂肪酸钾盐进入水相，而石油烃仍留在石油醚中，这样就把石油烃和油脂分开了。

5. 浓缩

生物样品的提取液经过分离净化后，其中的被测组分的浓度往往太低，达不到分析需要，这就要对样品进行浓缩，才能进行测定。常用的浓缩方法有蒸馏或减压蒸馏法、蒸发法、K-D浓缩器(图6-4)浓缩法。动植物样品中的有机污染物如有机磷和有机氯农药、多氯联苯、多环芳烃、烃类、酚、苯、胺等，必须先从样品中分离提取出来，再经浓缩和净化，方能用气相色谱法(GC)、液相色谱法(HPLC)进行定量测定。

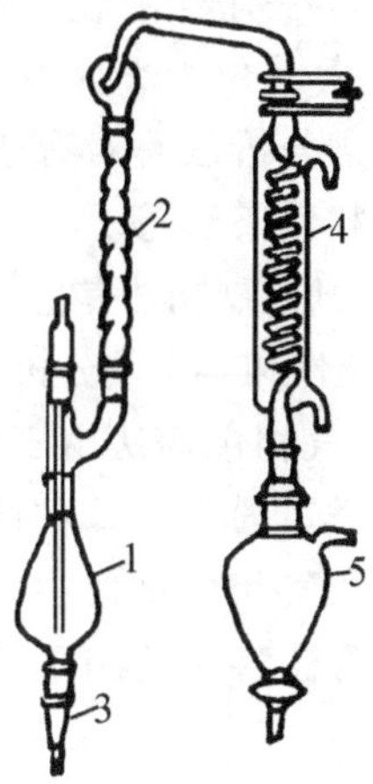

1. K-D瓶　2. 分馏柱　3. 刻度试管
4. 冷凝管　5. 接收瓶

图6-4　K-D浓缩器

6.3　污染物的测定

6.3.1　生物污染监测方法

生物体中污染物的含量一般很低，常需要选用高灵敏度的现代分析仪器进行分析。常用分析方法有光谱分析、色谱分析、电化学分析、放射分析、多机联用分析。

1. 光谱分析法

用于测定生物样品中污染物质的光谱分析法有可见-紫外分光光度法、红外分光光度法、荧光分光光度法、原子吸收分光光度法、发射光谱分析法、X射线荧光光谱分析法等。

(1)可见-紫外分光光度法已用于测定多种农药(如有机氯、有机磷和有机硫农药),含汞、砷、铜和酚类杀虫剂,芳香烃、共轭双键等不饱和烃,以及某些重金属(如铬、镉、铅等)和非金属(如氟、氰等)化合物等。

(2)红外分光光度法是鉴别有机污染物结构的有力工具,并可对其进行定量测定。

(3)原子吸收分光光度法适用于镉、汞、铅、铜、锌、镍、铬等有害金属元素的定量测定,具有快速、灵敏的优点。

(4)发射光谱分析法适用于对多种金属元素进行定性和定量分析,特别是等离子体发射光谱法(ICP-AES),可对样品中多种微量元素同时进行分析测定。

(5)X射线荧光光谱分析也是环境分析中近代分析技术之一,适用于生物样品中多元素的分析,特别是对硫、磷等轻元素很容易测定,而其他光谱法则比较困难。

2. 色谱分析法

色谱分析法是对有机污染物进行分离检测的重要手段,包括薄层层析法、气相色谱法、高压液相色谱法等。

(1)薄层层析法是应用层析板对有机污染物进行分离、显色和检测的简便方法,可对多种农药进行定性和半定量分析。如果与薄层扫描仪联用或洗脱后进一步分析,则可进行定量测定。

(2)气相色谱法由于配有多种检测器,提高了选择性和灵敏度,广泛用于粮食等生物样品中烃类、酚类、苯和硝基苯、胺类、多氯联苯及有机氯、有机磷农药等有机污染物的测定。如果气相色谱仪中的填充柱换成分离能力更强的毛细管柱,就可以进行毛细管色谱分析。该方法特别适用于环境样品中多种有机污染物的测定,如食品、蔬菜中多种有机磷农药的测定。

(3)高压液相色谱法是环境样品中复杂有机物分析不可缺少的手段,特别适用于相对分子质量大于300、热稳定性差和离子型化合物的分析。应用于粮食、蔬菜等中的多环芳烃、酚类、异腈酸酯类和取代酯类、苯氧乙酸类等农药的测定可收到良好效果,具有灵敏度和分离效能高、选择性好等优点。

3. 电化学分析法

示波极谱法、阳极溶出伏安法等近代极谱技术可用于测定生物样品中的农药残留量和某些重金属元素。离子选择电极法可用于测定某些金属和非金属污染物。

4. 放射分析法

放射分析法在环境污染研究和污染物分析中具有独特的作用。例如,欲了解污染物在生物体内的代谢途径和降解过程,不能应用上述分析方法,只能用放射性同位素进行示踪模拟试验。用中子活化法测定含汞、锌、铜、砷、铅、溴等有害金属污染物,具有灵敏、特效、不破坏试样等优点。

5. 联合检测技术

目前应用较多的联用技术有气相色谱-质谱(GC-MS)、气相色谱-傅立叶变换红外光谱(GC-FTIR)、液相色谱-质谱(LC-MS)等。这种分析技术能使组分复杂的样品同时得到分离和鉴定,并可进行定量测定。其方法灵敏、快速、可靠,是对环境样品中有机污染物进行系统分析的理想手段。

关于生物样品中重金属和类金属元素以及氟化物等的测定,除了预处理的程序与水样有所区别外，具体的分析测试方法可以参见本书前面章节的相关内容。

6.3.2 硝酸盐和亚硝酸盐的测定

食品中积累过量硝酸盐和亚硝酸盐会对人体健康造成潜在危害，世界各国对食品及饮水中 NO_3^- 含量都确定了最高限量标准，如世界健康保护组织规定食品中硝酸盐含量不得超过 700 mg/kg 鲜物重，欧洲共同体卫生组织提出饮水中 NO_3^- 最大限量为 50 mg/L，美国规定饮水中 NO_3^--N 含量不得超过 10 mg/L。世界卫生组织（WHO）和联合国粮农组织（FAO）1973 年规定硝酸盐的 ADI 值（日允许摄入量）为 3.6 mg/(kg · d)，亚硝酸盐的 ADI 值为0.13 mg/(kg · d)。

硝酸盐的测定方法很多，仪器分析方法主要包括：分光光度法（SP）、原子吸收分光光度法（ABSP）、离子色谱法（IC）、流动注射分析法（FIA）、硝酸盐离子选择电极法（ISE）、紫外分光光度法（UVS）、高压液相色谱法（HPLC）、气相色谱法（GC）、连续流动分析法（CFA）等。植株中硝酸盐含量的测定方法可归纳为三大类：①直接测定 NO_3^--N 法；②硝酸盐还原法，即还原为 NO_2^--N 和 NH_4^+-N 或 NO 和还原物的测定；③非直接法，以 NO_3^--N 与化学物质反应形成一种化合物的浓度变化来测定 NO_3^--N 的浓度。由于 NO_2^- 的比色计测定法比 NO_3^- 灵敏，随之发展了 NO_3^- 还原为 NO_2^- 的 NO_3^- 测定方法。此法中硝酸盐还原和 NO_2^- 定量测定是比色法的关键步骤，在提高分析的灵敏度和精密度上起到重要作用。

2010 年卫生部发布了《食品中亚硝酸盐与硝酸盐的测定》（GB 5009.33—2010）标准测定方法。标准中规定了离子色谱法和分光光度法作为食品中硝酸盐和亚硝酸盐测定的标准方法。本节主要介绍蔬菜中硝酸盐和亚硝酸盐测定的分光光度法。

6.3.2.1 原理

亚硝酸盐采用盐酸萘乙二胺法测定，硝酸盐采用镉柱还原法测定。试样经沉淀蛋白质、除去脂肪后，在弱酸性条件下亚硝酸盐与对氨基苯磺酸重氮化后，再与盐酸萘乙二胺偶合形成紫红色染料，外标法测得亚硝酸盐含量。采用镉柱将硝酸盐还原成亚硝酸盐，测得亚硝酸盐总量，由此总量减去亚硝酸盐含量，即得试样中硝酸盐含量。

6.3.2.2 仪器设备

（1）分光光度计。

（2）天平。

（3）组织捣碎机。

（4）电热恒温水浴锅。

（5）镉柱：投入足够的锌皮或锌棒于 500 mL 硫酸镉溶液（200 g/L）中，经过 3～4 h，当其中的镉全部被锌置换后，用玻璃棒轻轻刮下，取出残余锌皮或锌棒，使镉沉底，倾去上层清液，以水用倾泻法多次洗涤，然后移入组织捣碎机中，加 500 mL 水，捣碎约 2 s，用水将金属细粒洗至标准筛上，取 20～40 目之间的部分装柱。

6.3.2.3 试剂

（1）锌皮或锌棒。

（2）硫酸镉。

（3）亚铁氰化钾溶液（106 g/L）：称取 106.0 g 亚铁氰化钾（$K_4Fe(CN)_6 \cdot 3H_2O$），用水

溶解，并稀释至1 000 mL。

(4)乙酸锌溶液(220 g/L)：称取220.0 g乙酸锌($Zn(CH_3COO)_2 \cdot 2H_2O$)，先加30 mL冰醋酸溶解，用水稀释至1 000 mL。

(5)饱和硼砂溶液(50 g/L)：称取5.0 g硼酸钠($Na_2B_4O_7 \cdot 10H_2O$)，溶于100 mL热水中，冷却后备用。

(6)氨缓冲溶液(pH 9.6～9.7)：量取30 mL盐酸，加100 mL水，混匀后加65 mL 25%氨水，再加水稀释至1 000 mL，混匀，调节pH至9.6～9.7。

(7)氨缓冲溶液的稀释液：量取50 mL氨缓冲溶液，加水稀释至500 mL，混匀。

(8)盐酸(0.1 mol/L)：量取5 mL盐酸，用水稀释至600 mL。

(9)对氨基苯磺酸溶液(4 g/L)：称取0.4 g对氨基苯磺酸($C_6H_7NO_3S$)，溶于100 mL 20%(V/V)盐酸中，置棕色瓶中混匀，避光保存。

(10)盐酸萘乙二胺溶液(2 g/L)：称取0.2 g盐酸萘乙二胺($C_{12}H_{14}N_2 \cdot 2HCl$)，溶于100 mL水中，混匀后置棕色瓶中，避光保存。

(11)亚硝酸钠标准溶液(200 μg/mL)：准确称取0.1 000 g于110～120℃干燥恒重的亚硝酸钠，加水溶解后移入500 mL容量瓶中，加水稀释至刻度，混匀。

(12)亚硝酸钠标准使用液(5.0 μg/mL)：临用前吸取亚硝酸钠标准溶液5.00 mL，置于200 mL容量瓶中，加水稀释至刻度。

(13)硝酸钠标准溶液(200 μg/mL，以亚硝酸钠计)：准确称取0.123 2 g于110～120℃干燥恒重的硝酸钠，加水溶解后移入500 mL容量瓶中，加水稀释至刻度。

(14)硝酸钠标准使用液(5 μg/mL)：临用时吸取硝酸钠标准溶液2.50 mL，置于100 mL容量瓶中，加水稀释至刻度。

6.3.2.4　操作步骤

(1)试样预处理　将新鲜蔬菜、水果用去离子水洗净，晾干后，取可食部切碎混匀。将切碎的样品用四分法取适量，用食物粉碎机制成匀浆备用。如需加水应记录加水量。

(2)提取　称取5 g(精确至0.01 g，可适当调整试样的取样量)制成匀浆的试样(如制备过程中加水，应按加水量折算)，置于50 mL烧杯中，加12.5 mL饱和硼砂溶液，搅拌均匀，以70℃左右的水约300 mL将试样洗入500 mL容量瓶中，于沸水浴中加热15 min，取出置冷水浴中冷却，并放置至室温。

(3)提取液净化　在振荡上述提取液时加入5 mL亚铁氰化钾溶液，摇匀，再加入5 mL乙酸锌溶液以沉淀蛋白质。加水至刻度，摇匀，放置30 min，除去上层脂肪，上清液用滤纸过滤，弃去初滤液30 mL，滤液备用。

(4)亚硝酸盐的测定　吸取40.0 mL上述滤液于50 mL带塞比色管中，另吸取0.00 mL、0.20 mL、0.40 mL、0.60 mL、0.80 mL、1.00 mL、1.50 mL、2.00 mL、2.50 mL亚硝酸钠标准使用液(相当于0.0 μg、1.0 μg、2.0 μg、3.0 μg、4.0 μg、5.0 μg、7.5 μg、10.0 μg、12.5 μg亚硝酸钠)，分别置于50 mL带塞比色管中。于标准管与试样管中分别加入2 mL对氨基苯磺酸溶液，混匀，静置3～5 min后各加入1 mL盐酸萘乙二胺溶液，加水至刻度，混匀，静置15 min，用2 cm比色杯，以零管调节零点，于波长538 nm处测吸光度，绘制标准曲线。同时做试剂空白。

(5)硝酸盐的还原　先用25 mL稀氨缓冲液冲洗镉柱，流速控制在3～5 mL/min(以滴定管代替镉柱的可控制在2～3 mL/min)。吸取20 mL滤液于50 mL烧杯中，加5 mL氨缓冲溶液，混合后注入贮液漏斗，使流经镉柱还原，用原烧杯收集流出液，当贮液漏斗中的样液流尽后，再加5 mL水置换柱内留存的样液。将全部收集液如前再经镉柱还原一次，第二次流出液收集于100 mL容量瓶中，继续用水流经镉柱洗涤3次，每次20 mL，洗液一并收集于同一容量瓶中，加水至刻度，混匀。

(6)亚硝酸钠总量的测定　吸取10～20 mL还原后的样液于50 mL比色管中，按照亚硝酸盐的测定方法进行测定。

6.3.2.5 结果计算

(1)亚硝酸盐(以亚硝酸钠计)的含量按下式计算。

$$X_1 = \frac{A_1 \times 1\,000}{m \times \frac{V_1}{V_0} \times 1\,000}$$

式中：X_1 为试样中亚硝酸钠含量，mg/kg；A_1 为从标准曲线查得的吸光度所对应的亚硝酸钠的质量，μg；m 为试样质量，g；V_1 为测定用样液体积，mL；V_0 为试样处理液总体积，mL。

(2)硝酸盐(以硝酸钠计)的含量按下式计算。

$$X_2 = \left[\frac{A_2 \times 1\,000}{m \times \frac{V_2}{V_0} \times \frac{V_4}{V_3} \times 1\,000} - X_1\right] \times 1.232$$

式中：X_2 为试样中硝酸钠的含量，mg/kg；A_2 为经镉粉还原后测得总亚硝酸钠的质量，μg；m 为试样的质量，g；V_2 为总亚硝酸钠的测定用样液体积，mL；V_0 为试样处理液总体积，mL；V_3 为经镉柱还原后样液总体积，mL；V_4 为经镉柱还原后样液的测定用体积，mL；X_1 为计算出的试样中亚硝酸钠的含量，mg/kg；1.232为亚硝酸钠换算成硝酸钠的系数。

以重复性条件下获得的两次独立测定结果的算术平均值表示，结果保留两位有效数字。

6.3.3 甲基汞的测定

自从20世纪50年代日本发生水俣病事件以来，汞作为全球性的污染物质已经引起人们的广泛关注。甲基汞是各种形态的无机汞和有机汞中毒性最强的一种汞化合物，对人类的健康危害极大。它是一种有蓄积性的剧毒化合物，具有生物致畸作用、免疫毒性和神经毒性反应，长期微量摄入会对人体健康造成不同程度的危害，因此在环境监测中分析甲基汞是非常必要的。

汞的形态测定主要是利用人工提取和分离的方式，采用光谱法、气相色谱法、高效液相色谱法、毛细管电泳法测定。利用色谱的分离能力与原子光谱的高选择性、高灵敏度联用来测定不同形态的元素是近年来分析化学发展的一大热点。例如，气相色谱-原子荧光法(GC-AFS)、气相色谱-冷原子荧光法(GC-CVAFS)、气相色谱-电感耦合等离子体-质谱联用技术(GC-ICP-MS)、高效液相色谱-电感耦合等离子体-质谱联用技术(HPLC-ICP-MS)、高效液相色谱-原子荧光光谱等联用技术可以分析不同形态的金属元素。

最为传统的气相色谱方法是国家标准(GB/T 17132—1997)中气相色谱仪-电子捕获检测器测定样品中甲基汞的含量。本节主要介绍利用气相色谱法(酸提取巯基棉法)测定鱼中的甲基汞。

6.3.3.1 原理

样品中的甲基汞，用氯化钠研磨后加入含有 Cu^{2+} 的 1 mol/L 盐酸(Cu^{2+} 与组织中结合的 CH_3Hg^+ 交换)，完全萃取后经离心或过滤，将上清液调节至一定的酸度，用巯基棉吸附，再用 2 mol/L 盐酸洗脱，最后以苯萃取甲基汞，用带电子捕获检测器的气相色谱仪分析。

6.3.3.2 仪器设备

(1)气相色谱仪：带电子捕获检测器(ECD)。

(2)酸度计。

(3)离心机：带 50～80 mL 离心管。

(4)巯基棉管：在内径 6 mm、长 20 cm，一端拉细(内径 2 mm)的玻璃滴管内装 0.1～0.15 g 巯基棉，均匀填塞，临用现装。

(5)玻璃仪器：均用 5%硝酸浸泡一昼夜，用水冲洗干净。

6.3.3.3 试剂

(1)2 mol/L 盐酸：取优级纯盐酸，加等体积水，恒沸蒸馏，蒸出盐酸为 6 mol/L，稀释配制。

(2)苯：色谱上无杂峰，否则应重蒸馏纯化。

(3)无水硫酸钠：用苯提取，浓缩液在色谱上无杂峰。

(4)氯化钠。

(5)4.25%氯化铜溶液。

(6)1 mol/L 氢氧化钠溶液：称取 40 g 氢氧化钠加水稀释至 1 000 mL。

(7)1 mol/L 盐酸：取 83.3 mL 盐酸(优级纯)加水稀释至 1 000 mL。

(8)0.1%甲基橙指示液。

(9)淋洗液(pH 3～3.5)：用 1 mol/L 盐酸调节水的 pH 为 3～3.5。

(10)巯基棉：在 250 mL 具塞锥形瓶中，依次加入 35 mL 乙酸酐、16 mL 冰乙酸、50 mL 硫代乙醇酸、0.15 mL 硫酸、5 mL 水，混匀，冷却后，加入 14 g 脱脂棉，不断翻压，使棉花完全浸透。将塞盖好，置于恒温培养箱中，在(37±0.5)℃保温 4 d(注意切勿超过 40℃)。取出后用水洗至近中性，除去水分后摊于瓷盘中，在(37±0.5)℃恒温箱中烘干。成品放入棕色瓶中，置于冰箱内保存备用(使用前，应先测定巯基棉对甲基汞的吸附效率，吸附效率为 95%以上方可使用)。

(11)甲基汞标准溶液：精确称取 0.116 4 g 氯化甲基汞，用苯溶解于 100 mL 容量瓶中，加苯稀释至刻度，此溶液每毫升相当于 1 mg 甲基汞。放置冰箱保存。

(12)甲基汞标准使用液：吸取 1.00 mL 甲基汞标准溶液，置于 100 mL 容量瓶中，用苯稀释至刻度，此溶液每毫升相当于 10 μg 甲基汞。吸取此溶液 1.00 mL，置于 100 mL 容量瓶中，用 2 mol/L 盐酸稀释至刻度，此溶液每毫升相当于 0.1 μg 甲基汞，临用时现配。

6.3.3.4 操作步骤

1. 色谱条件

(1)^{63}Ni 电子捕获检测器：柱温 185℃，检测器温度为 260℃，汽化室温度 215℃。

(2)氚源电子捕获检测器：柱温 185℃，检测器温度为 190℃，汽化室温度 185℃。

(3)载气：高纯氮，流量为 70 mL/min(选择仪器的最佳条件)。

(4)色谱柱：内径 3 mm、长 1.5 m 的玻璃柱，内装涂有 7%丁二酸乙二醇聚酯(PEGS)，或 1.5 % OV-17 和 1.95% QF-1，或 5%丁二酸二乙二醇酯(DEGS)固定液的 60～80 目 Chromosorb WAW DMCS。

2. 测定

称取 1.0～2.0 g 去皮去刺剁碎混匀的鱼肉(称取 5 g 虾仁，研碎)，加入等量氯化钠，在乳钵中研成糊状，加入 0.5 mL 4.25%氯化铜溶液，轻轻研磨均匀，用 30 mL 1 mol/L 盐酸分次完全转入 100 mL 带塞锥形瓶中，剧烈振摇 5 min，放置 30 min 以上(也可用振荡器振荡 30 min)。样液全部转入 50 mL 离心管中，用 5 mL 1 mol/L 盐酸淋洗锥形瓶，洗液与样液合并，离心 10 min(转速为 2 000 r/min)。将上清液全部转入 100 mL 分液漏斗中，在残渣中再加 10 mL 1 mol/L 盐酸，用玻璃棒搅拌均匀后再离心，合并 2 份离心溶液。

加入与 1 mol/L 盐酸等量的 1 mol/L 氢氧化钠溶液中和，加 1～2 滴甲基橙指示液，再调至溶液变黄色，然后滴加 1 mol/L 盐酸至溶液从黄色变橙色，此溶液的 pH 在 3～3.5 范围内(可用 pH 计校正)。

将塞有巯基棉的玻璃滴管接在分液漏斗下面，控制流速为 4～5 mL/min，然后用 pH 3～3.5 的淋洗液冲洗漏斗和玻璃滴管。取下玻璃滴管，用玻璃棒压紧巯基棉，用洗耳球将水尽量吹尽。然后加入 1 mL 2 mol/L 盐酸洗脱一次，再加 1 mL 2 mol/L 盐酸洗脱一次，用洗耳球将洗脱液吹尽，收集于 10 mL 具塞比色管内。

另取 2 支 10 mL 具塞比色管，各加入 2.0 mL 0.1 μg/mL 甲基汞标准使用液。

于样品及甲基汞标准使用液的具塞比色管中各加入 1.0 mL 苯，提取振摇 2 min。分层后吸出苯液，加少许无水硫酸钠，摇匀，静置，吸取一定量进行气相色谱测定。记录峰高，与标准峰高比较定量。

6.3.3.5　结果计算

$$X=\frac{A\times h_1\times V_1\times 1\,000}{V_2\times h_2\times m\times 1\,000}$$

式中：X 为样品中甲基汞的含量，mg/kg；A 为甲基汞标准量，μg；h_1 为样品峰高，mm；V_1 为样品苯萃取溶剂的总体积，μL；V_2 为测定用样品的体积，μL；h_2 为甲基汞标准峰高，mm；m 为样品质量，g。

6.3.3.6　注意事项

(1)甲基汞可与巯基类化合物作用，生成巯基汞类化合物，在本法中选用的是硫代乙醇酸，其分子式如下：

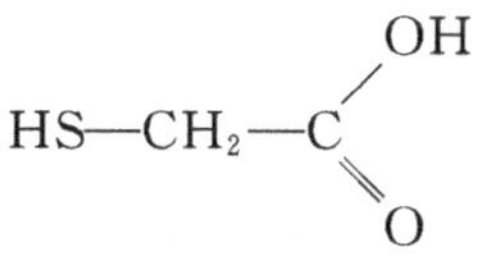

(2)制作巯基棉所用硫代乙醇酸的质量与巯基棉吸附性能的好坏有很大关系，每个厂、每批产品的质量有所不同，因此每批巯基棉必须测定其吸附率，吸附率在 95%以上才能使用，以保证结果的准确性。

(3)在制作好的硫代乙醇酸溶液冷却后，加入 14 g 脱脂棉，一定要使脱脂棉完全浸透，要不断地翻压，但要注意既要浸透，又要防止棉花纤维断裂，尽量保持纤维的完整性。

(4)气相色谱柱的选择很重要，如用 OV-17 和 QF-1 柱，则出峰时间较快，往往与溶剂峰不易分离。

(5)加入等量的氯化物研磨，一方面便于磨碎，另一方面起盐析作用，并给以足够的氯离子，使甲基汞稳定，研磨时间不能太长。立即加入氯化铜溶液进行交换，释放出甲基汞来，氯化铜可以消除硫的干扰。

(6)pH 对实验有很大影响。一般均先用 pH 计校正，直到熟练掌握为止。当溶液调至 pH＝3 时，吸附效率最好，偏酸吸附效率显著下降，但 pH 大于 3.5 时，产生 $Cu(OH)_2$ 的蓝色沉淀，影响巯基棉吸附。

(7)70 mL 左右的提取液通过巯基棉的流速，经试验以 20～60 min 流完，均无显著差异，一般选择 30 min 的流速已达到巯基棉对汞的完全吸附。

6.3.4 动植物组织中有机磷农药的测定

有机磷农药(organophosphorus pesticide)，是用于防治植物病虫害的含有机磷的有机化合物，大多数属磷酸酯类或硫代磷酸酯类化合物。这一类农药品种多、药效高，用途广，易分解，是目前应用最广泛的杀虫药。

有机磷对人、畜的毒性主要是对乙酰胆碱酯酶的抑制，使乙酰胆碱不能分解而在神经末梢蓄积，作用于胆碱能受体，使胆碱能神经发生过度兴奋，导致先兴奋后抑制最终衰竭的一系列的毒蕈碱样、烟碱样和中枢神经系统等症状。

过去我国生产的有机磷农药绝大多数为杀虫剂，如常用的对硫磷、内吸磷、马拉硫磷、乐果、敌百虫及敌敌畏等，近几年来已先后合成杀菌剂、杀鼠剂等有机磷农药。由于有机磷农药对人体健康的影响，因此食品中有机磷农药的残留检测分析在环境监测中非常重要。目前有机磷农药的检测方法主要是气相色谱法。

6.3.4.1 原理

动植物组织中的有机磷农药用有机溶剂提取，用硅酸镁柱净化后，用气相色谱法测定。

6.3.4.2 仪器设备

(1)气相色谱仪。

(2)分液漏斗。

(3)组织捣碎机。

6.3.4.3 试剂

(1)乙酸乙酯。

(2)已烷。

(3)乙硫磷。

(4)硅酸镁。

(5)乙腈。

6.3.4.4 操作步骤

植物样品经剪碎，称取 30 g 放入 500 mL 锥形瓶中，加入 40 mL 乙腈，打成匀浆，并加入

1 mL 乙硫磷(0.1 ng/μL)作内标。盖上玻璃塞，在平板振荡器上快速振荡 15～30 min，通过布氏漏斗过滤。转移滤液到 250 mL 分液漏斗中，加入 60 mL 水和 100 mL 己烷，振摇 1 min，弃去下层水相。转移己烷相至 250 mL 圆底烧瓶，蒸发己烷至 5～10 mL，转移至 15 mL 锥形离心管中。通氮气继续蒸发样品至 1 mL。

50 g 活化的硅酸镁装柱，用 20 mL 己烷洗涤后，加样品于柱顶部，用乙酸乙酯-己烷(30＋70)洗脱液洗脱，收集洗脱液于圆底烧瓶，蒸发浓缩至 5 mL，转移到锥形离心管，吹氮气蒸发溶剂使体积为 0.5 mL。用 3% SE-30 柱的气相色谱仪进行定量分析。

动物样品 10 g 加入组织捣碎机，加入乙腈 20 mL，1 mL 内标乙硫磷，捣成匀浆，布氏漏斗过滤，以下同植物样品测定。

习题与思考题

1. 生物是怎样被污染的？进行生物污染监测有何重要意义？
2. 简述污染物在生物体的分布规律。
3. 怎样采集植物样品和根据监测项目的特点进行制备？
4. 一般从动物的哪些部位采样？为什么从这些部位采样？
5. 生物样品的预处理方法有哪些？
6. 生物污染监测的方法有哪些？
7. 简述食品中硝酸盐和亚硝酸盐的分析测定方法。
8. 怎样用气相色谱法测定生物样品中的甲基汞？

Chapter 7

第7章

环境污染生物监测

本章提要：

本章主要介绍了环境污染生物监测的基本概念、生物监测的基本方法以及大气、水体、土壤污染的生物监测。

通过本章的学习，了解什么是生物监测、什么是指示生物、生物监测的优缺点；掌握生物监测的生物标志物监测法、个体生物监测法、群落和生态系统监测及评价方法；了解大气、水体、土壤污染生物监测的基本方法和评价方法。

生物监测利用生物(植物、动物、微生物)个体、种群或群落对环境污染或变化所发出的各种信息，作为判断环境污染状况的一种手段。环境生物监测主要包括生态监测、生物测试、生物的生理生化指标测定以及污染物在体内的行为等几个方面。现代生物技术的快速发展，使捕捉生物信息的能力大大增强，正在给传统的生物监测技术注入新的活力；监测手段上的变革，对于了解污染物的性质、分析污染的程度、追踪污染发生的历史、预测污染的影响及发展趋势等方面都具有十分重要的意义。

7.1 概述

7.1.1 基本概念

1. 生物监测

生物监测与化学监测、物理监测一样，被广泛应用于环境保护。生物监测这一术语是在1977年4月由欧洲共同体(EEC)、世界卫生组织(WHO)、美国环境保护局(EPA)组织的“关于生物样品在评价人体接触污染物方面的应用”的国际会议上正式提出并给予定义。

生物监测(biological monitoring 或 bio-monitoring)是利用生物分子、细胞、组织、器官、个体、种群和群落等各层次对环境污染程度所产生的反应来阐明环境污染状况的环境监测方法，从生物学的角度为环境质量的监测和评价提供依据。从理论上说，环境的物理、化学过程决定着生物学过程；反过来，生物学过程的变化也可以在一定程度上反映出环境的物理、化学过程的变化。因此，可以通过对生物的观察来评价环境质量的变化。从某种意义上说，由环境质量变化所引起的生物学过程变化能够更直接地综合反映出环境质量对生态系统的影响，比用理化方法监测得到的参数更具有说服力。

2. 指示生物

所谓指示生物(indicator organism)，就是对环境中某些物质，包括污染物的作用或环境条件的改变能较敏感和快速地产生明显反应，通过其所作的反应来监测和评价环境质量的现状和变化的生物。生物监测中所应用的指示生物通常都具有以下基本特征：

(1)灵敏性和特异性　监测生物的敏感性直接决定了生物监测方法的灵敏度。监测生物对胁迫的生物反应具有特异性，即对干扰作用反应敏感且健康，在绝大多数生物对某种异常干扰作用尚未做出反应的情况下，指示生物中健康的个体却出现了可见的损害或表现出某种特征，有着“预警”的功能。由于生物种类很多，不同生物甚至同种生物不同品种和亚种对同一干扰的反应都不同，因此，要根据监测对象和监测目的挑选相应的敏感种类和指示生物。

(2)代表性　从指示效果的角度要求，指示生物的适宜性越狭窄越好，但这样的生物在群落中的数量和分布区很小。因此，指示生物除具有敏感性强的特点外，还应是常见种，最好是群落中的优势种。

(3)较小的差异性　表现在对干扰作用的反应个体间的差异小、重现性高。许多生物个体差异很大，若以此作为指示生物往往会影响监测结果的准确性。指示生物应是个体间差异小的种类，方能保证监测结果的可靠性和重现性。用做指示生物的植物，最好选用无性植物。这类植物在遗传性上差异甚小，可保证获得较为一致可比的监测结果。

(4)多功能性　即尽量选择除监测功能外还兼有其他功能的生物，达到一举多得的目的。如有的有经济价值，有的有绿化或观赏价值等。国内外在大气污染的监测上，常选用唐菖蒲、秋海棠、牡丹、兰花、玫瑰等，都达到了既可观赏和获得经济效益，又能报警的目的。

需要注意的是，“指示生物”和“监测生物”是两个不同的概念。指示生物能对环境中的污染物产生各种定性反应，指示环境污染物的存在。监测生物不仅能够反映污染物的存在，而且能够反映污染物的量。监测生物必然是指示生物，同时它还要回答环境中污染物多少的问题。

7.1.2　生物监测的优缺点

1. 生物监测的优点

与理化监测方法相比，生物监测具有理化监测所不能替代和所不具备的一些优点：

(1)综合性　生物监测能较好地综合反映环境质量状况。环境问题是相当复杂的，某一生态效应常是几种因素综合作用的结果。如在受污染的水体中，通常是多种污染物并存，而每种污染物并非都是各自单独起作用，各类污染物之间也不都是简单的加减关系。理化监测仪器常常反映不出这种复杂的关系，而生物监测却具有这种特征。

(2)连续性　用理化监测方法可快速而精确测得某空间内许多环境因素的瞬时变化值，但却不能以此来确定这种环境质量对长期生活于这一空间内的生命系统影响的真实情况。生物监测具有这种优点，因为它是利用生命系统的变化来“指示”环境质量，而生命系统各层次都有其特定的生命周期，这就使得监测结果能反映出某地区受污染或生态破坏后累积结果的历史状况。这有助于对某地区环境污染历史状况的分析，也是理化监测所无法比拟的。如利用仪器监测某地大气中的 SO_2，其结果是 4 次痕量、4 次未检出、仅一次为 0.06 mg/m^3，但分析生长在该地的紫花苜蓿叶片，其含硫量却比对照区高出 0.87 mg/g。

(3)多功能性　一般理化监测仪器的专一性很强，测定 O_3 的仪器不能兼测 SO_2，测 SO_2 的也不能兼测 C_2H_4。生物监测却能通过指示生物的不同反应症状，分别监测多种干扰效应。例如在污染水体中，通过对鱼类种群的分析就可获得某污染物在鱼体内的生物积累速度以及沿食物链产生的生物学放大情况等许多信息。植物受 SO_2、PAN(过氧乙酰硝酸酯)和氟化物的危害后，叶的组织结构和色泽常表现出不同的受害症状。

(4)高灵敏性　生物监测灵敏度高，从物种的水平上说，是指有些生物对某种污染物的反应很敏感。如唐菖蒲在 0.01 μL/L 的氟化氢下，20 h 就出现反应症状。据记载，有的敏感植物能监测到十亿分之一浓度的氟化物污染，而现在许多仪器未能达到这样的灵敏度水平。

(5)整体性　对于宏观系统的变化，生物监测更能真实和全面地反映外干扰的生态效应所引起的环境变化。许多外干扰对生态系统的影响都因系统的功能整体性而产生连锁反应。如大气污染可影响植物的初级生产力，生态系统的各组分对系统功能变化的反应也是很敏感的。因此，只有通过生物监测才能对宏观系统的复杂变化予以客观的反映。

另外，生物监测还具有价格低廉，不需购置昂贵的精密仪器；不需要繁琐的仪器保养及维修等工作；可以在大面积或较长距离内密集布点，甚至在边远地区也能布点进行监测等优点。

2. 生物监测的局限性

生态系统理论是生物监测的理论基础，生态系统具有维持一定地区的系统结构和功能的固有特性。环境污染必然引起生态系统固有结构和功能的变化，生物监测可以反映这种环境污染的生态效应，为环境控制与管理提供生物能动的反应信息。但生态系统的复杂性也为生物监测参数的选择带来了困难，主要是因为：

(1)污染的发生总是综合性的，相同强度的同种干扰对处于不同状态的生物常产生不同的生态效应。指示生物同一受害症状可由多种因素造成，增加了对监测结果判别的困难。如许多植物的落叶、矮态、卷转、僵直和扭曲等，大气氟化物的污染和低浓度除草剂的施用均可造成上述异常现象。SO_2 对植物的伤害往往与霜冻或无机盐缺乏的症状也很相似。

(2)生物在不同生活史阶段的反应不同，如水稻在抽穗、扬花、灌浆时期对污染反应最敏感、危害最大，而成熟期的敏感性就明显降低。

(3)系统受污染后的效应往往在初期不易测出。

(4)由于影响生物学过程的不仅仅是环境污染，还有许多非污染因素。外界各种因子容易影响生物监测结果和生物监测性能。如利用菜豆(*Phaseolus vulgaris* L.)监测 O_3，其致伤率与光照强度密切相关，SO_2 对植物的危害受气象条件影响很大等。

(5)生物监测的精度不高，有些场合只能半定量。它通常反映的只是环境中各污染物所反映出来的总体生物毒性水平。

(6)对生态系统尚无法确定一个最基本的标准。

尽管生物监测还存在着一定的局限性，但是它在环境监测中的地位和作用仍然是非常重要的。首先，通过生物监测可揭示和评价各类生态系统在某一时段的环境质量状况，为利用、改善和保护环境指出方向。其次，由于生物监测更侧重于研究人为干扰与生态环境变化的关系，可使人们搞清哪些活动模式既符合经济规律、又符合生态规律，从而为协调人与自然的关系提供科学依据。另外，通过生物监测还能掌握对生态环境变化构成影响的各种主要干扰因素及每种因素的贡献。这既能为受损生态系统的恢复和重建提供科学依据，也可为制订相应的环保管理计划，增强环保工作的针对性和主动性，进而提高措施的有效性服务。最后，由于生物监测可反馈各种干扰的综合信息，所以人们能依此对区域生态环境质量的变化趋势做出科学预测。

7.2 生物监测的基本方法

生物监测方法从生物学层次来分，主要包括生态监测(群落生态和个体生态)、生物测试(急性毒性测定、亚急性毒性测定和慢性毒性测定)以及分子、生理、生化指标和污染物在体内的行为等几个方面。目前，生物监测已经从传统的生物种类、数量和行为的描述发展到现代化的自动分析，从单纯的生态学方法扩展到与生理、生化、毒理学和生物体残留量分析等领域相结合的研究。从生物的分类法来分，主要包括动物监测(以动物为监测生物)、植物监测(以植物为监测生物)和微生物监测(以微生物为监测生物)。

实际上，生物监测包括系统地利用生物反应来评价环境的变化和利用生命系统与非生命系统相互关系的变化反应做“仪器”来监测环境质量状况及其变化。后者又称为生态监测(ecological monitoring)。生态监测强调的是生态系统层次的生物监测。从生物学组成水平(hierarchical levels of biological organization)观点出发，污染物在各级水平上都可以有反应，但生物监测重点放在个体和生态系统级的生物反应上。

7.2.1 生物标志物监测法

近年来，化学污染物所导致的生物有机体的生物化学和生理学改变越来越多地被运用于监测和评价化学污染物的暴露及其效应。许多环境科学家把这些生物化学和生理学改变称之为生物标志物(biomarker)。有些环境科学家应用生物标志物这一术语的概念非常广泛，指在任何生物学水平上用于测定污染物暴露和效应的指标，包括亚个体、个体、种群、群落和生态系统。然而，目前普遍赞同和应用的生物标志物这一术语的概念是指在亚个体和个体水平上既可以测定污染物暴露水平，也可以测定污染物效应的生理和生化指标。

1. 生理生化指标

这类指标已被广泛应用于生物监测中，它比症状指标和生长指标更敏感和迅速，常在生物未出现可见症状之前就已有了生理生化方面的明显改变。如大气污染对植物光合作用有明显影响，在尚未发现可见症状的情况下，测量光合作用却能得到植物体短暂的或可逆的变化。植物呼吸作用强度、气孔开放度、细胞膜的透性、酶学指标(如硝酸还原酶、核糖核酸酶、过氧化氢酶等)以及某些代谢产物等也都能用做监测指标。用于水污染监测的生理生化指标也很多，采用得最普遍、同时又比较成功的是鱼类脑胆碱酯酶对有机磷农药的反应。转氨酶、糖酵解酶和肝细胞的糖原等也是常用指标。生化指标的突出优点是反应敏感。但由于酶反应所具有的一些特点，同一种酶对不同污染物往往都能产生反应。所以，多数生化指标只能用来评价环境的污染程度，而无法确定污染物的种类。

2. 细胞遗传学指标

细胞遗传学是研究遗传基因的传递者染色体的行为、形态、结构、数目和组合，并进一步阐明生物遗传现象的科学。目前常采用细胞遗传学的方法来筛选化学诱变因子，监测环境中具有致癌、致畸、致突变的化学物质。目前常采用的方法主要有：微核测定法、染色体畸变分析、姐妹染色体交换率及非预定 DNA 合成等。

(1)微核监测技术　外源性诱变剂或物理诱变因素可以诱导生活细胞内染色体发生断裂，影响纺锤丝和中心粒的正常功能，造成有些染色体及其断片在细胞分裂后期滞后，不能够正常地分配并整合到细胞的细胞核上，形成所谓的微核。在一定污染物浓度范围内，污染物与微核率有很好的剂量-效应关系，而且灵敏度高，可靠性强。

高等植物被认为是进行环境化学物质的遗传毒性效应研究的极好材料。例如，紫露草和蚕豆非常适合作为检测遗传毒性物质的材料，它们对环境诱变因素很敏感。蚕豆根尖微核技术自创建以来，由于其简单易行且灵敏度高而一直受到广泛的应用。“国际化学品安全性研究项目”资助分布于世界各地的 17 个实验室，参与评价环境中化学物质遗传毒性检测的植物生物检测系统的实用性，其中包括紫露草四分体微核技术和蚕豆根尖微核测定方法。

(2)染色体畸变技术　研究在物理和化学因素影响下，染色体数目和结构的变化称之为染色体畸变分析。染色体结构的畸变包括染色体单体断裂、双着丝点染色体、染色体粉碎化和染色单体互换等。染色体畸变率越高，说明污染越严重。

在动物上常用蝌蚪肠细胞、小鼠外周血淋巴细胞和蟾蜍血液细胞等为材料，观察细胞染色体畸变情况、微核率及 UDS(非预定 DNA 合成)效应等指标来监测大气和水污染。

(3)非预定 DNA 合成技术　很多遗传毒理学实验所用的 DNA 修复测试方法是非预定 DNA 合成(unscheduled DNA synthesis，UDS)技术。它的原理是：如果细胞复制受阻，同时又暴露于受测药品和^{3}H标记的胸腺嘧啶核苷，那么，此时如果受测物质不损伤DNA从而刺激修复系统(UDS)，^{3}H标记就不会有明显的掺入。UDS是研究损伤修复的重要指标，紫外线、电离辐射、化学诱变剂和金属离子处理均能诱导UDS的产生。UDS试验在DNA水平上检测化学物质的损伤作用，现已广泛用于致癌物质的筛选和作为评价污染物遗传毒性的指标之一。

7.2.2 个体生物监测法

1. 典型受害症状监测法

本法主要是通过肉眼观察生物体受污染影响后发生的形态变化，如观察植物叶片伤害症状、动物器官畸形等。

处在大气环境中的敏感植物受污染物影响，叶片会表现出伤害症状。如果污染物浓度很高且暴露时间很短，那么植物表现为急性症状，如叶片坏死，颜色由绿变黄、变白等；当污染物浓度较低而且暴露时间较长时，则表现为慢性伤害，如叶片由绿变棕黄、脱绿和早熟落叶。这两种症状均为典型症状。不同植物对同种污染物的反应不同，同种植物对不同污染物的反应也不一样。因此，根据特定植物的典型症状(尤其是急性症状)可以指示大气中某种污染物的存在。

如果能够根据受害叶数、颜色深浅及伤斑大小与大气中污染物浓度的相关性，将污染伤害植物的程度同已知的环境污染物浓度联系起来，就能够凭借叶片典型症状反映大气中相应污染物的浓度。建立用于参比的照片系列，将受害的叶片与参比照片比较，就可以估计叶片的受害程度和空气中污染物的类型和含量。

利用这种方法监测大气污染时，必须尽量采用那些不会产生“混淆症状”的植物材料，以便得到植物对特定污染物影响的非常独特的反应。

在根据形态结构变化指标来监测水体污染时，最常见的生物材料是鱼类。如果见到鱼的体形变短变宽、背鳍颈部后方向上隆起(图7-1)，鳍条排列紧密，臀鳍基部上方的鳞片排列紧密，发生不规则错乱，侧线不明显或消失等，可认为水体已被严重污染。

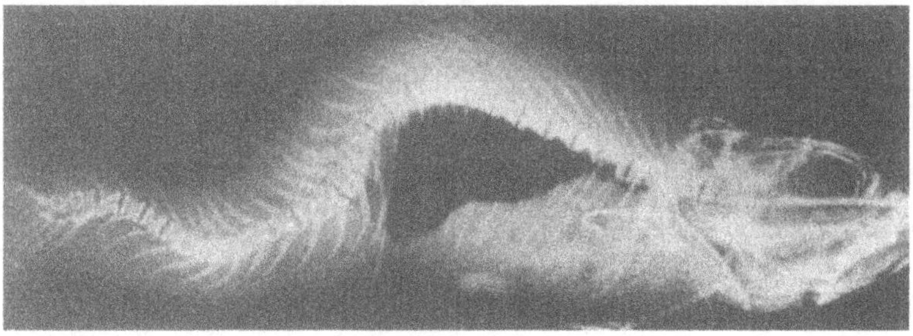

图7-1　鱼受水污染后产生的畸形

土壤中的污染物对植物的根、茎、叶都可能产生影响，出现一定的症状，如：铜、镍、钴会抑制新根伸长，形成狮子尾巴一样的形状；酚污染会使水稻根系发育不好，植株变矮小，小蘖减少，叶片变窄，叶色灰暗，严重时叶片枯黄，叶缘内卷，少数叶片主脉两侧有不明显的褐色条斑，根部变为褐色；氰化物能够使植株变矮，根系短而稀少，部分叶尖端有褐色斑纹；砷污染使小麦叶片变得窄而硬，呈青绿色；铬使小麦植株生长矮小，下部叶片发黄，叶面出现铁锈样斑块；镉使大豆叶脉变成棕色，叶片褪绿，叶柄变为淡红棕色；一些无机农药污染使植物叶柄基部或叶片出现烧伤的斑点或条纹，使幼嫩组织发生褐色焦斑或破坏；有机农药污染严重使叶片相继变黄或脱落，花座少，延迟结果，果变小或籽粒不饱满等。根据这些症状是否出现以及症状表现程度等的观察，可以监测土壤污染状况。

如果受到污染的土壤使蚯蚓身体蜷曲、僵硬、缩短和肿大，体色变暗，体表受伤，甚至死亡，表明土壤受到了 DDT 和有机氯化物的污染。

2. 个体生长发育影响

生物生长发育状况是各种环境因素作用的综合体现，即便是一些非致死的慢性伤害作用，最终也将导致生物生产量的改变。因此对于植物而言，各类器官的生长状况观测值都可作为监测环境的指标，如植物的茎、叶、花、果实、种子发芽率、总收获量等，其中，果树和乔木等木本植物还可采用小枝、茎干生长率、直径、叶面积、坐果率等；动物的指标也基本雷同，如生长速度、个体肥满度等。

3. 生物体内污染物及其代谢产物含量分析法

生活于污染环境中的植物、动物、微生物都能够不同程度地吸收和积累一些污染物，通过分析这些生物体内的成分，可以监测环境污染物的种类、水平等。

(1)低等附生植物　附生植物具有比较好的监测大气污染的功能，原因是：附生植物地理分布广，出现在各种自然环境，甚至工业区和城市市区。附生植物无表皮和角质层，污染物容易通过。附生植物无真正意义上的根，也没有维管组织，其所需矿物质主要通过干湿沉降。在这些植物及其枝体中发现的全部污染物，是直接从空气中吸收或是吸收沉降在植物体上的污染物。因此，能够在附生植物体内污染物含量与其环境浓度及其沉积率之间，建立起良好的相关关系，能够较客观地反映大气污染。附生植物大多分布在树干、枝、叶上，不受土壤污染的影响。鉴于上述原因，地衣和苔藓植物被大量用来指示和监测大气中粉尘、SO_2 等污染。

(2)高等植物　植物体内污染物含量与大气中相应的污染物浓度有很大的相关性，并且它能够反映较长时间内大气中污染物的平均浓度，因此可以作为监测环境污染的指标。例如，大叶黄杨叶片含氟量与大气中氟化物的浓度有明显的正相关性。利用上述原理，采集并分析在不同地点生长的同一种植物的叶片污染物含量，就可以绘制出该污染物的分布图。

根据一个地区范围的污染源的分布情况以及地形、地貌等特点，在污染区不同污染地段采集一种或几种各地段都有的植物叶片(乔木、灌木)或全株(草本)，在非污染区设对照点。各采样点植物叶片的采样应该同时进行，然后测定叶片中某些污染物的含量，根据下式求出各采样点的含污量指数 IP。根据含污量指数对各点的空气污染度进行分级。

$$IP=C_m/C_c$$

式中：C_m为采样点采样植物叶片中污染物含量；C_c为对照点采样植物叶片中污染物含量。

根据含污量指数对各监测点污染程度进行分级：Ⅰ级，清洁大气(<1.2)；Ⅱ级，轻度污染(1.21～2.0)；Ⅲ级，中度污染(2.01～3.0)；Ⅳ级，严重污染(>3.0)。

(3)水生生物　水中的污染物可以进入生物体内并富集，通过分析水生生物体内的某些成分，就能够了解水中污染物的种类、相对水平和危害程度。可以分析生物体的整体，如鱼类、贝类、虾类等，也可以分析生物体的一部分、排泄物、呕吐物等。

7.2.3 群落和生态系统监测及评价方法

1. *群落结构分析法*

环境污染的最终结果之一是敏感生物消亡，抗性生物旺盛生长，群落结构单一。现以某磷肥厂附近林地在氟污染情况下地衣调查结果为例：

(1)严重污染　树干上没有梅衣属地衣，石蕊属地衣不能够形成子囊盘，甚至不能够形成柱体。粉状地衣只存在于地表及树干基部 15 cm 以下。指裂梅衣含氟量大于 570 mg/kg。

(2)中等污染　梅衣属地衣出现在树干高度 4 m 以下，但没有连片生长的梅衣原柱体。指裂梅衣大部分个体不产生粉芽。石蕊属的几个种虽然有柱体及子囊盘，但原植体不同程度小于正常生长者。粉状地衣在树干上可以分布到 5 m 高处。指裂梅衣含氟量 270～570 mg/kg。

(3)轻度污染　树花属地衣较多，梅花属叶状及粉状地衣分布高达树冠内部的主干上。指裂梅衣含氟量 67～270 mg/kg。

(4)无污染　松萝属及树花属地衣在树木和灌木上普遍出现，梅衣属等叶状地衣在树干上大片分布到树冠内部的小枝上。指裂梅衣含氟量小于 67 mg/kg。

利用 PFU(聚氨酯泡沫塑料块)作为人工基质，采集水体微生物，从微生物群落的组成、结构、功能、指示种和叶绿素含量等方面分析，可以综合评价水体污染状况。PFU 规格为 5 cm×6.5 cm×7.5 cm，悬挂在距岸 3 m 处的水中，深度按水体的深浅而定，约位于水的中层，每个点悬挂若干串，每串 8 块，第 1、3、5、8、11、14、17 天各取一块，挤出泡沫塑料块中的样品，在显微镜下进行检测。

2. *群落多样性指数法*

群落多样性指数法又称差异指数，是根据生物多样性理论设计的一种指数。生物多样性是长期自然发展的结果，是自然生态系统保持相对平衡的重要因素。如 Shannon-Wiener 多样性指数 H'：

$$H' = -\sum_{i=1}^{s} P_i \ln P_i$$

式中：$P_i = n_i/N$，n_i为第 i 种生物的个体数，N 为总个体数；s 为物种数。

对指标的评价：H'值在 0～1 时为重污染，1～3 时为中度污染，大于 3 时为轻度污染。

多样性指数的最大优点是具有简明的数值概念，可以直接反映环境的质量。指数值越大，表示多样性越高，生态环境状况越好。对于一个污染的水体，可以通过与类似的、但未污染的水体进行比较，从而获得相对污染程度的环境质量参数，这是一种很好的环境监测方法。

3. *生物指数法*

生物指数(biotic index)是指运用数学公式反映生物种群或群落结构的变化以评价环境质量的数值。

(1)Beck 法　Beck 于 1955 年提出以生物指数来评价水体污染的程度。该法按水体中大型无脊椎动物对有机污染的敏感和耐性分为两类，在环境条件相似、面积确定的河段采集底栖动物，进行种类鉴定。按下式计算生物指数：

$$生物指数(BI) = 2A + B$$

式中：A 为敏感动物种类数；B 为耐污动物种类数。

以这种方法计算生物指数，要求调查采集的各监测点的环境因素力求一致，如水深、流速、底质、有无水草等。BI 越大，水体越清洁，水质越好；BI 越小，水体污染越严重。指数范围在 0～40 之间，BI 值与水质关系为：当 BI>10 时，水质清洁；1≤BI≤6，水质中度污染；BI=0，水质严重污染。

(2)硅藻生物指数法　用河流中硅藻的种类数计算生物指数，其计算公式为：

$$\text{硅藻生物指数} = \frac{2A + B - 2C}{A + B - C} \times 100$$

式中：A 为不耐污藻类的种类数；B 为广谱性藻类的种类数；C 为仅在污染区才出现的藻类种类数。

硅藻生物指数值在 0～50 时为多污带，50～100 为 α-中污带，100～150 为 β-中污带，150～200 为轻污带。

(3)颤蚓生物指数　用颤蚓类与全部底栖动物个体数量的比例作为生物指数，其计算公式为：

$$\text{颤蚓指数}(I) = (\text{颤蚓类个体数}/\text{底栖类动物个体数}) \times 100$$

颤蚓指数 100～80 为严重污染水域，80～70 为中等污染水域，70～60 为轻度污染水域，60～0 为清洁水域。

(4)水生昆虫与寡毛类湿重的比值　此法由金(King)和鲍尔(Ball)于 1964 年提出，作为生物指数来评价水质。这种方法无需将生物鉴定到种，仅将底栖动物中昆虫和寡毛类检出，分别称重，按下式计算：

$$I = (\text{昆虫湿重}/\text{寡毛类湿重}) \times 100$$

此值数值越小，表示污染越严重；反之，此值越大，表示水质越清洁。

(5)特伦特(Trent)生物指数　该法是用简单数字表示河流污染的一种方法。根据英国特伦特(Trent)河不同河段生物品种中有指示作用的几类无脊椎动物出现的种类数及个体数，分别记分，以分值的大小表示河流污染的程度。它是一种经验的生物指数，按照调查所得样本中大型底栖无脊椎动物的类群总数及属于 6 类关键性生物类群的种类数而确定其生物指数。生物指数值随污染程度的增加而下降，范围从 10(指示为清洁水)直到 0(指示水质严重污染)。这一方法中的生物类群鉴定并不要求一一鉴定到种，仅需统计种的数目。

7.2.4　环境流行病学调查法

在研究中，一个突出的问题是动物试验与人群流行病学调查结果往往不一致。假阴性、假阳性、过低或过高估计毒物潜在危害程度等情况经常发生。这是由于种属差异以及试验过程中的许多不确定因素造成的，使得在如何解释毒理学试验结果以及怎样把它外推到人类等方面存在明显的局限性。因而，单纯依赖动物试验以至仅仅通过某一体外试验方法得出的结论都不一定是可靠的。完整的方法是将试验室研究与人类流行病学调查有机地结合起来，用微观研究进行毒性筛选、机理探讨，并为宏观研究提供所需观察指标；而宏观研究则为微观研究提供选题方向，并进行验证。对一项具体研究来说，如果某种毒物已被广泛生产和使用，应首先分析其对人类的影响，以发现对健康损害的迹象，然后用微观试验手段进行深入研究，最后将这些试验研究结果进一步在人群流行病学调查中加以验证，再确定其因果关系。

近代流行病学已经从专门研究传染病扩大到非传染病的各个领域，特别是与环境的结合日益密切，形成了环境流行病学。环境流行病学研究作用物、环境和宿主三者之间的相互关系，分析患病人群与环境中的某种因子有无相关关系或因果关系，找出剂量-反应关系，从而从复杂的综合因素中推导出病因，并为制订某一致病因子的环境卫生标准提供依据，控制引起疾病或健康障碍的作用物，以达到控制发病和扩散、预防发病的目的。它的主要内容包括：调查不同地区特异性疾病的人群分布，地区分布，时间动态；调查并检测环境中的致病因子；分析调查资料以及综合分析调查及试验资料。

7.3 大气、水体、土壤污染的生物监测

利用生物手段进行环境污染监测工作始于20世纪初。20世纪70年代以来，水污染生物监测、空气污染生物监测发展迅速，土壤污染生物监测近期有潜在的发展空间。由于环境系统的复杂性以及生物的适应性和变异性，使得生物监测的准确性受到一定的限制，只有将生物监测与理化监测相结合，才能全面反映环境质量。

7.3.1 大气污染

7.3.1.1 植物监测

植物位置固定、管理方便且对大气污染敏感，植物受到污染后，常会在叶片上出现肉眼可见的伤斑，即可见症状。不同的污染物质和浓度所产生的症状及程度各不相同。污染物对植物内部生理代谢活动产生影响，如使蒸腾率降低、呼吸作用加强、叶绿素含量减少、光合作用强度下降，进一步影响植物的生长发育，使生长量减少、植株矮化、叶面积变小、叶片早落及落花落果等。植物吸收污染物后，内部某些成分的含量也会发生变化。因此，可利用植物监测大气污染。利用植物监测大气污染在指示植物选择与利用、根据植物受害症状确定大气污染物、根据叶片含污量估测环境污染程度等目前已经形成一套完整的监测方法体系。大气污染的植物监测有以下几种方法。

1. 指示植物法

大气污染指示植物应具备的条件有：对污染物反应敏感，受污染后的反应症状明显，且干扰症状少；生长期长，能不断萌发新叶；栽培管理和繁殖容易；尽可能具有一定的观赏或经济价值，以起到美化环境与监测环境质量的双重作用。通常敏感植物对大气污染反应最快，最容易受害，最先发出污染信息，出现污染症状。可以根据发出的各种信息来判断大气污染状况，对大气环境质量作出评价。指示植物能综合反映大气污染对生态系统的影响强度，能较早发现大气污染，监测出不同的大气污染，反映一个地区的污染历史。指示植物的选择方法有以下几种：

(1)现场评比法　选取排放已知单一污染物的现场，对污染源影响范围内的各类植物进行观察记录，特别注意叶片上出现的伤害症状和受害面积，比较后评比出各自的抗性等级，凡敏感植物(即受害最重者)就可选作指示植物。相对来说这种方法简单易行，其缺点是在野

外条件下多种因子复杂作用的影响，易造成个体间的不一致，从而影响选择结果。

(2)栽培比较试验法　将各种预备筛选的植物进行栽培，然后把这些植物放置在监测区内，观察并详细记录其生长发育状况及受害反应。经一段时间后，评定多种植物反应，选出敏感植物。这种方法可避免现场评比法中因条件差异造成的影响。植物栽培试验包括盆栽和地栽。

(3)人工熏气法　将需要筛选的植物放置在人工控制条件的熏气室内，把所确定的单一或混合气体与空气掺混均匀后通入熏气室内，根据不同的要求控制熏气时间。该方法能较准确地把握植物反应症状或观察其他指标，确定受害的临床值(引起生物受害的最低浓度和最早时间)以及评比各类生物的敏感性等。

通过上述方法筛选出的比较常用的大气污染指示植物及其受害症状见表 7-1。

表 7-1　常用的大气污染指示植物及其受害症状

污染物	指示性植物	受害症状
SO_2	地衣、苔藓、紫花苜蓿、荞麦、金荞麦、芝麻、向日葵、大马蓼、土荆芥、藜、曼陀罗、落叶松等	叶脉间出现褐色或红棕色大小不等的点、块状伤斑，与正常组织间界限分明。单子叶植物沿平行叶脉出现条状伤斑
PAN	早熟禾、矮牵牛、繁缕、菜豆等	叶子下表面变光滑或呈银白色或青铜色
NO_2	悬铃木、向日葵、番茄、秋海棠、烟草等	脉间组织和靠近叶缘边出现不规则的白色或褐色溃伤
O_3	烟草、矮牵牛、牵牛花、马唐、燕麦、洋葱、萝卜、马铃薯等	叶面出现白色或褐色不规则斑点或呈条斑分布，叶尖端变成褐色或坏死
HF	唐菖蒲、郁金香、金荞麦、杏、葡萄、梅、紫荆、雪松(幼嫩叶)等	叶尖和叶缘出现灼伤、褪绿，伤区与健康组织区别明显
Cl_2	芝麻、荞麦、向日葵、大马蓼、藜、翠菊、万寿菊、鸡冠花、大白菜、萝卜等	叶脉间变白，叶尖和叶缘出现灼伤及落叶

2. *大气污染植被调查法*

在污染区内调查植物生长、发育及数量丰度和分布状况等，初步查清大气污染与植物之间的相互关系。具体方法和内容包括：选择观察点；调查污染区内大气中主要污染物的种类、浓度及分布扩散规律；确定污染区内植物群落的观察对象、观察时间和观察项目等。也可采用样方和样线统计法进行调查。在调查分析的基础上，确定出各种植物对有害气体的抗性等级。在调查过程中，主要是利用污染区内现有植物的可见症状。通常在轻污染区可以观察到植物出现的叶部症状；在中度污染区，敏感植物可出现明显中毒症状，而抗性中等植物也可能会出现部分症状，抗性较强的植物一般不出现症状；在严重污染区，自然分布的敏感植物可能绝迹，而人工栽培的敏感植物可出现严重的受害症状，甚至死亡，中等抗性植物也可出现明显的症状，有的抗性较强的植物也可能出现部分症状。

对调查结果常采用一些指数加以量化，如污染影响指数(IA)，其计算公式为：

$$IA=W_0/W_m$$

式中：IA 为污染影响指数；W_0为清洁未污染区植物生长量；W_m为污染区监测植物生长量。

该指数越大，则表示大气污染程度越重。

3. *植物群落监测法*

植物群落监测法是分析监测区内植物群落中各种植物受害症状和程度以估测该地区大气

污染程度的一种监测方法。根据植物叶片呈现的受害症状和受害面积百分数，可以判断该地区的主要污染物和污染程度。表 7-2 是对某化工厂附近植物群落调查的结果，可以看出该厂附近已被 SO_2 污染，而且一些对 SO_2 抗性强的种类，如构树、马齿苋等也受到伤害，表明该地区曾发生过明显的急性危害，估测 SO_2 浓度可能在 3～10 μL/L 的范围内。

表 7-2　某化工厂 30～50 m 范围内植物群落受害情况

植物名称	受害情况
悬铃木、加拿大白杨	80%或全部叶片受害，甚至脱落
桧柏、丝瓜	叶片有明显大块伤斑，部分植物枯死
向日葵、葱、玉米、菊花、牵牛花	50%叶面积受害，叶片脉间有点块状伤斑
月季、蔷薇、枸杞、香椿、乌桕	30%叶面积受害，叶片脉间有轻度点块状伤斑
葡萄、金银花、构树、马齿苋	19%叶面积受害，叶片有轻度点块状伤斑
广玉兰、大叶黄杨、腊梅	无明显症状

4. *地衣、苔藓监测法*

这两类植物对 SO_2 和氟化氢等反应敏感。SO_2 年平均浓度在 0.015～0.105 mg/L 范围内就可使地衣绝迹，当大气中 SO_2 超过 0.017 mg/L 时，大多数苔藓植物就不能生存。因此，1968 年在荷兰举行的大气污染对动植物影响讨论会上，推荐地衣和苔藓作为大气污染指示生物。根据这两类植物的多度、盖度、频度和种类、数量的变化，绘出污染分级图，以显示大气污染的程度、范围和污染历史。

7.3.1.2　动物监测

利用动物监测大气污染虽不及植物那么普遍，但也能够起到指示、监测环境污染的作用。事实上，利用生物监测环境污染是从动物开始的。人们很早就懂得用金丝雀、金翅雀、老鼠及鸡等动物的异常反应(不安，甚至死亡)来探测矿井里的瓦斯毒气；利用对氰氢酸特别敏感的鹦鹉来监测用氰氧化物为原料的制药车间空气中氰氢酸的含量，以此确保工人的生命安全。美国的多诺拉事件调查表明，金丝雀对 SO_2 最敏感，其次是犬，再次是家禽；日本有人利用鸟类与昆虫的分布来反映大气质量的变化；利用鸟类羽毛、骨骼中的重金属含量来监测大气中的重金属污染物及污染程度。

蜜蜂是大气污染最理想的监测动物。早在 19 世纪末就有科学家通过分析死蜂发现蜂受到砷、氟化物、铅及汞等的污染。1960 年加利福尼亚大学的科学家发现臭氧、氟化物缩短了蜜蜂的寿命；1970 年初，北美和欧洲的科学家开始利用蜜蜂监测大气污染水平，评价大气环境质量。保加利亚一些矿区也用蜜蜂来监测金属污染物在大气中的浓度。一个蜂巢有 5 万只以上的蜜蜂，这群蜜蜂可以在约 4 km^2 以上的范围内觅食，每天要在数百万株植物上停留采花蜜，大气污染物会随着花粉、花蜜带回蜂巢，只要分析花粉、花蜜和蜂体就能够了解污染物的种类及污染水平。

一个区域中动物种群数量的变化也可监测该地大气污染状况。如一些大型哺乳类、鸟类、昆虫等，特别对大气污染敏感种类数量的变化很能够说明问题。如果发现上述动物迁离，不易直接接触污染物的潜叶性昆虫、虫瘿昆虫、体表有蜡质的蚧类等数量增加，说明该地区大气污染严重，环境恶化。

7.3.1.3 微生物监测

微生物与环境污染关系密切，利用微生物区系组成及数量变化监测环境污染程度已完全可行。通过对空气中微生物的检测可以了解空气环境中微生物的分布情况，为地区性空气环境质量评价提供生物污染的依据。检测空气中的微生物有以下几种方法：

(1)沉降平皿法　将盛有琼脂培养基的平皿置于一定地点，打开皿盖暴露一定时间，然后进行培养，计数其中生长的菌落数。暴露 1 min 后每平方米培养基表面积上生长的菌落数相当于 0.3 m^3 空气中所含的细菌数。这种检验方法比较原始，一些悬浮在空气中的带菌小颗粒在短时间内不易降落到培养皿内，无法确切进行定量测定。但这种检测方法简便，可用于不同条件下的对比检验。

(2)吸收液法　利用特制的吸收管将定量空气快速吸收到管内的吸收液内，然后再用吸收液培养，计数菌落数或分离病原微生物。

(3)撞击平皿法　抽吸定量的空气，快速撞击在一个或数个转动或不转动的平皿内的培养基表面上，然后进行培养，计数生长的菌落数。

(4)滤膜法　使定量空气通过滤膜，带微生物的尘粒会吸着在滤膜表面，然后将尘粒洗脱在适当的溶液中，再吸取一部分进行培养计数。

评价空气微生物污染状况的指标可用细菌总数和链球菌总数。目前对于空气中微生物数量的标准尚无正式规定。空气中细菌总数是 1 m^3 空气中各种细菌的总数，一般认为超过 500～1 000 个/m^3 时，作为空气污染的指标。

7.3.2 水体污染

7.3.2.1 植物监测

在水体污染的情况下，不仅水的物理和化学性质有所变化，而且水中的生物种类组成、数量及特征也将发生变化。因此，水生植被的组成变化可以用来监测水体污染状况。以浮游植物为例，在水体受到污染时，种类和数量即会明显减少，而且耐污染的种类也将出现。若对它们的特点进行调查研究，就可以对水体污染程度作出判断。以滇池为例，水生植被与水体污染程度的关系如下：

(1)严重污染　各种高等沉水植物全部死亡。

(2)中等污染　敏感植物如海菜花、轮藻、石龙尾等消失，篦齿眼子菜等敏感植物稀少，抗性强的如红线草、狐尾藻等相当繁茂。

(3)轻度污染　敏感植物如海菜花、轮藻等渐趋消失，中等敏感植物和抗污植物均有生长。

(4)无污染　轮藻生长茂盛，海菜花生长正常。上述各类植物均能够正常生长。

从上述结果可以看出，海菜花、轮藻等敏感植物可以用做监测植物。

浮游植物长期以来就被用做水质的指示生物，有些种类对有机污染或化学污染非常敏感。报道的浮游植物清水指示种类有冰岛直链藻、小球藻和锥囊藻属的一些种类；报道的污染指示种类有谷皮菱形藻、铜锈微囊藻和水花束丝藻。与浮游植物一样，一定水域内的浮游动物种群对评价水质是有用的。但由于浮游生物的不稳定性且常常集群分布，因而浮游生物作为水质指示生物的可靠性和准确性受到限制。

7.3.2.2 动物监测

水污染指示生物一般采用底栖动物中的环节动物、软体动物、固着生活的甲壳动物以及水生昆虫等。它们个体大，在水中相对位移小，生命周期较长，能够反映环境污染特点，已经成为水体污染指示生物的重要研究对象。例如，颤蚓类普遍出现于污染水体中，特别在严重有机污染水体中数量多、种类单纯，其中以霍甫水丝蚓或颤蚓最为常见。可以用单位面积颤蚓数作为水体污染程度的指标，例如，颤蚓类＜100 条/m^2（扁蜉幼虫＞100 条/m^2）为未污染，颤蚓类 100～999 条/m^2 属轻污染，颤蚓类 1 000～5 000 条/m^2 属中污染，颤蚓类＞5 000 条/m^2 属严重污染。

耐有机污染种类常常也是对有毒物质抗性较强的种类，在工业严重污染的水体中颤蚓类也能够大量发展，而且种类比较单纯。水蛭也是一种相当耐污染的无脊椎动物，有些种类仅在富含有机物的水域中生活。在有机污染的地方，水蛭数量可以多达惊人的地步。如 1925 年美国伊利诺斯河有机污染后，水蛭数量达 29 107 条/m^2，2 800 kg/hm^2。水蛭对铅、铜和 DDT 等农药的忍耐能力也很强，有些水蛭能够把 DDT 分解成为毒性较小的 DDE。此外，昆明滇池的尾鳃蚓绿眼虫、枝眼虫也可以作为污染水体的指示动物。

重金属污染也可以用动物来指示。Winner 等(1980)调查了美国俄亥俄州受铜污染的两条河流，严重污染河段以摇蚊幼虫占优势；中污染河段以石蚕及摇蚊为主；轻污染河段或清洁河段以蜉蝣与石蚕占优势。对金沙江调查的结果也符合上述结论，即石蚕和摇蚊幼虫是重金属污染河流的主要底栖动物，其中四节蜉科分布于轻度至中度污染河段，石蚕、扁蜉仅出现在轻污染至清洁水体，长角石蚕只见于清洁水体。

由于水体污染日益严重，鱼类大量死亡和数量急剧下降，因此，鱼类可作为水体污染的监测生物。鱼类的呼吸系统是鱼体与水环境之间联系最广的界面，因此，鱼的呼吸系统是受污染物影响最敏感的系统，可利用污染物对鱼类毒害前后呼吸频率的变化来判断污染物的毒性大小和污染程度。在用鱼来监测水体污染的方法中，监测参数包括耗氧量、运动类型、回避反应、趋流性、游泳耐力、心跳速率和血液成分等。例如，鱼鳃组织很细嫩，所以对水中的污染物反应敏感。

7.3.2.3 微生物监测

1. 微生物的指示作用

有机污染物是微生物的良好生长物质，水体内有机质的含量高，则微生物的数量大。一般在清洁湖泊、池塘、水库和河流中，有机质含量少，微生物也很少，每毫升水中含有几十至几百个细菌，并以自养型为主，常见的种类有硫细菌、铁细菌、鞘杆菌和含有光合色素的绿硫细菌、紫色细菌以及蓝细菌，它们通常被认为是清洁水体中的微生物类群。

在停滞的池塘水、污染的江河水，以及下水道的沟水中，有机质含量高，微生物的种类和数量都很多，每毫升可达几千万至几亿个，其中以抗性强、能分解各种有机物的一些腐生型细菌、真菌为主。常见的细菌有变形杆菌（*Bacillus proteus*）、大肠杆菌（*Bacillus coli*）、粪链球菌（*Streptococcus faecalis*）和合生孢梭菌（*Clostridium sporogenes*）等以及各种芽孢杆菌、弧菌

表 7-3 不同类型湖沼异养细菌的活菌数 个/mL

湖沼类型	活菌数
贫营养湖	＜10^2
富营养湖	10^4～10^5
养鱼池塘	10^5～10^6
酸性营养湖	10^2
腐殖营养湖	10^2

(*Vibrio* sp.)、螺菌(*Spirillum* sp.)等。真菌以水生藻状菌为主，另外还有大量的酵母菌。异养活细菌的数量也是水体营养状况的指示指标，富营养化的水体，异养活细菌的数量较多(表 7-3)。

2. 细菌学监测

水源受到带有致病菌的粪便污染后，可引起各种肠道疾病，甚至使某些水介传染病暴发流行。因此，水质的细菌学检验对于保护人群健康具有重要的意义。由于致病菌在水体中存在的数量较少，检测技术比较复杂，因此常常不是直接检测水中的致病菌，而是选用间接指标即粪便污染的指示菌作为代表。由于大肠菌群在水中存在的数目与致病菌呈一定正相关，具有抵抗力略强，易于检查等特点，作为水体受粪便污染的指标，以大肠菌群最为理想。

我国现行饮用水卫生标准规定，细菌总数 1 mL 自来水不得超过 100 个，大肠菌群数为不得检出。水体受到粪便污染时，细菌总数和大肠菌群数会相应增加。一般认为，1 mL 水中，细菌总数 10～100 个为极清洁水，100～1 000 个为清洁水，1 000～10 000 个为不太清洁水，10 000～100 000 个为不清洁水，多于 100 000 个为极不清洁水。

3. 发光细菌监测

用鱼或原生动物进行试验，费用昂贵且费时较多，如用细菌的生长状况或死亡率作为测定环境中毒物的指标，也需十多小时才能完成。用发光细菌来监测有毒物质，由于毒物仅干扰发光细菌的发光系统，费时较少且敏感性好，操作简便，结果准确，所以利用发光细菌的发光强度作为指标测定有毒物质，在国内外越来越受到重视，目前已开始在环境监测中运用此方法。

发光细菌是一类非致病性细菌，在正常的生理条件下能发出 0.4 nm 的蓝绿色可见光，这种发光现象是细菌新陈代谢过程。毒物具有抑光作用，毒物浓度与细菌发光强度呈负相关线性关系。凡能够干扰或破坏发光细菌呼吸、生长、新陈代谢等生理过程的任何有毒物质都可以根据发光强度的变化监测水体污染。

该法在环境监测中可用于水体中无机或有机的，如重金属、农药、除草剂、酚类化合物及氰化物等 30 多种污染物的监测，如利用发光细菌快速测定工业废水综合毒性、水体中氰化物浓度、污染水体生物毒性等。

7.3.3 土壤污染

7.3.3.1 植物监测

利用一些对特定污染物较为敏感的植物作为土壤污染物的预测和监测指示。一般来说，指示植物主要起到预警作用。目前用于大气、水体污染物监测的植物种类较丰富，而用于土壤监测的植物种类相对较少。

土壤受到污染后，植物对污染物的作用所产生的反应主要表现为：产生可见症状，如叶片上出现伤斑；生理代谢异常，如蒸腾率降低、呼吸作用加强、生长发育受阻；植物化学成分发生改变，由于植物从土壤中吸收污染物，使其某些成分相对于正常情况增加或减少。因此可以通过对指示植物观测确定土壤污染类型及污染程度。

一般情况下，土壤中的微量元素锰、铜、铁、镁、锌等含量极少，但又是植物生活所必需。当这些元素大量积聚时，会造成土壤污染，对植物的正常生长产生危害。例如土壤中锰过剩会使植物老叶边缘和叶尖出现许多焦枯褐色的小斑并逐渐扩大；铜、锌、铅复合污染使水稻的植株高度减小、分蘖数减少、茎叶及稻谷产量降低；镉进入植物体内并累积到一定程度，会出现生长迟缓、植株矮小、褪绿、产量下降等现象。

7.3.3.2 动物监测

土壤动物是反映环境变化的敏感指示生物，当某些环境因素的变化发展到一定限度时就会影响到土壤动物的繁衍和生存，甚至造成死亡。研究表明，在重金属污染的土壤中，土壤动物种类、数量随污染程度的减轻而逐渐增加，并且与重金属的浓度具有显著的负相关。

农药对蚯蚓有很强的毒性，低剂量农药即可引起蚯蚓数量的减少；对有机磷农药废水污染区土壤动物调查表明，土壤动物种类和个体数随污染程度的增加而明显减少，群落结构发生显著变化。

蚯蚓对敌敌畏很敏感，在农药洒入培养缸的瞬间，即发现蚯蚓剧烈弹跳，隐伏在土层中的蚯蚓也纷纷涌出土面，浓度越大，蚯蚓的反应越剧烈。6 h 后某些蚯蚓个体环带区有充血肿胀现象，12 h 后蚯蚓呈现暗红色，活动能力大大减弱，甚至呈现麻痹、组织溃疡等病变，直至死亡。在高浓度时，24 h 后已有大部分蚯蚓死亡，36 h 已没有活体。蚯蚓可以用来作为农药环境污染的监测生物。

土壤中蚯蚓数量的测定方法为，在面积为 1 500 m^2 的取样点随机选取 5 个小样点，小样点取土面积为 30 cm×30 cm，取样深度为土壤表层处 25 cm；清除地被物后，用铁铲挖掘，小心破碎土块并置于白色塑料布上，拾取其上的蚯蚓并计算种群密度；带回实验室称其鲜重并分类鉴定。重复以上程序数次，计算单位面积土壤中蚯蚓种类及数量的平均值。

另外，也可以利用土壤中的原生动物、线虫、甲螨等监测土壤污染。

7.3.3.3 微生物监测

工农业生产产生的废弃物对土壤的污染，导致了土壤微生物数量组成和种群组成的改变。污染物进入土壤后首先受害的是土壤微生物，许多土壤微生物对土壤中重金属、农药等污染物含量的稍许提高就会表现出明显的不良反应。通过测定污染物进入土壤系统前后的微生物种类、数量、生长状况及生理生化变化等特征就可监测土壤污染的程度。

土壤微生物数量的改变与自身的耐药性有关，对农药有耐受性的微生物增加了，而敏感的却减少了，因此使用农药的结果使土壤微生物群落趋于单一化。受五氯硝基苯污染的土壤中，敏感种减少了，具有耐受性的长蠕孢菌增殖并占据了主导地位；受五氯酚污染的土壤中能够找到的菌种是具有耐受性的 6 种假单胞菌属细菌；受三氯乙酸或代森锰锌污染的土壤，真菌中只剩下青霉和曲霉。

不同农药引起微生物数量变化的情况是不完全相同的，如用 5 mg/L 甲拌磷或特丁甲拌磷处理能使土壤细菌数增加，而用椒菊酯处理则使细菌数减少。同一种农药对不同类群微生物的影响也不完全一致，如用 3 mg/L 二嗪农处理 180 d 后细菌和真菌数没有改变，而放线菌增加了 300 倍；用 4 mg/L 阿拉特津处理，细菌总数与对照相比没有明显差异，但固氮菌增加了 1 倍，反硝化菌和纤维素分解菌则分别减少了 80%和 90%。

镉、铜、铅及铬对较为敏感的大芽孢杆菌和枯草杆菌均有明显的抑制作用，随金属浓度的升高，菌落数明显减少，其中大芽孢杆菌对金属污染物更为敏感。

7.3.3.4 生物酶监测

土壤中植物的根系及其残体、土壤动物及其遗骸和微生物能够分泌具有生物活性的土壤酶。土壤酶的活性反映了土壤中进行的各种生物化学过程的强度和方向。土壤酶的活性易受环境中物理、化学和生物等因素的影响，尤其在土壤污染条件下土壤酶的活性变化很大。因此，土壤酶活性在一定程度上可以反映土壤受污染的程度。经常测定的土壤酶为脱氢酶、过氧化氢酶、脲酶和磷酸酶。

习题与思考题

1. 什么是生物监测？生物监测的优缺点有哪些？
2. 何谓指示生物？简述环境指示生物的特征及其作用。
3. 简述生物监测的基本方法。
4. 指示生物如何分类？常用的大气污染指示植物有哪些？
5. 水污染指示生物有哪些？
6. 简述土壤污染指示植物及其受到某些特定污染物伤害后的受害症状。

Chapter 8

第8章

噪声监测

本章提要：

本章主要介绍了声学的基本知识、噪声的危害、噪声的测量及其评价方法和标准。

通过本章的学习，掌握声音和噪声的物理特性及其量度；了解主要噪声标准和监测测试仪器；重点掌握噪声监测方法及分析评价方法。

在工业生产过程中，噪声污染和水污染、空气污染等一样是当代主要的环境污染之一。但噪声污染与后两者不同，它是物理污染(或称能量污染)。一般情况下它并不致命，且与声源同时产生同时消失，噪声污染源分布很广。由于噪声渗透到人们生产和生活的各个领域，且能够直接感觉到它的干扰，所以噪声污染已经成为广泛的社会危害。

8.1 噪声及声学基础

8.1.1 声音与噪声

1. 声音

人类是生活在一个声音的环境中，通过声音进行交谈、表达思想感情以及开展各种活动。而各种各样的声音都起源于物体的振动，凡能发生振动的物体统称为声源。从物体的形态来分，声源可分为固体声源、液体声源和气体声源。声源的振动通过空气介质作用于人耳鼓膜而产生的感觉称为声音。声音的传播介质有空气、水和固体，它们分别称为空气声、水声和固体声等。噪声监测主要讨论空气声。

2. 噪声

从物理现象判断，一切无规律的或随机的声信号叫噪声。例如，震耳欲聋的机器声，呼啸而过的飞机声等。另外噪声的判断还与人们的主观感觉和心理因素有关，即一切不希望存在的干扰声都叫噪声，例如，音乐之声对正在欣赏音乐的人来说，是一种美的享受，是需要的声音，而对正在思考或睡眠的人来说，则是不需要的声音，是噪声。

(1)噪声的危害　噪声污染对人群的危害程度取决于噪声的强度和暴露时间的长短。噪声的危害是多方面的，主要表现在以下几点：

①干扰睡眠　噪声会影响人的熟睡或使人从睡眠中惊醒，使体力和疲劳得不到应有的恢复，从而影响工作效率和安全生产。

②损伤听力　长期在噪声环境中工作和生活，将造成人的听力下降，产生噪声性耳聋。在噪声级为 90 dB 条件下长期工作的人，20%会发生耳聋；在 85 dB 时，10%的人有可能会耳聋。

③干扰语言交谈和通信联络

④影响视力　长时间处于高噪声环境中的人，很容易发生眼疲劳、眼病、眼花和视物流泪等眼损伤现象。

⑤能诱发多种疾病　噪声会引起紧张的反应，使肾上腺素增加，因而引起心率改变和血压上升；强噪声会刺激耳腔前庭，使人眩晕、恶心、呕吐，症状和晕船一样；在神经系统方面，能够引起失眠、疲劳、头晕、头痛和记忆力减退；噪声还能影响人的心理。

(2)噪声的分类　环境噪声按来源分类有四种：交通噪声，指机动车辆、船舶、航空器如汽车、火车和飞机等所产生的噪声；工业噪声，指工矿企业在生产活动中各种机械设备如鼓风机、汽轮机、织布机和冲床等所产生的噪声；建筑施工噪声，指建筑施工机械如打桩机、挖土机和混凝土搅拌机等发出的声音；社会生活噪声，指人类社会活动和家庭活动所产生的如高音喇叭、电视机等发出的过强声音。

(3)噪声的特征

①可感受性　就公害的性质而言，噪声是一种感受公害，许多公害是无感觉公害，如放射性污染和某些有毒化学品的污染，人们在不知不觉中受污染及危害，而噪声则是通过感觉对人产生危害的。一般的公害可以根据污染物排放量来评价，而噪声公害则取决于受污染者心理和生理因素。一般来说，不同的人对相同的噪声可能有不同的反应，因此在噪声评价中，应考虑对不同人群的影响。

②即时性　与大气、水体和固体废弃物等其他物质污染不一样，噪声污染是一种能量污染，仅仅是由于空气中的物理变化而产生的。无论多么强的噪声，还是持续了多么久的噪声，一旦产生噪声的声源停止辐射能量，噪声污染立即消失，不存在任何残存物质。

③局部性　与其他公害相比，噪声污染是局部和多发性的。一般情况下，噪声源辐射出的噪声随着传播距离的增加，或受到障碍物的吸收，噪声能量被很快地减弱，因而噪声污染主要局限在声源附近不大的区域内。此外，噪声又是多发的，城市中噪声源分布既多又散，使得噪声的测量和治理工作很困难。

8.1.2　声音的物理特性和量度

1. *声音的发生、频率、波长和声速*

物体在空气中振动，使周围空气发生疏、密交替变化并向外传递，当这种振动频率在20～20 000 Hz之间，人耳可以感觉，称为可听声，简称声音。频率低于20 Hz的叫次声，高于20 000 Hz的叫超声，它们作用到人的听觉器官时不引起声音的感觉，所以不能听到。

声音是波的一种，叫声波。通常情况下的声音是由许多不同频率、不同幅值的声波构成的，称为复音，而最简单的仅有一个频率的声音称为纯音。

声源在1 s内振动的次数叫频率，记作 f，单位为赫兹(Hz)。振动一次所经历的时间叫周期，记作 T，单位为秒(s)。$T=1/f$，即频率和周期互为倒数。可听声的周期为50 ms～50 μs。

沿声波传播方向，振动一个周期所传播的距离，或在波形上相位相同的相邻两点间的距离称作波长，记为 λ，单位为米(m)。可听声的波长范围为0.017～17 m。

单位时间内声波传播的距离叫声波速度，简称声速，记作 c，单位为m/s。频率 f、波长 λ 和声速 c 三者的关系是：

$$c=\lambda f$$

声速与传播声音的媒质和温度有关。在空气中，声速(c)和温度(t)的关系可简写为：

$$c=331.45+0.607t$$

常温下，声速约为345 m/s。

2. *声功率、声强和声压*

(1)声功率(W)　在声源振动时，总有一定的能量随声波的传播向外发射。声功率是指声源在单位时间内向周围空间所发出的总声能，用 W 表示，其常用单位为瓦(W)。

(2)声强(I)　声强是指单位时间内，与声波传播方向垂直的单位面积上所通过的声能量。声强用 I 表示，其常用单位为瓦/米^2(W/m^2)。如果是点声源，声音以球面波向外传播，则距声源 r 处的声强 I 与声功率 W 有如下关系：

$$I = \frac{W}{4\pi r^2}$$

可见，在声功率一定的条件下，某点的声强与该点离声源的距离的平方成反比。这就是离声源越远，人们所听到的声音就越弱的原因。

(3)声压(p) 表征声波的另一个物理量是声压。当声源振动时，它所辐射出的能量会引起空气介质的压力变化，这种压力变化称为声压，用 p 表示，其常用单位是牛顿/米^2(N/m^2)或帕(Pa)。人耳对声音的感觉直接与声压有关，一般声学仪器直接测量的也是声压。可以引起人耳感觉的声压值(又称闻阈)为 2×10^{-5} Pa，人耳最大承受(引起鼓膜破裂)的声压值(又称痛阈)为 20 Pa，两者相差 100 万倍。

声压与声强有密切的关系，在离声源较远而且不发生波的反射作用时，该处的声波可近似地看作是平面波，平面波的声压(p)与声强(I)有如下关系：

$$I = \frac{p^2}{\rho c}$$

式中：p 为声压，N/m^2；ρ 为空气密度，kg/m^3；c 为声速，m/s。

在声功率、声强和声压三个物理量中，声功率和声强都不容易直接测定。所以在噪声监测中，一般都是测定声压，就可算出声强，进而算得声功率。

3. 声压级、声强级、声功率级

能够引起人们听觉的噪声不仅要有一定的频率范围(20～20 000 Hz)，而且还要有一定的声压范围(2×10^{-5}～20 Pa)。声压太小，不能引起听觉；声压太大，只能引起痛觉，而不能引起听觉。从听阈声压 2×10^{-5} Pa 到痛阈声压 20 Pa，声压的绝对值数量级相差 100 万倍，声强之比则达 1 万亿倍。因此，在实践中使用声压的绝对值描述噪声的强弱是很不方便的。另外，人耳对声音强度的感觉并不正比于强度(如声压)的绝对值，而更接近正比于其对数值。由于这两个原因，在声学中普遍采用对数标度。

(1)分贝的定义 由于取对数后是无量纲的，因此用对数标度时必须先选定基准量(或称参考量)，然后对被量度量与基准量的比值求对数，这个对数称为被量度量的“级”，如果所取对数是以 10 为底，则级的单位称为贝尔(B)。由于 B 过大，故常将 1 B 分为 10 挡，每一挡的单位称为分贝(dB)。

(2)声压级 当用“级”来衡量声压大小时，就称为声压级。这与人们常用级来表示风力大小、地震强度的意义是一样的。声压级用 L_p 表示，单位是 dB，其定义式为：

$$L_p = 10\lg\frac{p^2}{p_0^2} = 20\lg\frac{p}{p_0}$$

式中：p 为声压，Pa；p_0 为基准声压，即 2×10^{-5}Pa。

显然，采用 dB 标度的声压级后，将动态范围 2×10^{-5}～2×10 Pa 声压转变为动态范围为 0～120 dB 的声压级，因而使用方便，也符合人的听觉的实际情况，一般人耳对声音强弱的分辨能力约为 0.5 dB。

分贝标度法不仅用于声压，同样用于声强和声功率的标度，当用分贝标度声强或声功率的大小时，就是声强级或声功率级。

(3)声强级　声强级常用 L_I 表示，单位是 dB，其定义式为：

$$L_I = 10\lg \frac{I}{I_0}$$

式中：I 为声强，W/m^2；I_0为基准声强，即 10^{-12} W/m^2。

(4)声功率级　声功率级用 L_W 表示，单位是 dB，其定义式为：

$$L_W = 10\lg \frac{W}{W_0}$$

式中：W 为声功率，W；W_0为基准声功率，即 10^{-12} W。

8.1.3　噪声的叠加和相减

8.1.3.1　噪声的叠加

两个或两个以上的独立声源作用于声场中某一点时，就产生了声音的叠加。声能量是可以进行代数相加的物理量度，而声级由于是对数关系，不能代数相加。假设两个声源的声功率分别是 W_1 和 W_2，那么总声功率 $W_{总}=W_1+W_2$；同样两个声源在同一点的声强为 I_1 和 I_2，则它的总声强 $I_{总}=I_1+I_2$。但是声压是不能直接进行代数相加的物理量度，根据前面公式可以推导总声压与各声压的关系式。

$$I_1=\frac{p_1^2}{\rho c} \qquad I_2=\frac{p_2^2}{\rho c}$$

$$I_{总}=\frac{p_{总}^2}{\rho c}=\frac{p_1^2+p_2^2}{\rho c}$$

几个独立声源在空间某点的总声压级可由下式求出：

$$L_{p_i} = 10\lg\sum_{i=1}^{n}\frac{p_i^2}{p_0^2}$$

式中：p_i 为第 i 个声源在此点处的声压；p_0为基准声压。

由于　$L_{p_i}=10\lg\frac{p_i^2}{p_0^2}$，则有$\frac{p_i^2}{p_0^2}=10^{\frac{L_{p_i}}{10}}$

$$L_{p_{总}} = 10\lg\sum_{i=1}^{n}10^{\frac{L_{p_i}}{10}}$$

如果各声源的声压级相等，则所产生的总声压级可用下式表示：

$$L_{p_{总}}=L_p+10\lg N$$

式中：L_p 为 1 个噪声源的声压级，dB；N 为噪声源的数目。

如果两个噪声级不同的噪声源(如 L_{p_1} 和 L_{p_2}，且 $L_{p_1}>L_{p_2}$)叠加在一起，按上式计算较麻烦。可利用表 8-1 查值来计算，以 $L_{p_1}-L_{p_2}$ 值按表查得 ΔL_p，则总声压级 $L_{p_{总}}=L_{p_1}+\Delta L_p$。

表 8-1 声源声压级叠加增值参数 dB

$L_{p_1}-L_{p_2}$	0	1	2	3	4	5	6	7	8	9	10	11	12	13	14	15
ΔL_p	3	2.5	2.1	1.8	1.5	1.2	1.0	0.8	0.6	0.5	0.4	0.3	0.3	0.2	0.1	0.1

由表 8-1 可见，当声压级相同时，叠加后总声压级增加 3 dB，当声压级相差 15 dB 时，叠加后的总声压级增加 0.1 dB。因此，两个声压级叠加，若两者相差 15 dB 以上，其中较小的声压级对总声压级的影响可以忽略。

多个噪声源的叠加与叠加次序无关，叠加时，一般选择两个声压级相近的依次进行，因为两个声压级数值相差较大，则增加值 ΔL_p 很小(有时忽略)，影响准确性。当两个声压级相差很大时，即 $L_{p_1}-L_{p_2}>15$ dB，总的声压级的增加值 ΔL_p 可以忽略，因此，在噪声控制中，抓住噪声源中有主要影响的，将这些主要噪声源降下来，才能取得良好的降噪效果。

8.1.3.2 噪声的相减

在某些实际工作中，常遇到从总的被测噪声级中减去背景或环境噪声级，来确定由单独噪声源产生的噪声级。如某加工车间内的一台机床，在它开动时，辐射的噪声级是不能单独测量的。但是，机床未开动前的背景或环境噪声是可以测量的，机床开动后，机床噪声与背景或环境噪声的总噪声级也是可以测量的，那么，计算机床本身的噪声级就必须采用噪声级的减法。其推导与上面叠加计算一样，可用下式表示：

$$L_I=L_t-\Delta L$$

式中：L_I为机器本身的噪声级，dB；L_t为总噪声级，dB；ΔL 为增加值，dB，其值可由图 8-1 查得。

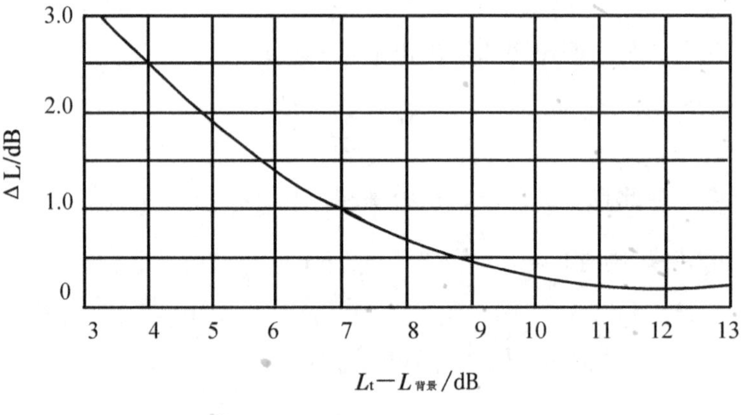

图 8-1 声压级分贝差值曲线

8.2 噪声评价

8.2.1 噪声评价量

噪声评价的目的是为了有效地提出适合于人们对噪声反应的主观评价量。由于噪声变化特性的差异以及人们对噪声主观反应的复杂性，使得对噪声的评价较复杂。多年来各国学者对噪声的危害和影响程度进行了大量研究，提出了各种评价指标和方法，期望得出与主观性影响相对应的评价量和计算方法，以及所允许的数值和范围。

1. 响度和响度级与等响曲线

(1)响度　人的听觉与声音的频率有非常密切的关系，一般来说两个声压相等而频率不相同的纯音听起来是不一样的。响度是人耳判别声音由轻到响的强度等级概念，它不仅取决于声音的强度(如声压级)，还与它的频率及波形有关。响度的单位是“宋”(sone)，符号为“N”。1 sone 的定义为声压级为 40 dB，频率为 1 000 Hz，且来自听者正前方的平面形波的强度。如果另一个声音听起来比这个大 n 倍，则该声音的响度为 n sone。

(2)响度级　其概念也是建立在两个声音的主观比较上的。定义 1 000 Hz 纯音声压级的分贝值为响度级的数值，任何其他频率的声音，当调节 1 000 Hz 纯音的强度使之与这声音一样响时，则这 1 000 Hz 纯音的声压级分贝值就定为这一声音的响度级值。响度级的单位叫“方”(phon)，符号为“L_N”。由于响度级在确定时，考虑了人耳的特性，并将声音的强度与频率用同一单位——响度级统一了起来，既反映了声音客观物理量上的强弱，又表示了声音主观感觉上的强弱。

(3)等响曲线　利用与基准声音比较的方法，可以得到人耳听觉频率范围内一系列响度相等的声压级与频率关系的曲线，即等响曲线(图 8-2)，该曲线为国际标准化组织(ISO)所采用，所以又称 ISO 等响曲线。同一曲线上不同频率的声音，听起来感觉一样响，而声压级是不同的。从曲线形状可知，人耳对 1 000～4 000 Hz 的声音最敏感。对低于或高于这一

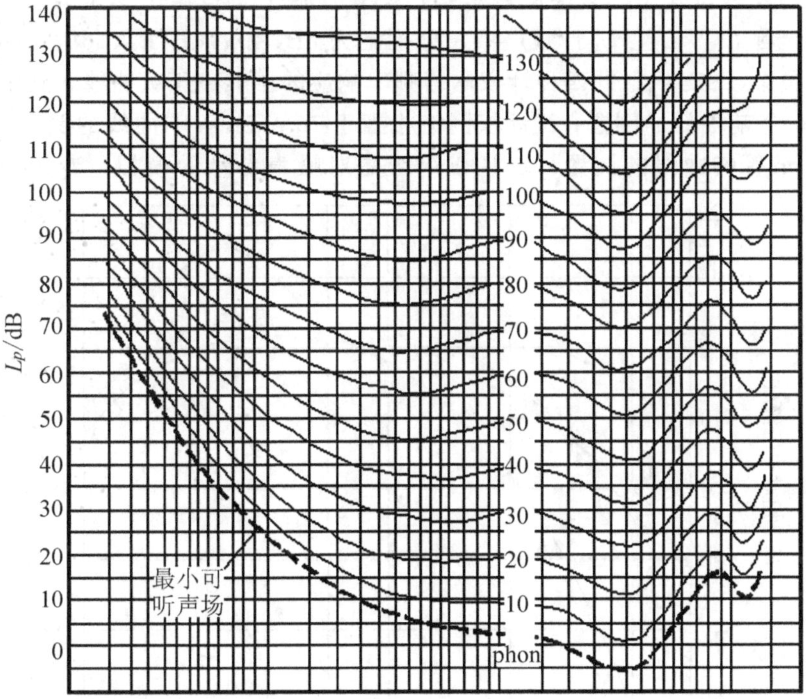

图 8-2　等响曲线

频率范围的声音，灵敏度随频率的降低或升高而下降。例如，一个声压级为 80 dB 的 20 Hz 纯音，它的响度级只有 20 phon，因为它与 20 dB 的 1 000 Hz 纯音位于同一条曲线上；同理，与它们一样响的 10 000 Hz 纯音声压级需 30 dB。

(4)响度与响度级的关系　根据大量试验得到，响度级每改变 10 phon，响度加倍或减半。例如，响度级 30 phon 时响度为 0.5 sone，响度级为 40 phon 时响度为 1 sone，响度级为 50 phon 时响度为 2 sone，依此类推。它们的关系可用下述数学式表示：

$$L_N = 40 + 33.3\lg N \quad 或 \quad N = 2^{\left(\frac{L_N - 40}{10}\right)}$$

响度级的合成不能直接相加，而响度可以相加。例如：两个不同频率而都具有 60 phon 的声音，合成后的响度级不是 60＋60＝120(phon)，而是先将响度级换算成响度进行合成，然后再换算成响度级。本例中 60 phon 相当于响度 4 sone，所以两个声音响度合成为 4＋4＝8(sone)，而 8 sone 按数学计算可知为 70 phon，因此两个响度为 60 phon 的声音合成后的总响度级为 70 phon。

2. 计权声级

由于用响度级来反映人耳的主观感觉太复杂，而且人耳对低频声不敏感，对高频声较敏感，为了模拟人耳的听觉特征，人们在等响曲线中选出三条曲线，即 40 phon、70 phon、100 phon 的曲线，分别代表低声级、中强声级和高强声级时的响度，并按这三条曲线的形状，设计出 A、B、C 三挡计权网络。在噪声测量仪器上安装相应的滤波器，对不同频率的声音进行一定的衰减和放大，这样便可从噪声测量仪器上直接读出 A 声级、B 声级、C 声级，这些声级统称 L_A、L_B、L_C计权声级，分别记为 dB(A)、dB(B)、dB(C)。图 8-3 所示为国际电工委员会(IEC)规定的四种计权网络频率响应的相对声压级曲线，其中 A 计权网络相当于 40 phon 等响曲线的倒置；B 计权网络相当于 70 phon 等响曲线的倒置；C 计权网络相当于 100 phon 等响曲线的倒置；D 计权声级是对噪声参量的模拟，专用于飞机噪声的

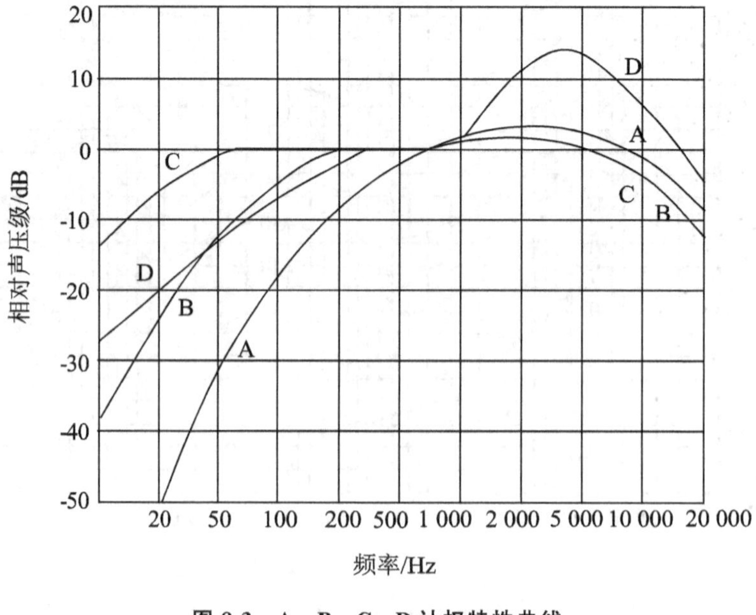

图 8-3　A、B、C、D 计权特性曲线

测量。

近年来研究表明，不论噪声强度是多少，利用 A 声级都能较好地反映噪声对人吵闹的主观感觉和人耳听力损伤程度。因此，现在常用 A 声级作为噪声测量和评价的基本量。如果不作说明均指的是 A 声级。

3. 等效连续声级(equivalent continuous A-weighted sound pressure level)

A 声级主要适用于连续稳态噪声的测量和评价，它的数值可由噪声测量仪器的表头直接读出。但人们所处的环境中大都是随时间而变化的非稳态噪声，如果用 A 声级来测量和评价就显得不合适了。于是提出用噪声能量平均值来评价噪声对人的影响，即等效连续声级，它反映人实际接受的噪声能量的大小，对应于 A 声级来说就是等效连续 A 声级。国际标准化组织 ISO 对等效连续 A 声级的定义是：在声场中某个位置、某一时间内，对间歇暴露的几个不同 A 声级，以能量平均的方法，用一个 A 声级来表示该时间内噪声的大小，这个声级就为等效连续 A 声级，用 L_{eq}表示，单位是 dB(A)，其数学表达式为：

$$L_{eq}=10\lg\left[\frac{1}{T}\int_0^T\left(\frac{p_i}{p_0}\right)^2\mathrm{d}t\right]=10\lg\left[\frac{1}{T}\int_0^T 10^{0.1L_{p_A}}\,\mathrm{d}t\right]$$

式中：L_{eq}为等效连续 A 声级，dB(A)；T 为规定的测量时间，s；L_{p_A} 为某一时刻 t 的瞬时 A 计权声压级，dB(A)。

如果测量是在同样的采样时间间隔下，测试得到一系列 A 声级数据，则测量时段内的等效连续 A 声级可通过下式计算：

$$L_{eq}=10\lg\left[\left(\sum 10^{0.1L_i}\cdot t_i\right)/T\right]\quad 或\quad L_{eq}=10\lg\left[\left(\sum 10^{0.1L_i}\right)/n\right]$$

式中：L_{eq}为等效连续 A 声级，dB(A)；L_i为等间隔时间 t(单位为 s)内读出的声级 dB(A)，一般每 5 s 读一个；t_i为采样间隔时间，s；T 为总的测量时间，s；n 为读得的声级总个数，一般为 100 个或 200 个。

从等效连续 A 声级的定义中不难看出，对于连续的稳态噪声，等效连续 A 声级等于所测得的 A 计权声级。等效连续 A 声级由于较为简单，易于理解，而且又与人的主观反应有较好的相关性，因而已成为许多国际国内标准所采用的评价量。

4. 昼夜等效声级(day-time equivalent sound level)

由于同样的噪声在白天和夜间对人的影响是不一样的，而等效连续 A 声级评价量未能反映人对噪声主观反应的这一特点，为了考虑噪声在夜间对人们烦恼的增加，规定在夜间测得的所有声级均加上 10 dB(A)作为修正值，再计算昼夜噪声能量的加权平均，由此构成昼夜等效声级这一评价参量，用符号 L_{dn}表示。昼夜等效声级主要预计人们昼夜长期暴露在噪声环境下所受的影响。由上述规定昼夜等效声级 L_{dn}可表示为：

$$L_{dn}=10\lg\left[\frac{t_d 10^{0.1L_d}+t_n 10^{0.1(L_n+10)}}{24}\right]$$

式中：L_d为白天 t_d个小时的等效声级，dB(A)；t_d为白天取 16 h，时间从6：00～22：00；L_n为夜间 t_n个小时的等效声级，dB(A)；t_n为夜间取 8 h，时间从22：00～6：00。

白天和夜间的时段可以根据当地的情况做适当的调整，或根据当地政府的规定。该评价量可作为几乎包含各种噪声的城市噪声全天候的单值评价量。

5. 累积百分声级(percentile sound level)

累积百分声级又称统计声级，指在规定的测量时间 T 内或次数中所测得的声级，有 $n\%$ 的时间或次数超过某一声级 L_A 值，则这个 L_A 值称为累积百分声级 L_n，单位为 dB(A)。L_n 表示某一 A 声级，且大于此声级的出现概率为 $n\%$。如 $L_5=70$ dB 表示整个测量期间噪声超过 70 dB 的概率占 5%。L_{10}，L_{95} 的意义依此类推。

例如，将在规定的时间内测得的 A 声级数据(如 100 个)，按从小到大的顺序排列，第 10 个数据为 L_{90}，第 50 个数据为 L_{50}，第 90 个数据为 L_{10}(如是 200 个数据，则第 20 个数据即为 L_{90}，第 100 个数据为 L_{50}，第 180 个数据为 L_{10})。L_{10}、L_{50}、L_{90} 即为累积分布值，分别表示出现时间或次数在 10%、50% 和 90% 以上的 A 声级。L_{10} 相应于峰值平均 A 声级，L_{50} 相应于平均 A 声级，L_{90} 相应于背景噪声的 A 声级。统计声级用来表述起伏很大的噪声，例如交通噪声。

6. 噪声污染级

噪声污染级也是用以评价噪声对人的烦恼程度的一种评价量，它既包含了对噪声能量的评价，同时也包含了噪声涨落的影响。噪声污染级用标准偏差来反映噪声的涨落，标准偏差越大，表示噪声的离散程度越大，即噪声的起伏越大。噪声污染级用符号 L_{NP} 表示，单位是 dB(A)，适用于评价航空或道路的交通噪声，其表达式为：

$$L_{NP}=L_{eq}+K\sigma$$

$$\sigma=\sqrt{\frac{1}{n-1}\sum_{i=1}^{n}(L_{p_{A_i}}-\overline{L}_{p_A})^2}$$

式中：σ 为规定时间内噪声瞬时声级的标准偏差；$L_{p_{A_i}}$ 为测得的第 i 个瞬时 A 声压级，dB(A)；$\overline{L}_{p_A}$ 为所测声压级的算术平均值，dB(A)，即 $\overline{L}_{p_A}=\dfrac{\sum L_{p_{A_i}}}{n}$；$n$ 为测得声级的总个数；K 为常数，对交通和飞机噪声取值 2.56。

如果测量数据符合正态分布 $\sigma\approx(L_{16}-L_{84})/2$，其中 L_{16} 和 L_{84} 分别表示测得的 100 个数据按由大到小排列后，第 16 个数据和第 84 个数据。

从噪声污染级 L_{NP} 的表达式中可以看出：式中第一项取决于干扰噪声能量，累计了各个噪声在总的噪声暴露中所占的分量；第二项取决于噪声事件持续时间，平均能量中难以反映噪声起伏，起伏大的噪声 $K\sigma$ 项也大，对噪声污染级的影响也越大，也更易引起人的烦恼。

对于随机分布的噪声，噪声污染级和等效连续声级或累计百分数声级之间有如下关系：

$$L_{NP}=L_{eq}+(L_{10}-L_{90})$$

$$\text{或 } L_{NP}=L_{50}+(L_{10}-L_{90})+(L_{10}-L_{90})^2/60$$

从以上关系中可以看出，L_{NP} 不但和 L_{eq} 有关，而且和噪声的起伏值 $(L_{10}-L_{90})$ 有关，当 $(L_{10}-L_{90})$ 增大时，L_{NP} 明显增加，说明了 L_{NP} 比 L_{eq} 能更显著地反映出噪声的起伏作用。

8.2.2 噪声评价标准

噪声对人的影响与声源的物理特性、暴露时间和个体差异等因素有关。所以噪声标准的制定是在大量试验基础上进行统计分析的，主要考虑因素是保护听力、噪声对人体健康的影响、人们对噪声的主观烦恼度和目前的经济、技术条件等方面。对不同的场所和时间分别加以限制，即同时考虑标准的科学性、先进性和现实性。

1. 听力保护的噪声标准

以保护听力而言，一般认为每天 8 h 长期工作在 80 dB 以下听力不会损伤，而在声级分别为 85 dB 和 90 dB 的环境中工作 30 年，根据国际标准化组织(ISO)的调查，耳聋的可能性分别为 8%和 18%。在声级 70 dB 的环境中，谈话就感到困难。而干扰睡眠和休息的噪声级阈值白天为 50 dB，夜间为 45 dB。我国提出的环境噪声允许范围见表 8-2。

表 8-2　我国环境噪声允许范围　　dB

人的活动	昼间	夜间
体力劳动(保护听力)	90	70
脑力劳动(保证语言清晰度)	60	40
睡眠	50	30

2. 城市区域环境噪声标准

我国《声环境质量标准》(GB 3096—2008)规定了不同区域、不同时段的噪声标准值，见表 8-3。

表 8-3　区域环境噪声标准(等效声级 L_{eq})　　dB(A)

声环境功能区类别	昼间	夜间
0 类	50	40
1 类	55	45
2 类	60	50
3 类	65	55
4 类		
4a 类	70	55
4b 类	70	60

3. 工业企业噪声标准

《工业企业厂界环境噪声排放标准》(GB 12348—2008)，用以限制工厂辐射噪声引起的环境影响。各类区域厂界噪声标准值见表 8-4。

表 8-4　工业企业厂界环境噪声排放限值(等效声级 L_{eq})　　dB(A)

厂界外声环境功能区类别	昼间	夜间
0	50	40
1	55	45
2	60	50
3	65	55
4	70	55

表8-3和表8-4中，0类声环境功能区指康复疗养区等特别需要安静的区域。1类声环境功能区指以居民住宅、医疗卫生、文化教育、科研设计、行政办公为主要功能，需要保持安静的区域。2类声环境功能区指以金融、集市贸易为主要功能，或者居住、商业、工业混杂，需要维持住宅安静的区域。3类声环境功能区指以工业生产、仓储物流为主要功能，需要防止工业噪声对周围环境产生严重影响的区域。4类声环境功能区指交通干线两侧一定距离之内，需要防止交通噪声对周围环境产生严重影响的区域，包括4a类和4b类两种类型。4a类为高速公路、一级公路、二级公路、城市快速路、城市主干路、城市次干路、城市轨道交通(地面段)、内河航道两侧区域；4b类为铁路干线两侧区域。

另外，中国现已颁布的噪声标准还包括：《社会生活环境噪声排放标准》(GB 22337—2008)、《建筑施工场界噪声限值》(GB 12523—1990)、《机场周围飞机噪声环境标准》(GB 9660—1988)、《汽车定置噪声限值》(GB 16170—1996)等。

8.3 噪声测量仪器及噪声监测

8.3.1 测量仪器的选择和使用

噪声测量技术的一个重要组成部分就是对测量仪器的操作使用。噪声测量仪器的测量强度，主要是声场中的声压，至于声强、声功率的直接测量较麻烦，故较少直接测量；其次是测量噪声的特征，即声压的各种频率组成成分。随着现代电子技术的飞速发展，噪声测量仪器发展也很快。在噪声测量中，人们可根据不同的测量与分析目的，选用不同的仪器，采用相应的测量方法。常用的测量仪器有声级计、声频频谱仪、自动记录仪、录音机和实时分析仪。

1. 声级计

声级计是噪声测量的基本仪器，它由传声器、放大器、计权网络和有效值检波器等组成，总体结构如图8-4所示。声级计的作用原理是：声压大小经传声器后转换成电压信号，此信号经前置放大器放大后，再通过计权网络选出所要测定的频率(频带)，又经输出放大器放大，最后从显示仪表上指示出声压级的数值(dB)。下面就声级计的主要部分作简要介绍。

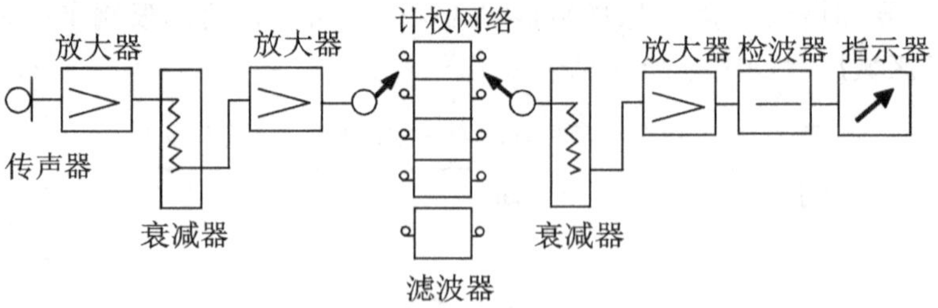

图8-4　声级计工作原理

(1)传声器　传声器又称话筒，是将声压转变为电压的换能元件。传声器的质量是影响声级计性能和测量准确度的关键部位。优质的传声器应满足如下要求：灵敏度高、工作稳定；频率响应特性平直、位相畸变小；受外界环境(如温度、湿度、振动、电磁波等)影响小；动态范围大。根据换能原理和结构的不同，一般使用的传声器有晶体的、动圈的和电容式的。由于电容传声器具有良好的频响特性，近代使用最广泛。

(2)放大器　放大器是声级计和频谱分析仪内部放大电信号的电子线路。因为从传声器所获得的电压信号是很微弱的，既达不到计权网络分离信号(不同的频率)所需的能量，也不能推动读数仪表工作，所以在声级计及频谱分析仪内部都设置有前置放大器和输出放大器。前置放大器将来自传声器的微弱电压放大到一定的水平后，计权网络才能从其中分离出待测频带的信号。此信号再经输出放大器放大后，才能推动读数仪表。用于声级测量的放大器应满足下面几个条件：要有足够大的增益而且稳定；频率响应特性要平直；在声频范围(20～20 000 Hz)内要有足够的动态范围；放大器的固有噪声要低；耗电量小。由于声级计不仅要测量微弱的噪声，还要测量强噪声，因此还要配置测量不同噪声所需要的信号衰减器。

(3)计权网络　计权网络是由电阻和电容组成的，具有特定频率响应的滤波器。它能使欲测定的频带顺利地通过，而把其他频率的波尽可能地除去。为了使声级计测出的声压级的大小接近人耳对声音的响应，用于声级计的计权网络是根据图 8-3 所示的 A、B、C 三种网络特性曲线设计的。

(4)有效值检波器　声级计中，由放大器输出的都是交流信号，为取得推动指示仪表的直流信号，在声级计中还设有检波器。因为表示信号大小的参数有有效值和峰值，所以设有两种检波器，即有效值(均方根值)检波器和峰值检波器，在声级计中应用最多的是有效值检波器。

(5)指示器　声级计的指示方式有两种，即电表指示和数字显示。目前生产的声级计大部分采用电表指示，测量有效值时的平均时间有 3 种：在快挡(F)上，电表电路的时间常数约为 125 ms；在慢挡(S)上，电表电路的时间常数约为 1 s；在脉冲挡(I)上，电表电路的时间常数约为 35 ms。具有 I 计权的声级计，可用来测量脉冲噪声。

2. 其他噪声测量仪器

(1)声频频谱仪　噪声测量中如需进行频谱分析，通常在精密声级测定时需配用倍频程滤波器。根据规定需要使用 10 挡，即中心频率为 31.5、63、125、250、500、1 000、2 000、4 000、8 000、16 000 Hz。

(2)录音机　有些噪声现场，由于某些原因不能当场进行分析，需要储备噪声信号，然后带回实验室分析，这就需要录音机。供测量用的录音机不同于家用录音机，其性能要求高得多。它要求频率范围宽(一般为 20～15 000 Hz)，失真小(小于 3%)，信噪比大(35 dB 以上)，此外，还要求频响特性尽可能平直，动态范围大等。

(3)记录仪　记录仪可将测量的噪声声频信号随时间变化记录下来，从而对环境噪声作出准确评价。记录仪能将交变的声频电信号作对数转换，整流后将噪声的峰值、均方根值(有效值)和平均值表示出来。

(4)实时分析仪　实时分析仪是一种数字式谱线显示仪，能把测量范围的输入信号在短时间内同时反映在一系列信号通道示屏上，通常用于较高要求的研究、测量，目前使用尚不普遍。

8.3.2 噪声监测要求

1. 噪声监测程序

噪声监测的一般程序包括现场调查和资料收集、布点和监测技术、数据处理和监测报告。

环境噪声来源于工业、建筑施工、道路交通和社会生活，监测前应调查有关工程的建设规模、生产方式、设备类型及数量，工程所在地的占地面积、地形和总平面布置图，职工人数，噪声源设备布置图及声学参数；调查道路、交通运输方式以及机动车流量等；调查地理环境、气象条件、绿化状况以及社会经济结构和人口分布等。

环境噪声的监测范围不一定越宽越好，也不能说掌握了几个主要噪声源周围几百米内的噪声就可以了，而应该是区域内噪声所影响的范围。监测点的选择、监测实践和监测方法因不同的噪声监测内容而异。监测点一般要覆盖整个评价范围，重点布置在现有噪声源对敏感区有影响的点上。其中，点声源周围布点密度应高一些。对于线声源，应根据敏感区分布状况和工程特点，确定若干测量断面，每一断面上设置一组测点。为便于绘制等声级线图，一般采用网格测量法和定点测量法。

2. 测量天气条件

无雨、无雪、无雷电、风力小于四级(风速小于 5 m/s)。

3. 测点选择

测点选在受影响者的居住或工作建筑物外 1 m，传声器高于地面 1.2 m 以上的噪声影响敏感处(如窗外 1 m)。距离任何反射物(地面除外)至少 3.5 m 外测量。传声器对准声源方向，附近应该没有别的障碍物或反射体，无法避免时应背向反射体。应避免围观人群的干扰。测点附近有什么固定声源或交通噪声干扰时，应加以说明。

4. 读数方法

在人工读数时，如果声级起伏不大于 10 dB(A)，读 100 个数据，每 5 s 末读一个瞬时声级。如果起伏大于 10 dB(A)，读 200 个数据。在自动采样时，采样时间间隔不大于 1 s，测量 10 min 内的等效连续声级。结果中注明采样时间间隔。

8.3.3 噪声监测

1. 城市区域环境噪声监测

城市区域环境噪声的监测可分为普查性监测和例行监测。城市环境噪声普查是一项基础性的调查工作，对于掌握城市噪声污染现状、制订国家环境噪声标准、执行地方噪声管理法规等都起到了积极作用。但它只是一次性测量，所得结果只是城市的平均水平，无法反映局部区域的噪声污染水平。

(1)布点　将现有建成的城区划分为等距离的网格(如 500 m×500 m 或 250 m×250 m)，每一网格取一代表点。测点总数多于 100 个才能保证其结果误差不大于 2 dB(A)。测点应位于网格中心，可先在地图上作网格布点，再到现场踏勘确定。若网格中心点无法设点(如为房屋、河流、道路等)，可将测点移至便于测量的地点，但要求此点离网格中心点的距离尽可能短。

(2)测量时间　一般分为昼间(6：00～22：00)和夜间(22：00～6：00)两个时段。在规定时间内每个测点测量 10 min，昼间和夜间分别测量，测量的同时要判断测点附近的主要噪声源(如交通噪声、工厂噪声、施工噪声、居民噪声或其他噪声源等)，并记录下周围的声学环境。测量数据记录于表 8-5。

(3)数据处理　由于城市区域环境噪声是随时间而起伏变化的非稳态噪声，因此测量结果一般用统计噪声级或等效连续 A 声级进行处理。如果测量数据符合正态分布，则可用以下近似公式计算。

$$L_{eq} \approx L_{50} + \frac{d^2}{60} \quad d = L_{10} - L_{90}$$

(4)评价方法　评价方法为数据平均法和图表法。将全部中心测点测得的连续等效 A 声级做算术平均运算，所得到的算术平均值就代表某一区域或全市的总噪声水平。城市区域环境噪声的测量结果，除了用上面有关的数据表示外，还可用城市噪声污染图表示。为了便于绘图，将区域各测点的测量结果以 5 dB 为一等级，划分为若干等级(如 56～60、61～65、66～70…分别为一个等级)，然后用深浅不同的颜色或阴影线表示每一等级，绘制在城市区域的网格上，用于表示城市区域的噪声污染分布。由于一般环境噪声标准多以 L_{eq} 来表示，为便于同标准相比较，建议以 L_{eq} 作为环境噪声评价量，来绘制噪声污染图。

表 8-5　环境噪声测量记录

日期 ____________	天气 ____________
时间 ____________	仪器 ____________
地点 ____________	噪声源 ____________

$L_{10}=$ ________　$L_{50}=$ ________　$L_{90}=$ ________

$\sigma=$ ________　$L_{eq}=$ ________　测量人 ________

2. 城市交通噪声监测

道路交通噪声监测的目的是了解不同路段的交通噪声强度，掌握其传播规律和影响范围，观察车流量的变化与声级变化的规律。

(1)测点布置　每一路段布一测点。测点选在两路口之间，距路口应大于 50 m。长度小于 100 m 的路段，测点选在中央。测点不能选在路口，因为那里汇集了开往各方向的车辆，加上车辆刹车、启动时的影响，声级明显地高于其他地方，不能代表路段上交通噪声的实际水平，而在路段中央车流量和车速都比较均匀，在那里测得的声级可以代表路段的平均声级水平。测量时传声器置于道路边线(长车道外)20 cm 处。传声器对准马路中心。

(2)测量时段和次数　白天在正常工作时间内测量，即去掉上、下班 0.5～1 h。在其他条件(如车速、路面条件、路宽、临街建筑等)不变的情况下，道路交通噪声的变化取决于车流量的变化。而车流量的变化又与人们的活动规律密切相关。在正常工作时间内，车流量比较平稳，此时测得的结果与整个白天的平均声级比较接近。夜间最好在午夜前后 3 h 内(如 22：00～1：00)进行。因为整个夜间的声级涨落较大，而在午夜前后这一段时间内的测量结果与整个夜间的平均声级较为接近。

需要了解某几条特定道路的交通噪声的变化规律，进行常年记录，用以对比时，可以测量 24 h 的等效连续声级以及统计声级，每 3 个月进行一次。需要进行全市道路交通噪声普查时，在全市交通图上选取车流量在每小时100辆以上的道路(称为交通干线)，每两个路口间设一测点，全市测点应在100个以上，大中城市每年进行一次。

(3)数据记录及处理　测量时每隔5 s记一个瞬时A声级(慢响应)，连续记录200个数据。测量的同时记录交通流量(机动车)。测量结果一般用统计噪声级和连续等效A声级来表示。

(4)评价方法　若对城市交通干线的噪声进行比较和评价，必须把全市各干线测点对应的L_{10}、L_{50}、L_{90}、L_{eq}的各自平均值、最大值和标准偏差列出。平均值$\overline{L}$的计算公式为：

$$\overline{L} = \frac{1}{l}\sum_{K=1}^{n} L_K l_K$$

式中：$\overline{L}$为全市道路交通噪声平均值，dB；l为全市干线总长度，km；L_K为所测第K段干线的声级L_{eq}(或L_{10})，dB；l_K为所测第K段干线的长度，km。

根据各测点的测量结果按5 dB分挡，绘制道路两侧区域中的道路交通噪声等声级线，并可绘制道路交通噪声污染空间分布图。

3. 工业企业噪声监测

(1)车间噪声测量　若车间内噪声级的波动小于3 dB(A)，一般只选1～3个测点，否则应分成若干区，每区1～3个点。注意这些区是工人正常工作时的活动地点。对于稳定噪声，测量A声级；不稳定噪声，测量等效连续A声级或测量不同A声级下的暴露时间，计算等效连续A声级。测量时使用慢挡，取平均读数。噪声测量时，要注意避免或减少气流、电磁场、温度和湿度等因素对测量结果的影响。测量时，将传声器放置在操作人员常在的位置，高度约在人耳处(人离开)。

(2)工业企业厂界噪声测量　工业企业边界噪声测量的测点应布置在法定厂界外1 m处，传声器高度在1.2 m以上噪声敏感处。如厂界有围墙，测点应选在厂界外1 m，高于围墙0.5 m以上的位置。围绕厂界布点，布点数及间距视实际情况而定。

4. 机动车辆噪声测量

机动车辆包括汽车、摩托车、轮式拖拉机等。机动车辆所发出的噪声是流动声源，在城市环境噪声中以交通运输噪声最突出。机动车噪声是一个包括各种性质噪声的综合噪声源，其主要噪声源可分为发动机、冷却系统、排气系统、进气系统等。

(1)布点　车外噪声测量需要平坦开阔的场地。在测试中心周围25 m半径范围内不应有大的反射物。测试跑道应有20 m以上平直、干燥的沥青路面或混凝土路面，路面坡度不超过0.5%。测点应选在20 m跑道中心点两侧，距中线7.5 m，距地面1.2 m。

(2)测量　各类车辆按测试方法所规定的行驶挡位分别以加速和匀速状态驶入测试跑道。同样的测量往返进行一次。车辆同侧两次测量结果之差不应大于3 dB(A)。若只用一个声级计测量，同样的测量应进行四次，即每侧测量两次。

(3)数据处理　车外噪声一般用最大值来表示。取受试车辆同侧两次测量声级的平均值中最大值作为被测车辆加速行驶或匀速行驶时的最大噪声级。

5. 机场周围飞机噪声测量

(1)测量条件　测量要在无雪、无雨，地面上10 m高处的风速不大于5 m/s，相对湿度30%～90%的条件下进行。测量传声器应安装在开阔平坦的地方，高于地面1.2 m，离其他反射壁面1 m以上。注意避开高压电线和大型变压器。所有测量都应使传声器膜片基本位于飞机标称飞行航线和测点所在的平面内，即是掠入射。在机场的附近应当使用声压型传声器，其频率响应的平直部分要达到 10 000 Hz。要求测量的飞机噪声的最大值至少要超过环境背景噪声级 20 dB，测量结果才被认为可靠。读取一次飞行过程的 A 声级最大值，一般用慢响应，在飞机低空高速通过及离跑道近处的测点用快响应。

(2)测量方法 《机场周围飞机噪声测量方法》(GB 9661－88)适用于测量机场周围由于飞机起飞、降落或低空飞行时所产生的噪声，包括精密测量和简易测量。精密测量需要作为时间函数的频谱分析的测量。传声器通过声级计将飞机噪声信号送到测量录音机并记录在磁带上。然后，在实验室按原速回放录音信号，并对录音信号进行频谱分析。简易测量只需经频率计权的测量。声级计接声级记录器，或用声级计和测量录音机读 A 声级或 D 声级的最大值，记录飞行时间、状态、机型等测量条件。

习题与思考题

1. 简述噪声对人体的影响与危害。
2. 什么叫噪声？环境噪声有哪些？
3. 用分贝表示声学量有什么好处？
4. 简述声功率和声功率级、声强和声强级、声压和声压级的概念。
5. 环境噪声和背景噪声二者如何区分？
6. 什么叫计权声级？它在噪声测量中有何作用？
7. 等响曲线是如何绘制的？响度级、频率和声压级三者之间有何关系？
8. 简述等效连续声级、噪声污染级、昼夜等效声级和累积百分声级的定义。
9. 试述简单声级计的结构原理。在噪声测量中普遍采用哪种传声器？
10. 噪声相加和相减应如何进行？
11. 三个声源作用于某一点的声压级分别为 65 dB、68 dB 和 71 dB，求同时作用于这一点的总声压级为多少？

Chapter 9

第9章

放射性和电磁辐射监测

本章提要：

本章主要介绍放射性基本知识、度量单位、放射性的危害、放射性监测仪器、监测方法等；介绍电磁辐射污染传播方式、监测仪器、监测方法等。

通过本章的学习，掌握环境放射性污染和电磁辐射污染的来源、危害、监测方法以及保护措施等基础知识。重点掌握放射性污染监测技术和电磁辐射污染监测技术，通过课堂学习、现场参观、环境调查、讲座等方式，能够对放射性污染和电磁辐射污染监测内容有一个准确全面的理解。

以波或粒子的形式向周围空间发射并在其中传播的能量统称为辐射(如声辐射、热辐射、电磁辐射、粒子辐射等)。其中放射性辐射是指与物质直接或者间接作用时能使物质电离的辐射，又称电离辐射，包括核设施、核技术应用、伴生放射性矿产资源等所产生的辐射；电磁辐射是指以电磁波形式通过空间传播的辐射，包括广播电视、无线通讯、雷达发射、高压送变电以及工业、科研、医疗系统中的电磁能应用项目等所产生的辐射。放射性辐射和电磁辐射会对人体产生危害而日益受到各界的关注。

9.1 放射性污染概述

放射性污染监测是环境监测的重要组成部分，随着原子能工业的迅速发展和放射性同位素的广泛应用，环境中的放射性水平有可能高于天然本底值，甚至超过规定标准，构成放射性污染，危害人类和生物，因此对环境中的放射性物质进行监测、控制和治理是环境保护工作的一项重要任务。

9.1.1 放射性污染的来源

自然界中各种物质都是由元素组成的，而组成元素的基本单位是原子。原子是由原子核和围绕原子核按一定能级运动的电子所组成，原子核由中子和质子组成，通常把具有相同质子数而不同中子数的元素称为同位素。各种同位素的原子核分为两类：一类是能够稳定的原子核；另一类是不稳定的原子核，这种不稳定的原子核能自发地有规律地改变其结构而转变成另外一种原子核，这种现象称为核衰变或放射性衰变。在衰变的过程中，总是放出具有一定动能的带电或不带电的粒子，如 α、β、和 γ 射线，这种现象称为放射性。如 ^{16}O、^{17}O、^{18}O 就是天然氧的 3 种非放射性同位素，^{234}U、^{235}U、^{238}U 就是铀的 3 种放射性同位素。

天然不稳定原子核自发放出射线的特性称为“天然放射性”，通过核反应由人工制造出来的原子核的放射性称为“人为放射性”。

1. 天然核辐射来源

(1)宇宙射线　宇宙射线是从宇宙空间辐射到地球表面的射线，它由初级宇宙射线和次级宇宙射线组成。初级宇宙射线是指从外层空间射到地球大气的高能辐射，主要由质子、α 粒子、原子序数为 4～26 的原子核及高能电子所组成，初级宇宙射线的能量很高，穿透力很强。初级宇宙射线与地球大气层中的氧或氮原子核相互作用，产生的次级粒子和电磁辐射称为次级宇宙射线，次级宇宙射线能量比初级宇宙射线低。大气层对宇宙射线有强烈的吸收作用，到达地面的几乎全是次级宇宙射线。

(2)天然放射性核素　天然放射性核素是指具有一定原子序数和中子数，处于特定能量状态的原子。自然界中天然放射性核素主要包括以下 3 个方面：宇宙射线产生的放射性核素，主要是初级宇宙射线与大气层中某些原子核反应的产物，如 ^{3}H、^{14}C 等；中等质量的天然放射性核素，这类核素数量不多，如 ^{40}K、^{87}Rb 等；重天然放射性核素，原子序数大于 83 的天然放射性核素，一般分为铀系、钍系及锕系 3 个放射性系列。它们大都放射 α 粒子，有的随 α、β 衰变同时放出 γ 射线。

放射线中有 α 射线、β 射线、γ 射线、X 射线等 4 种放射线，它们可分为电磁波和高速运动的粒子流。而粒子流又可分为带电荷与不带电荷的。

2. 人为放射性来源

随着核工业和军事工业的发展及一些核素的各种应用，使大气中的放射性物质不断增加，环境中的放射性水平高于天然本底值或超过规定标准，造成了放射性污染。引起环境放射性污染的来源主要是人为放射源。人为放射性污染源有废水、核武器试验、核工业的铀矿开采、矿石加工、核反应堆和原子能电站及燃料后处理、核动力潜艇和航空器、高能加速器以及医学科研、工农业各部门开放性使用放射性核素等。另外，日常生活中也有放射性物质，如磷肥、打火石、火焰喷射玩具、夜光表、彩色电视机、装饰用大理石等均可产生不同强度和剂量的放射线。人为放射污染源及污染物如图 9-1 所示。

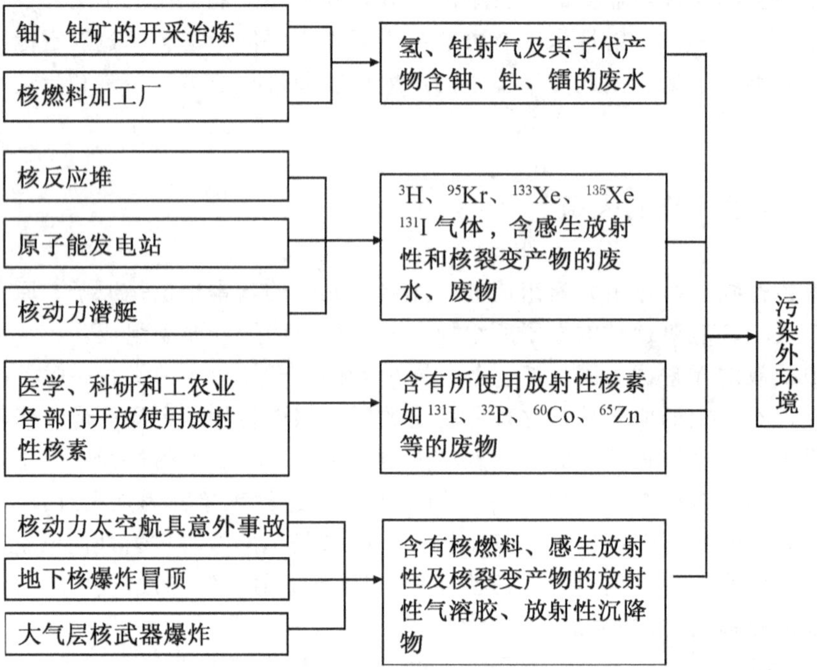

图 9-1 人为放射性污染源及污染物

9.1.2 放射性污染度量单位

1. 放射性活度

放射性活度(强度)(radioactivity)是度量放射性物质的一种物理量，它以放射性物质在单位时间内发生的核衰变数目来表示。活度单位为贝可勒尔，简称贝可，用符号 Bq 表示。1 Bq 表示放射性核素在 1 s 内发生 1 次衰变。放射性活度反映某种放射性核素的数量值，该值的大小与核衰变相关。可表示为

$$A = \frac{dN}{dt} = \lambda N$$

式中：A 为放射性强度，Bq 或 s^{-1}；N 为某时刻的核素数；t 为时间，s；λ 为衰变常数，表

示放射性核素在单位时间内的衰变几率，s^{-1}。

2. 吸收剂量

电离辐射在机体的生物效应与机体所吸收的辐射能量有关。吸收剂量(absorbed dose)是反映物体对辐射能量的吸收状况，是指在电离辐射与物质发生相互作用时，单位质量的物质吸收电离辐射能量大小的物理量。其定义为

$$D=\frac{\mathrm{d}\,\overline{E}_D}{\mathrm{d}m}$$

式中：D 为吸收剂量，单位为戈瑞，由符号 Gy 表示，1 Gy 表示任何 1 kg 物质吸收 1 J 的辐射能量，即 1 Gy=1 J/kg；$\mathrm{d}\,\overline{E}_D$ 为电离辐射给予质量为 $\mathrm{d}m$ 的物质的平均能量。

3. 剂量当量

电离辐射所产生的生物效应与辐射的类型、能量等有关。尽管吸收剂量相同，但若射线类型、照射条件不同时，对生物组织的危害程度是不同的。因此在辐射防护工作中引入了剂量当量(equivalent dose)这一概念，以表征所吸收辐射能量对人体可能产生的危害情况。剂量当量定义为在生物机体组织内所考虑的一个体积单元上吸收剂量、品质因子和所有修正因素的乘积，即

$$H=DQN$$

式中：H 为剂量当量，单位是希沃特 Sv，1 Sv=1 J/kg；D 为吸收剂量，Gy；Q 为品质因子；N 为所有其他修正因素的乘积。

品质因子 Q，用以粗略地表示吸收剂量相同时各种辐射的相对危险程度。Q 越大，危险性越大。Q 值是依据各种电离辐射带电粒子的电离密度而相应规定的。国际放射防护委员会建议对内外照射皆可使用表 9-1 给出的品质因子 Q 值。

在辐射防护中应用剂量当量，可以评价总的危险程度。

表 9-1　各种辐射的品质因子

辐射类型	品质因子	辐射类型	品质因子	辐射类型	品质因子
X、γ 射线和电子	1	快中子(>10 keV)	10	反冲核	20
中子(<10 keV)	3	α 粒子	10		

4. 照射量

照射量(exposure dose)是指在一个体积的单元的空气中(质量为 $\mathrm{d}m$)，γ 或 X 射线全部被空气所阻止时，空气电离所形成的离子总电荷的绝对值(负的或正的)，其单位是 C/kg(库伦/kg)。通常照射量用符号"X"表示。其关系式如下：

$$X=\frac{\mathrm{d}Q}{\mathrm{d}m}$$

式中：$\mathrm{d}Q$ 为一个体积单元内形成的离子的总电荷绝对值，C；$\mathrm{d}m$ 为一个体积单元中空气的质量，kg。

照射量只使用 X 和 γ 辐射透过空气介质的情况，不能用于其他类型的辐射和介质。照射量有时用照射率 x 来表示，其定义为单位时间内的照射量，单位是 C/(kg·s)。

9.1.3 放射性核素在环境中的分布

1. 土壤和岩石中的分布

土壤和岩石中天然放射性核素的含量变动很大，主要决定于岩石层的性质及土壤的类型。某些天然放射性核素在土壤和岩石中含量的估计值列于表 9-2。

表 9-2 土壤、岩石中天然放射性核素的含量 Bq/g

核素	土壤	岩石
^{40}K	$2.96\times10^{-2}\sim8.88\times10^{-2}$	$8.14\times10^{-2}\sim8.14\times10^{-1}$
^{226}Ra	$3.7\times10^{-3}\sim7.03\times10^{-2}$	$1.48\times10^{-2}\sim4.81\times10^{-2}$
^{232}Th	$7.4\times10^{-4}\sim5.55\times10^{-2}$	$3.71\times10^{-3}\sim4.81\times10^{-2}$
^{238}U	$1.11\times10^{-3}\sim2.22\times10^{-2}$	$1.48\times10^{-2}\sim4.81\times10^{-2}$

2. 水体中的分布

海水中天然放射性核素主要是^{40}K、^{87}Rb和铀系元素。其含量与所处地理区域、流动状态、淡水和淤泥入海情况等因素有关。淡水中天然放射性核素的含量与所接触的岩石、水文地质、大气交换及自身理化性质等因素有关。一般地下水所含放射性核素高于地面水，且铀、镭的变化大。表 9-3 列出各类淡水中^{226}Ra及其子体产物的含量。

表 9-3 各类淡水中^{226}Ra及其子体产物的含量 Bq/L

核素	矿泉及深井水	地下水	地面水	雨水
^{226}Ra	$3.7\times10^{-2}\sim3.7\times10^{-1}$	$<3.7\times10^{-2}$	$<3.7\times10^{-2}$	—
^{222}Rn	$3.7\times10^{2}\sim3.7\times10^{3}$	$3.7\sim37$	3.7×10^{-1}	$3.7\times10\sim3.7\times10^{3}$
^{210}Pb	$<3.7\times10^{-3}$	$<3.7\times10^{-3}$	$<1.85\times10^{-2}$	$1.85\times10^{-2}\sim1.11\times10^{-1}$
^{210}Po	$\approx7.4\times10^{-4}$	$\approx3.7\times10^{-4}$	—	$\approx1.85\times10^{-2}$

3. 大气中的分布

多数放射性核素均可出现在大气中，但主要是氡的同位素(特别是^{222}Rn)，它是镭的衰变产物，能从含镭的岩石、土壤、水体和建筑材料中逸散到大气，其衰变产物是金属元素，极易附着于气溶胶颗粒上。

大气中氡的浓度与气象条件有关，日出前浓度高，日中较低，二者间可相差 10 倍以上。一般情况下，陆地和海洋上的近地面大气中氡的浓度分别在 $1.11\times10^{-3}\sim9.61\times10^{-3}$ Bq/L 和 $1.9\times10^{-3}\sim2.2\times10^{-3}$ Bq/L 范围。

4. 动植物组织中的分布

任何动植物组织中都含有一些天然放射性核素，主要有^{40}K、^{226}Ra、^{14}C、^{210}Pb和^{210}Po等。其含量与这些核素参与环境和生物体之间发生的物质交换过程有关，如植物与土壤、水、肥料中的核素含量有关；动物与饲料、饮水中的核素含量有关。

9.1.4 放射性污染的特点

放射性污染与一般化学污染物的污染有着显著的区别，具有以下特点：

①放射性污染物的放射性与物质的化学状态无关；

②每一种放射性都有其固有的半衰期，不因温度和压力的改变而改变，短的可以快到 10^{-7} s，长的可达 10^9 年之久；

③每一种放射性核素都能放射出具有一定能量的一种或几种射线；

④除了核反应条件外，任何化学、物理和生物的处理都不能改变放射性污染物的放射性质；

⑤放射性物质进入环境后，可随介质的扩散或流动在自然界迁移，还可在生物体内被富集，进入人体后产生内照射，对人体的危害更大。

9.1.5 放射性污染的危害

1. 放射性进入人体的途径

放射性物质主要从呼吸道、消化道、皮肤或黏膜侵入人体。不同途径进入人体的放射性核素，具有不同的吸收、蓄积和排出的特点。放射性核素的吸收率会受多种因素影响，如肠道内的酸碱度、胃肠道蠕动及分泌程度等。

由呼吸道吸入的放射性物质，其吸收程度与气态物质的性质和状态有关。难溶性气溶胶吸收较慢，可溶性则较快。气溶胶粒径越大，在肺部的沉积越少。气溶胶被肺泡膜吸收时，可直接进入血液流向全身；由消化道进入的放射性物质由肠胃吸收后，经肝脏随血液进入全身；从皮肤或黏膜侵入可溶性物质易被皮肤吸收，由伤口侵入的污染物吸收频率极高；进入人体的放射性核素能在人体内累积。通常每人每年从环境中受到的放射性辐射总量不超过 2 mSv，其中天然放射性本底辐射占 50%，其余为放射性污染辐射。

2. 放射性的危害

一切形式的放射线对人体都是有害的。由放射引起的原子激发和电离作用，使机体内起着重要作用的各种分子变得不稳定、化学键断裂生成新分子或诱发癌症。α 射线的电离能力最强、射程短、致伤集中，进入机体后产生的内照射危害最大，β、γ 射线次之。γ 射线穿透能力最强，体外危害性最大，α、β 射线次之。人体受到过量的辐射所引起的病症称为“放射病”。其主要有以下几种：

(1)急性放射病　由大剂量照射引起，一般出现在意外核辐射事故和核爆炸时。

(2)慢性放射病　由多次照射、长期累积引起。放射性物质进入环境后，进入环境中的物质循环，产生外照射。通过呼吸、饮水和食物链以及皮肤接触进入人体并产生内照射。主要危害为白血球减少、白血病等。

(3)远期影响　是由于急性、慢性危害导致的潜伏性危害。例如照射量在 150 rad 以下时死亡率为零，但在 10～20 年之后其结果才表现出来。躯体效应有白血病、骨癌、肺癌、卵巢癌、甲状腺癌和白内障等。遗传效应有基因突变和染色体畸变。

9.1.6 放射性污染的处理方法

与其他废物的处理相比，放射性废物处理一般只改变放射性物质存在的形态，以达安全处置的目的。对于中、高浓度的放射性物质，采用浓缩、贮存和固化的方法；对于低浓度放射性废物，则采用净化处理或滞留衰减到一定浓度以下再稀释排放。

1. 放射性废水的处理

(1)稀释排放法　我国“放射防护法”中对放射性废水排放有明确的规定，规定要求排入本单位下水道的浓度不得超过露天水源中限制浓度的100倍，并必须保证单位总排出口水中放射性浓度不超过露天水源中限制浓度。凡是超过上述浓度的放射性废水，必须经稀释或净化处理。

(2)放置衰变法　对含放射性物质半衰期短的废水，也可放置在专门容器内，待放射性强度降低后再稀释排放。存放容器要坚固，不易破裂泄露。

(3)混凝沉降法　采用凝聚剂(如硫酸铝、磷酸盐、三氯化铁等)在水中产生胶状沉淀，将放射性物质沉淀下来。

(4)离子交换法　使废水通过装有离子交换剂的设备，阳离子态的放射性核素与交换剂H^+、Na^+等进行交换；阴离子态的核素与Cl^-等交换，从而使废水净化。

(5)蒸发法　目前使用较广。在蒸发过程中的雾沫、冷凝液可能带有放射性，需经检验合格才能排放，原则上仍需处理。

(6)固化法　经过混凝沉降、离子交换、蒸发等处理后，放射性物质已浓集到较小体积的液体中。对这些浓缩液一般采用钢贮槽存放。为防钢储槽腐蚀、损坏、泄露，多采用固化法处理。对中低浓度的放射性浓缩液，一般采用沥青、水泥、塑料固化法；对于高浓度放射性浓缩液，采用玻璃固化法，此外陶瓷固化以及人工合成岩技术也正处在试验中。

2. 放射性废气的处理

对铀开采过程中产生的粉尘、废气及其子体，可通过改善操作条件和通风系统来解决。燃料后处理中产生的废气，多为放射性碳和惰性气体，先将燃料冷却9～10 d，待放射性衰变后，用活性炭或银质反应器系统去除大量挥发性碘。铀矿山、水冶厂排出的氡浓度一般较低，多采用高烟囱排放在大气中扩散稀释的办法。对放射性气溶胶可采用普通的空气净化方法，用过滤、离心、洗涤、静电除尘等方法处理。

3. 放射性固体废弃物的处理

主要是指被放射性物质污染的各种物件，例如报废的设备、仪表、管道、过滤器、离子交换树脂以及防护衣具、抹布、废纸、塑料等。对这些废物可分别采用焚烧、压缩、洗涤去污等方法。焚烧使可燃性固体废物体积缩小，并防止废物散失，但需注意放射性废气、灰尘及有机挥发物的处理；压缩是将密度小的放射性废物装在容器内压缩减容；洗涤时对一些可以重新使用的设备器材，用洗涤剂进行去污处理。对大型金属部件因局部受α核素污染，去污困难时可用喷镀处理。对放射性固体的最终处理还是广泛采用金属密封容器或混凝土容器包装后，贮存于安全之处，让其衰变。目前切实可行的方法是将其埋置于地下300～1 000 m，甚至更深的地层中永久储存。埋置法要求地层屏障能在10^4～10^5年内阻止核废物进入生物圈。

目前，对放射性核废弃物的最终处置，全世界都还未妥善解决，各核国家都还处于积极探索研究之中。

9.2 放射性污染监测

9.2.1 监测对象及内容

放射性监测按照监测对象可分为现场监测，即对放射性物质生产或应用单位内部工作区域所做的监测；个人剂量监测，即对放射性专业工作人员或公众做内照射和外照射的剂量监测；环境监测，即对放射性生产和应用单位外部环境，包括空气、水体、土壤、生物、固体废物等所做的监测。

在环境监测中，主要测定的放射性核素为 α 放射性核素，即^{239}Pu、^{226}Ra、^{224}Ra、^{222}Rn、^{210}Po、^{232}Th、^{234}U 和^{235}U；β 放射性核素，即^{3}H、^{90}Sr、^{89}Sr、^{134}Cs、^{137}Cs、^{131}I 和^{60}Co。这些核素在环境中出现的可能性较大，其毒性也较大。

对放射性核素具体监测的内容有放射源强度、半衰期、射线种类及能量；环境和人体中放射性物质含量、放射性强度、空间照射量或电离辐射剂量。

9.2.2 实验室及监测仪器

由于放射性监测的对象是放射性物质，为保证操作人员的安全，防止污染环境，对实验室有特殊的要求，并需要制定严格的操作规程。放射性监测需要使用专门仪器。

1. 放射性监测实验室

放射性监测实验室分为两个部分，一是放射性化学实验室，二是放射性计测实验室。

(1)放射性化学实验室　放射性样品的处理一般在放射性化学实验室进行。为得到准确的监测结果和考虑操作安全问题，实验室的设计应该符合相关要求。同时，实验室工作人员，工作时应穿戴防护服、手套、口罩、佩带个人剂量监测仪等；操作放射性物质时用夹子、镊子、盘子、铅玻璃瓶等器具；工作完毕后应马上清洗所用器具并放在固定地点，另需洗手和淋浴。

(2)放射性计测实验室　放射性计测实验室装备有灵敏度高、选择性和稳定性好的放射性计量仪器和装置。对于消除或降低本底的影响，一是根据来源采取相应的措施，使之降到最小程度；二是通过数据处理，对监测结果进行修正。

2. 放射性监测仪器

放射性监测仪器的监测原理是根据辐射与物质的相互作用所产生的各种效应(电离、光、电或热等)进行的观测和测量，如 α、β、γ 射线与物质相互作用时，发生某些物理、化学效应来间接进行观测和测量，基于这些效应可制成能观测核辐射的各类仪器称为核辐射探测器。常用的探测仪器有电离探测器、闪烁探测器和半导体探测器等。

(1)电离探测器　电离探测器是利用射线通过气体介质时，使气体发生电离的原理制成的探测器，它是通过收集射线在气体中的电离电荷进行测量的。常用的电离探测器有电流电离室、正比计数管和盖革计数管(GM管)。电流电离室是测量由于电离作用而产生的电离电流，适用测量强放射性；正比计数管和盖革计数管则是测量由每一入射粒子引起电离作用而产生的脉冲式电压变化，从而对入射离子逐个计数，适于测量弱放射性。以上3种探测器之所以有不同的工作状态和不同的功能，主要是因为对它们施加的工作电压不同，从而引起电离过程不同。

(2)闪烁探测器　闪烁探测器是利用射线与物质作用发生闪光的仪器。它具有一个受带电粒子作用后其内部原子或分子被激发而发射光子的闪烁体。当射线照在闪烁体上时，便发出荧光光子，并且利用光导和反光材料等将大部分光子收集在光电倍增管的阴极上。光子在灵敏阴极上打出光电子，经过倍增放大后在阳极上产生电压脉冲。此脉冲还是很小的，需再经电子线路放大和处理记录下来。由于这种脉冲信号的大小与放射性的能量成正比，利用此关系进行定量。该探测器可用于测量带电粒子α、β，不带电粒子γ、中等射线等。同时亦可用于测量射线强度及能谱等。常用的闪烁剂有碘化钠(用于测定γ射线)、硫化锌(用于测定α射线)和有机闪烁剂(如蒽，用于测定β射线)。用闪烁探测器来测量放射性能量，实际上是对脉冲高度进行分析。它可以制成各种闪烁谱仪。

(3)半导体探测器　半导体探测器是近年来发展极迅速的一种核辐射探测器。它的工作原理是半导体在辐射作用下，辐射与半导体晶体相互作用时产生电子-空穴对。在电场作用下，由电极收集，从而产生电脉冲信号，再经电子线路放大后记录。由于产生电子-空穴对的能量较低，所以该种探测器具有能量分辨率高且线性范围宽等优点。因此在放射性探测中已被广泛的应用，制成各种类型的探测仪器。如用硅制成的探测仪器可用于α计数，α、β能谱测定；用锗制成的半导体探测器可用于γ能谱测量，而且探测效率高，分辨能力好。

另外，还可以利用照相乳胶曝光方法探测核辐射。因射线作用于照相乳胶上，就同可见光一样，产生一个潜在的图像。射线与乳胶作用产生电子，电子使卤化银还原成金属银，在探测时，将含有放射性的样品，对准照相底片曝光，使底片显影，以曝光深浅来测定射线强度。

放射性探测器种类多，需根据检测目的、试样形态、放射类型、强度及能量等因素进行选择。表9-4列举了不同类型的常用放射性检测仪器。

表9-4　各种常用放射性监测仪器

(引自：孙福生．环境监测．2007)

射线种类	监测仪器	特点
α	闪烁探测器	监测灵敏度低，探测面积大
	正比计数管	监测效率高，技术要求高
	半导体探测器	本底小，灵敏度高，探测面积小
	电流电离室	监测较大放射性活度
β	正比计数管	监测效率高，装置体积较大
	盖革计数管	监测效率较高，装置体积较大
	闪烁探测器	监测效率较低，本底小
	半导体探测器	探测面积小，装置体积小
γ	闪烁探测器	监测效率高，能量分辨能力强
	半导体探测器	能量分辨能力强，装置体积小

9.2.3 放射性监测的方法

环境放射性监测方法有定期监测和连续监测。定期监测的一般步骤是采样、样品预处理、样品总放射性或放射性核素的测定；连续监测是在现场安装放射性自动监测仪器，实现采样、预处理和测定自动化。

对环境样品进行放射性监测和对非放射性环境样品监测过程一样，也是经过样品采集、前期处理和选择适宜方法，仪器测定3个过程。

9.2.3.1 放射性样品采集

1. 放射性沉降物的采集

沉降物包括干沉降物和湿沉降物，主要来源于大气层核爆炸所产生的放射性尘埃，小部分来源于人为放射性微粒。

对于放射性干沉降物样品可用水盘法、粘纸法、高罐法采集。水盘法是用不锈钢或聚乙烯塑料制成的圆形水盘采集沉降物，盘内装有适量稀酸，沉降物过少的地区再酌情加数毫克硝酸锶或氯化锶载体。将水盘置于采样点暴露24 h，应始终保持盘中有水。采集的样品经浓缩、灰化等处理后，做总β放射性测量。粘纸法是用涂一层粘性油的滤纸贴在圆形盘底部，(涂油面向外)，放在采样点暴露24 h，然后再将粘纸灰化，进行总β放射性测量。高罐法是用不锈钢或聚乙烯圆柱形罐暴露于空气中采集沉降物。因罐壁高，故不必放水，可用于长时间收集沉降物。

湿沉降物是指随雨或雪降落的沉降物。其采集方法除上述方法外，常用一种能同时对雨水中核素进行浓集的采样器，此采样器由一个承接漏斗和一根离子交换柱组成。交换柱上下层分别装有阳离子和阴离子交换树脂，待收集核素被离子交换树脂吸附浓集后，再进行洗脱，收集洗脱液进一步作放射性核素分离。也可将树脂从柱中取出，经烘干、灰化后制成干样品作总β放射性测量。

2. 放射性气溶胶的采集

采集方法有过滤法、沉积法、黏着法、撞击法和向心法等。最常用的是过滤法，该法简单，应用最广。采样设备由过滤器、过滤材料、抽气动力和流量计等组成。采样时气溶胶被阻挡在过滤布或特制微孔滤膜上，采样结束后，将过滤材料取下，进行样品源的制备与放射性测量。

3. 其他类型样品的采集

水体、土壤、大气和生物样品的采集、制备和保存方法与非放射性样品没有太大差别，在此不再重述。采样容器可选用聚乙烯瓶和玻璃瓶，为防止放射性核素在储放过程中的损失需加入稀酸或载体、配位剂等。

9.2.3.2 样品的预处理

样品预处理目的是浓集被监测的核素、除去干扰核素，将样品的物理形态转换成易于进行放射性监测的形态。常用的预处理方法有衰变法、有机溶剂溶解法、蒸馏法、灰化法、萃取法、离子交换法、共沉淀法、电化学法等。

(1)衰变法　采样后，将其放置一段时间，让样品中一些寿命短的非待测核素衰变除去。例如，测量大气中气溶胶的总α和总β放射线时，即用过滤法采样后，放置4～5 h，使短寿命的氡、钍子体衰变除去。

(2)共沉淀法　用一般化学沉淀法分离环境样品中的放射性核素，因核素含量很低，达不到溶度积，故不能达到分离目的，但如果加入毫克数量级与欲分离放射性核素性质相近的非放射性元素载体，则由于二者之间发生同晶共沉淀作用，载体将放射性核素载带下来，达到分离和富集的目的。例如，用^{59}Co作载体，则与^{60}Co发生同晶共沉淀。这种富集分离方法具有简便、实验条件容易满足等优点。

(3)灰化法　对蒸干的水样或固体样品，可在瓷坩埚内于500℃马福炉中灰化、冷却后称量，再转入测量盘中铺成薄层监测其放射性。

(4)电化学法　该法是通过电解将放射性核素沉淀在阴极上，或以氧化物形式沉积在阳极上，该法优点是分离核素的纯度高。如果将放射性核素沉积在惰性金属片电极上，可直接进行放射性测量。如将其沉积在惰性金属丝上，可先将沉积物溶出，再制备成样品源。

(5)有机溶剂溶解法　有机溶剂溶解法是用某种适宜的有机溶剂处理固态样品(飘尘、土壤、沉积物、生物等)，使其中所含被测核素得以溶解浸出的方法。所得浸出液可转入测量盘中，用红外灯烘干后进行放射性测量。

9.2.3.3　水中放射性监测

1. 水样中总α放射性活度测定

水体中常见辐射α粒子的核素有^{226}Ra、^{222}Rn及其衰变产物等。目前公认的水样总α放射性浓度是0.1 Bq/L，当大于此值时，就应对放射α粒子的核素进行鉴定和测量，确定主要的放射性核素，判断水质污染情况。

测定方法：取适量水样经过滤除去固体物质，在烧杯中加入水样和浓硫酸(100 mL水样中加0.25 mL浓硫酸)，蒸发至体积为10～20 mL。将上述蒸发液由烧杯转移到蒸发皿，慢慢蒸发至干；在不超过350℃下将样品灰化30 min。将灰化后样品转移到测量盘中，铺展成均匀薄层；用硫化锌作闪烁体的闪烁探测器对样品进行技术测量。用一个已知活度的硝酸铀酰标准源测定探测器的计数率，对空测量盘的本底值进行计数测量。水样中总α比放射性活度用下式计算：

$$Q_\alpha = \frac{n_c - n_b}{n_s \times V}$$

式中：Q_α为比放射性活度，Bq/L；n_c为用闪烁探测器测量水样得到的计数率，计数/min；n_b为空测量盘的本底计数率，计数/min；n_s为根据标准源的活度计数率计算出探测器的计数率，计数/(Bq·min)；V为所取水样的体积，L。

2. 水样中总β放射性活度测量

水样中总β放射性活度测量步骤基本上与总α放射性活度测量相同，但监测仪器是用低本底的盖革计数管探测器，且以含^{40}K的化合物(氯化钾)作标准源。氯化钾标准源的制备方法是：将经研细、过筛的分析纯氯化钾试剂，在120～130℃下烘干2 h，置于干燥器内冷却，准确称取与样品同样质量的氯化钾标准源，在测量盘中铺成中等厚度，以备计数测定。

3. 水中^{226}Ra的测定

镭具有亲骨性，^{226}Ra、^{228}Ra为极毒的放射性核素。一般环境中镭的含量很低，但高本底地区、核工业区域环境必须定期监测。

测定方法：取1 L水样于2 L烧杯中，依次定量加入柠檬酸、氨水、硝酸铅和钡载体，加热近沸。加甲基橙指示剂，滴加硫酸至溶液呈红色为止，静置后生成沉淀，放置过夜后，将沉淀定量移入离心管中，离心并弃去上清夜。用EDTA和NaOH溶液溶解沉淀，在一定条件下往溶液中加冰醋酸至pH为4.5，再次得到硫酸钡沉淀，离心分离，弃去清夜。所得沉淀再次以EDTA和NaOH溶液溶解后，转入气体扩散器，密闭14 d，用FD-125型氡灶分析器测量镭含量。^{226}Ra含量按下式进行计算：

$$c_{Ra}=\frac{K\times f(n_c-n_b)}{(1-e^{\lambda t})\times V}$$

式中：c_{Ra}为水中^{226}Ra含量，Bq/L；K为闪烁室校准系数，Bq/(计数/min)；n_c为闪烁室内注入氡后的总计数率，计数/min；n_b为闪烁室内本底计数率，计数/min；f为换算系数；λ为^{222}Rn的衰变常数，d^{-1}；t为从封闭镭扩散器到测量^{222}Rn计数率之间的时间间隔，d；V为水样体积，L。

9.2.3.4 土壤中α、β放射性活度的测量

土壤中总α、β放射性活度的测量方法是：在采样点选定的范围内，沿直线每隔一定距离采集一份土壤样品，共采集4～5份。采样时用取土器或小刀取10 cm×10 cm、深1 cm的表土。除去土壤中石块、草类等杂物，在实验室内晾干或烘干，移至干净的平板上压碎，铺成1～2 cm厚的方块，用四分法反复缩分，直到剩余200～300 g土样，再于500℃灼烧，待冷却后研细、过筛备用。称取适量制备好的土样放于测量盘中，铺成均匀的样品层，用相应的探测器分别测量α和β比放射性活度(测β放射性的样品层应厚于测α放射性的样品层)，并分别用下式计算：

$$Q_\alpha=\frac{n_c-n_b}{60k\times S\times l\times F}\times 10^6 \qquad Q_\beta=1.48\times 10^4\times\frac{n_\beta}{n_{KCl}}$$

式中：Q_α，Q_β分别为α和β的比放射性活度，Bq/kg干土；n_c为样品α放射性总计数率，计数/min；n_b为本底计数率，计数/min；k为检测器计数效率，计数/(Bq·min)；S为样品面积，cm^2；l为样品厚度，mg/cm^2；F为自吸收校正因子，对较厚的样品取0.5；n_β为样品β放射性总计数率，计数/min；n_{KCl}为氯化钾标准源的计数率，计数/min；1.48×10^4为1 kg氯化钾所含^{40}K的β放射性的贝可数，Bq/kg。

9.2.3.5 大气中放射性监测

1. 大气中^{222}Rn的测量

^{222}Rn是一种放射性惰性气体，是^{226}Ra的衰变产物，它与空气作用时能使之电离，因而可用电离探测器通过测量电离电流计算其浓度。也可以用闪烁探测器记录由氡衰变时所放出的α粒子计算其含量。

测定^{222}Rn的方法是：用由干燥管、活性炭吸附管及抽气动力组成的采样器以一定流量采集空气样品，则气样中的^{222}Rn被活性炭吸附浓集。将吸附氡的活性炭吸附管置于解吸炉中，于350℃进行解吸，并将解吸出来的氡导入电离室中净置3 h，因^{222}Rn与空气分子作用使其电离，待^{222}Rn和其子体平衡后，用经过^{226}Ra标准源校准的静电计测量产生的电离电流(格)。当气体流速为1～2 L/min时，活性炭的吸收率达90%以上。空气中氡的含量按下式计算：

$$c_{Rn}=\frac{K\times f\times(I_c-I_b)}{V}$$

式中：c_{Rn}为空气中^{222}Rn的含量，Bq/L；I_c为引入^{222}Rn后的总电离电流，格/min；I_b为电离室本底电离电流，格/min；V为采气体积，L；K为静电计的格值，(Bq·min)/格；f为换算系数，据^{222}Rn导入电离室静置时间而定，可查表得知。

2. 空气中^3H的测量

取一定量6～10目的原色硅胶，经脱水后置于采样现场自然吸附采样。取回试样后首先计算实际吸收率，然后移入测量瓶，加入闪烁液及定量水，充分摇动后，放入闪烁探测器进行测量，换算出空气中氚浓度。

3. 大气中长寿命α放射性测定

空气放射性污染对人体危害最大的是α放射性，α放射性测定一般常用滤膜法。

测定方法：用超细纤维滤膜、抽气动力组成的采样器以20～100 L/min的流量采集空气样品，采集1 000～2 000 L气样。将滤膜放在测量盘中静置4 h，然后用α闪烁计数器或α辐射检测器测量。按下式计算α活度(Bq/L)：

$$\alpha_{活度}=\frac{n_c-n_b}{60k\times Q\times t\times f}$$

式中：n_c为样品α放射性总计数率，计数/min；n_b为本底计数率，计数/min；k为仪器计数效率；Q为采气时气体流量，L/min；t为采气时间，min；f为滤膜过滤效率。

9.3 电磁辐射污染监测

电磁辐射是变化的电场和磁场交替产生、由近及远以一定速度在空气间的传播过程，亦即平时所称的电磁波。按波长可将电磁波分为长波、中波、中短波、短波、超短波和微波等波段。按频率分为低频、高频、超高频和特高频。电磁波的波长越短、频率越高，辐射源输出的波能量也就越大，传播的距离就越远，受障碍的影响越小，对人的影响就越大。当电磁辐射超过规定的标准时，同样会恶化人类的生存环境，造成环境污染，影响人类的身体健康。因此控制电磁辐射及时进行电磁监测也是环境监测的内容之一。

9.3.1 电磁辐射污染的来源和危害

电磁辐射污染是指人类使用产生电磁辐射的器具而泄漏的电磁能量，超出环境本底值，且其性质、频率、强度和持续时间等综合影响引起一些人或众人的不适感，并使健康受到恶劣影响。

1. 电磁辐射的来源

电磁辐射污染源包括两个方面：天然污染源和人为污染源。

天然污染源是由自然现象引起。由于大气中发生电离作用，导致电荷的积蓄，从而引起放电现象。这种放电的频带较宽，可从几千赫兹到几百兆赫兹，乃至更高的频率。此外，太阳的黑子活动与黑体放射，银河系恒星的爆发、宇宙间电子移动等都能产生电磁辐射污染。

人为污染源按频率的不同可分为工频场源和射频场源。工频场源以大功率电线产生的电磁污染为主，也包括若干放电型污染。射频场源主要由无线电或射频设备工作过程产生的电磁感应与电磁辐射所引起。表 9-5 给出了人为电磁污染源的分类与来源。由于电子工业的迅速发展与电器电子设备的广泛应用，人为电磁辐射污染已成为环境污染的主要来源，也是防治的主要对象。

表 9-5　人为电磁污染源

（引自：但德忠．环境监测．2006）

分类		设备名称	污染来源与部件
放电所致污染源	电晕放电	电力线(送配电线)	由于高电压、大电流而引起静电感应、电磁感应、大地漏泄电流所造成
	辉光放电	放电管	白光灯、高压水银灯以及其他放电管
	弧光放电	开关、电气铁道、放电管	点火系统、发电机、整流装备
	火花放电	电气设备、发动机、冷藏车、汽车等	整流器、发电机、放电管、点火系统
工频辐射场源		大功率电线、电气设备、电气铁道	污染来自高电压、大电流的电力线场电气设备
射频辐射场源		无线电发射机、雷达	广播、电视与通风设备的振荡与发射系统
		高频加热设备、热合机、微波干燥机	工业用射频利用设备的工作电路与振荡系统
		理疗机、治疗机	医学用射频利用设备的工作电路与振荡系统
建筑物反射		高层楼群以及大的金属构件	墙壁、钢筋、吊车

2. 电磁辐射的传播

电磁辐射大体上可由以下 3 种途径传播。①空间传播：电子设备与电器装置在工作中，本身相当于一个多发射天线，不断地向空间辐射电磁能。②导线传播：当射频设备及其他设备同一电源，或者两者间有电气联接关系，由电磁能(信号)通过导线进行传播。此外，信号输出输入电路、控制电路等，在强磁场中拾取信号进行传播。③复合传播：属于同时存在空间传播与导线传播所造成的电磁辐射污染，称为复合传播的污染。

3. 电磁辐射污染的危害

电磁辐射属于非电离辐射，其危害主要表现在：

(1)危害人体健康　电磁辐射对人体危害程度随波长而异，波长愈短对人体作用愈强，微波作用最为突出。射频电磁场的生物学活性与频率的关系为：微波＞超短波＞短波＞中波＞长波。不同频段的电磁辐射在大强度与长时间作用下，对人体产生下述病理危害。

处于中、短波频段电磁场(高频)的人员，经过一段时间的暴露，将产生身体不适感，严重者可引起神经衰弱及心血管系统的植物神经失调。但这种症状在脱离作用区后一定时间即可消失，不形成永久性损伤。处于超短波与微波电磁场中的作业人员与居民，其受害程度比中、短波严重。尤其是微波的危害更严重。频率在 3×10^8 Hz 以上的电磁波作用在人体上，其辐射能使机体内分子与电解质偶极子产生强烈射频振荡，产生摩擦热能，从而引起机体升温。其作用后果是将引起严重的神经衰弱症状，最突出的是造成植物神经紊乱。在高强度与长时间的作用下，对视觉器官和生育机能都将产生显著不良影响。微波危害的一个显著特点是具有累积性，时间越长，次数越多越难恢复。当然，电磁波辐射强度在一定范围内，则对人体还有良好作用，磁性理疗即属此。

(2)干扰信号　电磁辐射可直接影响电子设备、仪器仪表正常工作，造成信号失真、控制失灵，以致酿成大祸。如会引起火车、飞机、导弹或人造卫星的失控；干扰医院的脑电图、心电图机、心脏监护仪等信号，使之无法正常工作。

(3)引发意外重大事故　指由于电磁辐射使电爆装置、易燃易爆气体混合物等发生意外爆炸、燃烧事故。极高频辐射场可使导弹系统控制失灵，造成电爆管效应的提前或滞后。

9.3.2　电磁辐射监测仪器及方法

1. 电磁辐射监测仪器

电磁辐射的测量按测量场所分为作业环境、特定公众暴露环境、一般公众暴露环境测量。按测量参数分为电场强度、磁场强度和电磁场功率通量密度等的测量。对于不同的测量应选用不同类型的仪器，以获取最佳的测量结果。电磁辐射监测根据测量目的分为非选频式宽带辐射测量仪和选频式宽带辐射测量仪。

(1)非选频式宽带辐射测量仪　非选频式宽带辐射测量仪带有方向性探头，测量时具有各向同响应。使用探头时，要调整好探头方向以测出最大辐射电平。常见的探头有偶极子和检波二极管复合型探头、热电偶型探头、磁场型探头。

使用非选频式宽带辐射测量仪实施环境监测时，为了确保环境的质量，应对这类仪器电性能提出基本要求；各项同性误差≤±1 dB；系统频率响应不均匀度≤±3 dB；灵敏度 0.5 V/m；校准精度±0.5 dB。

(2)选频式辐射仪　这类仪器用于环境中低电平电场强度、电磁兼容、电磁干扰的测量。常见的选频式辐射测量仪有场强仪、微波测试接受机。除场强仪外，可用接收天线和频谱仪或测试接收机组成测量系统，经校准后用于环境中电磁辐射测量。用于环境电磁辐射测量的仪器种类较多，凡是用于电磁兼容、电磁干扰测量的接收机都可用于环境电磁辐射监测。

2. 电磁辐射污染监测方法

(1)布点方法

扇形布点法：对典型辐射体，比如某个电视发射塔周围实施监测时，则以辐射体为中心，按间隔45°的8个方位为测量线，每条线上选取距场源分别为30、50、100 m等不同距离定点测量，测量范围根据实际情况确定。

网络布点法：对整个城市电磁辐射测量时，根据城市测绘地图，将全区划分为1 km×1 km或2 km×2 km小方格，取方格中心为测量位置，并对实测点进行考察。考虑地形地物影响，实际测点应避开高层建筑物、树木、高压线以及金属结构等，尽量选择空旷地方测试。允许对规定测点调整，测点调整最大为方格边长的 1/4，对特殊地区方格允许不进行测量。需要对高层建筑测量时，应在各层阳台或室内选点测量。

(2)监测点测量　测量高度要离地面 1.7～2 m。也可根据不同目的，选择测量高度。气候条件符合行业标准和仪器标准中规定的使用条件。测量记录表应注明环境温度、相对湿度。要选取电场强度测量值＞50 dBμV/m 的频率作为测量频率。测量时间为 5：00—9：00，11：00—14：00，18：00—23：00 城市环境电磁辐射的高峰期。若 24 h 昼夜测量，昼夜测量点不应少于 10 个。测量间隔时间为 1 h，每个测点连续测 5 次，每次测量观察时间不应小于 15 s，每次读取稳定状态的最大值。若指针摆动过大，应适当延长观察时间。

(3)数据处理　如果测量仪器读出的场强瞬时值的单位为分贝(dBμV/m)，则先按下列公式换算成以 V/m 为单位的场强：

$$E_i = 10^{(0.05x-6)}$$

x 为场强仪读数(dBμV/m)，然后依次按下列各公式计算：

$$E = \frac{\sum E_i}{n} \qquad E_s = \left(\sum E\right)^{\frac{1}{2}} \qquad E_G = \frac{\sum E_s}{M}$$

式中：E_i为在某测量点、某频段中被测频率 i 的测量场强瞬时值，V/m；n 为 E_i 值的读数个数；E 为在某测量点、某频段中各被测频率 i 的场强平均值，V/m；E_s为在某测量点、某频率段中各被测频率的综合场强，V/m；E_G为在某测量点、在 24 h(或一定时间)内测量某频段后总的平均综合场强，V/m；M 为在 24 h(或一定时间)内测量某频段的测量次数。

(4)绘制污染图　绘制频率-场强、时间-场强、时间-频率、测量点-总场强值等各组对应曲线，即可得出典型辐射体环境污染图和居民区环境污染图。

用非选频宽带辐射测量仪时，由于测量点测得的场强(功率密度)值，是所有频率的综合场强值，24 h 内每次测量综合场强值的平均值即总场强值亦是所有频率的总场强值。由于环境中辐射体频率主要在超短波频段 30～300 MHz，测量值和超短波频段安全限值的比值≤1，基本上对居民无影响；如果评价典型辐射体，则测量结果应和辐射体工作频率对应的安全限值比较。

$$E_G/L \leqslant 1$$

式中：E_G 为某测量点总场强值，V/m；L 为典型辐射体工作频率对应的安全限值或超短波频段安全限值，V/m。

用选频式场强仪时：

$$\sum (E_{Gi}/L_i) \leqslant 1$$

式中：E_{Gi}为测量点某频段总的平均综合场强值，V/m；L_i为对应频段的安全限值，V/m。

9.3.3　电磁辐射污染防护

1. 电磁屏蔽

即采用一种能抑制电磁辐射能扩散的材料，将电磁场源与外界隔离开来，使辐射能限制在某一范围内，从而达到防治电磁污染的目的。当电磁辐射作用于屏蔽体时，因电磁感应，屏蔽体产生与场源电流方向相反的感应电流而生成反向磁力线，这种磁力线与场源磁力线相抵消，达到屏蔽效果。使屏蔽体接地，尚可达到对电场的屏蔽作用。

屏蔽方式有两种，一种叫主动场屏蔽，即将场源作用限制在某一范围内，场源与屏蔽体之间距离小，结构严密，为屏蔽强大电磁场的一种方法，屏蔽体必须接地；另一种叫被动屏蔽，即将场源设置于屏蔽体之外，使之对限定范围内的生物机体或仪器不产生影响，屏蔽体与场源间距离大，屏蔽体可不接地。

2. 电磁吸收

即采用某种能对电磁辐射产生强烈吸收作用的材料敷设于场源外围，以防止大范围的污染。目前电磁辐射吸收材料有两种，一种为谐振吸收材料，是利用某些材料的谐振特性制成的吸收材料，这些材料厚度小，对频率范围较窄的微波辐射有较好的吸收效率。另一种为匹配性吸收材料，即利用某些材料和自由空间的阻抗匹配，达到吸收微波辐射的目的。应用吸收材料防护，多在要求需将辐射能大幅度衰减的场合，如微波设备调试过程中。常用的吸收材料为各种塑料、橡胶、胶木、陶瓷等加入铁粉、石墨、木材和水等物质而成。此外，还可用等效天线吸收辐射能。

3. 远距离控制和自动作业

根据射频电磁场，特别是中、短波，其场强随距离的增大而迅速衰减的原理，如采取对射频设备远距离控制和自动化作业的方法，则可达到显著减少对操作人员的危害。

4. 线路滤波

在电源线与设备交接处加电源滤波器，一方面保证低频信号畅通，另一方面可减少或消除电源线可能传播的高频射频信号和电磁辐射能，起到防治污染的作用。

习题与思考题

1. 造成环境放射性污染的原因有哪些？放射性污染对人体产生哪些危害作用？
2. 简述核素在岩石、土壤、水体和大气中的分布。
3. 常用于测量放射性的探测器有哪几种？如何进行环境放射性测量？
4. 试比较放射性环境样品的采集方法与非放射性环境样品的采集方法有何不同之处。
5. 怎样测量水样中和土壤中总 α 放射性活度和总 β 放射性活度？
6. 电磁辐射污染来源有哪些？有哪些危害？
7. 如何监测家用电视机的电磁辐射污染的场强度？
8. 电磁辐射如何防护？

Chapter 10

第10章

监测数据处理和质量保证

本章提要：

本章主要介绍监测数据的统计处理和结果表达、实验室质量保证、环境标准物质。

通过本章学习掌握基本概念；掌握环境监测数据的统计处理方法，监测结果的表达方式；掌握实验室质量控制的方法；了解如何制备和使用环境标准物质。

数据处理是环境监测信息化的手段。环境监测分析所产生的大批数据，直接提供信息的能力不强，只有借助数学手段，如数理统计，才能解释环境现象，回答有关的环境问题。当然，只有当环境监测提供可靠的数据时才能实现这个目标。而环境监测质量保证正是获得可靠、准确数据所必需的。

10.1 监测数据的统计处理和结果表达

10.1.1 基本概念

1. 误差和偏差

(1)真值　在某一时刻和某一位置或状态下，某量的效应体现出客观值或实际值称为真值(x_t)。真值包括：

理论真值，例如三角形内角之和等于 180°。

约定真值，由国际单位制所定义的真值叫约定真值，由国际计量大会定义的国际单位制，包括基本单位、辅助单位和导出单位。

标准器(包括标准物质)的相对真值，高一级标准器的误差为低一级标准器或普通仪器误差的 1/5(或 1/3～1/20)时，则可认为前者是后者的相对真值。

(2)误差　测量结果与真实值的差值称为误差。由于被测量的数据形式通常不能以有限位数表示，同时由于认识能力不足和科学技术水平的限制，使测量值与真值不一致，这种矛盾在数值上表现即为误差。任何测量结果都有误差，误差并存在于一切测量全过程之中。

(3)偏差　个别测量值(x_i)与多次测量均值($\overline{x}$)之偏离叫偏差，它分绝对偏差、相对偏差、平均偏差、相对平均偏差和标准偏差等。

2. 误差来源及分类

误差按其性质和产生原因，可分为系统误差、随机误差和过失误差。

(1)系统误差　又称可测误差或恒定误差。指测量值的总体平均值与真值之间的差别，是由测量过程中某些恒定因素造成的，在一定条件下具有重现性，并不因增加测量次数而减少系统误差，它的产生可以是方法、仪器、试剂、恒定的操作人员和恒定的环境所造成。

(2)随机误差　又称偶然误差或不可测误差。是由测定过程中各种随机因素的共同作用所造成，随机误差遵从正态分布规律。

(3)过失误差　又称粗差。是由测量过程中犯了不应有的错误所造成，它明显地歪曲测量结果，因而一经发现必须及时改正，所获得的数据必须舍弃。

3. 误差和偏差

(1)绝对误差　绝对误差是测量值(x：单一测量值或多次测量的均值)与真值(x_t)之差，绝对误差有正负之分。

$$绝对误差=x-x_t$$

(2)相对误差　相对误差指绝对误差与真值之比(常以百分数表示)。

$$相对误差=\frac{x-x_t}{x_t}\times 100\%$$

(3)绝对偏差　绝对偏差(d)是测定值与均值之差，即：

$$d_i = x_i - \overline{x}$$

(4)相对偏差　相对偏差是绝对偏差与均值之比(常以百分数表示)。

$$相对偏差 = \frac{d}{\overline{x}} \times 100\%$$

(5)平均偏差　平均偏差是绝对偏差绝对值之和的平均值。

$$\overline{d} = \frac{1}{n}\sum_{i=1}^{n}|d_i|$$

(6)相对平均偏差　相对平均偏差是平均偏差与均值之比(常以百分数表示)。

$$相对平均偏差 = \frac{\overline{d}}{\overline{x}} \times 100\%$$

(7)极差　一组测量值中最大值($x_{\max}$)与最小值($x_{\min}$)之差，表示误差的范围，以 R 表示。

$$R = x_{\max} - x_{\min}$$

4. 标准偏差和相对标准偏差

(1)差方和　亦称离差平方或平方和，是指绝对偏差的平方之和，以 S 表示。

$$S = \sum_{i=1}^{n}(x_i - \overline{x})^2 = \sum_{i=1}^{n}d_i^2$$

(2)样本方差　用 s^2 或 V 表示。

$$s^2 = \frac{1}{n-1}\sum_{i=1}^{n}(x_i - \overline{x})^2 = \frac{1}{n-1}S$$

(3)样本标准偏差　用 s 或 s_D 表示。

$$s = \sqrt{\frac{1}{n-1}\sum_{i=1}^{n}(x_i - \overline{x})^2} = \sqrt{\frac{1}{n-1}S} = \sqrt{\frac{\sum x_i^2 - \frac{(\sum x_i)^2}{n}}{n-1}}$$

(4)样本相对标准偏差　又称变异系数，是样本标准偏差在样本均值中所占的百分数，记为 C_v。

$$C_v = \frac{s}{\overline{x}} \times 100\%$$

(5)总体方差和总体标准偏差　分别以 σ^2 和 σ 表示。

$$\sigma^2 = \frac{1}{N}\sum_{i=1}^{n}(x_i - \mu)^2$$

$$\sigma = \sqrt{\sigma^2} = \sqrt{\frac{1}{N}\sum_{i=1}^{n}(x_i - \mu)^2} = \sqrt{\frac{\sum x_i^2 - \frac{(\sum x_i)^2}{N}}{N}}$$

式中：N 为总体容量；μ 为总体均值。

5. 平均数

(1)算数均值　简称均数，最常用的平均数，其定义为

$$样本均数\ \overline{x}=\frac{\sum x_i}{n}$$

$$总体均数\ \mu=\frac{\sum x_i}{n}\qquad n\to\infty$$

(2)几何均值　其定义为

$$\overline{x}_g=(x_1x_2\cdots x_n)^{\frac{1}{n}}=\lg^{-1}\left(\frac{\sum \lg x_i}{n}\right)$$

(3)中位数　将各数据按大小顺序排列，位于中间的数据即为中位数，若为偶数取中间两数的平均值。适用于一组数据的少数呈“偏态”分散在某一侧，使均数受个别极数的影响较大。

(4)众数　一组数据中出现次数最多的一个数据。

平均数表示集中趋势，当监测数据是正态分布时，其算术均值、中位数和众数三者重合。

10.1.2　数据的处理

10.1.2.1　数据修约规则

在分析工作中，由于测量仪器都有一定的精度，因此表示结果数字的位数应该与此精度相适应，太多会使人误认为测量精度很高，太少则反之。因此在数据记录和处理过程中，必须对一些精密度不同或位数较多的数据进行修约。

各种测量、计算的数据需要修约时，应遵守下列规则：4 舍 6 入 5 考虑，5 后非零则进 1，5 后皆零视奇偶，5 前为偶应舍去，5 前为奇则进 1；当有效数字位数确定之后，其余数字按上述规则进行一次修约，不得连续进行取舍。修约案例见表 10-1。

表 10-1　下列测量值修约为 2 位有效数

测量值	修约后	备注	测量值	修约后	备注
6.6418	6.6	4 舍 6 入 5 考虑	6.7500	6.8	5 前为奇则进 1
6.6508	6.7	5 后非零则进 1	6.6500	6.6	5 前为偶应舍去

10.1.2.2　离群值的检验

与正常数据不是来自同一分布总体，明显歪曲试验结果的测量数据，称为离群数据。可能会歪曲试验结果，但尚未经检验断定其是离群数据的测量数据，称为可疑数据。产生可疑数据的原因有：分析条件失控、样品的区域差异、样品点位的随机性差异、污染的特异性。因此，对不同原因引起的可疑数据要分别处理，不宜一律剔除。

在数据处理时，必须剔除离群数据以使测定结果更符合客观实际，正确数据总有一定分散性，如果人为地删去一些误差较大但并非离群的测量数据，由此得到精密度很高的测量结

果并不符合客观实际。因此对可疑数据的取舍必须遵循一定的原则。

测量中发现明显的系统误差和过失误差，由此而产生的数据应随时剔除。而可疑数据的取舍应采用统计方法判别，即离群数据的统计检验。检验的方法很多，包括狄克逊(Dixon)检验法、格鲁勃斯(Grubbs)检验法、Thompson 法(T 法)等，现介绍最常用的两种。

1. 狄克逊(Dixon)检验法

此法适用于一组测量值的一致性检验和剔除离群值，本法中对最小可疑值和最大可疑值进行检验的公式因样本的容量(n)不同而异，检验方法如下：

①将一组测量数据从小到大顺序排列为 $x_1 \leqslant x_2 \leqslant \cdots \leqslant x_n$，$x_1$ 和 x_n 分别为最小可疑值和最大可疑值；

②按表 10-2 计算式求 Q 值；

表 10-2　狄克逊检验统计量 Q 计算公式

n 值范围	可疑数据为最小值 x_1 时	可疑数据为最大值 x_n 时	n 值范围	可疑数据为最小值 x_1 时	可疑数据为最大值 x_n 时
3～7	$Q=\frac{x_2-x_1}{x_n-x_1}$	$Q=\frac{x_n-x_{n-1}}{x_n-x_1}$	11～13	$Q=\frac{x_3-x_1}{x_{n-1}-x_1}$	$Q=\frac{x_n-x_{n-2}}{x_n-x_2}$
8～10	$Q=\frac{x_2-x_1}{x_{n-1}-x_1}$	$Q=\frac{x_n-x_{n-1}}{x_n-x_2}$	14～25	$Q=\frac{x_3-x_1}{x_{n-2}-x_1}$	$Q=\frac{x_n-x_{n-2}}{x_n-x_3}$

③根据给定的显著性水平(α)和样本容量(n)，从表 10-3 查得临界值(Q_α)；

④若 $Q \leqslant Q_{0.05}$ 则可疑值为正常值；

若 $Q_{0.05} < Q \leqslant Q_{0.01}$ 则可疑值为偏离值；

若 $Q > Q_{0.01}$ 则可疑值为离群值。

表 10-3　狄克逊检验临界值(Q_α)表

n	显著性水平(α)		n	显著性水平(α)	
	0.05	0.01		0.05	0.01
3	0.941	0.988	15	0.525	0.616
4	0.765	0.889	16	0.507	0.595
5	0.642	0.780	17	0.490	0.577
6	0.560	0.698	18	0.475	0.561
7	0.507	0.637	19	0.462	0.547
8	0.554	0.683	20	0.450	0.535
9	0.512	0.635	21	0.440	0.524
10	0.477	0.597	22	0.430	0.514
11	0.576	0.679	23	0.421	0.505
12	0.546	0.642	24	0.413	0.497
13	0.521	0.615	25	0.406	0.489
14	0.546	0.641			

2. 格鲁勃斯(Grubbs)检验法

此法既适用于检验多组测量值均值的一致性和剔除多组测量值中的离群均值；也可用于检验一组测量值一致性和剔除一组测量值中的离群值，方法如下：

①有 l 组测定值，每组 n 个测定值的均值分别为 $\overline{x}_1$，$\overline{x}_2$，…，$\overline{x}_i$，…，$\overline{x}_l$，其中最大均值记为 $\overline{x}_{\max}$，最小均值记为 $\overline{x}_{\min}$；

②由 n 个均值计算总均值（$\overline{\overline{x}}$）和标准偏差（$s_{\overline{x}}$）：

$$\overline{\overline{x}}=\frac{1}{l}\sum_{i=1}^{l}\overline{x_i} \qquad s_{\overline{x}}=\sqrt{\frac{1}{l-1}\sum_{i=1}^{l}(\overline{x_i}-\overline{\overline{x}})^2}$$

③可疑均值为最大值（$\overline{x}_{\max}$）或最小值（$\overline{x}_{\min}$）时，按下式计算统计量(G)：

$$G=\frac{\overline{\overline{x}}-\overline{x}_{\min}}{s_{\overline{x}}}$$

④根据测定值组数和给定的显著性水平(α)，从表 10-4 查得临界值(G_α)；

⑤若 $G \leqslant G_{0.05}$，则可疑均值为正常均值；

若 $G_{0.05}<G \leqslant G_{0.01}$，则可疑均值为偏离均值；

若 $G>G_{0.01}$，则可疑均值为离群均值，应予剔除，即剔除含有该均值的一组数据。

表 10-4 格鲁勃斯检验临界值(G_α)表

$l(n)$	显著性水平(α)		$l(n)$	显著性水平(α)	
	0.05	0.01		0.05	0.01
3	1.153	1.155	15	2.409	2.705
4	1.463	1.492	16	2.443	2.747
5	1.672	1.749	17	2.475	2.785
6	1.822	1.944	18	2.504	2.821
7	1.938	2.097	19	2.532	2.854
8	2.032	2.221	20	2.557	2.884
9	2.110	2.322	21	2.580	2.912
10	2.176	2.410	22	2.603	2.939
11	2.234	2.485	23	2.624	2.963
12	2.285	2.550	24	2.644	2.987
13	2.331	2.607	25	2.663	3.009
14	2.371	2.659			

10.1.3 监测结果的表述和区间估计

总体均值 μ 和总体方差 σ^2 可以用样本均值 $\overline{x}$ 及样本方差 s^2 来估计。但是一般来说，$\overline{x}$ 及 s^2 不会恰好等于 μ 和 σ^2。因此，仅用一个点值去估计测量参数往往是不够的，因为无法了解点估计可能存在的误差。区间估计则能弥补点估计误差不明的问题。所以，监测结果用区间估计法表达才更合理。

可能包含总体参数的随机区间称为总体参数的置信区间。置信区间包含总体参数的可能性大小称为置信水平(或置信度、置信概率)，通常用$(1-\alpha)$表示。在一定的置信度下，估计出总体参数置信区间的统计方法称为总体参数的区间估计法。

均数置信区间是考察样本均数$\overline{x}$与总体均数μ之间的关系，即以样本均数代表总体均数的可靠程度。从正态分布曲线可知，68.26%的数据在$\mu\pm\sigma$区间之中，95.44%的数据在$\mu\pm 2\sigma$之间。正态分布理论是从大量数据中列出的。当从同一总体中随机抽取足够量的大小相同的样本，并对它们进行测定得到一批样本均数，如果原总体是正态分布，则这些样本均数的分布将随样本容量(n)的增大而趋向正态。

在环境监测中置信度一般取0.95或0.99，在各种情况下，其结果表达方式和总体均值的置信区间有下列几种形式：

1. 算术均数

总体服从正态分布，根据正态分布的原理，当测定次数无限多($n\rightarrow\infty$)时的总体均值(μ)应与真值(x_t)很接近。但实际只能测定有限次数，因此样本的算术均数是代表集中趋势表达监测结果的最常用方式。算术均值代表集中趋势，标准偏差表示离散程度。算术均值代表性的大小与标准偏差的大小有关，即标准偏差大，算术均数代表性小，反之亦然。总体均值的置信区间为：

$$\overline{x}\pm t_{(\alpha/2,f)}s/\sqrt{n}$$

2. 几何均数

样本服从对数正态分布时，总体均值的置信区间为

$$\lg^{-1}(\overline{x}_{\lg x}\pm t_{(\alpha/2,f)}s_{\lg x}/\sqrt{n})$$

3. 中位数

样本服从偏态分布时，总体均值的置信区间为

$$M_e\pm t_{(\alpha/2,f)}s_{M_e}/\sqrt{n}$$

式中：$\overline{x}_{\lg x}$和$s_{\lg x}$分别为样本值的对数值均值和标准差；M_e和s_{M_e}分别为中位值及其标准差。

10.1.4 监测结果的统计检验

在环境监测中，由于对所研究的对象往往是不完全了解，因此需要对监测结果进行统计检验。需要进行统计检验的问题包括两类：一是同一总体中测定值是否等于真值；二是比较两总体的均值或方差是否相同。回答这两类问题的统计检验方法叫显著性检验(t检验)。

1. 方法概述

t检验需计算统计量t值，根据不同情况需采用不同的计算公式，下面列出了3种情况下t的计算公式：

(1)单个正态总体的检验　检验总体方差σ^2未知，且是小样本，样本容量$n<30$的平均数$\overline{x}$是否属于平均数为μ的指定总体的一种t检验方法。

$$t=\frac{\overline{x}-\mu}{\frac{s}{\sqrt{n}}}$$

(2)两个正态总体平均值的检验　两样本的总体方差 σ_1^2、σ_2^2 未知，但 $\sigma_1^2=\sigma_2^2$，而且是小样本，t 的计算公式如下：

$$t=\frac{(\overline{x}_1-\overline{x}_2)}{\sqrt{s_e^2\left(\frac{1}{n_1}+\frac{1}{n_2}\right)}}$$

其中，$s_e^2=\frac{(n_1-1)s_1^2+(n_2-1)s_2^2}{n_1+n_2-2}$。

(3)两个正态总体平均值的检验　两样本的总体方差 $\sigma_1{}^2$、$\sigma_2{}^2$ 未知，但 $\sigma_1{}^2\neq\sigma_2{}^2$(先用 F 检验)，则采用近似 t 检验。

$$t=\frac{(\overline{x}_1-\overline{x}_2)}{\sqrt{\frac{s_1^2}{n_1}+\frac{s_2^2}{n_2}}}$$

自由度 f：

$$f=\frac{1}{\frac{k^2}{n_1-1}+\frac{(1-k)^2}{n_2-1}}\qquad k=\frac{\frac{s_1^2}{n_1}}{\frac{s_1^2}{n_1}+\frac{s_2^2}{n_2}}$$

2. 统计检验的步骤

根据题意确定使用的统计推断方法，单尾检验或双尾检验。

①建立统计假设，一般作两个假设，一个是原假设 H_0，其形式如 $\mu=\mu_0$(或 $\mu_1=\mu_2$)；另一个是备选假设 H_1，其形式如 $\mu\neq\mu_0$，$\mu>\mu_0$，$\mu<\mu_0$(或 $\mu_1\neq\mu_2$，$\mu_1>\mu_2$)。根据备选假设的不同形式，假设检验又可分为双侧检验和单侧检验。若 H_1 为 $\mu\neq\mu_0$ 或 $\mu_1\neq\mu_2$，称为双侧检验；若前二式不等，且为 $\mu>\mu_0$、$\mu<\mu_0$ 或 $\mu_1>\mu_2$，称为单侧检验。

②确定显著性水平 α 的值，一般常取 $\alpha=0.05$ 或 $\alpha=0.01$，然后查 t 表得 t_α($t_{\alpha/2}$)值。

③计算统计量 t 值。

④得统计结论：

当 $t<t_{0.05}$，即 $P>0.05$，差别无显著意义；

当 $t_{0.05}\leqslant t<t_{0.01}$，即 $0.01<P\leqslant 0.05$，差别有显著意义；

当 $t>t_{0.01}$，即 $P\leqslant 0.01$，差别有非常显著意义。

例 10-1　土壤砷含量(μg/g)近似正态分布，本底值为 1.23，现测值 $n=20$，$\overline{x}=1.30$，$s=0.24$,就测值对本底值进行显著性检验。

解　本例需要了解土壤是否被砷污染的信息，故只需作测值总体平均数是否大于本底值的检验。因此是单侧检验。

①建立假设 H_0：$\mu=1.23$，H_1：$\mu>1.23$；

②确定显著性水平 $\alpha=0.05$，查 t 值表(表 10-5)，得 $t_{(0.05,19)}=1.73$；

表 10-5　t 值表

自由度 f	显著性水平 α				
	0.100	0.050	0.025	0.010	0.005
1	3.08	6.31	12.71	31.82	63.66
2	1.89	2.92	4.30	6.96	9.92
3	1.64	2.35	3.18	4.54	5.84
4	1.53	2.13	2.78	3.75	4.60
5	1.48	2.02	2.57	3.37	4.03
6	1.44	1.94	2.45	3.14	3.71
7	1.41	1.89	2.37	3.00	3.50
8	1.40	1.86	2.31	2.90	3.36
9	1.38	1.83	2.26	2.82	3.25
10	1.37	1.81	2.23	2.76	3.17
11	1.36	1.80	2.20	2.72	3.11
12	1.36	1.78	2.18	2.68	3.05
13	1.35	1.77	2.16	2.65	3.01
14	1.35	1.76	2.14	2.62	2.98
15	1.34	1.75	2.13	2.60	2.95
16	1.34	1.75	2.12	2.58	2.92
17	1.33	1.74	2.11	2.57	2.90
18	1.33	1.73	2.10	2.55	2.88
19	1.33	1.73	2.09	2.54	2.86
20	1.33	1.72	2.09	2.53	2.85
21	1.32	1.72	2.08	2.52	2.83
22	1.32	1.72	2.07	2.51	2.82
23	1.32	1.71	2.07	2.50	2.81
24	1.32	1.71	2.06	2.49	2.80
25	1.32	1.71	2.06	2.49	2.79
26	1.31	1.71	2.06	2.48	2.78
27	1.31	1.70	2.05	2.47	2.77
28	1.31	1.70	2.05	2.47	2.76
29	1.31	1.70	2.05	2.46	2.76
30	1.31	1.70	2.04	2.46	2.75
40	1.30	1.68	2.02	2.42	2.70
60	1.30	1.67	2.00	2.39	2.66
120	1.29	1.66	1.98	2.36	2.62
∞	1.28	1.64	1.96	2.33	2.58

③计算统计量 t 值，$t=\dfrac{1.30-1.23}{0.24/\sqrt{20}}=1.304$；

④结论：$t<t_{(0.05,19)}$，不显著，接受 H_0，即土壤测值并不高于本底值。

例 10-2 两个实验室分别测定同一废水样中的镉(mg/L)，已计算得：

A 实验室：$n_1=20$，$\bar{x}_1=1.49$，$s_1=0.22$

B 实验室：$n_2=11$，$\bar{x}_2=0.53$，$s_2=0.24$

检验两实验室测定结果有无显著性差异。(F 检验后知 $\sigma_1^2=\sigma_2^2$)

解

①假设 H_0：$\mu_1=\mu_2$，H_1：$\mu_1\neq\mu_2$；

②自由度 $f=20+11-2=29$；

③$s_e^2=\dfrac{(n_1-1)s_1^2+(n_2-1)s_2^2}{n_1+n_2-2}=\dfrac{19\times0.22^2+10\times0.24^2}{29}=0.0516$；

$$t=\frac{(\bar{x}_1-\bar{x}_2)}{\sqrt{s_e^2\left(\frac{1}{n_1}+\frac{1}{n_2}\right)}}=\frac{1.49-0.53}{\sqrt{0.516\times\left(\frac{1}{20}+\frac{1}{11}\right)}}=11.29$$

④查 t 表(表 10-5)，得 $t_{(0.025,29)}=2.05$；

⑤结论：$t=11.29>t_{(0.025,29)}=2.05$。

否定 H_0，接受 H_1，即两实验室平均水平有非常显著差异。

3. 两总体方差齐性的 F 检验法

比较不同条件下(不同时间、地点、分析方法和人员等)两组测量数据是否有相同的精密度，也就是要比较两个总体的方差是否相等，可用 F 检验法进行检验。

需计算统计量 $F=\dfrac{s_1^2}{s_2^2}$ ($s_1>s_2$，$f_1=n_1-1$，$f_2=n_2-1$)

若 $F\geqslant F_{\alpha(f_1,f_2)}$，则显著，即两个总体的方差有显著性差异，方差不齐性。

若 $F<F_{\alpha(f_1,f_2)}$，则不显著，即两个总体的方差无显著性差异，方差齐性。

例 10-3 两个实验室用同一方法测试同种样品，计算得 A 实验室 $n_1=7$，$s_1=0.35$ mg/kg；B 实验室：$n_2=8$，$s_2=0.57$ mg/kg，问两实验室是否有相同的精密度？

解

①假设 H_0：$\sigma_1^2=\sigma_2^2$，H_1：$\sigma_1^2\neq\sigma_2^2$；

②$s_1^2=0.1225$，$s_2^2=0.3249$；

③$F=\dfrac{{s_2}^2}{s_1^2}=\dfrac{0.3249}{0.1225}=2.65$；

④确定显著性水平 $\alpha=0.05$，查 F 值表(表 10-6)，得 $F_{0.05(7,6)}=4.21$；

⑤结论 $F=2.65<F_{0.05(7,6)}=4.21$，因此，不显著，即两个实验室具有相同的精密度。

表 10-6　方差分析的 F 值表($\alpha=0.05$)

f_2	f_1																		
	1	2	3	4	5	6	7	8	9	10	12	20	24	30	40	60	80	100	∞
1	161	200	216	225	230	234	237	239	241	242	244	248	249	250	251	252	252	253	254
2	18.5	19.0	19.2	19.2	19.3	19.3	19.4	19.4	19.4	19.4	19.4	19.4	19.5	19.5	19.5	19.5	19.5	19.5	19.5
3	10.1	9.55	9.28	9.12	9.01	8.94	8.89	8.85	8.81	8.79	8.74	8.66	8.64	8.62	8.59	8.57	8.56	8.55	8.53
4	7.71	6.94	6.59	6.39	6.26	6.16	6.09	6.04	6.00	5.96	5.91	5.80	5.77	5.75	5.72	7.69	5.67	5.66	5.63
5	6.61	5.79	5.41	5.19	5.05	4.95	4.88	4.82	4.77	4.74	4.68	4.56	5.53	4.50	4.46	4.43	4.41	4.41	4.37
6	5.99	5.14	4.76	4.53	4.39	4.28	4.21	4.15	4.10	4.06	4.00	3.87	3.84	3.81	3.77	3.74	3.72	3.71	3.67
7	5.59	4.74	4.35	4.12	3.97	3.87	3.79	3.73	3.68	3.64	3.57	3.44	3.41	3.38	3.34	3.30	3.29	3.27	3.23
8	5.32	4.46	4.07	3.84	3.69	3.58	3.50	3.44	3.39	3.35	3.28	3.15	3.12	3.08	3.04	3.01	2.99	2.97	2.93
9	5.12	4.26	3.86	3.63	3.48	3.37	3.29	3.23	3.18	3.14	3.07	2.94	2.90	2.83	2.83	2.79	2.77	2.76	2.71
10	4.96	4.10	3.71	3.48	3.33	3.22	3.14	3.07	3.02	2.98	2.91	2.77	2.74	2.70	2.66	2.62	2.60	2.59	2.54
11	4.84	3.98	3.59	3.36	3.20	3.09	3.01	2.95	2.90	2.85	2.79	2.65	2.61	2.57	2.53	2.49	2.47	2.46	2.40
12	4.75	3.89	3.49	3.26	3.11	3.00	2.91	2.85	2.80	2.75	2.69	2.54	2.51	2.47	2.43	2.38	2.36	2.35	2.30
20	4.35	3.49	3.10	2.87	2.71	2.60	2.51	2.45	2.39	2.35	2.28	2.12	2.08	2.04	1.99	1.95	1.92	1.91	1.84
24	4.26	3.40	3.01	2.78	2.62	2.51	2.42	2.36	2.30	2.25	2.18	2.03	1.98	1.94	1.89	1.84	1.82	1.80	1.73
30	4.17	3.32	2.92	2.69	2.53	2.42	2.33	2.27	2.21	2.16	2.09	1.93	1.89	1.84	1.79	1.74	1.71	1.70	1.62
40	4.08	3.23	2.84	2.61	2.45	2.34	2.25	2.18	2.12	2.08	2.00	1.84	1.79	1.74	1.69	1.64	1.61	1.59	1.51
60	4.00	3.15	2.76	2.53	2.37	2.25	2.17	2.10	2.04	1.99	1.92	1.75	1.70	1.65	1.59	1.53	1.50	1.48	1.39
80	3.96	3.11	2.72	2.49	2.33	2.21	2.13	2.06	2.00	1.95	1.88	1.70	1.65	1.60	1.54	1.48	1.45	1.43	1.32
100	3.94	3.09	2.70	2.46	2.31	2.19	2.10	2.03	1.97	1.93	1.85	1.68	1.63	1.57	1.52	1.45	1.41	1.39	1.28
∞	3.84	3.00	2.60	2.37	2.21	2.10	2.01	1.94	1.88	1.83	1.75	1.57	1.52	1.46	1.39	1.32	1.27	1.24	1.00

10.1.5　直线相关和回归

1. 直线回归方程

在环境监测中，变量间除了具有确定的函数关系外，还有一种非确定的关系，如土壤中污染物含量与农作物中该物质的含量，分析中标准曲线的浓度值与信号值的关系等，它们总呈现一定程度的相关性。研究这些变量间的相互关系的统计方法称为回归分析。

直线回归，又称简单线性回归(simple linear regression)，所谓“简单”，指的是自变量 x 只有一个，而不是多个。所谓“线性”，指的是 x 和 y 的关系是直线关系，而不是曲线关系。

用 x 及 y 表示成直线相关的一对变量，通常以 x 作为自变量，y 作为因变量，它们的直线回归方程一般形式是一个二元一次方程，即：

$$\hat{y} = a + bx$$

此方程式称为 y 依 x 的回归方程，式中 $\hat{y}$ 是估计的 y 值，不同于观察的 y 值；a 为回归截距(intercept)；b 是回归直线的斜率(slope)，即 x 数列每增减变动一个单位时，影响 y 值变动的比例，它说明了具有回归关系的两个变量之间的数量关系，它的正负号表示 x 和 y 变量变动的方向是一致的还是相反的，即是正回归关系，还是负回归关系，故称 b 为回归系数(regression coefficient)。

上述回归方程可根据最小二乘法建立。即首先测定一系列 x_1，x_2,…，x_n 和相对应的 y_1，y_2,…，y_n，然后按下式计算 a 和 b。

$$b=\frac{\sum(x-\overline{x})(y-\overline{y})}{\sum(x-\overline{x})^2}=\frac{\sum xy-\frac{\sum x\cdot\sum y}{n}}{\sum x^2-\frac{(\sum x)^2}{n}}$$

$$a=\overline{y}-b\overline{x}$$

2. 相关系数及其显著性检验

相关系数是表示两个变量之间关系的性质和密切程度的指标，符号为 r，其值在－1～＋1之间。公式为

$$r=\frac{\sum(x-\overline{x})(y-\overline{y})}{\sqrt{\sum(x-\overline{x})^2\sum(y-\overline{y})^2}}$$

x 与 y 的相关关系有如下几种情况：

①若 x 增大，y 也相应增大，称 x 与 y 呈正相关。此时 $0<r<1$，若 $r=1$，称完全正相关。

②若 x 增大，y 相应减小，称 x 与 y 呈负相关。此时 $-1<r<0$，当 $r=-1$ 时，称完全负相关。

③若 y 与 x 的变化无关，称 x 与 y 不相关。此时 $r=0$。

若总体中 x 与 y 不相关，在抽样时由于偶然误差，可能计算所得 $r\neq1$。所以应检验 r 值有无显著意义，方法如下：

①求出 r 值。

②按 $t=|r|\sqrt{\frac{n-2}{1-r^2}}$，求出 t 值，n 为变量配对数，自由度 $f=n-2$。

③查 t 值表(表 10-5)(一般单侧检验)。

若 $t>t_{0.01}$，即 $P<0.01$，r 有非常显著意义而相关；

若 $t<t_{0.01}$，$P>0.01$，r 关系不显著。

例 10-4 某农药厂废水的 COD 与 TOC 数值见表 10-7，试对两组数据进行相关性检验(浓度：mg/L)。

表 10-7 COD 与 TOC 数值

样点号	1	2	3	4	5	6	7	8	9	10	11	12	13	14	15
COD(y)	1 200	1 200	1 680	1 440	1 752	2 112	1 040	2 280	1 200	860	690	820	1 340	1 108	1 840
TOC(x)	360	325	470	465	610	640	390	590	175	110	76	166	150	188	340

解 将数据 x、y 输入计算器或计算机，进行运算，计算得

$a=663$，$b=2.10$，$r=0.839$

计算统计量
$$t=|r|\sqrt{\frac{n-2}{1-r^2}}=0.839\sqrt{\frac{15-2}{1-0.839^2}}=5.559$$

查 t 表，$t_{(0.05,13)}=1.77$，$t_{(0.01,13)}=2.65$。

$t>t_{(0.01,13)}$，$P<0.01$，因此该废水的 COD 与 TOC 线性非常显著相关。

10.2 环境监测的质量保证

环境监测对象成分复杂，时空分布随机多变，数量级差异大，不易准确测量，所涉及的学科门类较多，只有通过质量保证和质量控制才能使之协调一致。环境监测质量保证和质量控制贯穿于整个环境监测过程中，也是环境监测中十分重要和关键的技术工作和管理工作，涉及获得环境监测数据和评价的全部活动和措施。

从质量保证和质量控制的角度出发，为使监测数据能够准确地反映环境质量的现状，预测污染发展的趋势，确保高质量的、可靠的环境监测数据，要求监测数据具有代表性、完整性、准确性、精密性和可比性。

10.2.1 基本概念

1. 准确性

准确性(accuracy)是指用一个特定的分析程序所获得的分析结果(单次测定值或重复测定值的均值)与假定的或公认的真值之间的符合程度。它是反映分析方法或测量系统存在的系统误差和随机误差两者的综合指标，并决定其分析结果的可靠性。准确度用绝对误差和相对误差表示。

2. 精密性

精密性(precision)是指用一特定的分析程序在受控条件下重复分析均一样品所得测定值的一致程度。它反映分析方法或测量系统所存在随机误差的大小。极差、平均偏差、相对平均偏差、标准偏差和相对标准偏差都可用来表示精密度大小，较常用的是标准偏差(s)。

按照规定的条件，表征精密度的术语有：

(1)平行性　指在同一实验室中，当分析人员、分析设备和分析时间都相同时，用同一分析方法对同一样品进行双份或多份平行样测定的结果之间的符合程度。

(2)重复性　指在同一实验室内，当分析人员、分析设备和分析时间三因素中至少有一项不相同时，用同一分析方法对同一样品进行的两次或两次以上独立测定结果之间的符合程度。

(3)再现性　指在不同实验室(分析人员、分析设备、甚至分析时间都不相同)，用同一分析方法对同一样品进行多次测定结果之间的符合程度。

3. 代表性

代表性(representation)指监测样品在空间和时间分布上的代表程度。所采集的样品必须能反映环境质量总体的真实状况，监测数据能够真实代表某污染物在环境中的存在状态和环境状况。

4. 可比性

可比性(compatibility)指在监测方法、环境条件、数据表达方式等可比条件下所获得数据的一致程度。用不同测定方法测量同一样品中某污染物时，比较所得结果的吻合程度。对于环境标准样品的定值，使用不同标准分析方法得出的数据应具有良好的可比性。各实验室之间对同一样品的监测结果应相互可比，而且每个实验室对同一样品的监测结果应该达到相关项目之间的数据可比，相同项目在没有特殊情况时，历年同期的数据也是可比的。

5. 完整性

完整性(completeness)指取得有效益监测数据的总额满足预期计划要求的程度。强调工作总体规划的切实完成，即保证按预期计划取得有系统性和连续性的有效样品，而且无缺漏地获得这些样品的监测结果及有关信息。

6. 灵敏度

分析方法的灵敏度(sensitivity)是指该方法对单位浓度或单位量的待测物质的变化所引起的响应量变化的程度，它可以用仪器的响应量或其他指示量与对应的待测物质的浓度或量之比来描述，因此常用标准曲线的斜率来度量灵敏度。灵敏度因实验条件而变。标准曲线的直线部分下式表示：

$$A=kc+a$$

式中：A 为仪器的响应量；c 为待测物质的浓度；a 为校准曲线的截距；k 为方法的灵敏度，k 值大，说明方法灵敏度高。

7. 空白试验

空白试验又叫空白测定。是指用蒸馏水代替样品的测定。其所加试剂和操作步骤与样品测定完全相同。样品分析时仪器的响应值(如吸光度、峰高等)不仅是样品中待测物质的分析响应值，还包括所有其他因素，如试剂中杂质、环境及操作进程的玷污等的响应值，这些因素是经常变化的。为了了解它们对样品测定的综合影响，在每次测定时均应做空白试验，空白试验所得的响应值称为空白试验值。空白试验应与样品测定同时进行。空白试验对试验用水有一定的要求，即其中待测物质浓度应低于方法的检出限。当空白试验值偏高时，应全面检查空白试验用水、试剂的空白、量器和容器是否玷污、仪器的性能以及环境状况等。

8. 校准曲线

校准曲线是用于描述待测物质的浓度或量与相应的测量仪器的响应量或其他指示量之间的定量关系的曲线。校准曲线包括“工作曲线”和“标准曲线”。工作曲线是指标准溶液的分析步骤与样品分析步骤完全相同时所绘制的校准曲线；标准曲线是指标准溶液的分析步骤与样品分析步骤相比有所省略时(如省略样品的前处理)绘制的校准曲线。

监测中常用校准曲线的直线部分。某一方法的校准曲线的直线部分所对应的待测物质浓度(或量)的变化范围，称为该方法的线性范围。

校准曲线质量保证的一般要求为：浓度点最少有 6 个点(其中含 0 浓度点)；相关系数 $r\geqslant 0.999$；截距 a 与 0 无显著性差异。

9. 检测限

检测限(limit of detection，LOD)是指某一分析方法在给定的可靠程度内可以从样品中检测待测物质的最小浓度或最小量。所谓检测是指定性检测，即断定样品中确实存在有浓度高于空白的待测物质。

检测限有如下几种规定：

①分光光度法中规定以扣除空白值后，吸光度为0.010相对应的浓度值为检测限。

②气相色谱法中规定检测器产生的响应信号为噪声值两倍时的量。最小检测浓度是指最小检测量与进样量(体积)之比。

③离子选择性电极法规定某一方法的标准曲线的直线部分外延的延长线与通过空白电位且平行于浓度轴的直线相交时，其交点所对应的浓度值即为检测限。

④《全球环境监测系统水监测操作指南》中规定，给定置信水平为95%时，样品浓度的一次测定值与零浓度样品的一次测定值有显著性差异者，即为检测限(L)。当空白测定次数n大于20时，

$$L=4.6\sigma_{wb}$$

式中：σ_{wb}为空白平行测定(批内)标准偏差。

检测上限是指校准曲线直线部分的最高限点(弯曲点)相对应的浓度值。

10. 测定限

测定限(limit of determination)分测定下限和测定上限。测定下限是指在测定误差能满足预定要求的前提下，用特定方法能够准确地定量测定待测物质的最小浓度或量；测定上限是指在测定误差能满足预定要求的前提下，用特定方法能够准确地定量测定待测物质的最大浓度或量。

最佳测定范围又称有效测定范围(optimum concentration range，optimum determination range)，系指在限定误差能满足预定要求的前提下，特定方法的测定下限到测定上限之间的浓度范围。

方法适用范围是指某一特定方法检测下限至检测上限之间的浓度范围。显然，最佳测定范围应小于方法适用范围。

10.2.2 质量保证与质量控制

环境监测质量保证是环境监测中十分重要的技术工作和管理工作，是一种保证监测数据准确可靠的方法，也是科学管理实验室和监测系统的有效措施。质量保证的目标是使环境监测数据具有精密性、准确性、代表性、可比性和完整性。

1. 质量保证的内容

质量保证(quality assurance，QA)着重研究管理对策，内容包括：①制定监测工作计划；②根据经济和技术的可行性确定监测数据的质量要求和控制目标；③规定样品的采集、预处理、储存、运输及实验室分析测试方法，仪器设备、器皿的选择和校准，试剂、溶剂和基准物质的选用，统一数据处理和评价要求、方法；④各类人员的要求和技术培训；⑤实验室的清洁和安全，以及编写有关的文件、指南和手册等。

2. 质量控制的内容

质量控制(quality control，QC)主要研究技术措施，是对分析测试全过程的具体控制措施和方法，它是质量保证的一部分。环境监测的质量控制分为实验室内质量控制和实验室间

质量控制，目的是保证测量结果有一定的精密度和准确度，在给定的置信水平下达到所要求的质量。环境监测的质量控制必须建立在完善的实验室基础工作之上。

实验室内质量控制又称内部质量控制，是实验室分析人员对分析质量进行自我控制的过程。实验室检测质量与实验室的管理水平和所选择的方法有关。内部质量控制主要考虑的是实验室内检测质量的稳定性，考查误差的来源、大小和性质，及时发现，并采取适当的措施，将误差控制在允许的范围之内。

环境监测质量保证系统应该控制的要点见表 10-8。

表 10-8　环境监测全过程的质量控制要点

监测系统过程	质量控制内容	质量控制目标
布点系统	①监测目标系统的控制 ②监测点位点数的优化控制	空间代表性、可比性
采样系统	①采样次数和采样频率优化 ②采样工具、方法的统一规范化	时间代表性、可比性
运贮系统	①样品的运输过程控制 ②样品规定保存控制	可靠性、代表性
分析测试系统	①分析方法准确度、精密度、检测范围控制 ②分析人员素质及实验室间的质量控制	准确性、精密性、可靠性、可比性
数据处理系统	①数据整理、处理及精密检验控制 ②数据分布、分类管理制度的控制	可靠性、可比性、完整性、科学性
综合评价系统	①信息量的控制 ②成果表达控制 ③结论完整性、透彻性及对策控制	真实性、完整性、科学性、适用性

10.2.3　室内分析质量控制

室内分析质量控制一般通过分析和应用质量控制图或其他方法来控制分析质量，以控制分析方法的精密度和准确度为主体，相应确定一套控制指标、评价标准和控制方法及程序。

1. 精密度控制

(1)平行性控制　在定量分析中，如果只进行单独一次测定，是不能反映测定精密度的。进行平行双样测定有助于减小随机误差，有助于估计同批测定的精密度。

没有质量控制样品和质量控制图的监测项目，应对全部样品进行平行双样测定。环境样品平行测定所得相对误差不得大于标准方法规定的相对偏差的两倍；对于平行双样测定中的不合格者应重新测定，直至总合格率≥95%。

(2)重复性控制　在监测分析中，通过重复测定测试样品来控制其精密度是不现实的。因此控制重复性是通过重复分析质量控制样品来实现的。所谓质量控制样是事先制作的一种与环境样品相似的样品，并经过多次重复测定，其值已定。在测试样品时，选择一种其值已定且与样品相似的质量控制样，并随样品同时测定。如果质量控制样测值与已知值的符合程度在允许误差限内，则认为该次实验重复性受控。如果质量控制样测值超过重复度(即允许误差限)，则认为该次分析失控，其样品测试作废。

控制方法：使用质量控制样品(统一控制样、自控样)。

控制指标及其评价标准：统一控制样重复度，即允许控制范围，或误差限为

$$I_r = 2\sqrt{2}S_r \qquad S_r = \sqrt{\frac{\sum_{i=1}^{l}\sum_{j=1}^{n}(x_{ij}-\overline{x}_i)^2}{l(n-1)}}$$

控制样测定值的区间为 $x_i = \overline{x} \pm I_r$ 。

如果质控样是室内自己制作的(自控样)，则重复性用质控样的控制图控制范围。

(3)再现性控制　由再现性的定义可知，它是由多个实验室用相同方法各自重复测定同种样品的符合程度。因此再现性的控制方法与重复性相似，即使用室间协作实验得以定值的质量控制样。

控制方法：使用统一控制样。

控制指标：再现性不确定度 $I_R = 2\sqrt{2}S_R$。

室间精密度：$$S_R^2 = S_r^2 + S_{\overline{x}}^2 - S_r^2/n \qquad S_{\overline{x}}^2 = \frac{\sum_{i=1}^{l}(\overline{x}_i-\overline{\overline{x}})^2}{(l-1)}$$

式中：l 为协作实验的实验室数；n 为重复测定次数。

2. 准确度控制

对准确度的控制是把分析总误差控制在总不确定度内。评价准确度的方法有：①分析环境标准物质；②加标回收法；③不同方法的对比实验；④空白值控制。

(1)分析环境标准物质　分析标准物质是控制准确度最好的方法。因为标准物质与样品类似，且已知其真值($\overline{x}$ ±不确定度)，用它来评价测定的准确度最符合准确度的定义。只要测值落在该区间内则准确度受控。

(2)加标回收法　即在样品中加入标准物质，测定其回收率，以确定准确度，多次回收试验还可发现方法的系统误差。如样品基体简单，目的元素含量不是很低，可以选用加标回收率来评价准确度，这是目前常用而方便的方法。

$$回收率 = \frac{加标试样测定值 - 试样测定值}{加标量} \times 100\%$$

因为加入标准物质量的大小对回收率有影响，通常加入标准物质的量应与待测物质的浓度水平接近为宜，一般是样品含量的1～2倍。加标测定率为样品总数的20%，测定合格率达到90%。通常规定95%～105%作为回收率的目标值。当超出其范围时，可由下列公式计算可以接受的上、下限，或作回收率实验质量控制图，使其结果受控。

回收率下限：$$p_{下限} = 0.95 - \frac{t_{(\alpha,f)} \cdot s}{D\sqrt{n}}$$

回收率上限：$$p_{上限} = 1.05 + \frac{t_{(\alpha,f)} \cdot s}{D\sqrt{n}}$$

式中：D 为加标量；n 为实验次数；f 为自由度；α 为显著性水平。

(3)不同方法的对比实验　对同一样品，做验证方法与标准方法或准确度高的分析方法的对比实验，用来近似判断被验证方法的准确度。通过与标准方法作对照分析，并进行相等

性显著性检验(t 检验)，验证分析方法的准确度。对于难度较大而不易掌握的方法或测定结果有争议的样品，常采用此法，必要时还可以进一步交换操作者，交换仪器设备或两者都交换。将所得结果加以比较，以检查操作稳定性和发现问题。

(4)空白值控制(0 样实验系统)　每次测定需平行测定全程空白，是指用蒸馏水代替试样的测定。空白值与样品的测定要有一致性，其所加试剂和操作步骤与试样测定完全相同，并同时进行，如随机取器皿，所引入的试剂量、消化温度和时间等，都与样品一样。空白实验的目的是为了了解分析中的其他因素，如试剂中杂质、环境及操作进程的玷污等对试样测定的综合影响，以便在分析中加以扣除。空白值的变动范围用质量控制图进行控制。

10.2.4　分析质量控制图

质量控制图是分析人员自我控制的一种手段。控制图能在一定的概率水平下，判定分析质量的偶然变异范围和系统变化趋势，以便查找原因并采取对策，使分析系统处于受控状态。

质量控制图的基本原理由 W. A. Shewhart 提出的，他认为每一个方法都存在着变异，都受到时间和空间的影响，即使在理想的条件下获得的一组分析结果，也会存在一定的随机误差。但当某一个结果超出了随机误差的允许范围时，运用数理统计的方法可以判断这个结果是异常的、不足信的。质量控制图可以起到这种监测的仲裁作用。因此实验室内质量控制图是监测常规分析过程中可能出现误差，控制分析数据在一定的精密度范围内，保证常规分析数据质量的有效方法。

1. 质量控制图的种类

常用的分析质量控制图有两类，即平均值－标准差($\overline{x}-s$)控制图和平均值－极差($\overline{x}-R$)控制图。

①$\overline{x}-s$ 控制图　$\overline{x}-s$ 控制图是在测试数据遵从正态分布的假定下绘制的，$\overline{x}$ 出现在($\overline{x}\pm 2s$)区间的概率约为 0.955，从而可用($\overline{x}\pm 2s$)作为上下警告限；$\overline{x}$ 落在($\overline{x}\pm 3s$)区间的概率约为 0.997，分析数据一旦越出($\overline{x}\pm 3s$)，则表明出现了不正常情况，因此，把($\overline{x}\pm 3s$)作为上、下控制限。由此得到质量控制图的基本线，如图 10-1 所示。

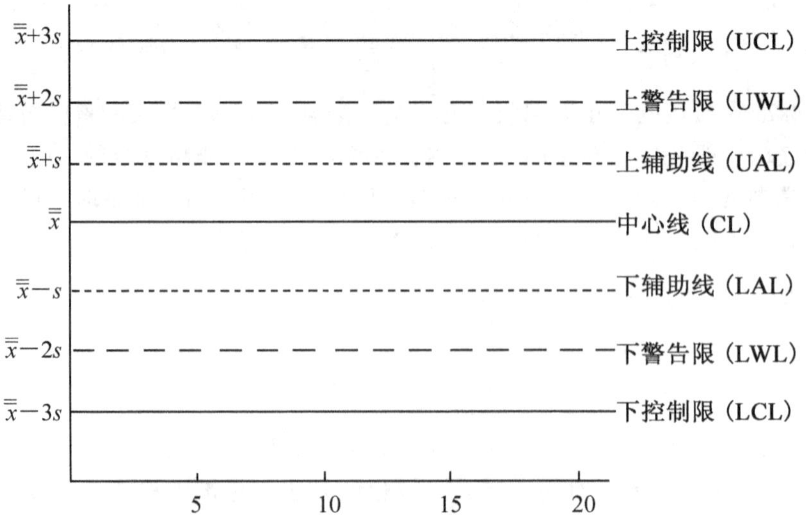

图 10-1　均数一标准差质量控制图的基本组成

② $\overline{x}-R$ 又名 Shewhart 控制图，其绘制原理与 $\overline{x}-s$ 控制图相似，用极差 R 来估计总体的标准差。在推断总体均值的置信区间时，要引入 Shewhart 计算因子(表 10-9)，A_2 为 $\overline{x}$ 图控制限因子，D_3、D_4 为 R 图控制限因子。极差控制图的基本线见图 10-2。

表 10-9 Shewhart 计算因子

系数	测次						
	2	3	4	5	6	7	8
A_2	1.88	1.02	0.73	0.58	0.48	0.42	0.37
D_3	0	0	0	0	0	0.076	0.136
D_4	3.27	2.58	2.28	2.12	2.00	1.92	1.86

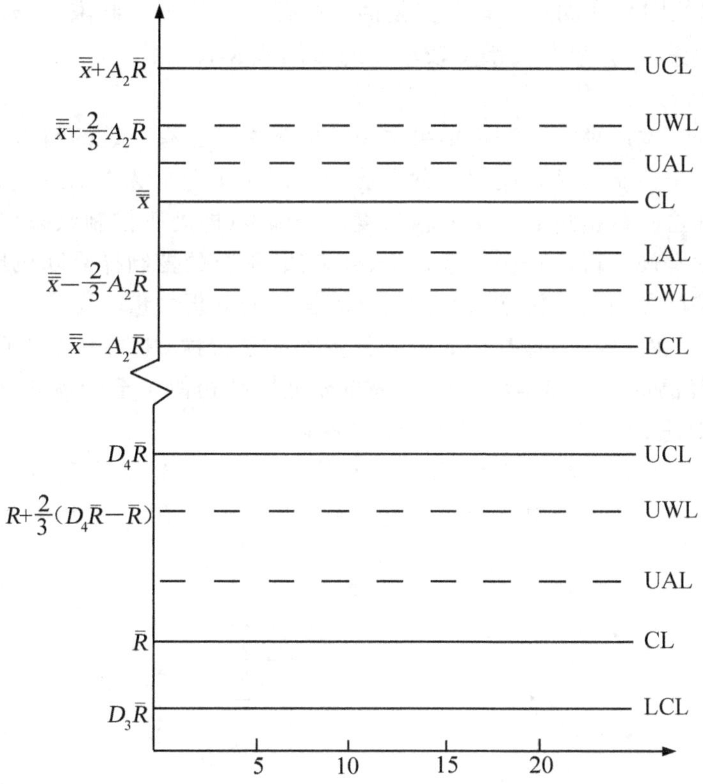

图 10-2 均数一极差($\overline{x}-R$)质量控制图的基本组成

$\overline{x}-R$ 控制图包括下述内容：

· 均数控制部分：

中心线——$\overline{\overline{x}}$；

上、下控制限——$\overline{\overline{x}}\pm A_2\overline{R}$；

上、下警告限——$\overline{\overline{x}}\pm \frac{2}{3}A_2\overline{R}$；

上、下辅助线——$\overline{\overline{x}}\pm \frac{1}{3}A_2\overline{R}$；

· 极差控制图部分：

上控制限——$D_4\overline{R}$；

上警告限——$\overline{R}+\frac{2}{3}(D_4\overline{R}-\overline{R})$；

上辅助线——$\overline{R}+\frac{1}{3}(D_4\overline{R}-\overline{R})$；

下控制限——$D_3\overline{R}$。

系数 A_2、D_3、D_4 可从表 10-9 查出。因为极差愈小愈好，故极差控制图部分没有下警告限，但仍有下控制限。在使用过程中，如 R 值稳定下降，以至 $R\approx D_3\overline{R}$（即接近下控制限），则表明测定精密度已有提高，原质量控制图失效，应根据新的测定值重新计算相应的统计量，重新绘制新的 $\overline{x}-R$ 图。

$\overline{x}-R$ 图使用原则与 $\overline{x}$ 图也一样，只是两者中任一个超出控制限(不包括 R 图部分的下控制限)，即认为“失控”，故其灵敏度较单纯的 $\overline{x}$ 图或 R 图高。

2. 控制图的编制

编制控制图的基本原理是：测定结果在受控的条件下具有一定的精密度和准确度，并按正态分布。以同一个控制样品，用同一种方法，由同一个分析人员在一定时间内进行分析，累积一定数据。如这些数据达到规定的精密度、准确度(即处于控制状态)，则以其结果编制控制图。在以后的常规分析过程中，取每份(或多次)平行的控制样品随机地编入环境样品中一起分析，根据控制样品的分析结果，推断环境样品的分析质量。

(1)收集数据　在一定时间内(例如每天分析一次平行样)用同一方法重复测定控制样品 20 次以上，控制样品的浓度和组成，应尽量与环境样品相似，至少累积 20 个数据(不可将 20 个重复实验同时进行，或一天分析 2 次或 2 次以上)。

(2)计算统计值　按下列公式计算每次的平均值($\overline{x}_i$)、总体平均值($\overline{\overline{x}}$)、标准偏差(s)(此值不得大于标准分析方法中规定的相应浓度水平的标准偏差值)、平均极差($\overline{R}$)等。

$$\overline{x}_i=\frac{x_i+x_i'}{2}\qquad \overline{\overline{x}}=\frac{\sum\overline{x}_i}{n}$$

$$s=\sqrt{\frac{\sum\overline{x}_i^2-\frac{(\sum\overline{x}_i)^2}{n}}{n-1}}$$

$$R_i=|x_i-x_i'|\qquad \overline{R}=\frac{\sum R_i}{n}$$

(3)绘图　以测定顺序为横坐标，相应的测定值为纵坐标作图。同时作有关控制线。将所测 20 个数据按测定的先后顺序依次点入质量控制图中，并连成折线图。

(4)质量控制图的检验　20 个数据中有超过控制限者，应予剔除。当剔除的数据较多，使总数据不足 20 个时，需补充新的数据，并重新计算统计值，直到落在控制限内的数据大于 20 个为止。

· 分散性要求　在绘制控制图时，落在 $\overline{\overline{x}}\pm s$ 范围内的点数应约占总点数的 68%。若少于 50%，则由于分布不合适，此图不可靠。

· 随机性要求　若连续 7 点位于中心线同一侧，表示数据失控，此图不适用，应重新测定数据，再绘制质量控制图。

控制图绘制后，应标明绘制控制图的有关内容和条件，如测定项目、分析方法、溶液浓度、温度、操作人员和绘制日期等。

3. 控制图的使用

在质量控制中可采用质量控制图的项目有：全程空白实验值、平行性、重复性和加标回收率。根据日常工作中分析项目的分析频率和分析人员的技术水平，每间隔适当时间，取两份平行的控制样品，随环境样品同时测定。对操作技术较低的人员和测定频率低的项目，每次都应同时测定控制样品，将控制样品的测定结果（$\overline{x}_i$）依次点在控制图上，根据下列规定检验分析过程是否处于控制状态：

①如此点在上、下警告限之间区域内，则测定过程处于控制状态，环境样品分析结果有效。

②如果此点超出上、下警告限，但仍在上、下控制限之间的区域内，提示分析质量开始变劣，可能存在“失控”倾向，应进行初步检查，并采取相应的校正措施。

③若此点落在上、下控制限之外，表示测定过程“失控”，应立即检查原因，予以纠正，环境样品应重新测定。

④如遇到 7 点连续上升或下降时(虽然数值在控制范围之内)，表示测定有失去控制倾向，应立即查明原因，予以纠正。

⑤即使过程处于控制状态，尚可根据相邻几次测定值的分布趋势，对分析质量可能发生的问题进行初步判断。当控制样品测定次数累积更多以后，这些结果可以和原始结果一起重新计算总均值、标准偏差，再校正原来的控制图。

例 10-5 在一段时间内测定含镉的质量控制水样 20 次，每次测定两个平行样，其平均值为 $\overline{x}_i$ 列于表 10-10。试绘制均数控制图。

表 10-10 质量控制水样 20 次测定结果 mg/L

序号	$\overline{x}_i$	序号	$\overline{x}_i$	序号	$\overline{x}_i$	序号	$\overline{x}_i$
1	0.303	6	0.292	11	0.304	16	0.302
2	0.305	7	0.307	12	0.308	17	0.300
3	0.295	8	0.307	13	0.296	18	0.293
4	0.301	9	0.295	14	0.291	19	0.304
5	0.295	10	0.308	15	0.303	20	0.294

解 $\overline{\overline{x}}=0.300$ mg/L，$s=0.006$ mg/L，则统计值为：

$\overline{\overline{x}}\pm s$ 分别为 0.306 mg/L 和 0.294 mg/L；$\overline{\overline{x}}\pm 2s$ 分别为 0.312 mg/L 和 0.288 mg/L；$\overline{\overline{x}}\pm 3s$ 分别为 0.318 mg/L 和 0.282 mg/L。

根据以上数据作均数控制图(图 10-3)。

按照质量控制图检验方法对图中数据进行检验，其分布合适，此图符合要求。

有时分析平行样的平均值 $\overline{x}$ 与总均值很接近，但极差较大，显然属质量较差。而采用均数—极差控制图就能同时考察均数和极差的变化情况和变化趋势，其中均数图表示分析准确度的控制情况，极差图表示精密度的控制情况。

例 10-6 用镉试剂法测定工业废水中镉含量的同时，每次对 5 mL 含镉浓度为 1 mg/L

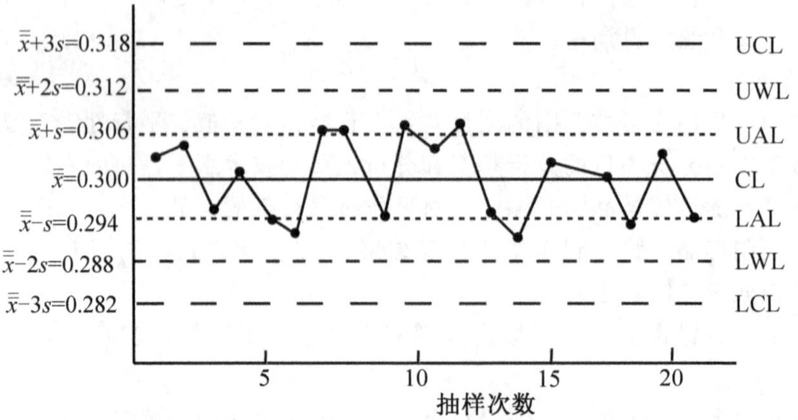

图 10-3　均数控制图

的质量控制水样作两个平行测定，结果列于表 10-11，据此绘制均数-极差控制图。

表 10-11　用镉试剂法测定某工业废水中镉含量结果

序号	$\bar{x}_i$	R	序号	$\bar{x}_i$	R	序号	$\bar{x}_i$	R	序号	$\bar{x}_i$	R
1	0.98	0.04	6	0.98	0.03	15	0.99	0.02	16	0.99	0.09
2	0.99	0.02	7	1.02	0.06	14	0.97	0.02	17	1.02	0.03
3	0.96	0.08	8	0.98	0.02	13	0.98	0.03	18	0.98	0.02
4	0.98	0.08	9	1.01	0.02	12	0.98	0.05	19	0.98	0.08
5	0.99	0.02	10	0.96	0.02	11	0.97	0.02	20	0.98	0.08

解　总体平均值 $\bar{\bar{x}}=0.98$，标准差 $s=0.016$，平均极差 $\bar{R}=0.042$，因此，

· 均数控制图部分：

中心线——$\bar{\bar{x}}$ 为 0.98；

上、下控制限——$\bar{\bar{x}}\pm A_2\bar{R}$　分别为 1.06 和 0.91；

上、下警告限——$\bar{\bar{x}}\pm \frac{2}{3}A_2\bar{R}$　分别为 1.03 和 0.93；

上、下辅助线——$\bar{\bar{x}}\pm \frac{1}{3}A_2\bar{R}$　分别为 1.01 和 0.95。

· 极差控制图部分：

上控制限——$D_4\bar{R}$　为 0.14；

上警告限——$\bar{R}+\frac{2}{3}(D_4\bar{R}-\bar{R})$　为 0.11；

上辅助线——$\bar{R}+\frac{1}{3}(D_4\bar{R}-\bar{R})$　为 0.075；

下控制限——$D_3\bar{R}$　为 0。

根据以上数据作均数—极差控制图(图 10-4)。

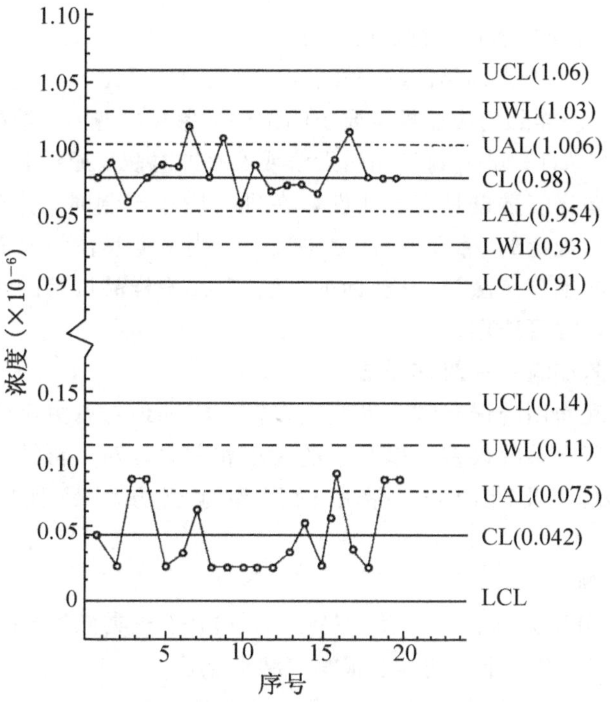

图 10-4　均数一极差控制图

10.2.5　室间分析质量控制

实验室间质量控制又称实验室间测定数据对比试验。其目的是检查各实验室是否存在系统误差，如试剂的纯度、蒸馏水的质量等问题。经常进行这一工作可增加实验室间测定结果的可比性，提高实验室的监测分析水平。这一工作通常由某一系统的中心实验室、上级机关或权威单位负责组织。

10.2.5.1　实验室质量考核

实验室质量考核由负责单位根据所要考核项目的具体情况，参考前面所述内容，制订具体实施方案。考核方案一般包括如下内容：①质量考核测定项目；②质量考核分析方法；③质量考核参加单位；④质量考核统一程序；⑤质量考核结果评定。

考核内容有：①分析标准样品或统一样品；②测定加标样品；③测定空白平行；④核查检测下限；⑤测定标准系列；⑥检查相关系数、计算回归方程、进行截距检验等。

通过质量考核，最后由负责单位综合实验室的数据进行统计处理后作出评价予以公布。各实验室可以从中发现所存在问题并及时纠正。

工作中标准样品或统一样品应逐级向下分发，一级标准由国家环境监测总站将国家计量总局确认的标准物质分发给各省、自治区、直辖市的环境监测中心，作为环境监测质量保证的基准使用。

二级标准由各省、自治区、直辖市的环境监测中心按规定配制并检验证明其浓度参考值、均匀度和稳定性，并经国家环境监测总站确认后，方可分发给各实验室作为质量考核的基准使用。

如果标准样品系列不够完备而有特定用途时，各省、自治区、直辖市在具备合格实验室和合格分析人员条件下，可自行配制所需的统一样品，分发给所属网、站，供质量保证活动使用。

各级标准样品或统一样品均应在规定要求的条件下保存，遇下列情况之一即应报废：①超过稳定期；②失去保存条件；③开封使用后无法或没有即时恢复原封装，而不能继续保存者。

为了减少系统误差，使数据具有可比性，在进行质量控制时，应使用统一的分析方法。首先应从国家(或部门)规定的“标准方法”之中选定，当根据具体情况需选用“标准方法”以外的其他分析方法时，必须有该法与相应“标准方法”对几份样品进行的比较实验结果，按规定判定无显著性差异后，方可选用。

10.2.5.2　实验室误差测验——双样图法

在实验室间起支配作用的误差常为系统误差，不定期地对有关实验室进行误差测验，可以检查实验室间是否存在系统误差，以及它的大小和方向，对分析结果的可比性是否有显著影响等，以发现问题并及时纠正。常用的误差检测方法是双样图法，又称为约顿(Youden)法。

1. 图形绘制及判断

将两个浓度不同(分别为 x_i、y_i 两者相差约±5%)，但很类似的样品同时分发给各实验室，分别对其做单次测定。并在规定日期内上报测定结果 x_i、y_i。计算每一浓度的均值 $\bar{x}$ 和 $\bar{y}$，在方格坐标纸上画出 x_i、$\bar{x}$ 值的垂直线和 y_i、$\bar{y}$ 值的水平线。将各实验室测定结果(x，y)点在图中。通过零点和 $\bar{x}$、$\bar{y}$ 值交点画一直线，结果如图 10-5 所示，此图叫双样图；可以根据图形判断实验室存在的误差。

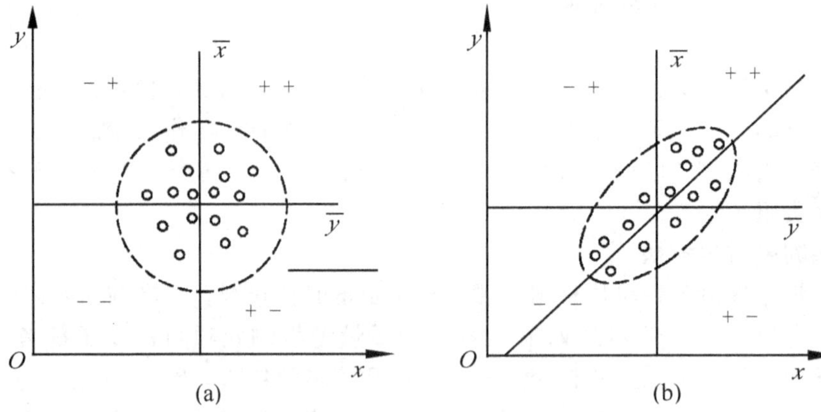

图 10-5　双样图

根据随机误差的特点，在各点应分别高于或低于平均值，且随机出现。因此，如各实验室间不存在系统误差，则各点应随机分布在四个象限，即大致成一个以代表两均值的直线交点为中心的圆形，如图 10-5(a)所示。如各实验室间存在系统误差，则实验室测定值双双偏高或双双偏低，即测定点分布在＋＋或－－象限内，形成一个与纵轴方向约成 45°倾斜的椭圆形，如图 10-5(b)所示，根据此椭圆形的长轴与短轴之差及其位置，可估计实验室间系统误差的大小和方向。

根据各点的分散程度来估计各实验室间的精密度和准确度。

2. 误差分析

如将数据进一步做误差分析，可更具体了解各实验室间的误差性质。处理的方法有：

(1)标准差分析　将各对数据(x_i、y_i)分别求和值、差值：

和值	差值
$x_1+y_1=T_1$	$\lvert x_1-y_1\rvert=D_1$
$x_2+y_2=T_2$	$\lvert x_2-y_2\rvert=D_2$
$\vdots$	$\vdots$
$x_n+y_n=T_n$	$\lvert x_n-y_n\rvert=D_n$

取和值 T_i 计算各实验室数据分布的标准偏差：

$$s=\sqrt{\frac{\sum T_i^2-\frac{(\sum T_i)^2}{n}}{2(n-1)}}$$

式中分母除以 2，是因为 T_i 值中包括两个类似样品的测定结果而含有两份样品的误差。

因为标准偏差可分解为系统标准偏差和随机标准偏差，当两个类似样品测定结果相减，使系统标准偏差消除，则可取差值 D_i 计算随机标准偏差：

$$s_r=\sqrt{\frac{\sum D_i^2-\frac{(\sum D_i)^2}{n}}{2(n-1)}}$$

如 $s=s_r$，即总标准偏差只包含随机标准偏差，表明实验室间不存在系统误差。

(2)方差分析　当 $s_r<s$ 时需以方差分析进行检验，以判断实验室间的差异情况：

计算
$$F=\frac{s^2}{s_r^2}$$

根据给定显著性水平(0.05)和 s、s_r 自由度(f_1、f_2)，查方差分析 F 数值表(表 10-6)；

若 $F\leqslant F_{0.05(f_1,f_2)}$，表明在 95%置信水平时，实验室间所存在的系统误差对分析结果的可比性无显著性影响，即各实验室分析结果之间不存在显著性差异；

如 $F>F_{0.05(f_1,f_2)}$，则实验室间所存在的系统误差将显著影响分析结果的可比性，应找出原因并采取相应的校正措施。

10.3 环境标准物质

10.3.1 环境标准物质及其特性

1. 基体和基体效应

在环境样品中各种污染物的含量一般在 1×10^{-6} 或 1×10^{-9} 甚至 1×10^{-12} 级水平，而大量存在的其他物质则称为基体。目前环境监测中所用的测定方法绝大多数是相对分析法，即将基准试剂或标准溶液与待测样品在相同条件下进行比较测定的一种方法。这种用“纯物质”配成的标准溶液与实际环境样品间的基体差异很大。由于基体组成不同，因物理、化学性质差异而给实际测定中带来的误差叫做基体效应。

2. 环境标准物质

环境标准物质是标准物质中的一类。具有按规定的准确度和精密度所确定的某些组分的含量值。在相当长的时间内具有可接受的均匀性和稳定性，并在组成和性质上接近于环境样品。

不同国家、不同机构对标准物质有不同的名称，而且至今仍没有被普遍接受的定义。国际标准化组织(ISO)将标准物质(Reference Material，RM)定义为这种物质具有一种或数种已被充分确定的性质，这些性质可以用做校准仪器或验证测量方法。RM 可以传递不同地点之间的测量数据(包括物理的、化学的、生物的或技术的)。RM 可以是纯的，也可以是混合的气体、液体或固体，甚至是简单的人造物体。ISO 还定义了具有证书的标准物质(Certified Reference Material，CRM)，这类标准物质应带有证书，在证书中应具备有关的特性值、使用和保存方法及有效期。证书由国家权威计量单位发给。

美国国家标准局(National Bureau of Standard，NBS)定义的标准物质称为标准参考物质(Standard Reference Material，SRM)，是由 NBS 鉴定发行的，其中具有鉴定证书的也称 CRM。标准物质的定值由下述 3 种方法之一获得：①一种已知准确度的标准方法；②两种以上独立可靠的方法；③一种专门设立的实验室协作网。SRM 主要用于：①帮助发展标准方法；②校正测量系统；③保证质量控制程序的长期完善。

我国的标准物质以 BW 为代号，分为国家一级标准物质和二级标准物质(部颁标准物质)。

3. 环境标准物质的特性

与其他标准物质相比，环境标准物质具有如下特性：

①是环境样品或模拟样品的一种混合物，其基体组成复杂；

②待测成分浓度不能过低，以免受方法检出限和精密度的影响；

③具有良好的均匀性、稳定性，制备量要足够大；

④要由协作实验，用绝对测量法或两种以上的其他方法来定值，其保证值要给出不确定度。

10.3.2 环境标准物质的分类

目前，世界各国的标准物质有上千种，但在分类和等级上尚未统一规定。国际上的常用分类有以下几种：

国际理论与应用化学联合会(IUPAC)的分类法：①原子量标准的参比物质(reference of atomic weight standard)；②基准标准物质(ultimate standard)；③一级标准物质(primary standard)；④工作标准物质(working standard)；⑤二级标准物质(secondary standard)；⑥标准参考物质(standard reference material)。

按审批者权限分类：①国际标准物质；②国家一级标准物质；③地方(或部级)标准物质。

按基体种类与样品的接近程度分类：①基体(matrix)标准物质：基体与样品基本相同。

②模拟(simulated)标准物质：与基体标准物质基本相近。如水样痕量标准物质，在纯水中加入一定量的天然水成分和稳定剂。③合成(synthetic)标准物质：此类标准物质不能直接使用，用前按一定的程序将它转化成所需要的标准物质。如 SO_2、NO_2 渗透管是一种标准气源，使用时根据需要选择流量和载气，配制出与被测样品基体及含量相近的标准气体。④代用(surrogate)标准物质：当选择不到类似的基体，可选与被测成分含量相近的其他基体物质。

我国的标准物质分为国家一级标准物质和二级标准物质(部颁标准物质)。

一级标准物质(primary standard material)指经协作实验，用绝对测量法或其他准确可靠的方法定值，准确度达到国内最高水平并相当于国际水平，经中国计量测试学会标准物质专业委员会技术审查和国家计量局批准而颁布的，且附有证书的标准物质。

二级标准物质(secondary standard material)指各部委或科研单位，为满足本部门及有关使用单位的需要，而研制出的工作标准物质。其特性量值通过与一级标准物质直接比对，或用其他准确可靠的分析方法测试而获得，准确度和均匀性能满足一般测量的需要，稳定性在半年以上，或能满足实际测量需要，经有关主管部门审查批准，报国家计量局备案。

10.3.3 环境标准物质的作用与选择

1. 环境标准物质的作用

环境标准物质可以广泛地应用于环境监测，主要用于：

①评价监测分析方法的准确度和精密度，研究和验证标准方法，发展新的监测方法；

②校正并标定监测分析仪器，发展新的监测技术；

③在协作实验中用于评价实验室的管理效能和监测人员的技术水平，从而加强实验室提供准确、可靠数据的能力；

④把标准物质当作工作标准和监控标准使用；

⑤标准物质的准确度传递系统和追溯系统，可以实现国际同行间、国内同行间以及实验室间数据的可比性和时间上的一致性；

⑥作为相对真值，标准物质可以用做环境监测的技术仲裁依据；

⑦以一级标准物质作为真值，控制二级标准物质和质量控制样品的制备和定值，也可以为新类型的标准物质的研制与生产提供保证。

2. 环境标准物质的选择

在环境监测中应根据分析方法和被测样品的具体情况运用适当的标准物质。在选择标准物质时应考虑以下原则：

①对标准物质基体组成的选择：标准物质的基体组成与被测样品的组成越接近越好，这样可以消除方法基体效应引入的系统误差；

②标准物质准确度水平的选择：标准物质的准确度应比被测样品预期达到的准确度高3～10倍；

③标准物质浓度水平的选择：分析方法的精密度是被测样品浓度的函数，所以要选择浓度水平适当的标准物质；

④取样量的考虑：取样量不得小于标准物质证书中规定的最小取样量。

10.3.4 环境标准物质的制备和定值

1. 标准物质制备的一般过程

固体标准物质的制备大致可以分为采样、粉碎、混匀和分装等几步。固体标准物质通常是直接采用环境样品制备的。已被选作标准物质的环境样品有飞灰、河流沉积物、土壤、煤；植物的叶、根、茎、种子；动物的内脏、肌肉、血、尿、毛发、骨骼等。

多数环境的液体和气体样品很不稳定，组成的动态变化大，所以液体和气体的标准物质是用人工模拟天然样品的组成制备的，如美国的 SRM1643a(水中 19 种痕量元素)就是根据天然港口淡水中各种元素的浓度，准确称量多种化学试剂经过准确稀释制成的。

2. 稳定性和均匀性的研究和检验

均匀是标准物质第一位和最根本的要求，是保证标准物质具有空间一致性的前提，对固体样品尤其如此。均匀性是一个相对的概念。首先，绝对的均匀是不可能实现的。若样品的不均匀度远远小于分析中的误差，就可以认为样品是均匀的。样品的均匀性又是有针对性的，因为不同组分在样品中的分布是很不同的。有些组分很难达到均匀，例如固体样品，对这类组分的均匀性检查是检验工作的重点。

取量的大小也是与均匀度有关的因素。为保证样品的均匀，标准物质证书中通常要规定最小取样量。因为当取样量减少到一定限度以下时，样品的不均匀度将急剧增加。

均匀性的检验可以分为分装前的检验和分装后的检验。分装前的检验又包括混匀过程中的检查和混匀后的检查。

稳定性是标准物质的另一重要性质，是使标准物质具有时间一致性的前提。与固体标准物质相比，液体和气体物质的均匀性容易实现，但保持稳定则困难得多。

标准物质的稳定性受温度、湿度、光照等环境条件的影响。微生物的活动也会导致样品组成的改变，因此很多标准物质封装后都要采用辐射灭菌或高温灭菌措施。选择适当的储存容器，加入适当的稳定剂，都可能大大改善标准物质的稳定性。

稳定性检验采用跟踪检验的办法。制备后定期检查组分是否随时间的推移而改变，以及变化的程度能否满足标准物质不确定度允许限的要求。

均匀性和稳定性的检验通常采用高精密度的测定方法，以便发现标准物质在时间、空间分布中的微小差异。

3. 标准物质的分析与定值

目前，环境标准物质的定值多采用多种分析方法，由多个实验室的协作试验来完成。制备环境标准物质是一项技术性很强，准确度要求很高，工作环境和人员操作技能都要有较高的水平，工作量大，制备成本很高的工作。这也是标准物质种类增加较慢、价格昂贵的主要原因。

在准确分析的基础上，标准物质的定值多采用数理统计的办法。目前，我国的环境标准物质多按如下的步骤来处理数据：

①对一组实验数据，按 Grubbs 检验法弃去原始数据中的离群值后，求得该组数据的均值、标准偏差和相对标准偏差；

②对某一元素由不同实验室和不同方法的各自测量均值视为一组等精密度测量值。采用 Grubbs 检验法弃去离群值后，求得总平均值及标准偏差；

③用总平均值表示该元素的定值结果，用标准偏差的 2 倍($2s$)表示测量的单次不确定度，以 $2s$ 除以总平均值表示相对不确定度。

习题与思考题

1. 误差、准确度、不确定度各自的含义及彼此的关系是什么？
2. 精密度与平行性、重复性、再现性的关系如何？怎样定性、定量描述它们？
3. 如何正确记录和运算有效数字？
4. 影响环境监测数据离群的因素有哪些？如何检验离群值？
5. 为什么在环境监测中要开展质量保证工作？它包括哪些内容？
6. 标准物质具有哪些特点？用途是什么？
7. 标准物质和质量控制水样有何区别？
8. 简述实验室质量控制的意义、内容和方法。
9. 何谓准确度？何谓精密度？怎样表示？它们在监测质量管理中有何作用？
10. 灵敏度、检测限和测定限有何不同？
11. 试述监测误差产生的原因及减少的办法。
12. 何谓监测质量控制图？它起什么作用？
13. 测定某河流酚的含量如下(单位：mg/L)：0.071、0.108、0.123、0.133、0.145、0.192、0.226、0.339、0.068、0.109、0.128、0.135、0.149、0.208、0.259，求：①数值范围、超标率(以地面水质量标准为依据)；②画频数分布图；③求 $\overline{x}$、$\overline{x}_g$、C_v；④若置信水平取 95%，求 μ。
14. 某工厂污水处理站的 BOD_5 和 COD_{Cr} 的原始数据如下表所示(单位：mg/L)：

序号	进水		出水		序号	进水		出水	
	BOD_5	COD_{Cr}	BOD_5	COD_{Cr}		BOD_5	COD_{Cr}	BOD_5	COD_{Cr}
1	233	546	49	151	13	218	511	75	191
2	230	538	63	173	14	237	540	67	190
3	222	490	61	165	15	147	336	39	117
4	262	385	47	118	16	129	286	28	87
5	252	561	61	171	17	181	409	50	114
6	198	448	48	121	18	181	410	40	113
7	216	504	48	125	19	167	398	45	114
8	212	469	49	134	20	204	466	39	119
9	264	560	63	167	21	192	419	39	135
10	205	456	44	136	22	212	474	47	120
11	280	427	51	136	23	169	402	38	135
12	212	518	77	220	24	157	398	35	139

求：①进水和出水中 BOD_5 和 COD_{Cr} 的相关性，如相关，分别求回归方程，并以相关关系作显著性检验(显著性水平取 5%)。②对进水和出水中 BOD_5 以及 COD_{Cr} 的差异进行分析。

15. 用某浓度为 4.2 mg/L 的质量控制水样，每天分析一次平行样，共获得 20 个数据(吸光度 A)顺序为：0.301、0.303、0.304、0.300、0.305、0.300、0.300、0.312、0.308、0.304、0.305、0.313、0.308、0.309、0.313、0.306、0.312、0.309、0.312、0.308，试作控制图，并说明在进行质量控制时如何使用此图。

Chapter 11

第11章

现代环境监测技术

本章提要：

本章主要介绍大气污染及水污染连续自动监测系统、环境遥感监测技术、现场和在线仪器监测技术等。

通过本章的学习，在认识到环境监测的时效性和地域性的基础上，熟悉当前所应用的各种现代环境监测技术，掌握一些基本的原理和原则，为提高今后工程实践应用能力打下基础。

随着科学技术的进步，仪器分析、计算机控制等现代化手段在环境监测中得到了广泛的应用，各种自动连续监测系统相继问世，环境监测从单一的环境分析发展到物理监测、生物监测、生态监测、遥感、卫星监测等，从间断性监测逐步过渡到自动连续监测，监测范围也从原来的局部监测发展到一个城市、一个区域、整个国家乃至全球范围。

11.1 连续自动监测系统

环境中污染物质的浓度和分布是随时间、空间、气象条件及污染源排放情况等因素的变化而改变的，定点、定时人工采样测定结果不能确切反映污染物质的动态变化，及时提供污染现状和预测发展趋势。采用和发展连续自动监测技术能够及时获取污染物质在环境中的动态变化信息，正确评价污染状况，能够为研究污染物扩散、转移和转化规律提供依据。

11.1.1 连续自动监测系统组成

自动连续监测系统一般是指由若干个固定子站和一个中心站组成的空气或水质连续自动监测系统。

其中，各子站内设有自动测定各种污染物的监测传感器(仪器仪表)、专用微处理机及通信系统等。其任务为在无人值守情况下，监测仪器自动连续对污染物进行采样检测，专用微处理机对各台仪器检测出的污染物质、气象和水文参数测量值进行存储、显示、报警和输出。子站与中心站之间的信息和数据由无线或有线收发传输系统完成。

中心站是环境自动连续监测系统的指挥中心，也是信息数据处理中心，站内设有计算机及其相应外围设备、通信设备等，执行对各子站的状态信息及监测数据的收集、运算、显示、存储以及向各子站发送遥控指令等功能，并向环境保护行政主管部门报告环境质量状况，同时向社会发布环境质量信息。

11.1.2 大气污染连续自动监测系统

大气污染连续自动监测系统的任务是对空气中的污染物进行连续自动的监测，获得连续瞬时大气污染信息，提供大气污染物的时间－浓度变化曲线，各类平均值与频数分配统计资料，为掌握大气污染特征及变化趋势，分析气象因素与大气污染的关系，评价环境大气质量提供基础数据。同时，通过连续瞬时监测，还可以掌握大气污染事故发生时大气污染状况及气象条件，为分析污染事故提供第一手资料，并为验证大气污染物扩散模式、管理大气环境质量提供依据。

11.1.2.1 大气污染连续自动监测系统的组成

大气污染连续自动监测系统由一个中心站、若干个子站和信息传输系统组成，如图11-1所示。

中心站设有功能齐全的计算机系统和通信系统，其主要任务是向各子站发送各种工作指令；管理子站的工作；定时收集各子站的监测数据并进行处理；打印各种报表，绘制各种图

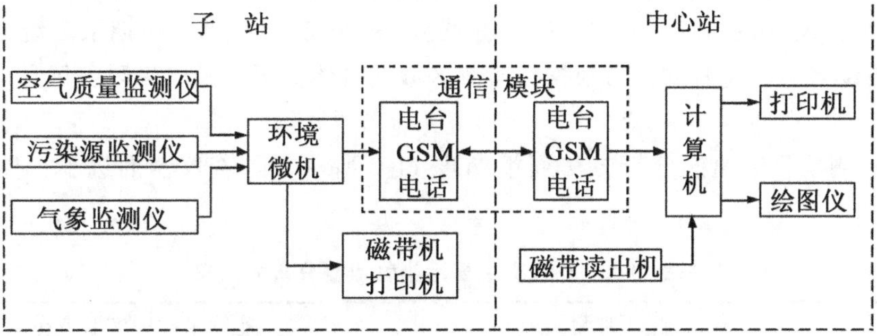

图 11-1　系统组成方框图

形。同时，为满足检索和调用数据的需要，还能将各种数据存储在磁盘上，建立数据库。当发现污染物浓度超标时，立即发出遥控指令，如指令排放污染物的单位减少排放时，通知居民引起警惕，或者采取必要的措施等。

子站按其任务不同可分为两种，一种是为评价地区整体的大气污染状况设置的，装备有大气污染连续自动监测仪(包括校准仪器)，气象参数测量仪和环境微机；另一种是为掌握污染源排放污染物浓度等参数变化情况而设置的装备有烟气污染组分监测仪和气象数测量仪。环境微机及时采集大气污染监测仪等仪器的测量数据，将其进行处理和存贮，并通过有线(如电话线)或无线(电台发射、GSM 通信设备等)信息传输系统传输到中心站，或记入子站磁带机，或由打印机打印。

11.1.2.2　监测项目及监测方法

各国大气污染自动监测系统的监测项目基本相同，有二氧化硫、氮氧化物、一氧化碳、总悬浮颗粒物或飘尘、臭氧、硫化氢、总碳氢化合物、甲烷、非甲烷及气象参数等。我国国家环保部组织中国环境监测总站编制的《环境监测技术路线》中提出了对空气例行监测的项目，如表 11-1 所示。

表 11-1　空气例行监测项目表

监测项目	重点城市	一般城市（自动监测）	一般城市（连续采样—实验室分析）	空气背景站	典型区域农村空气监测站
SO_2	★	★	★	★	★
NO_2	★	★	★	★	★
TSP	▲	▲	▲	▲	▲
PM_{10}	★	★	★	★	★
CO	★	▲	▲	★	▲
O_3	★	▲	▲	★	▲
有毒有机物	★	▲	▲	★	▲
NMHC 和 CH_4	★	▲	▲	▲	▲
CO_2				▲	

注：★为规定的监测项目；▲为根据情况和区域特性选择的监测项目。

自动监测系统需满足实时监控的数据采集要求；连续采样—实验室监测分析方法要满足《环境空气监测技术规范》和《环境空气质量标准》(GB 3095)对长期、短期浓度统计的数据有效性的规定。被动式吸收监测方式可根据被监测区域的具体情况，采取每周、每月或数月一次的频次。

对主要监测项目的监测分析方法列举如表11-2所示。随着仪器的进步，监测方法也将会有所变化。

表11-2　空气中主要污染物监测分析方法表

监测项目	自动监测	连续采样—实验室分析
SO_2	紫外荧光法(ISO/CD 10498) 差分吸收光谱(DOAS)法 电量法	四氯汞盐吸收副玫瑰苯胺分光光度法(HJ 483—2009) 甲醛吸收副玫瑰苯胺分光光度法(HJ 482—2009)
NO_2	化学发光法(ISO 7996) DOAS法	盐酸萘乙二胺分光光度法 (HJ 479—2009)
TSP	颗粒物自动监测仪 (β射线法、TOEN法)	大流量采样-重量法(GB/T 15432—1995)
PM_{10}	颗粒物自动监测仪 (β射线法、TOEN法)	重量法(GB/T 15432—1995)
CO	非分散红外法(GB 9801—88)	非分散红外法(GB 9801—88)
O_3	紫外光度法(GB/T 15438—1995) DOAS法	靛蓝二磺酸钠分光光度法(GB/T 15437—1995)
Pb	—	火焰光度原子吸收光度法 (GB/T 15264—94)
NMHC和CH_4	气相色谱FID法 (GB/T 15263—94) PID检测法	气相色谱FID法(GB/T 15263—94)
CO_2	气相色谱FID法	气相色谱FID法
有毒有机物	GC/GC-MS/HPLC等	

11.1.2.3　常用监测仪器

1. SO_2监测仪

用于连续或间歇自动测定大气中SO_2的监测仪器有紫外荧光监测仪、恒电流库仑滴定式SO_2监测仪、电导式SO_2监测仪、火焰光度法硫化物监测仪及比色法硫化物监测仪。其中以紫外荧光监测仪应用最为广泛。其测定的基本原理是利用紫外光(190～230 nm)激发SO_2分子，激发态SO_2分子返回基态时发射出特有的荧光(240～420 nm)，由光电倍增管将荧光强度信号转换成电信号，通过电压/频率转换成数字信号送给CPU进行数据处理。荧光强度与SO_2浓度成正比，从而测出SO_2浓度。

紫外荧光二氧化硫监测仪由活性炭过滤器、三通阀、反应室、流量限制器、流量调节阀、出口抽气泵、参比检测器、接收器、放大器等部件组成。其流程图如图11-2所示。

2. 氮氧化物监测仪

连续或间断自动测定大气中NO_x的仪器以化学发光NO_x自动监测仪应用最多，其他还

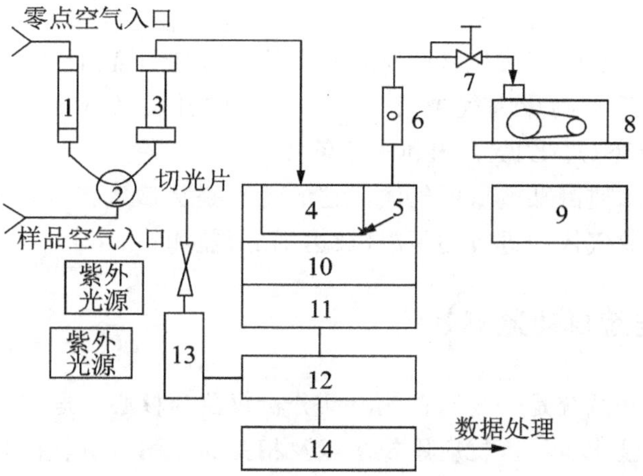

1. 活性炭过滤器 2. 三通阀 3. 过滤器 4. 反应室 5. 流量限制器 6. 流量计
7. 流量调节阀 8. 出口抽气泵 9. 参比检测器 10. 接收器(光电倍增管) 11. 前置放大器
12. 数据放大器 13. 光学斩波式同步发生器 14. 显示和记录

图 11-2 紫外荧光二氧化硫监测仪的组成

(引自：刘绮和潘伟斌．环境监测．2005)

有恒电流库仑滴定法 NO_x 自动监测仪，比色法 NO_x 自动监测仪。双通道化学发光式氮氧化物监测仪的流程如图 11-3 所示。

化学发光法的原理是基于 NO 被 O_3 氧化成激发态 NO_2^*，当其返回基态时，放出与 NO 浓度成正比的光。用红敏光电倍增管接收可测出 NO 的浓度。对于总氮氧化物 NO_x 的测定，需先将 NO_2 通过钼催化剂还原成 NO，再与 O_3 反应进行测定。

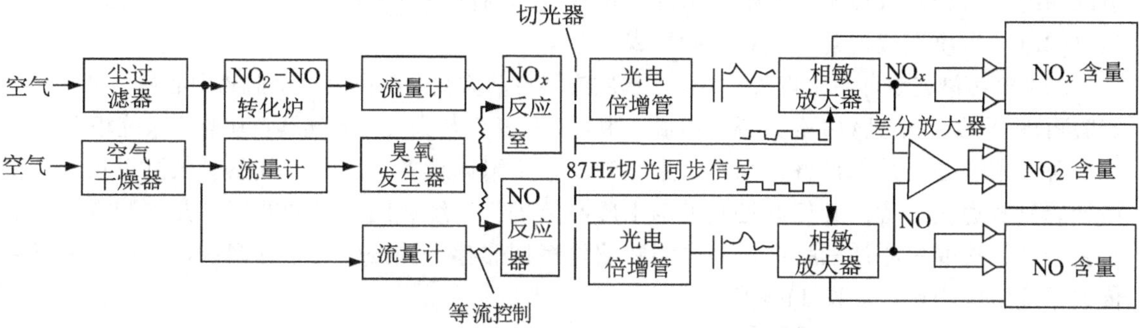

图 11-3 双通道化学发光式氮氧化物监测仪的组成

(引自：刘绮和潘伟斌．环境监测．2005)

3. 臭氧自动监测仪

紫外光度法臭氧自动监测仪是利用 O_3 对紫外光(254 nm)的吸收，直接测定紫外光通过 O_3 后减弱的程度，根据吸光度求出 O_3 浓度。该法设备简单，无试剂、气体消耗。此外还有化学发光 O_3 监测仪，由于使用易燃易爆的乙烯，因此要特别注意安全。

4. 新型多功能光学分析仪

近几年，国外在远程监测空气质量和污染方法，已经开发了两种新型仪器。一种是差分吸收光谱法(differential optical absorption spectroscopy, DOAS)，另一种是新型红外系统(LASAIR)。

DOAS 法是 20 世纪 90 年代从欧洲发展起来的新型自动监测技术，是利用气体分子对光能产生吸收的基本原理来测量大气中所含气体分子的种类及浓度。它可以同时监测 SO_2、O_3、NO_x、NH_3、HCHO、BTX、苯和气象条件。

新型红外系统用来监测某些重要气体，它的特点是灵敏度极高，不受其他气体的干扰，可以连续监测烟道排放气体和进行远距离(长达 1km)监测。

11.1.3 水质连续自动监测系统

水质在线自动监测系统是一套以在线自动分析仪器为核心，运用现代传感器技术、自动测量技术、自动控制技术、计算机应用技术以及相关的专用分析软件和通讯网络所组成的一个综合性的在线自动监测体系。

一套完整的水质自动监测系统能连续、及时、准确地监测目标水域的水质及其变化状况。中心控制室可随时取得各子站的实时监测数据，统计、处理监测数据；可打印输出日、周、月、季、年平均数据以及日、周、月、季、年最大值、最小值等各种监测、统计报告及图表(棒状图、曲线图、多轨迹图、对比图等)，并可输入中心数据库或上网。收集并可长期存储指定的监测数据及各种运行资料、环境资料备检索。系统具有监测项目超标及子站状态信号显示、报警功能；自动运行、停电保护、来电自动恢复功能；维护检修状态测试，便于例行维修和应急故障处理等功能。

实施水质自动监测，可以实现水质的实时连续监测和远程监控，达到及时掌握主要流域重点断面水体的水质状况、预警预报重大或流域性水质污染事故、解决跨行政区域的水污染事故纠纷、监督总量控制制度落实情况、排放达标情况等目的。

11.1.3.1 水质连续自动监测系统的组成

与大气污染连续自动监测系统类似，水质连续自动监测系统也由一个监测中心站、若干个固定监测站(子站)和信息数据传递系统组成。中心站的任务与大气污染连续自动监测系统相同。

各子站装备有采水设备、水质污染监测仪器及附属设备，水文、气象参数测量仪器，微型计算机及通信设备。其任务是对设定水质参数进行连续或间断自动监测，并将测得数据做必要处理；接受中心站的指令；将监测数据作短期储存，并按中心站的调令，通过通信设备传递系统给中心站，如图 11-4 所示。

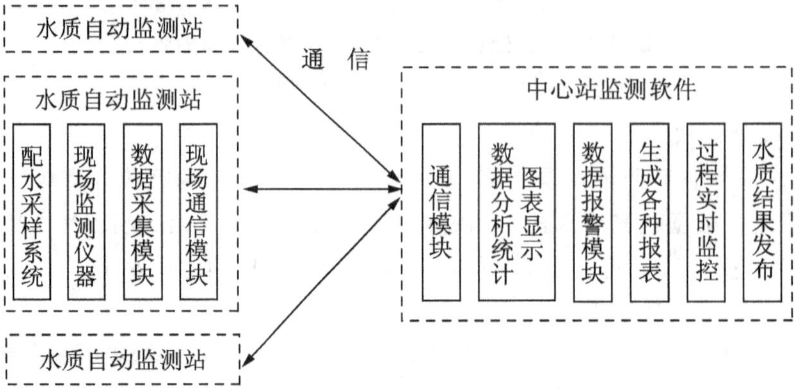

图 11-4 水质自动监测系统组成图

11.1.3.2 监测项目及监测方法

目前，水质监测比较成熟的常规监测项目有：水温、pH、溶解氧(DO)、电导率、浊度、氧化还原电位(ORP)、流速和水位等。常用的监测项目有：COD、高锰酸盐指数、TOC、氨氮、总氮、总磷。其他还有：氟化物、氯化物、硝酸盐、亚硝酸盐、氰化物、硫酸盐、磷酸盐、活性氯、TOD、BOD、紫外吸收(UV)、油类、酚、叶绿素、金属离子(如六价铬)等。水质可连续自动监测的项目及方法如表11-3所示。

表11-3 水污染可连续自动监测的项目及方法

指标	项目	监测方法
一般指标	水温	热敏电阻法或铂电阻法
	pH值	电位法(pH玻璃电极法)
	电导率	电导法
	浊度	光散射法
	溶解氧(DO)	隔膜电极法(电位法或极谱法)
综合指标	高锰酸盐指数(COD_{Mn})	电位滴定法
	化学需氧量(COD)	库仑滴定法或氧化还原滴定法
	总需氧量(TOD)	电位法
	总有机碳(TOC)	非色散红外吸收法或紫外吸收法
	生化需氧量(BOD)	微生物膜电极法(用于污水)
单项污染指标	氟离子	离子选择电极法
	氯离子	离子选择电极法
	氰离子	离子选择电极法
	氨　氮	离子选择电极法
	六价铬	比色法
	苯　酚	比色法或紫外吸收法
	油　类	荧光光度法

11.1.3.3 常用监测仪器

水质自动监测仪器仍在发展之中，欧、美、日本、澳大利亚等国均有一些专业厂商生产。目前的自动分析仪一般具有如下功能：自动量程转换，遥控、标准输出接口和数字显示，自动清洗(在清洗时具有数据锁定功能)、状态自检和报警功能(如：液体泄漏、管路堵塞、超出量程、仪器内部温度过高、试剂用尽、高/低浓度、断电等)，干运转和断电保护，来电自动恢复，COD、氨氮、TOC、总磷、总氮等仪器具有自动标定校正功能。

1. 常规五参数分析仪

常规五参数分析仪采用流通式多传感器测量池结构，无零点漂移，无需基线校正，具有一体化生物清洗及压缩空气清洗装置。常规五参数的测量原理分别为：

测水温为温度传感器法(platinum RTD)，其测量电路原理图如图11-5所示。

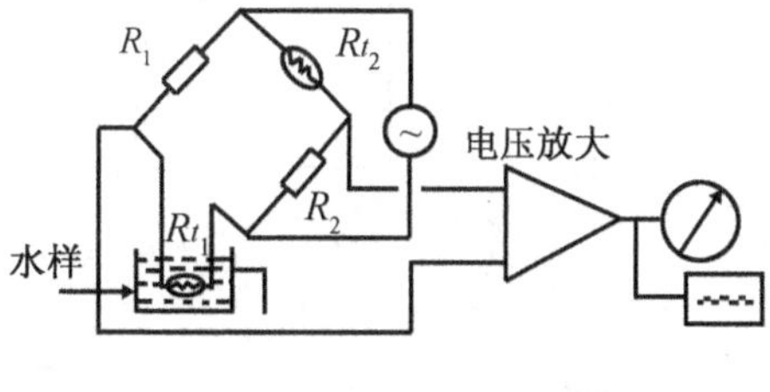

图11-5 水温自动监测原理

测pH为玻璃或锑电极法，工作原理图

如图 11-6 所示。

测 DO 为金-银膜电极法(Galvanic)，监测仪原理图如图 11-7 所示。

测电导率为电流测量法，监测仪原理图如图 11-8 所示。

测浊度为光学法(透射原理或红外散射原理)，工作原理图如图 11-9 所示。

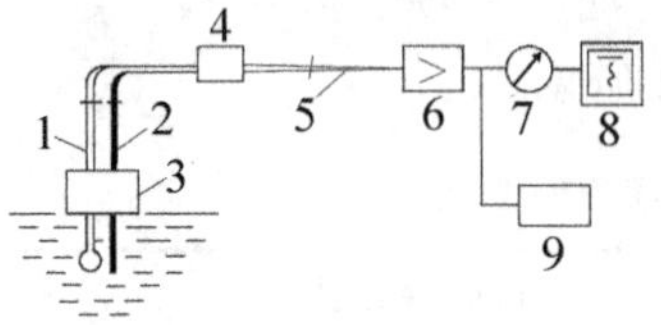

1. 复合式 pH 电极　2. 温度自动补偿电极　3. 电极夹　4. 电线连接箱　5. 电缆　6. 阻抗转换及放大器　7. 指示表　8. 记录仪　9. 小型计算机

图 11-6　pH 连续自动测定原理

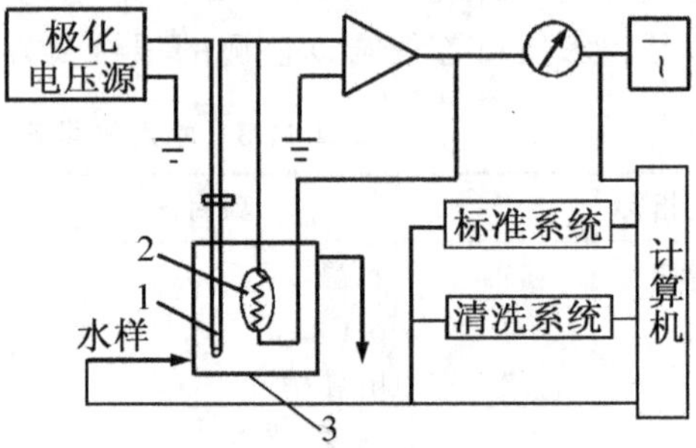

1. 隔膜式电极　2. 热敏电阻　3. 发送池

图 11-7　溶解氧连续自动测定原理

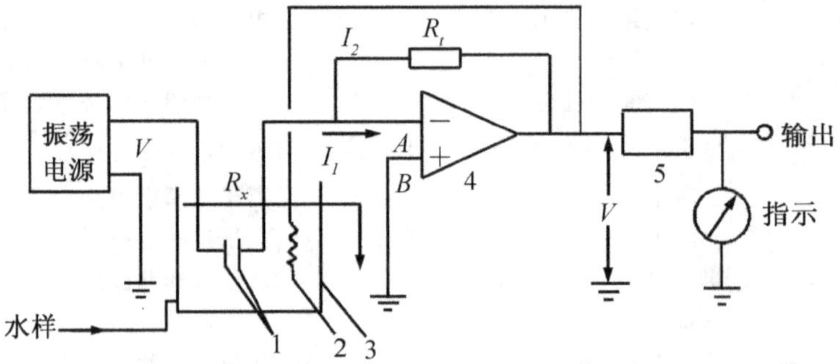

1. 电导电极　2. 温度补偿电阻　3. 发送池　4. 运算放大器　5. 整流器

图 11-8　电流法电导率仪工作原理

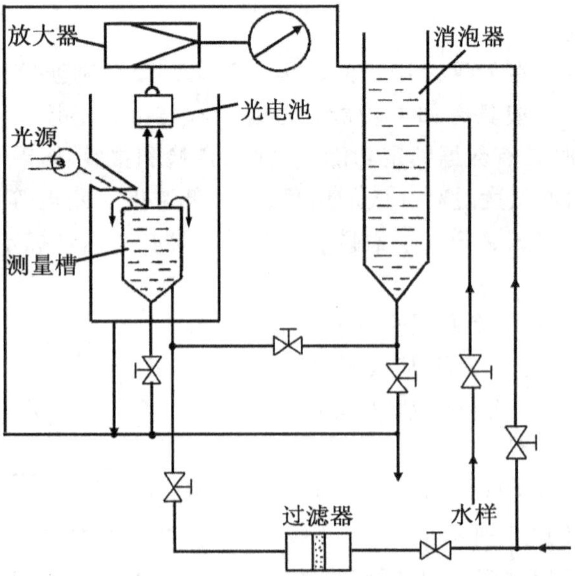

图 11-9　表面式散射式浊度自动监测仪工作原理

2. 化学需氧量(COD)分析仪

COD在线自动分析仪的基本构成见图11-10，其主要技术原理有6种：重铬酸钾消解-光度测量法；重铬酸钾消解-库仑滴定法；重铬酸钾消解-氧化还原滴定法；UV计法(254 nm)；氢氧基及臭氧(混合氧化剂)氧化-电化学测量法；臭氧氧化-电化学测量法。这些技术方法各有优缺点，采用电化学原理或UV计的COD自动监测仪一般比采用消解-氧化还原滴定法、消解-光度法的仪器结构简单，操作方便，运行可靠。但由于对COD有贡献的有机污染物种类繁多，且不同种类有机物的紫外吸光系数各不相同，所以UV计只能作为特定方法用于特定的污染源监测。

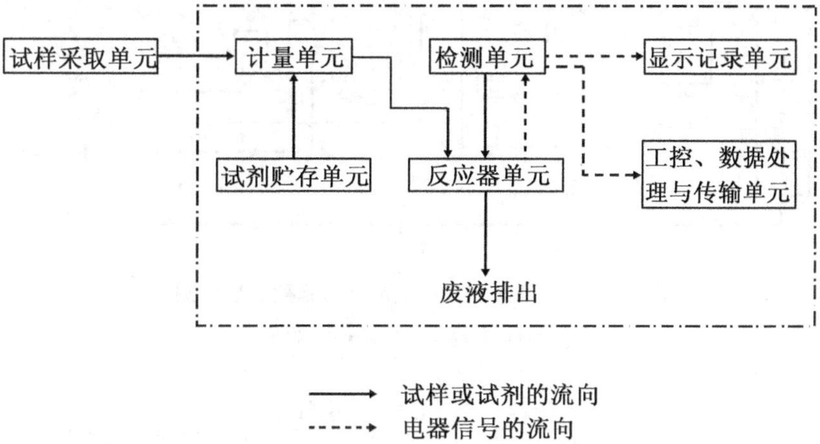

图11-10 化学需氧量(COD)自动分析仪的构成

3. 高锰酸盐指数自动分析仪

高锰酸盐指数在线自动分析仪的主要技术原理有3种：高锰酸盐氧化-化学测量法；高锰酸盐氧化-电流/电位滴定法；UV计法(与在线COD仪类似)。从分析性能上讲，目前的高锰酸盐指数在线自动分析仪已能满足地表水在线自动监测的需要。电位滴定式高锰酸盐指数分析仪原理图如图11-11所示。

4. BOD测定仪

微生物膜电极BOD测定仪的工作原理如图11-12所示。该测定仪由测量池(装有微生物膜电极、鼓气管及被测水样)、恒温水浴、恒电压源、控温器、鼓气泵及信号转换和测量系统组成。恒定电压源输出0.72 V电压，加于Ag-AgCl电极(正极)和黄金电极(负极)上。黄金电极因被测溶液BOD物质浓度不同产生的极化电流变化送至阻抗转换和微电流放大电路，经放大的微电流再送至I/V和A/D转换电路，或I/V和V/F转换电路，转换后的信号进行数字显示或由记录仪记录。仪器经用标准BOD物质溶液校准后，可直接显示被测溶液的BOD值，并在20 min内完成一个水样的测定。该仪器适用于多种易降解废水的BOD监测。

5. 总需氧量(TOD)测定仪

TOD自动监测仪的工作原理如图11-13所示。将含有一定浓度氧的惰性气体连续通过

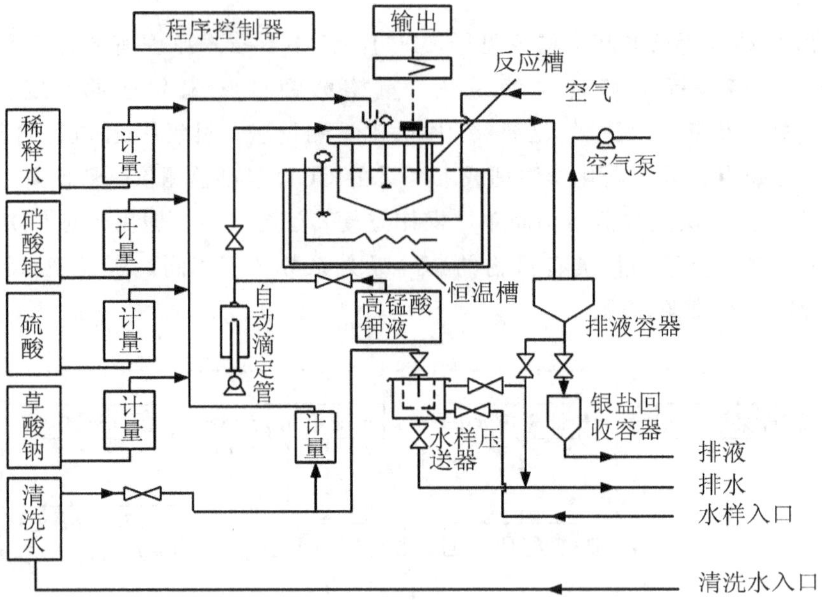

图 11-11　电位滴定式高锰酸钾盐指数自动监测仪

（引自：但德忠. 环境监测. 2006）

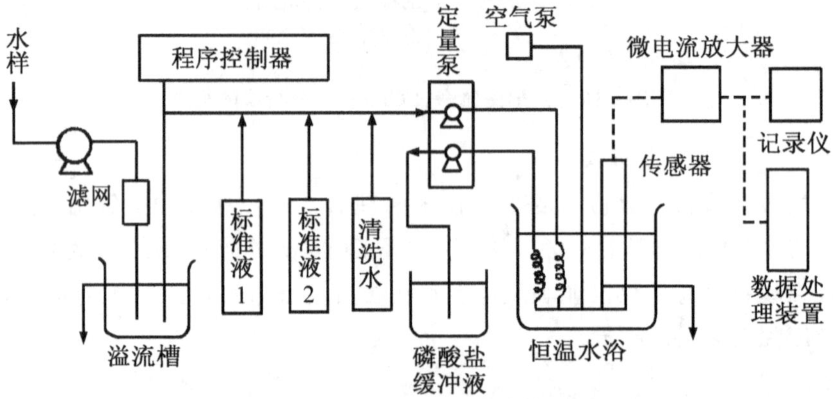

图 11-12　微生物膜式 BOD 监测仪原理

（引自：陈玲和赵建夫．环境监测．2008）

燃烧反应室，当将水样间歇或连续地定量打入反应室时，在 900℃和铂催化剂的作用下，水样中的有机物和其他还原物质瞬间完全氧化，消耗了载气中的氧，导致载气中氧浓度的降低，其降低量用氧化锆氧量检测器测定。当用已知 TOD 的标准溶液校正仪器后，便可直接显示水样的 TOD 值。氧化锆氧量检测器是一种高温固体电解质浓差电池，其参比半电池由多孔铂电极和已知含氧量的参比气体组成；测量半电池由多孔铂电极和被测气体组成，中间用氧化锆固体电解质连接，则在高温条件下构成浓差电池，其电动势取决于待测气体的氧浓度。所需载气用纯氮气通过置于恒温室中的渗氧装置(用硅酮橡胶管从空气中渗透氧于载气

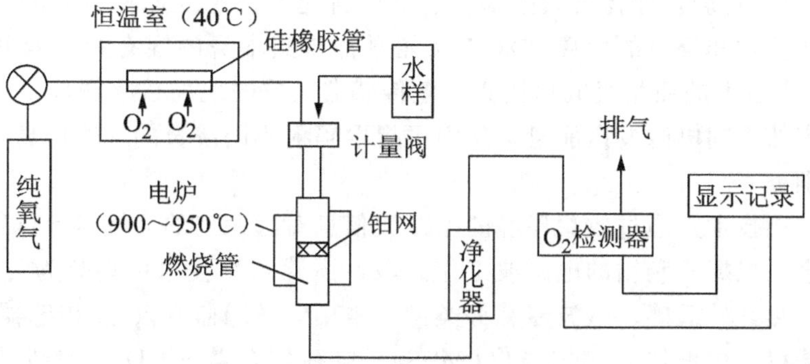

图 11-13　TOD 自动监测仪工作原理

（引自：刘绮和潘伟斌．环境监测．2005）

流中)获得。

6. 总有机碳(TOC)分析仪

TOC 分析仪，是将水溶液中的总有机碳氧化为二氧化碳，并且测定其含量。利用二氧化碳与总有机碳之间碳含量的对应关系，从而对水溶液中总有机碳进行定量测定。

仪器按工作原理不同，可分为燃烧氧化-非分散红外吸收法、电导法、气相色谱法等。其中燃烧氧化-非分散红外吸收法只需一次性转化，流程简单、重现性好、灵敏度高，因此这种 TOC 分析仪广为国内外所采用。

TOC 分析仪主要由以下几个部分构成：进样口、无机碳反应器、有机碳氧化反应器(或是总碳氧化反应器)、气液分离器、非分光红外 CO_2 分析器、数据处理部分。

单通道 TOC 自动监测仪工作原理如图 11-14 所示。

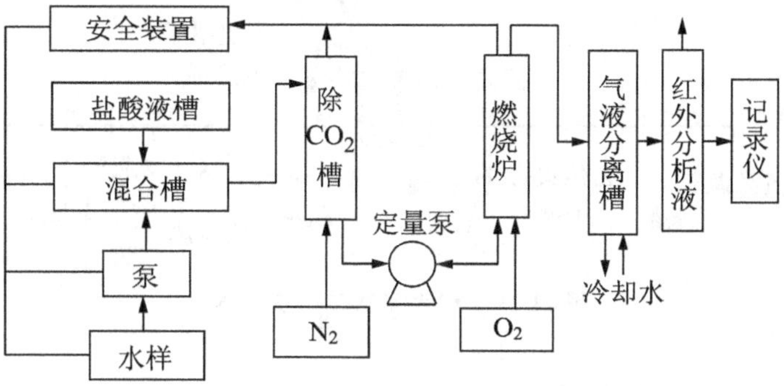

图 11-14　单通道 TOC 自动监测仪工作原理

（引自：刘绮和潘伟斌．环境监测．2005）

11.2　环境遥感监测技术

遥感(remote sensing，RS)是用飞行器或人造卫星上装载的传感器来收集地球表面地物空间分布信息的高科技手段。它具有广域、快速、可重复对同一地区获取时间序列信息的特点。RS监测的实质是测量地物对太阳辐射能的反射光谱信息或地物自身的辐射电磁波波谱信息。每一地物反射和辐射的电磁波波长及能量都与其本身的固有特性及状态参数密切相关。装载于RS平台上的照相机或扫描式光电传感器获取的地物数字图像，含有丰富的反映地物性质与状态的不同电磁波谱能量，从中可提取辐射不同波长的地物信息，进行统计分析和地物模式识别。

环境遥感监测技术是通过收集环境的电磁波信息对远距离的环境目标进行监测识别环境质量状况的信息。根据所利用的电磁波工作波段，遥感监测技术可划分为可见光波段遥感、反射红外遥感、热红外遥感、微波遥感等类型。常用的遥感监测仪器(传感器)有：多波段照相机、电视摄像机、多波段光谱扫描仪(MSS)、电荷耦合器(CCD)、红外光谱仪、成像光谱仪等。

遥感的应用已深入到农业、林业、渔业、地理、地质、海洋、水文、气象、环境监测、地球资源勘探、城乡规划、土地管理和军事侦察等诸多领域，其工作技术体系示意图如图11-15所示。目前，遥感用于环境监测的主要目标是大气和水的污染监测。

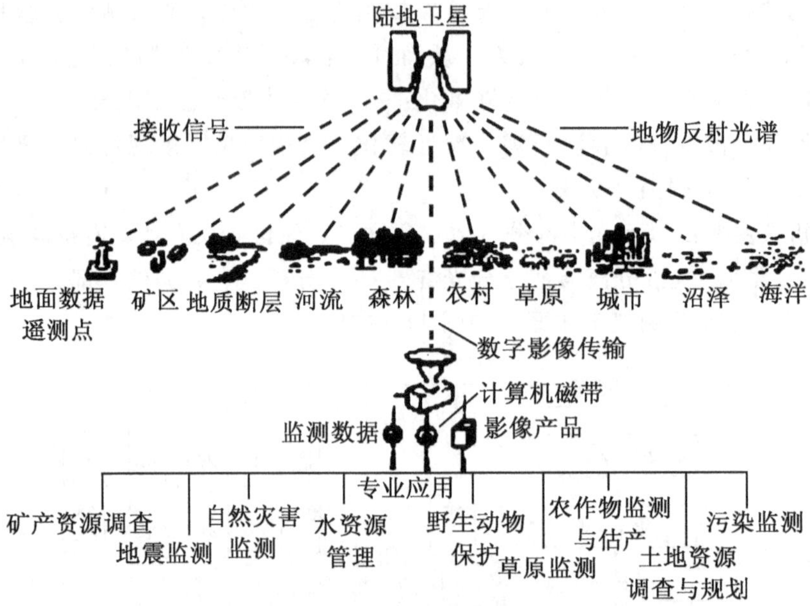

图 11-15 现代遥感工作技术体系

11.2.1 大气污染遥感监测

影响大气环境质量的主要因素是气溶胶含量和各种有害气体。这些指标通常不可能用遥感手段直接识别。水汽、二氧化碳、臭氧、甲烷等微量气体成分具有各自分子所固有的辐射和吸收光谱，所以，实际上是通过测量大气的散射、吸收及辐射的光谱而从其结果中推算出来的。通过对穿过大气层的太阳(月亮、星星)的直射光，来自大气和云的散射光，来自地表的反射光，以及来自大气和地表的热辐射进行吸收光谱分析或发射光谱分析，从而测量它们的光谱特性来求出大气气体分子的密度。测量中所利用的电磁波的光谱范围很宽，从紫外、可见、红外等光学领域一直扩展到微波、毫米波等无线电波的领域。大气遥感器分为主动式和被动式，主动方式中有代表性的遥感器是激光雷达，被动式遥感器有微波辐射计、热红外扫描仪等。

1. 臭氧层监测

由于臭氧对 0.3 μm 以下的紫外区的电磁波吸收严重，因此可以用紫外波段来测定臭氧层的臭氧含量变化。在 2.74 mm 处有个吸收带，可以用频率为 11 083 MHz 的地面微波辐射计或用射电望远镜来测定臭氧在大气中的垂直分布。又由于大气中臭氧含量高则温度高，又可以用红外波段来探测。

2. 大气气溶胶监测

气溶胶是指悬浮在大气中的各种液态或固态微粒，通常把大气中的烟、雾、尘等归属于气溶胶。大气中的这些物质一般由火山爆发、森林或草场火灾、工业废气等产生，可以用可调谐激光系统作为主动探测，也可用多通道辐射计探测，因为绝大部分空气污染分子的光谱都在 2～20 μm 的红外波段，这些光谱可用做吸收或辐射测量。测定气溶胶含量可采用多通道粒子计数器，它能反映出大气中气溶胶的水平分布和垂直分布。在遥感图像上可直接确定污染物的位置和范围，并根据他们的运动，发展规律进行预测、预报。由这些污染物在低空形成漂浮的尘埃，可通过探测植物的受害程度来间接分析。

3. 有害气体的监测

人为或自然条件下产生的 SO_2、氟化物等对生物肌体有毒害的气体，通常采用间接解译标志进行，植被受污染后对红外线的反射能力下降，其颜色、纹理及动态标志都不同于正常的植被，如在彩红外图像上颜色发暗，树木郁闭度下降，植被个体物候异常等，利用这些特点就可以间接分析污染情况。

4. 城市热岛效应的监测

城市热岛效应是由于城市人口密集，产业集中形成市区温度高于郊区的小气候现象。它是一种大气热污染现象。传统采用的流动观测(气球、飞机)和定点观测(气象台站、雷达)相结合的方法进行。但这些方法耗资大，观测范围有限，受各种因数的影响大，具有较大的局限性。遥感技术的发展为这一研究注入了活力。红外遥感图像能反映地物辐射温度的差异，可为研究城市热岛提供依据。根据不同时相的遥感资料，还可研究城市热岛的日变化和年变化规律。遥感卫星的使用，实现了定性到定量，静态到动态，大范围同步监测的转变，已经深入到可分析提取“热岛”内部热信息的差异。

11.2.2 水污染遥感监测

对水体的遥感监测是以污染水与清洁水的反射光谱特征研究为基础的。总的看来，清洁水体反射率比较低，水体对光有较强的吸收性能，而较强的分子散射性仅存在于光谱区较短的谱段上。故在一般遥感影像上，水体表现为暗色色调，在红外谱段上尤其明显。为了进行水质监测，可以采用以水体光谱特性和水色为指标的遥感技术。遥感监测视野开阔，对大面积范围里发生的水体扩散过程容易通览全貌，观察出污染物的排放源、扩散方向、影响范围及与清洁水混合稀释的特点。从而查明污染物的来龙去脉，为科学地布设地面水样监测提供依据。在江河湖海各种水体中，污染物种类繁多。为了便于遥感方法研究各种水污染，习惯上将其分为泥沙污染、石油污染、废水污染、热污染和水体富营养化等几种类型。

1. 水体浑浊度分析

水中悬浮物微粒会对入射进水里的光发生散射和反射，增大水体的反射率。浑浊度不同的水体其光谱衰减特性也不同，随着水的混浊度即悬浮物质数量的增加，衰减系数增大，最容易透过的波段从0.50 μm附近向红色区移动。随着浑浊水泥沙浓度的增大和悬浮沙粒径的增大，水的反射率逐渐增高，其峰值逐渐从蓝光移向绿光和黄绿光。所以，定量监测悬浮沙粒浓度的最佳波段为0.65～0.8 μm之间，此外，若采用蓝光波段反射率和绿光波段反射率的比值，则可以判别两种水体浑浊度的大小。

2. 石油污染监测

海上或港口的石油污染是一种常见的水体污染。遥感调查石油污染，不仅能发现已知污染区的范围和估算污染石油的含量，而且可追踪污染源。石油与海水在光谱特性上存在许多差别，如油膜表面致密、平滑，反射率较水体高，但发射率远低于水体等等，因此，在若干光谱段都能将二者分开。此外，根据油膜与海水在微波波段的发射率差异，还可利用微波辐射法测量二者亮度温度的差别，从而显示出海面油污染分布的情况。如前面所述，成像雷达技术也是探测海洋石油污染的有力工具。

3. 城市污水监测

城市大量排放的工业废水和生活污水中带有大量有机物，它们分解时耗去大量氧气，使污水发黑发臭，当有机物严重污染时呈漆黑色，使水体的反射率显著降低，在黑白像片上呈灰黑或黑色色调的条带。使用红外传感器，能根据水中含有的染料、氢氧化合物、酸类等物质的红外辐射光谱弄清楚水污染的状况。水体污染状况在彩色红外像片上有很好的显示，不仅可以直接观察到污染物运移的情况，而且凭借水中泥沙悬浮物和浮游植物作为判读指示物，可追踪出污染源。

4. 水体热污染调查

使用红外传感器，能根据热效应的差异有效地探测出热污染排放源。热红外扫描图像主要反映目标的热辐射信息，无论白天、黑夜，在热红外像片上排热水口的位置、排放热水的分布范围和扩散状态都十分明显，水温的差异在像片上也能识别出来。利用光学技术或计算机对热图像做密度分割，根据少量同步实测水温，可正确地绘出水体的等温线。因此热红外图像能基本上反映热污染区温度的特征，达到定量解译的目的。

5. 水体富营养化调查

水体里浮游植物大量繁生是水质富营养化的显著标志。由于浮游植物体内含的叶绿素对可见和近红外光具有特殊的“陡坡效应”，使那些浮游植物含量大的水体兼有水体和植物的反射光谱特征。随浮游植物含量的增高，其光谱曲线与绿色植物的反射光谱越近似。因此，为了调查水体中悬浮物质的数量及叶绿素含量，最好采用0.45～0.65 μm附近的光谱线段。在可见光波段，反射率较低；在近红外波段，反射率明显升高，因此，在彩色红外图像上，富营养化水体呈红褐色或紫红色。

11.3 便携式现场监测仪

所谓现场仪器是相对实验室仪器而言，尽管目前大多数国家在其本国环境监测标准中的推荐方法还是以现场采样，送实验室用化学分析仪器进行分析为主，而大多数便携式现场监测仪器尚未列入到标准中作为法定检测方法，但它们已实实在在的被广泛使用。

如何有效地预防污染事故及事故发生后的应急监测，现场快速监测仪器显然有其无法比拟的优点：及时、现场实测、快速、简便而低成本，它们达到了实验室化学分析无法达到的效果。便携式现场监测仪器可分为单项分析型和多项分析型。多项分析型可同时测定两个以上的参数。

11.3.1 气体便携式现场监测仪

1. 便携式烟气 SO_2 分析仪

便携式烟气二氧化硫分析仪采用点位电解法进行测定，主要由气路系统和电路系统两部分组成。气路系统完成烟气的采样、处理、传输等功能；电路系统完成气电转换、信号放大、数据处理、数据的显示打印和仪器的工作状态控制等功能。测定时，烟气通过过滤器去除粗尘后进入气水分离器，使水分和细烟尘与烟气分离，干烟气经过薄膜泵进入传感器室产生电化学反应，使传感器输出微安级的电流信号。

2. 便携式气相色谱仪

气相色谱是对气体物质或可以在一定温度下转化为气体的物质进行检测分析。由于物质的物性不同，其试样中各组分在气相和固定相的分配系数不同，当汽化后的试样被载气带入色谱柱中运行时，组分就在其中的两相间进行反复多次分配。由于固定相对各组分的吸附或溶解能力不同，虽然载气流速相同，各组分在色谱柱中的运行速度就不同，经过一定时间的流动后，便彼此分离，按顺序离开色谱柱进入检测器，产生的信号经放大后，在记录器上描绘出各组分的色谱峰。根据出峰位置，确定组分的名称，根据峰面积确定浓度大小。

这类仪器主要使用 PID 和 FID 检测器，可以测定苯系物、醛类、酮类、胺类、有机磷、有机氯等化合物以及一些有机金属化合物，还可检测 H_2S、Cl_2、NH_3、NO 等无机化合物。

3. 便携式红外线气体分析仪

红外线分析仪属于不分光式红外仪器，其工作原理是基于某些气体对红外线的选择性吸收，该类仪器在国内外有着广泛的应用领域和众多的用户。主要应用于农林科学研究领域对植物的光合作用，也可用于卫生防疫部门对宾馆、商店、影剧院、舞厅、医院、车厢、船舱等公共场所中的 CO_2 浓度的测定，另外根据需要，该原理的仪器还可以用于测量 CO、CH_4 等气体浓度。

11.3.2 水质便携式现场监测仪

1. BOD 和 COD 测定仪

便携式 BOD 测定仪分为快速测定仪和红外遥控测定仪，两种方法均采用压力探头感测法，自动温度监控，仪器自动启动并开始全封闭自动测定，无需中间环节人工操作以及稀释样品。依据不同的取样量，可测定 0～4 000 mg/L 之间不同量程的 BOD 值，所带红外数据存储器每 24 h 自动记录存储 BOD 值，可了解水样中 BOD 的变化情况。

便携式COD测定仪采用比色法，自动调零校正，取样量小，可测定0～15 000 mg/L之间超高量程、高量程、低量程以及超低量程四种不同量程的COD值。在测量时将2 mL水样加入到COD试管中，再将试管插入消解炉中146℃加热2 h后，直接插入仪器进行比色测定，即可显示COD结果(mg/L)。

2. 多功能水质分析仪

与其他分析方法相比，分光光度法具有仪器相对简单、便宜、轻便、应用广泛、耗时短、样品前处理简单等优点，使其特别适用于现场、脱离实验室的快速检测。仪器采用比色或分光法，在300～900 nm之间设定不同的测量波长，并将常用方法和校准曲线预先进行程序化，可提供几百个水质分析方法及标准曲线，仪器还可储存几千组数据。仪器还可自动设定波长，进行试剂空白校正，校正曲线还可以用标准参数再校正。测试内容一般包括：氰化物、氨氮、酚类、苯胺类、砷、汞、六价铬及钡等毒性强的项目。

3. 便携式离子计

可同时选配多种离子电极组成不同需要的测试系统，测量范围宽，准确度高，内置定时器，可定时校正、测试、自动读数，再现性好，可测 Br^-、Cd^{2+}、Ca^{2+}、Cl^-、Cu^{2+}、CN^-、F^-、BF_4^-、I^-、Pb^{2+}、NO_3^-、K^+、Na^+、Ag^+、S^{2+}、SCN^- 等十几种离子。

4. 其他便携式监测仪

如便携式多电极水质测定仪(可测定pH值、溶解氧、电导率和温度等参数)、便携式溶解氧仪、便携式电导计等。

习题与思考题

1. 自动监测系统由哪几部分组成？各部分的功能是什么？
2. 大气污染自动监测主要包括哪些项目？监测子站的任务是什么？需要配备哪些仪器设备？
3. 水污染自动监测体系的组成如何？如何配置仪器设备？
4. 比较大气污染监测和水质污染监测系统的相同和不同。
5. 什么是遥感监测技术？环境污染监测中常用哪些遥感监测传感器？
6. 简述大气和水质的遥感监测项目。

参考文献

1. 鲍士旦．土壤农化分析．3 版．北京：中国农业出版社，2000.
2. 蔡宏道．环境污染与卫生监测．北京：人民卫生出版社，1981.
3. 曹月华，赵士洞．世界环境与生态系统监测和研究网络．北京：科学出版社，1997.
4. 陈欢林．环境生物技术与工程，北京：化学工业出版社，2003.
5. 陈玲，赵建夫．环境监测．北京：化学工业出版社，2008.
6. 陈尚芹．环境污染物监测．北京：冶金工业出版社，1999.
7. 城乡建设环境保护部环境保护局．环境监测分析方法．北京：中国环境科学出版社，1986.
8. 但德忠．环境监测．北京：高等教育出版社，2006.
9. 邓桂春，臧树良．环境分析与监测．沈阳：辽宁大学出版社，2001.
10. 丁桑岚．环境评价概论．北京：化学工业出版社，2001.
11. 杜宝中．环境监测中的电化学分析法．北京：化学工业出版社，2003.
12. 段昌群．环境生物学．北京：北京科学出版社，2004.
13. 郭安然，唐森本．环境监测．北京：冶金出版社，1988.
14. 国家环境保护总局，空气和废气监测分析方法编委会．空气和废气监测分析方法．4 版．北京：中国环境科学出版社，2003.
15. 国家环境保护总局，水和废水监测分析方法编委会．水和废水监测分析方法．4 版．北京：中国环境科学出版社，2002.
16. 国家环境保护总局，中国生态监测网络规划．北京：中国环境科学出版社，1996.
17. 国家环境保护总局编委会．化学品测试方法．北京：中国环境科学出版社，2004.
18. 何少先．环境监测．四川：成都科技大学出版社，1987.
19. 何燧源．环境污染物分析监测．北京：化学工业出版社，2001.
20. 何增耀．环境监测．北京：农业出版社，1994.
21. 黄铭洪．环境污染与生态恢复．北京：科学出版社，2003.
22. 蒋展鹏，祝万鹏．环境工程监测．北京：清华大学出版社，1990.
23. 金岚．环境生态学．北京：高等教育出版社，1992.
24. 李国刚．固体废物试验与监测分析方法．北京：化学工业出版社，2003.
25. 李国刚．环境在线自动监测技术与仪器设备的发展动态．生命科学仪器，2003，1(2)：21-31.
26. 李弘．环境监测技术．北京：化学工业出版社，2002.
27. 李鹏，冯治宇．环境分析与监测．沈阳：东北大学出版社，2002.
28. 李青山，李怡庭．水环境监测实用手册．北京：中国水利水电出版社，2003.
29. 李绍英，等．环境污染与监测．哈尔滨：哈尔滨工程大学出版社，1995.

30. 李惕川. 环境化学. 北京：中国环境科学出版社，1990.
31. 刘德生. 环境监测. 北京：化学工业出版社，2001.
32. 刘凤枝. 农业环境监测实用手册. 北京：中国标准出版社，2001.
33. 刘绮，潘伟斌. 环境监测. 广州：华南理工大学出版社，2005.
34. 刘书田，等. 环境污染监测实用手册. 北京：原子能出版社，1997.
35. 卢升高，吕军. 环境生态学. 杭州：浙江大学出版社，2004.
36. 鲁如坤. 土壤农业化学分析方法. 北京：中国农业科技出版社，2000.
37. 陆雍森，等. 环境监测. 北京：中国环境科学出版社，1996.
38. 鹿政理. 环境保护设备选用手册——监测仪器设备. 北京：化学工业出版社，2003.
39. 聂麦茜. 环境监测与分析实践教程. 北京：化学工业出版社，2003.
40. 农业部农药检定所. 农药残留量实用检测方法手册. 北京：中国农业科技出版社，1995.
41. 曲东. 环境监测. 北京：中国农业出版社，2007.
42. 日本生态学会环境问题专门委员会. 环境和指示生物(陆地分册). 卢全章，译. 北京：中国环境科学出版社，1987.
43. 史崇文，王久志. 土壤污染及其鉴别监测方法. 北京：农业出版社，1994.
44. 孙福生. 环境监测. 北京：化学工业出版社，2007.
45. 谭衢霖，邵芸. 遥感技术在环境污染监测中的应用. 遥感技术与应用，2000，15(4)：246-251.
46. 唐森本. 污染源监测. 北京：中国环境科学出版社，1993.
47. 万本太，等. 中国环境监测技术路线研究. 长沙：湖南科学技术出版社，2003.
48. 王怀宇　姚运先. 环境监测. 北京：高等教育出版社，2007.
49. 王建龙，文湘华. 现代环境生物技术. 北京：清华大学出版社，2001.
50. 王晓利，唐晓青. 环境监测实用工作手册. 石家庄：河北科学技术出版社，2003.
51. 王正萍，周雯. 环境有机污染物监测分析. 北京：化学工业出版社，2002.
52. 吴帮灿. 环境监测技术. 北京：中国环境科学出版社，1996.
53. 吴帮灿、费龙. 现代环境监测技术. 北京：中国环境科学出版社，1999.
54. 吴宏，彭中贯. 离子色谱及其应用. 重庆：重庆出版社，1988.
55. 吴景峰. 环境监测机构管理实务. 北京：中国环境科学出版社，2000.
56. 吴同华. 环境监测技术实习. 北京：化学工业出版社，2003.
57. 吴忠标. 环境监测. 北京：化学工业出版社，2003.
58. 吴忠勇，等. 环境监测综合技术概论. 北京：中国环境科学出版社，1992.
59. 奚旦立. 环境工程手册之环境监测卷. 北京：高等教育出版社，1998.
60. 奚旦立，孙裕生，刘秀英. 环境监测. 3版. 北京：高等教育出版社，2004.
61. 徐晓白，戴树桂，黄玉瑶. 典型化学污染物在环境中的变化及生态效应. 北京：科学出版社，1998.
62. 姚运先. 环境监测技术. 北京：化学工业出版社，2003.
63. 易洪佑，梁泽斌. 环境监测仪器使用与维护. 北京：冶金工业出版社，1999.
64. 尹文英，等. 中国土壤动物. 北京：科学出版社，2000.

65. 曾凡刚. 大气环境监测. 北京：化学工业出版社，2003.
66. 曾珍英，伊建新. 遥感技术在环境监测中的应用. 江西化工，2004，4：47-49.
67. 张大年. 环境监测系统及原理. 上海：华东化工学院出版社，1992.
68. 张俊秀. 环境监测. 北京：中国轻工业出版社，2003.
69. 张兰英，刘娜，孙立波，等. 现代环境微生物技术. 北京：清华大学出版社，2005.
70. 张振中，等. 化工环境监测实用手册. 北京：中国科学技术出版社，1992.
71. 张志杰. 环境生物监测. 北京：冶金工业出版社，1990.
72. 章亚麟，等. 环境水质监测质量保证手册. 2 版. 北京：化学工业出版社，1994.
73. 中国环境监测总站. 土壤元素的近代分析方法. 北京：中国环境科学出版社，1992.
74. 中国环境监测总站. 中国土壤元素背景值. 北京：中国环境科学出版社，1990.
75. 中国科学院南京土壤研究所. 土壤理化分析. 上海：上海科学技术出版社，1978.
76. 中国科学院南京土壤研究所微生物室. 土壤微生物研究法. 北京：科学出版社，1985.
77. 中华人民共和国国家标准. 环境保护国家标准汇编(1989—1994). 北京：中国标准出版社，1993.
78. Hurst J C，Knudsen R G，McInerney J M，et al. Manual of Environmental Microbiology. Washington DC：ASM Press，1997.
79. Jackson A R W，Jackson J M. Environmental Science. Second Edition. London：Pearson Education Limited，2000.
80. Sawyer C N，McCarty P L，Parkin G F. Chemistry for Environmental Engineering. Fourth Edition. New York：McGraw-Hill Press，1994.
81. Tessier A，Campbell P G C，Bisson M. Sequential Extraction Procedure for the Speciation of Particulate Trace Metals. Analytical Chemistry. 1979，51(7)：844-851.